彩图 1　颐和园的昆明湖和万寿山

彩图 3　沧浪亭

彩图 2　十七孔桥

彩图 4　寄畅园远借龙光塔塔景

彩图 5　承德避暑山庄烟雨楼

彩图 6　留园亭舫

彩图 7　荷风四面亭

彩图 8　布达拉宫

彩图 10　英国岩石园

彩图 9　法国凡尔赛宫苑的阿波罗泉池

彩图 11　英国沼泽园

彩图 12　洗手钵

彩图 13　日本筑山庭

彩图 14　日本坪庭

彩图 15　日本茶庭

彩图 17　黄石国家公园温泉景观

彩图 16　规则式园林

彩图 18　色彩的兴奋感

彩图 19　色彩的运动感

彩图 20　颐和园中的谐趣园借景（远借）

彩图21 曲折的园路及框景

彩图22 咫尺山林

彩图 23　凡尔赛宫规则式园林地形地貌

彩图 24　自然式园林

彩图 25　天坛祈年殿

彩图 26　苏州拙政园远借北寺塔

彩图 27　俯借黄龙五彩池

彩图 28　清晨的五亭桥

彩图 29　黄昏的五亭桥

彩图 30　夜晚的五亭桥

彩图 31　借影

彩图 33　隔景

彩图 32　颐和园清晏舫

彩图 34 漏景

彩图 35　留园冠云峰

彩图 36　孩童游戏的五色草立体花坛

彩图 37　“囍”字五色草立体花坛

彩图 38　企鹅形象的五色草立体花坛

彩图 39　与喷泉结合的双鱼形立体花坛

彩图 40　与湖水结合的跳跃鱼群立体花坛

普通高等教育“十三五”规划教材

风景园林与园林系列

风景园林规划设计

鲁 敏◎主编

化学工业出版社

·北京·

《风景园林规划设计》全书包括绪论、国内外园林发展概况及特点、园林艺术及原理、风景园林规划设计的基本原理、风景园林构成要素、园林植物种植设计六个章节。不仅对风景园林概况及其发展趋势、时代特征进行了系统阐述，而且又全面介绍了中国园林及国外园林在不同时期的发展概况和风格特色；既有园林艺术的基本理论，又包含了风景园林规划设计的依据、原则及风景园林景观的构图形式和构图原理等内容；既总结了风景园林基本构成要素在规划设计中的应用，同时又对园林植物种植设计的基本理论和技能进行了详细全面的阐述。

《风景园林规划设计》内容丰富、翔实，图文并茂，附有百余幅黑白图片和40幅彩色图片，使读者能够直观、形象、生动、系统全面地学习掌握相关知识。

本书可作为园林绿化、园林工程、城市林业、园艺、景观建筑等专业人员参考用书，也可作为风景园林、环境艺术、建筑学、城市规划及艺术设计等专业的教学用书。

图书在版编目（CIP）数据

风景园林规划设计/鲁敏等编. —北京：化学工业出版社，2016.2（2023.2重印）
（普通高等教育“十三五”规划教材·风景园林与园林系列）
ISBN 978-7-122-25790-1

Ⅰ. ①风… Ⅱ. ①鲁… Ⅲ. ①园林设计 Ⅳ. ①TU986.2

中国版本图书馆CIP数据核字（2015）第288995号

责任编辑：尤彩霞　　装帧设计：韩　飞
责任校对：王素芹

出版发行：化学工业出版社（北京市东城区青年湖南街13号　邮政编码100011）
印　　装：涿州市般润文化传播有限公司
787mm×1092mm　1/16　印张20　彩插4　字数527千字　2023年2月北京第1版第7次印刷

购书咨询：010-64518888　　售后服务：010-64518899
网　　址：http://www.cip.com.cn
凡购买本书，如有缺损质量问题，本社销售中心负责调换。

定　　价：49.80元

《风景园林规划设计》编写人员名单

主　　　编：鲁　敏

副　主　编：尚　红　程正渭　冯兰东
李　成　刘大亮

其他参编人员：郭天佑　赵学明　王恩怡
宗永成　李　达　闫红梅
赵　鹏　崔　琰　景荣荣
丁　珍　贺中翼　陈嘉璐
高　鹏　杨盼盼　刘顺藤
裴翡翡　郑国强　陈　强
孙晓红　王　菲　郭　振
潘慧锦　刘　峥

前 言

随着社会的发展以及城市化进程的不断加快，人口、资源与环境问题逐渐成为21世纪人类共同面临的亟待解决的重大难题。“风景园林”作为生态环境和人文环境建设的必不可缺的行业，担负着自然环境和人工环境建设与发展、提高人类生活质量、传承和弘扬中华民族优秀传统文化的使命、承担着维系人类生态系统的重任。

科学合理地进行风景园林的规划设计，是提高园林绿地的生态效能、改善人居环境质量、营造高品质空间景观的重要手段和基本保障，也是实现人与自然和谐共存、解决与缓解生态环境问题、促进城市可持续发展的正确选择和必由之路。

风景园林规划设计涉及的知识面较广，涵盖经济、文学、艺术、生物、生态、环保、工程技术、建筑等诸多领域，同时，又要求综合各学科的知识统一于园林艺术之中。它不仅要考虑经济、技术和生态等问题，还要在艺术上考虑“美”的感受，要把自然美融于生态美之中，还要借助建筑美、绘画美、文学美和人文美来增强自身的表现力。因此，风景园林规划设计是研究如何应用艺术和技术手段处理自然、建筑和人类活动之间复杂关系，达到和谐完美、生态良好、景色如画之境界的一门学科。所以，在修习本门课程之前，应先修习风景园林概论、风景园林艺术、风景园林植物学等课程。

《风景园林规划设计》是为了适应当前生态环境建设和风景园林、园林、建筑、规划、环保、环境设计等专业技术人员及其高等院校教学的迫切需要而编写的教材。书中理论与实践相结合，既有风景园林专业的基本知识、基本理论和基本技能，又有最新的应用技术和研究成果。在结合基础设计、艺术、工程等理论的基础上，结合当前最新的实践案例配合说明，做到有理有据、理论与实践的有机结合。

在本书撰写过程中，李科科、康文凤、赵洁、刘功生、孔亚菲、秦碧莲也做了许多工作，在此一并致谢。

风景园林规划设计是一个系统庞大、内容繁杂涉及面十分广泛的综合学科，鉴于编者水平所限，书中难免有疏漏或不妥之处，敬请广大读者提出宝贵意见，以便我们修订改进。

编者

2016年2月

目录

第一章
绪论

第一节　风景园林概述

风景园林学是一门建立在广泛的自然科学和人文艺术科学基础上的应用学科，其核心是协调人与自然之间的关系，其综合性和实践性都非常强，涉及规划设计、园林植物、工程学、环境生态、艺术学、地理学、社会学等多学科的交汇综合。风景园林学科的作用是任何其他学科所不能取代的，它致力于保护和合理利用自然环境资源；创造生态健全、景观优美、反映时代文化和可持续发展的人类生活环境；融汇生物科学、工程技术和艺术美学理论于一体，为协调人与自然之间的关系发挥着其他学科所不能代替的作用，产生着巨大的环境效益、社会效益、经济效益。

一、园林景观概述

我们通常会接触到许多与园林相关的名词，如景观、园林景观、园林、绿地等，如何正确认识、理解这些名词概念及其发展过程是学习风景园林规划设计的基础。

（一）景观

1. 景观的含义

在不同的历史阶段，不同的研究体系及学科对景观有着不同的释义，但无论是何种释义下的景观，都必须具有美的特征（图1-1-1）。

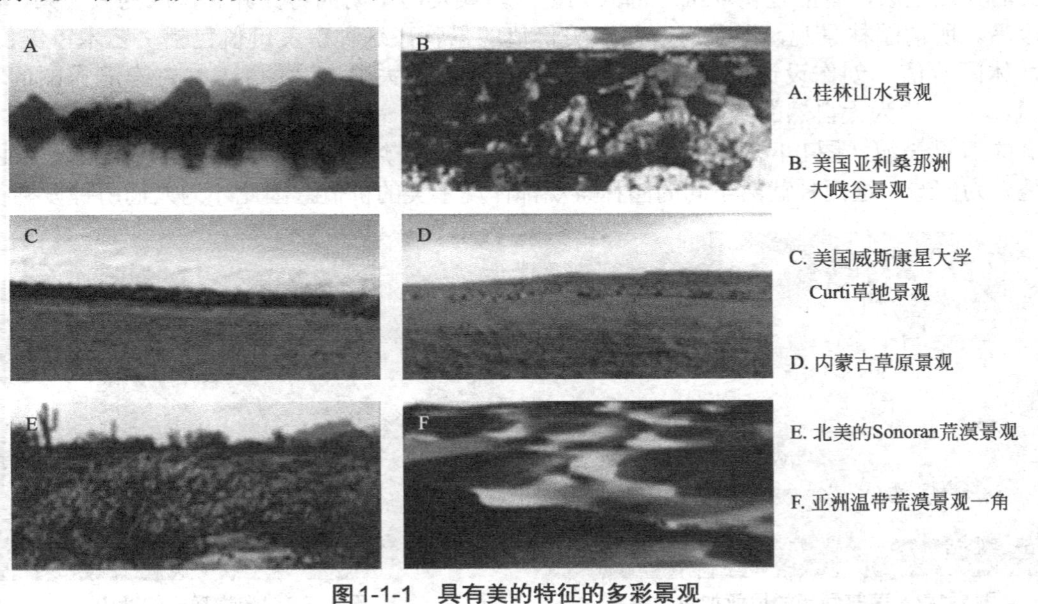

A. 桂林山水景观
B. 美国亚利桑那洲大峡谷景观
C. 美国威斯康星大学Curti草地景观
D. 内蒙古草原景观
E. 北美的Sonoran荒漠景观
F. 亚洲温带荒漠景观一角

图1-1-1　具有美的特征的多彩景观

（1）视觉美学上的释义

在欧洲，“景观”一词最早来源于《圣经》，用来描述耶路撒冷城美丽的景画，与“风景”同意。

（2）地理学上的释义

地理学上的景观在强调其地域整体性的同时，更强调综合性，认为景观是由气候、地貌、水文、土壤、植被、生物等自然要素以及文化要素组成的地理综合体，这个综合体典型地重复在地表的一定地带内。

（3）景观生态学上的释义

景观生态学上的景观是空间上相邻、功能上相关、发生上有一定特点的生态系统的聚合。这个整体更侧重于人的参与性，更具有生态和人文景观的特质。

综上所述，景观是由相互作用的生态系统镶嵌构成的，并以类似形式重复出现，存在高度空间异质性的区域，其主要特征是可辨识性、空间重复性和异质性。

2. 景观要素

景观是由若干相互作用的生态系统构成的。因此，构成景观的基本的、相对均质的生态系统或单元即景观要素。美国生态学家Forman和法国生态学家Godron在观察和比较各种不同景观的基础上，认为组成景观的景观要素类型主要有3种：斑块/缀块/嵌块体（patch）、廊道/走廊（corridor）和基底/本底/基质（matrix）。

（二）园林景观

1. 园林景观的含义

人类从茹毛饮血、树栖穴息到捕鱼狩猎、采集聚落开始，直至建立了城市公园、国家公园的今天，经历了数千年的悠悠岁月。在这漫漫的历史长河中，人类写下了来自自然、索取自然、破坏自然、保护自然，最终回归自然的文明史。同时，人类也谱写了中国汉书《淮南子》、《山海经》记载的“悬圃”、“归墟”，西方《旧约圣经·创世纪》中描写的“伊甸园”，直至今日各国创作的各种公园、花园的世界园林史诗。

园林景观，犹如散落在茫茫大千世界的璀璨星辰，装点着人类的环境。它们有的是鬼斧神工的天然生成，有的是精雕细琢的人为创造，焕发出不同的奇光异彩，成为人类共享的艺术珍品。所谓园林景观，即具有观赏审美价值的景物，这种审美价值包括：艺术审美价值、观赏休闲价值、创作设计价值。荡气回肠的尼亚加拉大瀑布（图1-1-2）、幽静秀丽的黄山（图1-1-3），均为大自然的绝妙之笔，洋溢着美的旋律；神奇诡秘的金字塔（图1-1-4）、大气磅礴的万里长城（图1-1-5），凝聚了人类创造的智慧，焕发着美的光彩。不管是天然生成，还是人为创造，这两种截然不同的园林景观都体现了美的价值，因此才为人们所钟爱神往。

图1-1-2　荡气回肠的尼亚加拉大瀑布

图1-1-3　幽静秀丽的黄山

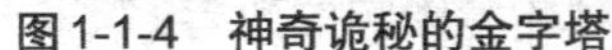

图1-1-4　神奇诡秘的金字塔

图1-1-5　大气磅礴的万里长城

2.城市与园林景观

园林景观是城市景观效果的重要组成部分。风景优美的城市，不仅要有优美的自然地貌和良好的建筑群体，园林景观的质量也对城市面貌起着决定性的作用。

（1）丰富城市天际线

城市中的大量硬质楼房，形成轮廓挺直的建筑群体，而园林绿化则是柔和的软质景观，这两种景观相互融合、高低错落、刚柔对比，形成了丰富多变的城市天际线。

（2）形成区域景观特征

在城市景观中，针对不同的功能进行分区，如工业区、商业区、交通枢纽、文教区、居住区等，这些区域采取有特色的植物造景，可以形成丰富多彩、各具特色的城市区域景观。

（3）构成城市中心景观

在城市集合点建造的公园等园林绿地，是视线和人流的焦点，这些园林景观都具有明显的特征，加上植物造景，能从功能和景观上起到重要作用，从而构成城市中心景观。

（三）园林与绿地

1.园林的释义

关于园林的专业名称和译法，古今中外，见仁见智，各执一词。日本仍称造园，韩国称造景，中国香港叫园境。在中国内地更为多样，建筑学学科称之为景观建筑学或景园建筑学；吴良镛学者称其为环境设计、环境景观设计；孙筱祥称其为环境规划设计。另外，一些海归园林学者如俞孔坚等就此提出了景观学、景观设计学概念。

园林，在中国古籍里根据不同性质也称作园、囿、苑、园亭、庭园、园池、山池、池馆、别业、山庄等；英美两国则称之为Garden、Park、Landscape Garden。它们的性质、规模虽不完全一样，但都具有一个共同的特点，即：在一定的地段范围内，利用并改造天然山、水、地貌，或者人为地开辟山、水、地貌，结合植物的栽植和建筑的布置，从而构成一个供人们观赏、游憩、居住的环境。创造这种环境的全过程（包括设计和施工在内）一般称之为造园，研究如何去创造这样一个环境的学科就是造园学。

被誉为美国第一位风景园林大师的奥姆斯特德（Frederick Law Olmsted）是建设城市公园和提倡自然保护的创始人。1875年，奥姆斯特德和他的助手沃克斯（Calvert Vaux）合作，提出了编号为33号，叫做“绿草地”的纽约中央公园修建设计方案，并在设计竞赛中赢得头奖。此后，在美国掀起一场“城市公园”建设运动，很多重要的城市公园设计工作都由他主持，如费城的斐蒙公园（Fairmount Park Philadelphia）、布鲁克林的前景公园（Prospect

Park Brooklyn）以及1874～1895年间在首都华盛顿（Washington）的国会山周围的环境美化工作。奥姆斯特德首次把艺术用于改造和美化自然，他在美国首先提出以“Landscape Architecture”一词代替“Landscape Gardening”。后来，该专业名称被全世界园林界同仁所认可。Landscape Architecture译成中文为“风景园林”或“园林”。

欧洲园林景观院校理事会（ECLAS）对园林的解释是：“园林既是一种社会职业活动，又是一门学科专业，它包括在城市与乡村、地方与地区范围内从事的景观规划、管理和设计活动。它所关注的是基于当代及后代福祉的景观及相关价值的保护与提升；它所关注的领域包括从国家公园到户外空间的具体设计；它关注具有历史意义的公园与花园研究、保护和重建工作；它参与城市开放空间与废弃土地恢复的管理工作；它通过利用从生态学、环境心理学的技术手段到大地艺术的方法来创造新空间；它致力于景观资源的评价和环境影响研究的前期准备；它参与居民区环境的设计和新建基础设施项目对环境影响的改善。”

2.园林的基本要素

园林的规模有大有小，内容有简有繁，但都包含着地形地貌、水体水系、园林植物、园林建筑这四大基本要素。

山和水体是园林地形地貌的基础，是园林的骨架，是园林造景的基础。山包括土山、石山和土石相间的山。园林中的山，可以是真山，亦可以是人工塑造的假山。水体因其具有独特的生理作用和观赏价值而成为园林造景的重要元素之一。

自然界的水体水系有溪流、山涧、江河、湖海、池塘、瀑布等多种多样的形式。园林中的水景，实际上多是对自然界水体景观的模拟、提炼和再现。山体和水体水系不仅本身可以成景，如叠石假山、瀑布、喷泉等，还可以用来分隔组织园林空间。天然的山水需要加工、修饰、整理。人工开辟的山水要讲究造型，要解决许多工程问题，才能有效地衬托园林景观。因此，筑山（包括地表起伏的处理）和理水，就逐渐发展成为造园的专门技艺。

植物栽培起源于生产的目的，早先的人工栽植，以提供生活资料的果园、菜畦、药圃为主，后来随着园艺科学的发展，才有了大量供观赏之用的树木和花卉。园林植物包括乔木、灌木、花卉、草坪地被等。现代园林的植物配置，是以观赏树木和花卉为主，也可辅以部分果树和药用植物，把园林与生产结合起来。园林植物的形态（根、茎、叶、花、果实、种子）千变万化、绚丽多彩。不同的植物配置，形成不同的景观，如“柳浪闻莺”、“竹深荷净”、“梨花伴月”、“青枫绿屿”等。植物清新的绿色使环境显示出蓬勃生气，能够缓和刺目的颜色；富于曲线变化的枝叶团簇和树冠，能对建筑和山石生硬的线条进行一定程度的调和。花草树木是自然景观的基本组成部分，因此，园林设计者必须深入了解园林植物的各种观赏性状，设计出表现丰富的景观，使园林一年四季都有不同的景致。

园林建筑包括屋宇、建筑小品以及各种工程设施。它们不仅在功能方面必须满足游人的游憩、居住、交通和供应的需要，同时还以其特殊形象的艺术性而成为园林景观必不可或缺的一部分。建筑之有无是区别园林与天然风景的主要标志。

此外动物有时也是园林中的“配角”。“蝉噪林愈静，鸟鸣山更幽”道出了山花野鸟之间的情趣。“鸟语花香、鱼翔浅底、粉蝶纷飞”增添了园林的生机，加强了园林景观的效果。不过动物并非园林中的必需，只有在动物园中才是必不可少的。

因此，园林是一种社会物质财富。把山、水、植物和建筑组合成为有机的整体，从而创造出丰富多彩的园林景观，给予人们赏心悦目的美的享受。

3.园林与绿地的区别

绿地是城市园林绿化的载体。园林与绿地属于同一范畴，具有共同的基本内容，但又有所区别。

我们现在所称的“园林”是指为了维护和改变自然地貌，改善卫生条件和地区环境条件，在特定的土地范围内，根据一定的自然规律，运用工程技术和艺术手段，应用园林的四大基本要素（包括地形地貌、水体水系、园林植物、园林建筑），通过改造地形或进一步筑山、叠石、理水、种植树木花草、营造建筑及布置园路等途径创作、组合建造的环境优美的空间游憩境域。包括各种公园、花园、动物园、植物园、风景名胜区及森林公园等。广义上可包括街道、广场等公共绿地，但绝不包括森林、苗圃和农田。

绿地的含义比较广泛，凡是种植树木花草形成的绿化地块都可称作绿地。城市绿地是指城市专门用以改善生态，保护环境，为居民提供游憩场地和美化景观的绿化用地。由国外近代和现代有关城市绿地理论与实践可以看出：无论是从霍德华的“田园城市”到英国战后的“绿带法”（Green Belt Act），还是从美国公园系统的理论与实践到德国“大柏林规划竞赛”方案中的“绿地系统”，绿地一直就是一个广义的概念。

绿地的大小相差悬殊，小的如宅旁绿地，大的如风景名胜区。绿地的设施质量高低相差也很大，精美的如古典园林，粗放的如卫生防护林带等。绿地可以具有多种多样的目的和功能。不但市区和郊区各种公园、花园、森林公园属于绿地，街道和滨河的种植地带、防风防尘绿带、卫生防护林带、墓园等也属于绿地。还有工矿企业、机关、学校、部队等单位的绿地，可称作环境绿地，郊区的苗圃、果园、茶园等也是特殊用途的生产绿地。

就所指对象的范围来看，“绿地”比“园林”广泛。“园林”必可供游憩，必是绿地；然而“绿地”不一定均称“园林”，也不一定均供游憩。所以，“园林”是绿地中设施质量与艺术标准较高，环境优美，可供游憩的部分。城市园林绿地既包括了环境和质量要求较高的园林，又包括了居住区、工业企业、机关、学校、街道广场等普通绿化的用地。

4.园林绿地的范围

园林的范围在各个历史时期有着不同的划分。

古代园林，绝大部分都属于统治阶级所私有：主要类型为帝王的宫苑，贵族、官僚、地主和富商在城市里修建的宅园和郊外修建的别墅，寺院所属的园林和官署所属的园林等，公共游览性质的园林为数极少。19世纪以后，在一些资本主义国家，大工业的发展导致城市人口过度集中、城市建筑密度增大。资产阶级为避开城市的喧嚣，而纷纷在郊野地带修建别墅；为了满足一般城市居民户外活动的需要，则大规模建造集团式住宅的同时，辟出专门地段来建造适应于群众性游憩和活动的公园、街心公园、林荫道等公共性质的园林。从而构成了这一时期园林建设的主要内容。

从20世纪60年代开始，在工业高度发达的国家，由于人民生活水平不断提高，对游憩环境的需要与日俱增。旅游观光事业以空前的规模蓬勃地发展起来，对园林建设也相应地提出了新的要求。现代园林的概念，不仅仅局限在一定范围内的宅园、别墅、公园等，其内容已大大扩展，几乎人们活动的绝大部分场所，都与园林有关。今天，大到上万公顷的风景区，小至可置于股掌之间，仅可供观赏的插花、盆景等，都因其创作素材和经营手法的相同而可归于园林范畴。

凡城市的居住区、商业区、中心区、文教区以及公共建筑和广场等，都加以园林绿化；郊野的风景名胜区、文物古迹，也都结合园林建设来经营。园林不仅作为游赏的场所，还可用来改善城镇小气候条件，调整局部地区的气温、湿度、气流，并以它来保护环境、净化城市空气、减低城市噪声、抑制水质和土壤的污染。园林还可以结合生产，如栽培果木、药材和养殖水生动植物等，从而创造物质财富。总之，现代园林比以往任何时代，范围更大，内容更丰富，设施更复杂。

5.城市园林绿地的类型

（1）城市园林绿地的分类要明确的问题

① 以绿地的功能为主要的分类依据。目前国内外的分类方法各不相同，有按所处位置分类的，有按功能用途分类的，有按面积规模分类的，有按服务范围分类的。根据我国各城市实际情况，按功能分类比较符合实际，有利于绿地的详细规划与设计工作，也便于反映各城市的园林绿化特点。

② 绿地分类要与城市规划用地平衡的计算口径一致。在城市总体规划中，有的绿地要参与城市用地平衡，而有的则属于某项用地范围之内，在城市总体规划的用地平衡计算中不另行计算面积。分类时考虑这个原则，可以避免城市用地平衡计算上的重复。

③ 绿地分类要力求反映不同类型城市绿地的特点。绿地的分类方法及计算应能正确地、全面地反映出各类城市的特点、绿化水平、发展趋势，以便为今后制定绿地规划的任务、方向提供依据。

④ 绿地分类应尽量考虑与世界其他国家的可比性。绿地的分类及绿地定额指标的计算，应能够同其他国家进行比较。

⑤ 各类绿地的名称及分类应尽量考虑到我国的实际情况和习惯称呼。

⑥ 在分类时要考虑绿地的统计范围、投资来源及管理体制。城市园林绿地是指城市总体规划中确定的绿地，属园林部门管辖范围。城市中属农林用地的果、林和文物宗教部门管理的文物古迹等均不应包括在内，这样有利于各专业部门的经营管理。

（2）城市园林绿地的类型

2002年，住房和城乡建设部颁布实施了新的《城市绿地分类标准》(CJJ/T 85—2002)，将城市绿地分为大类、中类、小类三个层次，共5大类、13中类、11小类。其中的五大类如下。

① 公园绿地　向公众开放，以游憩为主要功能，兼具生态、美化、防灾等作用的绿地。包括：各类公园、动物园、植物园、风景名胜公园、带状公园、游乐公园、其他专类公园（包括雕塑园、盆景园、体育公园、纪念性公园等）。

② 生产绿地　为城市绿化提供苗木、花草种子的苗圃、花圃、草圃等圃地。

③ 防护绿地　城市中具有卫生、隔离和安全防护功能的绿地。包括卫生隔离带、道路防护绿地、城市高压走廊绿带、防风林、城市组团隔离带等。

④ 附属绿地　城市建设用地中绿地之外各类用地中的附属绿化用地。包括居住用地、公共设施用地、工业用地、仓储用地、对外交通用地、道路广场用地、市政设施用地和特殊用地中的绿地。

附属绿地的分类基本上与国家现行标准《城市用地分类与规划建设用地标准》(GB 50137—2011）中建设用地分类的大类相对应。

⑤ 其他绿地　对城市生态环境质量、居民休闲生活、城市景观和生物多样性保护有直接影响的绿地。包括风景名胜区、水源保护区、郊野公园、森林公园、自然保护区、风景林地、城市绿化隔离带、野生动植物园、湿地、垃圾填埋场恢复绿地等，也是指位于城市建设用地以外生态、景观、旅游和娱乐条件较好或亟需改善的区域，一般是植被覆盖较好、山水地貌较好或应当改造好的区域。

除公园绿地、生产绿地和防护绿地外，附属绿地和其他绿地不参与城市建设用地平衡。

6.园林绿地的功能

（1）生态防护功能

主要有：① 净化空气。园林植物能吸滞烟灰、粉尘和有害气体，释放大量氧气，净化空气。② 调节气候。园林绿地具有吸热、遮荫、增加空气湿度、降低气温等作用，有助于形成良好的小气候。③ 杀灭细菌。园林植物的蒙尘和杀菌作用可以大量减少空气中含菌量，从而保护了人们，减少患病的机会。④ 减弱噪声。茂密的树林和宽广的绿带，能够吸收和隔挡噪声，使环境变得较为宁静。⑤ 防风、防火、防震、防止水土流失。

（2）美化功能

园林绿地，不仅改善了城市生态环境，还可以通过千姿百态的城市植物和其他园艺手段，布置和美化环境，从而满足人们精神境界的追求，为人们提供优美的生活环境和休息、欣赏、游览、娱乐的场所，使人们远离自然而得到自然之趣，调节人们的精神生活，美化情操，陶冶性情，使人们获得高尚的、美的精神享受。

（3）生理功能

处在优美的绿色环境中的人们，脉搏次数下降，呼吸平缓，皮肤温度降低。绿色是眼睛的保护色，使疲劳的眼睛容易恢复。当绿色在人的视野中占25%时，可使人的精神和心理最舒适，产生良好的生理效应。

（4）心灵功能

优美的绿色环境可以调节人们的精神状态，陶冶情操。优美清新、整洁、宁静、充满生机的园林绿化空间，使人们精力充沛、感情丰富、心灵纯洁、充满希望，从而激励人们为幸福去探索、去追求、去奋斗，更激发了人们爱家乡、爱祖国的热情。

（5）欣赏功能

随着人们生活水平的不断提高，园林绿地可以满足人们的爱美、求知、求新、求乐的愿望。

（6）教育功能

广大的园林和风景名胜区，含有优美的自然山水、园林景观和众多的名胜古迹，它体现着祖国的壮丽风貌和我国古代物质文明、精神文明的民族特征，是具有艺术魅力的活的实物教材，这种园林艺术形式的宣传作用、感染力特别强烈，除了能使人们获得美的享受外，更开阔眼界、增长知识才干、有益于磨炼人们的意志和加强道德观念，也是社会主义精神文明的重要组成部分。

（7）服务功能

服务功能是园林绿地的本质属性。为社会提供优良的生态环境，为人们提供美好的生活环境和游览、休息、文化活动的场所，始终是园林绿化事业的根本任务。

（8）生产功能

园林绿地除具有以上各种功能外，它的根、茎、叶、花、果实、皮、树液等都具有经济价值或药用、食用等价值。有的是良好的用材，有的是美味的蔬果食物，有的是药材、油料、香料、饮料、肥料和淀粉、纤维的原料。总之，园林绿化创造物质财富，也是它的固有属性。

综上所述，园林绿地的功能是多方面的，其生态效益及其他综合功能，是城市其他组成部分所不能提供的，具有不可替代性。

具有自净能力及自动调节能力的城市园林绿地，被称为“城市之肺”。它是构成城市生态系统中唯一执行自然“纳污吐新”负反馈机制的子系统；是优化环境、保证系统稳定性的必要组成；是城市生物多样性保护的重要基地；是实现城市可持续发展的一项重要基础设施。

城市园林景观绿地作为城市生态系统的主要生命支持系统，在保护和恢复绿色环境、维持城市生态平衡和改善提高城市生态环境质量方面起着其他基础设施所无法代替的重要作用。因此，以城市生态为核心，提高城市园林景观绿地系统的生态功能，建立完善的城市生态园林绿地系统是现代化城市发展的战略方向，也是城市发展达到良性循环的必然趋势。许多国家已将其作为城市现代化水平和文明程度的一个衡量标准和制定城市可持续发展战略的一个重要内容。

7. 城市园林绿化建设工作的任务和指导思想

（1）城市园林绿化工作的任务

绿化一词，源出于俄文Озеленение，是泛指除天然植被以外的，为改善环境而进行的树木花草的栽植。就广义而言，绿化工作可以归入园林工作的范畴，统称为园林绿化工作。

城市园林绿化工作是社会主义现代化建设的一项重要内容。它既关系到物质文明的建设，也关系到精神文明的建设。城市绿化是城市发展建设的重要组成部分，是营造生态城市、建设绿地系统的重要手段，是城市生态环境建设的核心内容，它创造和维护适合人民生产劳动和生活休息的环境质量。国外许多国家把城市绿化作为保护环境和净化大气的一项重要措施。

（2）城市园林绿化建设的指导思想

随着科学的发展，多种学科的相互渗透、验测手段的进步，促进了人们对于园林植物生理功能和对人的心理功能作用等认识的提高。因此，人们对园林绿化多方面功能的认识更加全面，人们从过多强调其观赏、游憩等作用的观点，提高到保护环境、防止污染、恢复生态良性循环、保障人体健康的观点。从而，使城市园林绿化的指导思想产生了一个新的飞跃。当今，在园林绿化建设指导思想上有多种主张，主要有：

① 追求“原野游憩”，使人类更高程度地利用大自然；

② 主张“自然进展”的园林；

③ 主张“拟自然园林”；

④ 主张以“景观生态学（Landscape Ecology）”理论来研究整个景观，提出建设“风景园林”；

⑤ 主张“大环境绿化”；

⑥ 建立“城市森林与城市林业”的理论；

⑦ 建设“生态园林”。

二、园林学

（一）园林学的定义

“园林学是研究如何合理运用自然因素（特别是生态因素）、社会因素来创造优美的、生态平衡的人类生活境域的学科。”（引自《中国大百科全书·建筑园林·城市规划》）。

园林学尚能表明学科的历史由来和发展，顺应中国人的思维和认识习惯，此称谓也已被许多国际同行所认同。

（二）园林学的范围

园林学的研究范围是随着社会生活和科学技术的发展而不断扩大的，园林学是不断发展、不断延伸拓展的学科。

目前就国际范围而论，风景园林学科专业的发展以美国为先导，欧、日包括我国的台湾，其风景园林学科专业的设置也多与美国相近似，其工程实践的范围也基本相同。

园林学当前的研究范围，包括传统园林学、城市绿化学科和大地景观规划三个层次。这种从微观到中观再到宏观循序渐进的规划设计层次使园林学科的系统更为完善，更具开放性与综合性。

传统园林学主要包括园林史、园林艺术、园林植物、园林规划设计、园林工程、园林建筑等分支学科，园林设计是根据园林的功能要求、景观要求和经济技术条件，运用上述各分支学科的研究成果，来创造各种园林的艺术形式和艺术形象。

城市绿化学科是研究绿化在城市建设中的作用，确定城市绿地定额指标、城市绿地系统的规划和公园、街道绿地以及其他绿地的设计等。

大地景观规划是发展中的课题，其任务是把大地的自然景观和人文景观当作资源来看待，从生态效益、社会效益和审美效益等三个方面进行评价和规划。在开发时最大限度地保存自然景观，最合理地使用土地。规划步骤包括自然资源和景观资源的调查、分析和评价；保护或开发原则和政策的制定以及规划方案的制订等。大地景观的单体规划内容有风景名胜区规划、国家公园规划、休养胜地规划和自然保护区游览部分的规划等，这些工作也要应用传统园林学的基础知识。

园林学的发展，一方面引入各种新技术、新材料、新的艺术理论和表现方法用于园林的营建，如利用遥感技术及计算机技术解决设计、植物材料、生态条件、优化组合等方面的问题，这将十分有利于本学科的发展；另一方面要进一步研究自然环境各个因素和社会因素的相互关系，引入心理学、社会学和行为科学的理论，深入地探索人们对园林的需求及其解决的途径。尤其是使园林概念内涵进一步延伸和拓展，使与园林涵义相同或相近的各类新名词不断产生。

三、风景园林学

（一）风景园林学一级学科的确立

2011年，在园林专家学者和先辈们的多年长期不懈努力下，教育部根据国际的成功经验和中国的实际情况，在调整国家学科和专业目录时，确立了风景园林一级学科的地位，用“风景园林”统一规范了相关专业，把“风景园林学”（Landscape Architecture）作为工学门类中的一级学科（学科编号为0834，可授工学、农学学位），使几代园林人的奋斗终于修成正果。

2012年，国家对于风景园林学科和本科专业目录进行了进一步的规范和调整，在本科专业目录中，把具有工科性质的、诸多混乱而无序的学科名称如：“景观”、“景观建筑”、“景观设计”、“景观学”、“风景园林”、“园林”等统一规范并正名为风景园林（Landscape Architecture），规定授予工学学位；具有农林性质的原名称为“园林”的专业，名称不变，规定授予农学学位。

（二）风景园林学的任务与内容

国务院学位委员会、教育部对学科门类和一级学科目录进行修订确立的风景园林一级学科包括了6个主要研究方向：风景园林历史与理论、风景园林与景观遗产保护、大地景观规划与生态恢复、园林与景观设计、园林植物应用、风景园林工程与技术。

综合以上来看，在统一的风景园林一级学科的统筹下，参考国家的二级学科研究方向，可将风景园林二级学科规划为如下6个方向。

（1）风景园林规划与设计

这是兼具艺术和科学的二级学科，是风景园林一级学科主要培养方向之一，界限较为明确，且已具有成熟的人才培养方案。该二级学科主要解决风景园林如何直接为人类提供美好的户外空间环境的基本问题，重点在人居环境的景观营造。由于实践内容与日常人居环境息息相关，学科专业应用面广且量大，得到社会认可，有很好的社会需求。

（2）大地景观规划与生态修复

该二级学科主要解决风景园林学科如何保护地球表层生态环境的基本问题。

（3）风景园林历史理论与遗产保护

该二级学科主要解决风景园林学学科的认识、目标、价值观、审美等方向路线问题，同时还应加强对自然资源、文化景观及文化遗产的保护与利用的研究和人才培养的力度。

（4）风景园林植物应用

作为风景园林最重要的材料，该二级学科要解决植物如何为风景园林服务的基本问题。植物是风景园林景观构成的基础，没有植物就没有当今的风景园林。在风景园林学科建设中，园林植物不仅是植物的配置、植物规划、设计或植物应用，而且包括树木栽培、管理、繁殖、病虫害防治、生态等。

（5）风景园林建筑设计

园林中的建筑以中小型体景观建筑为主体，在保证功能的前提下，将建筑形式、外貌、风格、文化与风景园林的景观营建有机结合，形成具有中国风景园林特色的建筑人才培养体系。因此，此二级学科除了要跟踪世界上建筑艺术和科技的新潮流，更要加强建筑学理论与技术的培养，加强对中国传统园林建筑、不同地方特色的民居建筑等的知识的研究，勇于创建自己的潮流，最终做到引领世界潮流。

（6）风景园林工程与技术

该二级学科要解决风景园林建设的工程原理、工程设计、施工和养护管理技术等基本问题，是目前学生就业的主要领域，但基础资源和优势不强。其作为风景园林遗产保护、规划设计、生态修复、建设、养护实现的手段，是风景园林学科专业走向实践、落实在行业中的基本保证，该学科的龙头引领作用必将与日俱增。

四、风景园林规划设计

（一）风景园林规划设计的含义

风景园林规划设计就是园林绿地在建设之前的筹划谋略，是实现风景园林美好理想的创造过程，它受到经济条件的影响和艺术法则的指导。

风景园林规划设计包含风景园林规划和风景园林设计两个含义。

1.风景园林规划

首先，从宏观上讲，风景园林规划是指对未来风景园林发展方向的设想安排。主要任务是综合确定安排风景园林建设项目的性质、规模、发展方向、主要内容、基础设施、空间综合布局、建设分期和投资估算的活动。这种规划是由各级园林行政部门制定的。由于这种规划是若干年以后风景园林发展的设想，因此需制订出长期规划、中期规划和近期规划，用以指导风景园林的建设，这种规划也叫发展规划。

其次，另一种风景园林规划是指对一个风景园林（包括已建和拟建的风景园林）所占用的土地进行安排和对风景园林要素即山水、植物、建筑等进行合理的布局与组合。如一个城市的风景园林规划，要结合城市的总体规划，确定出风景园林的比例、分布等；要建一个公园，也要进行规划，如景区的类别划分、位置布置、面积以及投资和完成的时间等。这种规划是从时间、空间方面对风景园林进行安排，使之符合生态、社会和经济的要求，同时又能保证风景园林各要素之间取得有机联系，以满足园林艺术要求。这种规划是由园林规划设计部门完成的。

2.风景园林设计

通过规划虽然在时空关系上对风景园林建设进行了安排，但是这种安排还不能给人们提供一个优美的园林环境。为此，要求进一步进行风景园林设计。“设”者，陈设，设置，筹划之意；“计”者，计谋，策略之意。所以，风景园林设计就是为了满足一定目的和用途，在规划的原则下，围绕园林地形，利用植物、山水、建筑、道路广场等园林要素创造出有独立风格、有生机、有力度、有内涵的园林环境，或者说风景园林设计就是具体实现规划中某一工程的实施方案，是具体而细致的施工计划。

由于风景园林具有地形地貌、水体水系、园林植物、园林建筑四大基本要素，为此风景园林设计就是在一定的地域范围内，运用园林艺术和工程技术手段，通过改造地形或进一步筑山、叠石、理水，种植树木、花草，营造建筑和布置园路等途径创作而建成的美的自然环境和生活、游憩境域的过程。

风景园林设计包括：地形设计（图1-1-6）、建筑设计（图1-1-7）、园路设计（图1-1-8）、植物种植设计（图1-1-9）、园林小品设计（图1-1-10）、园林水体设计（图1-1-11）。

图1-1-6　地形设计

图1-1-7　建筑设计

图1-1-8　园路设计

图1-1-9　植物种植设计

图1-1-10　园林小品设计

图1-1-11　园林水体设计

风景园林规划设计的最终成果包括风景园林规划设计图（总体规划设计图、详细规划设计图、施工规划设计图）和设计方案说明书。

（二）风景园林规划设计要注意的问题

风景园林规划设计不同于林业规划设计，因为它不仅要考虑经济、技术和生态问题，还要在艺术上考虑“美”的问题，要把自然美融于生态美之中；同时还要借助建筑美、绘画美、文学美和人文美来增强自身的表现能力；风景园林规划设计也不同于单纯地绘制平面图和立面图，更不同于绘画，因为风景园林规划设计是一种立体室外空间艺术造型，是以园林地形、建筑、山水、植物为材料的一种空间艺术创作。园林绿地的性质和功能决定了风景园林规划设计的特殊性，为此，风景园林规划设计要求注意以下几个方面的问题。

1. 在规划之前，先确定主题思想

园林绿地的主题思想，是风景园林规划设计的关键，根据不同的主题，可以设计出不同特色的园林景观。例如，某一公园以“松竹梅”为主题，设计为老年宫小院。在配置植物时，院外环绕草坪，草坪上种植常绿松树，并设“鹤舞”雕塑象征老年人常乐、长寿。而另一公园以“春花烂漫”为主题，则在广场中央设置喷泉、花坛及“迎新春”的雕塑。两个主题，两种景色。因此，在风景园林规划设计前，设计者必须巧运匠心，仔细推敲，确定园林绿地的主题思想。这就要求设计者有一个明确的创作意图和动机，也就是先立意。意是通过主题思想来表现的，意在笔先的道理就在于此。另外，园林绿地的主题思想必须同园林绿地的功能相统一。

2. 运用生态学原则指导风景园林规划设计

随着工业的发展，城市交通的繁忙，城市人口的增加，城市生态环境受到严重的破坏，直接影响了城市人民的生存条件，保持城市生态平衡已刻不容缓。为此，要运用生态学的观点和途径进行风景园林规划布局，使园林绿地在生态上合理，构图上符合要求。城市园林绿地建设，应以植物造景为主，在生态原则和植物群落原则的指导下，注意选择色彩、形态、风韵、季相变化等方面有特色的植物进行绿化，使城市园林绿地景观与改善和维护城市生态环境融于一体，或以园林景观反映生态主题，使城市园林既能发挥生态效益，又能表现出城市园林的景观作用。

3. 园林绿地应有自己的风格

在风景园林规划设计中，如果根据自己的想法随意进行，或照抄、照搬别处景物，盲目拼凑，就必定导致园林形式不古不今，不中不外，没有风格，以致缺乏吸引游人的魅力。

《园林谈丛》一书中说：“古典折子戏，亦复喜看，每个演员演来不同，就是各有独到之处。”这个独到之处就是演员演出了自己的风格。园林也是一样，每一个园林绿地，都要有自己的独到之处，有鲜明的创作特色和个性，这就是园林风格。

园林风格是多种多样的，主要表现在民族风格、地方风格、时代风格、个人风格等方面。

园林民族风格的形成受到历史条件和社会意识形态的影响。古代西方园林和东方园林就体现了不同的民族风格，西方园林以一览无余的规则式为主要形式，而以中国为代表的东方园林则以自然式的山水为主要形式。

园林地方风格的形成，即在统一的民族风格下也受自然条件和社会条件的影响。长期以来，中国北方古典园林多为皇家园林，南方多为私家园林，加上气候条件、植物条件、风土民俗以及文化传统的不同，我国园林风格北雄南秀，各不相同。

园林的时代风格形成，也受到时代变迁的影响。当今世界，科学技术迅猛发展，世界各

国的交流日益频繁，随着新技术的发展，一些新材料、新技术、新工艺、新手法必然在园林中得到广泛的应用，从而改变了园林的原有形式，增强了时代感。如采用了计算机技术控制的色彩音乐喷泉，与时代节奏和拍，体现了时代的特征。

园林风格的形成除受到民族、地方特征和时代的影响外，还受到园林设计者个性的影响。如清初画家李渔所造的石山以“瘦、漏、透”为佳；而唐代白居易却善于组织大自然中的风景于园林之中。这些园林的风格，也分别反映出园林的个性。所谓园林的个性就是个别化了的特性，是对园林要素如地形、山水、建筑、花木、时空等在具体园林中的特殊组合，从而呈现出不同园林绿地的特色，防止了千园一面的雷同现象。

中国园林的风格主要体现在园林意境的创作、园林材料的选择和园林艺术的造型上。园林的主题不同，时代不同，选用的材料不同，园林风格也不相同。

（三）风景园林规划设计的性质及任务

1.风景园林规划设计的性质

风景园林规划设计是一门集工程、艺术、技术于一体的课程。这门学科所涉及的知识面较广，它包括文学、艺术、生物、生态、工程、建筑等诸多领域，同时，又要求综合各学科的知识统一于园林艺术之中。所以，风景园林规划设计是一门研究如何应用艺术和技术手段处理自然、建筑和人类活动之间复杂关系，达到和谐完美、生态良好、景色如画之境界的一门学科。它要求学生既要有科学设计的精神，又要有艺术创新的想象力，还要有精湛的技艺。

随着社会的发展，新技术的崛起和进步，风景园林规划设计也必然要适应新时代的需要，对学科的未来发展指明方向。

生态学是研究人类、生物与环境之间复杂关系的科学。20世纪70年代后，生态平衡的理论得到迅速发展。生态平衡是自然科学问题，同时也是经济问题以及社会问题。以生态学的原理与实践为依据，将是风景园林规划设计的发展趋势。

现代城市对园林绿化的要求已不仅是美化景观、增加游憩场所的传统问题，而是解决城市生态环境问题。人类起源于自然，是自然的组成部分。从人类社会生活的发展中，人与自然的关系是“依赖自然——利用自然——破坏自然——保护自然——人工摹仿自然”的一个认识和实践过程。只有运用生态的途径进行风景园林规划设计，才能创造舒适的人类的生存环境，给人类以美的享受。

上述园林发展趋势表明，风景园林规划设计不仅要求设计者要具备文学、艺术、建筑、生物、工程等方面的知识，还必须掌握生态学的相关领域知识，以便能创作出具有艺术价值、最佳环境效益、理想社会效益和经济效益的园林作品。

2.风景园林规划设计的任务

风景园林规划设计的任务就是要运用地形地貌、园林植物、水体水系、园林建筑等园林物质要素，以一定的自然、经济、工程技术和艺术规律为指导，充分发挥其综合功能，因地制宜地规划和设计各类园林绿地。

（四）风景园林规划设计的作用和对象

1.风景园林规划设计的作用

城市环境质量的高低，在很大程度上取决于园林绿化，而园林绿化的质量又取决于对城市园林绿地进行科学的布局。风景园林规划设计就是对城市园林绿地进行科学布局的一门技术。

通过风景园林规划设计，可以使园林绿地在整个城市中占有一定的位置，在各类建筑中有一定的比例，从而保证城市园林绿地的发展和巩固，为城市居民创造一个良好的工作、学习和生活环境。同时，风景园林规划设计也是上级批准园林绿地建设费用的依据、园林绿地施工的依据以及对园林绿地建设检查验收的依据。所以没有对园林绿地进行规划设计，就不能施工。

2. 风景园林规划设计的对象

当前，我国正处在快速发展时期，城市在迅速扩张，人们迫切需要生态、经济及社会功能于一体的城市绿地。风景园林规划设计的对象主要是各类城市园林绿地，具体指以下五类绿地。

（1）公园绿地的规划设计

指向公众开放，以游憩为主要功能，兼具生态、美化、防灾等作用的绿地的规划设计。包括各类公园、动物园、植物园、风景名胜公园、带状公园、游乐公园、其他专类公园（包括雕塑园、盆景园、体育公园、纪念性公园等）的规划设计。

（2）生产绿地的规划设计

指为城市绿化提供苗木、花草种子的苗圃、花圃、草圃等圃地的规划设计。

（3）防护绿地的规划设计

指城市中具有卫生、隔离和安全防护功能的绿地的规划设计。

包括卫生隔离带、道路防护绿地、城市高压走廊绿带、防风林、城市组团隔离带等绿地的规划设计。

（4）附属绿地的规划设计

指城市建设用地中绿地之外各类用地中的附属绿化用地的规划设计。包括居住用地、公共设施用地工业用地、仓储用地、对外交通用地、道路广场用地、市政设施用地和特殊用地中的绿地的规划设计。

（5）其他绿地的规划设计

指对城市生态环境质量、居民休闲生活、城市景观和生物多样性保护有直接影响的绿地的规划设计。包括风景名胜区、水源保护区、郊野公园、森林公园、自然保护区、风景林地、城市绿化隔离带、野生动植物园、湿地、垃圾填埋场恢复绿地等的规划设计。

（五）风景园林规划设计的指导思想

① 要做好风景园林规划设计，必须具备为人民服务的思想；

② 必须贯彻适用、经济和美观相结合的规划设计原则；

③ 继承与创新也是风景园林规划设计的重要指导思想；

④ 用生态学的观点去进行风景园林建设；

⑤ 要做到科学性与艺术性的统一。

（六）风景园林规划设计与施工养护管理关系

园林景观绿地的规划就是布局，起战略性的作用，布局合理与否，影响全局，规划一经落实到地面，就难以改变。因而，在做规划时必须慎重，反复推敲。设计是一个战术问题，是作局部细则，个别地方设计得不好，虽已落实到地面，尚可推倒重来，不会影响全局，通过修改，使设计趋于完善。

施工是实践设计意图的开端，但是由于构成园林的各种素材，如地形、地貌、山石、植被等，它们不像建筑中的一砖一瓦那样规格一致，假山石和植物有大小之分，形态各异，无一类同，在设计中很难详尽表示，必须通过施工人员创造性地去完成。

养护管理是实践设计意图的完成。由于施工是在短时间内完成的，必然会出现许多不足之处，须要通过精心地养护管理，绿地的艺术效果才能逐渐充实和完善。再者植物是有生命的，它随岁月之增长而消长，也只有通过养护管理，才能使它根深叶茂，延年益寿。一个好的园林是需要几年、十几年甚至几十年的时间，才能使园林艺术达到尽善尽美的境地。

由此可知，施工可以补充设计中的不足，管理也可以充实施工中的疏漏，即，施工与养护管理是规划设计的继续，非如此，不足以提高园林艺术水平。

（七）风景园林规划设计课程的内容

风景园林规划设计课程的内容包括：园林发展史，园林艺术基本原理，园林植物的功能和分类，风景园林规划设计原理、布局、方法和技巧，风景园林规划设计程序，风景园林规划设计图纸及方案设计说明书的编制等；还包括城市绿地系统规划，园林植物的种植规划设计，各类绿地（公园绿地、生产绿地、防护绿地、附属绿地及其他绿地）的规划设计等内容。

（八）风景园林规划设计课程的学习方法

学习园林艺术理论和风景园林规划设计的创作方法：

(1) 首先，要总结我国古代园林景观设计优秀传统，吸取世界各国风景园林规划设计之精华，做到“古为今用，洋为中用”，继承与发展相结合，提高园林创作水平，为人类服务。

(2) 风景园林规划设计课程是一门实践性很强的课程，必须做到理论与实践相结合，理论指导实践，成功的实践积累将反过来促进园林艺术理论的进一步发展。

(3) 风景园林规划设计是一门综合性极强的学科，必须以其他专业课程为基础，因此，要注意对其相关课程的学习。例如，园林绘画、园林制图、园林植物、园林测量等。对园林相关知识的运用显得非常重要，能提高风景园林规划设计课程的学习效率和学习效果。

(4) 掌握和理解风景园林规划设计的原则、方法及要求是学好风景园林规划设计课的关键。本书从不同角度、不同方面贯穿风景园林规划设计的原则、方法和要求，在学习时要很好地把握，这样才能领会所有内容。

(5) 提高艺术观、审美观，并借鉴相关艺术的成就，扩大视野，做到“举一反三”、“触类旁通”。

(6) 学习风景园林规划设计课程要做到“四勤”：勤动脑、勤动口、勤动手、勤动腿；做到“左图右画，开卷有益，模山范水，集思广益，勇于实践，敢于创新”。

(7) 学好风景园林规划设计课程除了会扎实的手工制图以外，还应该具备熟练运用计算机辅助制图能力，这样才能更全面地表达设计人员的构思。

第二节　风景园林发展趋势及时代特征

一、风景园林的特征

随着科学技术的迅猛发展，文化艺术的不断进步，国际交流及旅游的日益方便、频繁，人们的审美观念也将发生很大变化，审美要求也将更强烈、更高级。纵观世界园林绿化的发展，现代园林出现了如下特征：

(1) 各国既保持自己优秀传统的园林艺术、特色，又互相借鉴、融合他国之长及新创造；

(2) 把过去孤立的、内向的园林转变为开敞的、外向的整个城市环境。从城市中的花园转变为花园城市，就是现代园林的特点之一；

(3) 园林中建筑密度有所减少，以植物为主组织的景观取代了以建筑为主的景观；

（4）丘陵起伏的地形和建立草坪，代替大面积的挖湖堆山，减少土方工程和增加了环境容量；

（5）增加生产内容，养鱼、种藕以及栽种药用和芳香植物等；

（6）强调功能性、科学性与艺术性结合，用生态学的观点去进行植物配置；

（7）新技术、新材料、新的园林机械在园林中应用越来越广泛；

（8）体现时代精神的雕塑，在园林中的应用日益增多。

二、风景园林发展趋势

（1）建设生态园林

21世纪是人类与环境共生的世纪，城市园林绿化发展的核心问题即是生态问题。城市园林绿化的新趋势——以植物造景为主体，把园林绿化作为完善城市生态系统，促进良性循环、维护城市生态平衡的重要措施，建设生态园林的理论与实践正在兴起，这是世界园林的大势所趋。随着生态农业、生态林业、生态城市等概念的提出，生态园林已成为我国园林界共同关注的焦点。

（2）建设低碳园林

“哥本哈根气候大会”之后，低碳的理念成为全球的共识，得到广泛认同，低碳园林也逐渐成为园林景观的主流趋势。所谓“低碳生活（Low—carbon Life）”，就是指生活作息时所耗用的能量要尽量减少，从而减少二氧化碳的排放量。低碳生活代表着更健康、更自然、更安全，同时也是一种低成本、低代价的生活方式。而“低碳园林”的精确定义还不完善，一般是指充分利用自然资源，选用乡土树种，植物配置尊重生态规律，地形改造因地制宜，建筑材料与其他园林素材选择以绿色节能为主，以减少化石能源的使用，提高能效，降低二氧化碳排放量为目标，使人、城市和自然形成一个相互依存、相互影响的良好生态系统，达到可持续发展的“天人合一”的理想境界。

（3）综合运用各种新技术、新材料、新艺术手段，对园林进行科学规划、科学施工，将创造出丰富多样的新型园林。既有固定的，又有活动的；既有地上的，又有空中的；既有写实的，又有幻想的。

（4）园林绿化的生态效益与社会效益、经济效益的相互结合、相互作用将更为紧密，向更高程度发展。

（5）园林绿化的科学研究与理论建设，将综合生态学、美学、建筑学、心理学、社会学、行为科学、电子学等多种学科而有新的突破与发展。

自20世纪90年代以来，在可持续发展理论的影响下，当今国际性大都市无不重视开展城市生态绿地建设，以促进城市与自然的和谐发展。由此形成了21世纪的城市园林绿地的三大发展趋势：城市园林绿地系统要素趋于多元化；城市园林绿地结构趋向网络化；城市园林绿地系统功能趋于生态合理化。

第二章

国内外园林发展概况及特点

第一节　中国园林发展概况及特点

一、中国古代园林

中国园林起源于何时，已难考证。从有关记载与汉字可知，中国园林的出现与狩猎、观天象、种植有关。从生产发展看，随着农业的出现，产生了种植园、圃；由人群围猎的原始生产，到选择山林圈定狩猎范围，产生了粗放的自然山林苑囿；为观天象、了解气候变化，而堆土筑台，产生了以台为主体的台囿或台苑。从文化技术发展看，园林比文字产生早，而与建筑同时产生。

（一）商周的“囿”

我国有文字记载的历史号称5000年。我国园林的兴建，是从奴隶经济相当发达的殷商时代开始的，最早的园林历史记载见于3600年前商周时期；最初的形式为“囿”——猎园，距今已有三千多年的历史了。

1. 商朝的“囿”

囿是一定地域加以范围，让天然的草木和鸟兽滋生繁育，并在其中挖池筑台，供帝王贵族们狩猎和游乐。除部分人工建造外，大片的还是朴素的天然景象。狩猎在当时已不是社会生产的主要劳动，而是成为贵族们享受的游乐活动，因此说囿是园林的雏形。

在古代，当生产力发展到一定的历史阶段时，一个脱离生产劳动的特殊阶层出现以后，经济基础以及技术、材料达到一定的水平，上层建筑的社会意识形态与文化艺术等开始达到比较发达的阶段，这时才有可能兴建和从事于以游乐休憩为主的园林建筑。

商朝的囿，多是借助于天然景色，让自然环境中的草木鸟兽及猎取来的各种动物滋生繁育，加以人工挖池筑台，掘沼养鱼。范围宽广，工程浩大，一般都是方圆几十里，或上百里，仅供贵族们在其中进行游憩、礼仪等活动，已成为贵族们娱乐和欣赏的一种精神享受。在囿的娱乐活动中不只是供狩猎，同时也是欣赏自然界动物活动的一种审美场所。

2. 周朝的“囿”

周朝的《诗经》中不少篇幅描绘了山川植物的美丽，并有了园林的概念——栽培农林作物的场所。由此可见，中国园林的起步离不开“园囿”、“猎园”两者的推动，后者更受以游乐为目的的贵族阶层重视，故现园林界多以囿为中国园林之根。“囿”字的古体仿佛是用弓箭（或叉）在围栏内猎取肉食；“美”字曾被人解释为“羊”和“大”字的重合而产生的。贵族们对本不需自己动手的狩猎活动却如此热衷地参与，表明他们已经在这个过程中得到了美的享受，尽管他们并不知道正是这种初级的审美活动创造了博大的中国园林体系。

台榭为中国园林很早的形式，甲骨文中“榭”意为靠山之房，字中间弓箭表示可供人习武，后演化成今天的式样。“台”更是当时园林的主要形式，供人登高眺望。当时有“灵台”

用以观天象，有“时台”以观四时，有“囿台”以观走兽鱼鳖。夏桀之瑶台、商纣之鹿台方圆三里，高千尺，可“临望云雨”、“七年而成”，是历史上的名台。

周文王爱惜民力，有台七十里并与百姓共有之。周朝规定：天子可有囿百里，大国（诸侯）四十里，中等国三十里，小国二十里，自此各地营台成风。楚有章华台，赵有丛台，吴王姑苏台“三年乃成，周旋诘曲，横亘五里，崇伤土木，弹耗人力”，工程浩大，但功能上仅供人欣赏自然景色，宴饮射猎，不再单纯炫耀建筑本身的豪华。

到周朝，园林和城市规划已有了相当大的发展，各自具有鲜明的特色。木结构建筑也已具有较高的水准。木材的生产、加工、彩画、涂金等工艺很发达，建筑“如翚斯飞”——如同飞鸟张开双翼，表明已有出檐特性，显得轻巧灵活，鲁班就是众多匠人中的杰出代表。东方园林中建筑易于与自然融合，而非对立关系，很大程度上是由木结构框架体系通透性强、体量精巧决定的。它保证了即使在中国园林发展后期建筑密度过大的情况下，也并不让人感到过于压抑。

当时砖石材料也有应用，砖瓦表面有精美的花纹和浮雕，其应用也达到了相当高的水准，但在宫室和园林建筑中未能取代木构架而成为第一结构，仅作为柱间的填充和屋顶的覆盖物而出现。

植物方面，当时记载有梅、桃等果木，葛麻、野桑等织造用木，车前草、益母草等药用植物。植物的生态习性也为人熟悉——“山林地，宜耘皁物（壳斗科植物），川涂地（河边），宜耘膏物（杨柳），丘陵地，宜耘核物（核果类），坟衍地，宜耘荚物（豆科），原湿地（池沼水畔），宜耘丛物（芦苇类）”。扦插、嫁接也有记载。

周朝以前各朝代的园林发展，为中国园林风格的形成打下了基础。殷末周初的文王之囿（图2-1-1），其中最著名的是灵台、灵囿、灵沼。它是自然风景苑囿发展到成熟时期的标志，也是最有影响的人工造园的开端。文王之囿以其独有的文化载体（《灵台》诗及相关记载），成为中国造园传统思想、格局、特色的典范。

图2-1-1　文王之囿

另据《述异记》上记载："吴王夫差筑姑苏台，三年乃成，周旋诘屈、横亘五里，崇馆土木，弹耗人力，宫妓数千人，上别立春宵宫作长夜之饮"。"吴王于宫中作海灵馆、馆娃阁、铜构玉槛，宫楹槛，珠玉饰之"，可以看出当时的宫室不仅规模宏大，而且也非常华丽。据记载，吴王夫差曾造梧桐园（今江苏吴）、会景园（在嘉兴）。记载中说："穿沿凿池，构亭营桥，所植花木，类多茶与海棠"，这说明当时造园活动用人工池沼，构置园林建筑和配置花木等手法已经有了相当高的水平，上古朴素的囿的形式在春秋战国时期得到了进一步的发展。

（二）秦汉时的宫苑和私家园林

1.秦朝宫苑

到了封建社会，由于生产力进一步提高，囿的单调游乐内容已不能满足当时统治者的要求，从而出现了以宫室为主体的建筑宫苑，除有动物供狩猎或圈养观赏外，还有植物和山水的内容（注：苑，以自然山林或山水草木为主体，畜养禽兽，比囿规模大，有墙围着，后世帝皇所造规模大的都城郊外的园，多称"苑"。囿，以动物为主体，无墙）。

秦始皇统一中国后，建立了前所未有的庞大帝国。在物质、经济、思想制度等方面做了不少统一的工作。他每消灭一国，必仿建其宫室于咸阳北坡上，为便于控制各地局势，大修道路（道旁每隔8m植松，有人称之为中国最早的行道树），将各国贵族带到了咸阳。咸阳周围宫室林立，后又在渭水之南建"上林苑"，到秦始皇35年（公元前212年）又建阿房宫，同时带到秦国的还有各地的建筑风格。

秦苑兴建的指导思想比东周又有发展，不单纯是骑射狩猎或筑台观景，风景的欣赏已不单是纯直观的，而加入了思维意向的补充。山岳壮美、稳固，矗立千年，让秦始皇感到神秘崇敬，所以他赴泰山封禅企望江山永固。对人生死的神秘感使他在苑中按照齐、燕方士的描述"作长池，引渭水……筑土为蓬莱山"，即仿照传说中的东海三仙山，对自然环境人工地加以塑造。

2.汉朝宫苑

到了汉朝，初期汉高祖建长乐宫、未央宫，其范围就很大，在其中盖了几十个宫殿，有高台、有池山，设"兽圈"，收养百兽等。汉武帝刘彻，是汉之最盛时期，国力富裕，建筑宫苑的形式更得到了发展，继承和发展了秦朝营园宏大壮丽的特点，利用秦之旧址翻建了最著名的上林苑，"古谓之囿，汉谓之苑"。

上林苑规模宏大，长150km，苑中有苑，苑中有宫，苑中有观。各种宫观苑池各有其功能用途。和商周的"囿"一样，汉朝的"苑"力图创造一个包罗万象、生机勃勃的世界。它比"囿"的内容更为齐全，"囿"（射猎的场所）只是其中一部分，其主题已经转到宫室——著名的上林十二宫（又说十一宫）上去了。其中，以建章宫（图2-1-2）最为知名，据载建章宫有三十六殿，奇珍异兽充塞其中。高台林立，动辄高达数十丈。周围有10余千米，仅殿就有36个，还有台、有池，池中有岛，养以禽鸟，还种植很多水生植物。园林布局中，栽树移花、凿池引泉不仅已普遍运用，并且也非常注重如何利用自然与改造自然，而且也开始注重石构的艺术，进行叠石造山，这也就是我们通常所说的造园手法，自然山水，人工为之。苑中的宫观有养百兽的"犬台宫"、"走马观"、"白鹿观"、"观象观"、"虎圈观"、"鱼乐观"等；有演奏乐曲的"演曲宫"；有栽南方珍果异木的"扶荔宫"、"葡萄宫"等；据记载上林苑中栽植的花草树木种类丰富，不下二千余种。苑内除动植物景色外，还充分注意了以动为主的水景处理，学习了自然山水的形式，以期达到坐观静赏、动中有静的景观效果。

建筑群成为"苑"的主体，无论从内容、形式、构思立意，以及造园手法、技术、材料等各方面，都达到相当高的水平。应该说是真正具有了我国园林艺术的性质。在苑中还有供人们往来休息住宿的御宿苑，有在水上载舟载歌、寻欢作乐的昆明池等。此外，尚有观三十五（一说二十五），由其名称可以推想当时进行的各项活动。上林苑中池沼众多，有10余座，建章宫中的太液池、唐中池在当时负有盛名。太液池面积很大，池中蓬莱、方丈、瀛洲三岛象征海上仙山。周围高台奇树之外尚有雕胡等水生植物和龟、鳖等水生动物，池旁平沙之上落满雁群，生机盎然使人深为感叹。它以“一池三山”成为后世理水的重要模式，直至颐和园修建时仍在采用（图2-1-3）。

图2-1-2　汉建章宫

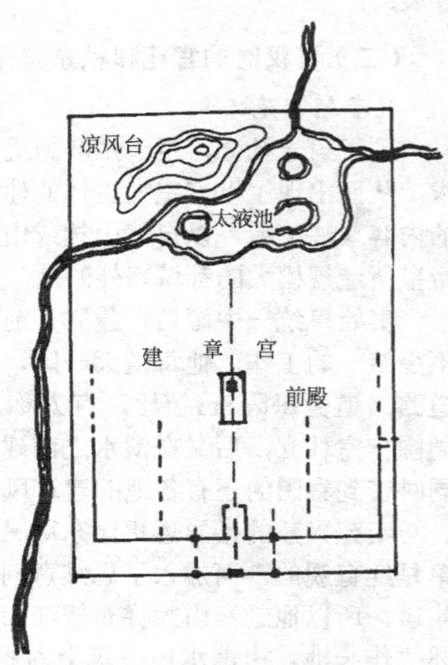

图2-1-3　汉建章宫内“一池三山”

汉朝苑囿继承了秦朝宫苑华丽的特点，但因景色需要，各建筑不再完全追求对称而有高低错落，形成苑中有宫、宫中有苑的复杂综合体。除建章宫外，还有赛狗、赛马用的犬台宫、走马观；观鱼、鸟、鹿、象的鱼鸟观、白鹿观、观象观；欣赏音乐用的宣曲宫、平乐观；赏葡萄、荔枝等亚热带植物的葡萄宫、扶荔宫（属于温室一类）。这些植物中以槟榔、橄榄、柑橘、龙眼等果木为主。蚕观专为观蚕而设。可以看出汉朝的欣赏趣味还是偏于实用，自然山水仍不是主角，但暖房设施的具备为培养奇花异木提供了条件。露地植物的栽培更为广泛，仅贡树就有2000多种。汉朝铜雕石刻异常丰富，园中常立铜制仙人仿佛举盘承接雨水（仙露），由北海现存的“仙人承露盘”便可看出“求仙道”对后世影响之深。

此时，汉朝私园也得到很大发展，名臣曹参、霍光均有私园，贵族刘武之园“延亘数十里”。至东汉梁冀在洛阳筑园时，园景模仿附近崤山景色。由模仿仙山过渡到临摹自然景色，这对后世造园起了积极的作用。

汉代的宫苑在“囿”的基础上已大为发展，宫室建筑占有了极为重要的地位，因此称为“建筑宫苑”。与此同时，贵族、地主、富商的私家园林也得到发展，不过因财力、物力和等级制度的制约，其规模较皇帝宫苑小，但造景手法并不逊色。秦汉建筑宫苑和私家园林有一个共同特点，即有了大量建筑与山水相结合的布局，我国园林的这一传统特点开始出现了。

3.魏晋南北朝的园林

东汉后的360年里有300年以上国家分裂，烽火不停。讲究忍辱、积德、行善、修来世的佛教流行开来。在晋朝儒法思想仍有影响，但道家的崇尚自然、清静无为的思想与人们逃避乱世的希望不谋而合，故各种学派广为流行，争鸣活跃，类似于战国的诸子百家时期，文化上获得了极大发展。受出世思想的影响，钟情山水的文人学士自然把笔墨转向了野圃闲庭，陶渊明便是其中杰出的代表。当仕途的纷争使他们发觉自己无力对抗丑恶的现实世界时，往往由动转静，不得不回避到山林之中去寻求对自身情操的陶冶，退归田园时为获得身心快乐就逐渐对山水的自然美产生了兴趣。隐士受到了当时人们的推崇，古时隐士许由、巢父成为人们尊敬的大贤。这些隐士是社会的精华，其好恶必然对社会风气产生影响。踏青修禊（春初赏青）便是当时的重要活动之一，著名的《兰亭集序》便是在这种条件下产生的。晋朝北方为胡人夺去，汉族大夫避难江南，秀丽的山水为他们提供了丰富的欣赏对象。除亲入山林之外，人们也竞相在城市中营园以形成自然气氛。高台巨宫虽然为最高统治者不断修建，但不再是世人崇拜、向往的对象。魏晋南北朝时期园林的发展趋势有了重大转变，这种取向的正确也许是战争给予人们不幸的一种补偿，人们在这条新路上不习惯地摸索着，自然山水的壮丽使人的作品相形见绌，激励着他们去更深入地探索。

魏晋南北朝时期是历史上的一个大动乱时期，也是我国在思想、文化、艺术上有重大变化的时代。这一时期小农经济受到家族庄园经济的冲击，北方落后的少数民族南下入侵，帝国处于分裂状态。而在意识形态方面则突破了儒学的正统地位，出现儒、道、佛、玄等百家争鸣的现象。思想的解放促进了艺术领域的开拓，也给予园林发展以深远的影响。由于当时的文人雅士厌烦战争、玄谈玩世、寄情山水、风雅自居，豪富们纷纷建造私家园林，把自然式风景山水缩写于自己私家园林中。佛教和道教的流行，使得寺观园林也开始兴盛起来。这些变化促成造园活动从生成到全盛的转折，为后期唐宋写意山水园的发展奠定了雄厚的基础。

私家园林在魏晋南北朝已经从写实到写意。例如，北齐庚信的《小园赋》，说明了当时私家园林受到山水诗文绘画意境的影响，而宗炳所提倡的山水画理之所谓“竖画三寸当千仞之高，横墨数尺体百里之回”，这成为造园空间艺术处理中极好的借鉴。自然山水园的出现，为后来唐、宋、明、清时期的园林艺术打下了深厚的基础。

随着佛教传入中原，这一时期逐渐流行佛教思想与浮屠的建造，从而使寺庙丛林这种园林形式应运而生。佛寺建筑多用宫殿形式，宏伟壮丽，并附有庭园。这些寺庙不仅是信徒朝拜进香的圣地，而且逐渐成为风景游览胜地。不少贵族官僚舍宅为寺，使原有宅园成为寺庙的园林。尤其是到了南北朝时期，城市中的佛寺，莫不附设有林荫苍翠，甚或有幽池假山景色的庭园。在郊野的寺院，更是选占山奇水秀的名山胜境，结合自然风景而营造。故有“天下名山僧占多”之谚语。

南朝的建康是当时佛寺集中之地，唐朝诗人杜牧有诗云：“千里莺啼绿映红，水村山郭酒旗风，南朝四百八十寺，多少楼台烟雨中。”此外，一些风景优美的胜地，逐渐有了山居、别业、庄园和聚徒讲学的精舍。这样，自然风景中就渗入了人文景观，逐步发展成为今天具有中国特色的风景名胜。佛寺园林的建造，都需要选择山林水畔作为参禅修炼的洁净场所。因此，他们选址的原则是：一是近水源，以便于获取生活用水；二是要靠树林，既是景观的需要，又可就地获得木材；三是地势凉爽、背风向阳和良好的小气候。具备以上三个条件的往往都是风景优美的地方，“深山藏古寺”就是寺院园林惯用的艺术处理手法。此时的寺院丛林已经有了公共园林的性质。

三国、两晋、十六国、南北朝相继建立的大小政权都在各自的首都进行宫苑建置。有关皇家园林的记载较多：北方为邻城、洛阳，南方为建康。北魏洛阳的皇家园林，在《洛阳伽蓝记》记载中还有“千秋门内北有西游，园中有凌云台，那是魏文帝（苕五）所筑者，台上有八角井。高视于井北造凉风观，登之远望，目极洛川。”

从记载中可以略见魏晋南北朝时，皇家园林的简单情况。比起当时的私家园林来看，它已具有规模大、华丽、建筑量大的特点，但却没有私家园林富有曲折幽致、空间多变的特点。此时期的皇家园林在沿袭传统的基础上，又有了新的发展：园林造景从单纯的写实转变为写实与写意的结合；筑山理水的技艺达到一定的水准；变官室建筑为以山水作主题的园林营造，并开始受到民间私家园林的影响，透露出清纯之美等。

此时期的山水画渐渐开始形成独立画种，但仍显得十分粗糙：比例关系不对；画面上的自然景物呆板、过于规则；树常成行成列地出现在画面中；人有时比山还大。中国园林受画论影响较文学更为直接，画既如此，园林水平也就可想而知了。但绘画理论的发展之快已十分引人注目，如谢赫（南朝齐人）在《古画品录》中提到山水画六法：① 气韵生动；② 骨法用笔；③ 应物象形；④ 随类赋彩；⑤ 经营位置；⑥ 传移摹写。它们分别指：① 使作品有能感动人的总体效果；② 线条的笔触、比例要正确；③ 选取并表现最具特色的形象；④ 着色上要富于表现力；⑤ 推敲构图、布局恰当；⑥ 从临摹借鉴中吸取前人的长处。这其中经营位置对园林的作用更为直接，其他各点因对中国绘画产生了巨大推动作用，也间接地指导了造园活动。

这个时期的园林在类型、形式和内容上都有了转变：园林类型日益丰富，出现了皇家园林、私家园林、寺观园林等；园林形式由粗略地模仿真山真水转到用写实手法再现山水，即自然山水园；园林植物，由欣赏奇花异木转到种草栽树，追求野致；园林建筑，不再徘徊连同，而是结合山水，列于上下，点缀成景。

魏晋南北朝是中国古典园林重要的转折时期，此期不仅在园林的艺术性上取得了长足的进步，即形成了中国古典园林的三大系统体系——皇家园林、私家园林、寺观园林；而且同时在工程技术上的造诣也取得了较高成就。梁元帝萧绎的东苑有数百米长的假山洞，可以推断出当时假山技术已较为完善。魏铜雀、金虎、冰井三台二有机械阁道相通，由人操纵可断可接，令人赞叹。神佛造像的雕刻技术更创造了云岗、龙门、莫高等著名石窟。无论在艺术和技术上，魏晋南北朝都为写意山水园的产生创造了条件。

（三）隋、唐、宋宫苑与唐、宋写意山水园

隋、唐是我国封建社会中期前全盛时期，宫苑园林在这时有了很大发展。

1.隋朝

隋结束了长期混乱局面，完成了统一南北的大业以后，南北方的园林得到了交流，使北方宫苑也向南方自然山水园演变，而成为山水建筑宫苑。隋朝最著名的、最为宏伟的西苑为隋炀帝所建，是继汉武帝上林苑后最豪华壮丽的一座皇家园林。

历史上有名的隋炀帝登基后就着手办三件大事：第一件兴建洛阳城，第二件建西苑，第三件开凿大运河，这三件大事都直接或间接与造园有关。开凿运河，炀帝三下扬州，建行宫四十余所，为前代罕有。隋炀帝为了自身享乐，兴筑的西苑，是继汉武帝上林苑后最豪华壮丽的一座皇家园林。西苑是以人工叠山造水，并以山水为园的主要脉络，特别是龙鳞渠为全园的一条主要水系，贯通十六个苑中之园，使每个庭院三面临水，因水而活，并跨飞桥，建逍遥亭，丰富了园景。绿化布置不仅注意品种，苑内种植名花美草、杨柳修竹，而且隐映园林建筑，隐露结合，非常注意造园的意境，形成了环境优美的园林建筑。整个苑以水分隔与联系，辟成十六院，各成一区，有独立的宫殿建筑。每个庭院虽是供妃嫔居住，但与皇帝禁宫有着明显的不同，对以后的唐代宫苑带来较大的影响。因每院以水渠来贯穿和分割而摒弃了以建筑穿插，从而避免了密度过大的缺陷。各院如同一幅幅连续的图画逐一展开，沿水地形有高低变化。山水已成为组织全园的骨干，这种风格是南北朝自然山水园的发展。隋炀帝可以乘舟往来于五湖四海十六院，随意游乐，形成了以湖山水系为特征的山水建筑宫苑，其

造园技术与造园艺术也进入了一个新的阶段。

2.唐朝

唐朝是中国历史上最为辉煌的时代。唐朝政治清明，物产丰富，为宫殿庭园的修建提供了可靠的保障；国内外交通的改善，边境平静安定，使得国内外交流增多；统治者对外开放，文化得以采古今中外之长；唐朝诗歌是我国文学史上最动人的篇章，而文学在漫长的封建社会中被认为是唯一的艺术，它是其他艺术形式的指导和晴雨表；山水画吸收了隋朝西域少数民族画家在色彩上的优点，形成了金碧青绿山水画和泼墨山水画两大派系，唐朝写意山水园便是在这样的背景下产生的。唐朝木结构建筑艺术达到了空前绝后的繁荣，形成了统一的风格又不拘泥于教条，有仿有创，同时建筑的造型能够结合功能，达到了实用美观的要求，城市规划更是壮丽无比。长安一时间成为东到日本西至西域的众多国家所向往的地方，客商学子云集。东邻日本就是在此时充分吸取了唐朝建筑之长，创造了自己的风格。

唐朝国力强盛，所建园林规模更为宏大，仍取宫苑结合、前宫后苑的形式，著名的有西内（太极宫）、东内（大明宫）（图2-1-4）和南内（兴庆宫），并在骊山建华清宫。禁苑内除离宫别馆外，还有“球场”，当时在贵族中盛行骑马击球，这是我国园林中出现较早的体育活动场地。在城的东南角有“曲江池”，也是帝王游乐之所。环江有观榭、宫室、紫云楼、采霞亭等，据说每年还定期向市民开放三天，是我国最早出现带有“公园”含义的园林胜境。

图2-1-4　唐大明宫含元殿外观复原图

唐朝人不再仅仅满足于对自然的歌颂和亦步亦趋的模仿，开始追求超越自然的自然。他们细心观察高山的巍峨险峻，流水的回环跌宕，鲜花的芬芳雅洁，绿树的青翠挺拔，将其精华提炼后布置在一块相对较小的园地中。

唐朝营园最重要的特点是文人学士的积极参与，他们代表着当时最高的文化阶层，他们的构想是统治者本身、方士和匠师难于比拟的。唐朝文人画家以风雅高洁自居，多自建园林，并将诗情画意融贯于园林之中，追求抒情的园林趣味。说园林是诗，但它是立体的诗；说园林是画，但它是流动的画。

著名的例子有王维的“辋川别业”，白居易的“庐山草堂”，以及长安附近的曲江池。王维是中唐时期著名的诗人和山水画家，佛理禅宗造诣颇深。他在今陕西蓝田县西南铜川筑景点10多处，依次是：借古城废墟而成的“孟城坳”；坳后的青翠山坡“华子冈”；以文杏木构筑的“文杏馆”；馆旁竹山“斤竹岭”；小径依溪延伸，溪边木兰盛开的“木兰柴”；小溪源头遍布山茱萸的“茱萸沜”；其旁宫槐（龙爪槐）茂密的“宫槐陌”；深山里的“鹿柴”；气崖旁密林“北垞”；湖边景色开阔的“临湖亭”；亭边“柳浪”；水势汹涌的“栾家濑”；水势轻缓的“金屑泉”；泉湖相接的“白石滩”；竹丛夜舍“竹里馆”；以漆树、花椒、辛夷花为主题的“漆园”、“椒园”、“辛夷坞”。全园不以高台崇阁为主题，人为的痕迹仅有废墟“孟城坳”、“文杏裁为梁，香茅结为庐”的草房“文杏馆”和竹丛中的“竹里馆”。为烘托自然胜景，选取最美的景观构成游览线，山景、水景、树景千姿百态，每个景点都配诗一首。以“竹里馆”为例，“独坐幽篁里，弹琴复长啸，深林人不知，明月来相照”，空寂之中禅宗风骨。“竹里馆”的形式如何我们不必去追根求源，只要清楚它是依附于青竹明月和作者存在的，而这一切景物的存在又是依附于对一种诗一样的气氛的追求，就可以知道它对于今天的影响力了。

“辋川别业”是有湖水之胜的天然山地园，别业所处的地理位置、自然条件未必胜过南方，但由于在造园中吸取了诗情画意的意境，精心的布置，充分利用自然条件，构成湖光山色与园林相结合的园林胜景。再加上有诗人的着力描绘，使得“辋川别业”处处引人入胜，流连忘返，犹如一幅长长的山水画卷，淡雅超逸，耐人寻味，既有自然情趣，又有诗情画意。白居易所选址的庐山香炉峰自然景观应较“辋川别业”更为人所熟知。庐山植物丰富（现有植物园）湖山相依。由其所作《庐山草堂记》可知草堂属于单体建筑而非群体景点贯穿而成，侧重于静态景观的凭借，借景和造景手法更为凝练。堂南地势开阔，有平台方池依次相接，池中山竹野卉、白莲白鱼在炎热的夏天显得素雅清新。堂北依断崖人工堆叠山石加强其危势，崖上有“四时一色”的常绿林木，巧妙利用自然条件做到了背风向阳。堂东有瀑布直泻屋旁并凿石渠加以容纳。堂西由北崖西向延伸的余脉上用竹管引来泉水，沿屋檐下泄，都有防暑降温的作用。稍远处还有虎溪、石门涧等水流，令人有冬暖夏凉之感。

唐华清宫的最大特点是体现了我国早期出现的自然山水园林的艺术特色，随地势高下曲折而筑，是因地制宜的造园佳例。但唐华清宫、翠微宫等宫苑虽极尽富丽，只不过是秦汉宫苑的翻版，创新不大。唐朝结束后的五代十国时期历史虽短（只有50多年），但在山水画上忠实地继承并发展了泼墨山水，使之成为风景画中的主流，杰出的代表是荆浩、关仝。他们强调深入到自然中去，但不能只求形似，要有所增删，保留那些最本质的东西并加以强调，使主题鲜明，要进得去出得来。这说明当时在山水画上“真”已经为人所掌握，不再是追求的第一目标，如何能“美”正成为人们面临的首要问题。

唐朝园林从仿写自然美，到掌握自然美，由掌握到提炼，进而把它典型化，使我国古典园林发展形成写意山水园阶段。其造园技术与造园艺术更有很大的发展与提高，宫苑建筑与写意山水景观完全结合为一体，多难以分出哪是主体，既是皇家所建宫苑，又是具有诗情画意的写意山水园，具有显著的游憩功能与很高的审美价值，称为“山水宫苑”。唐朝山水园一般是在自然风景区中或城市附近营造而成，而前者的成就尤为显著，为后世所推崇。

3. 宋朝

到了宋朝，以徽宗赵佶为首的统治者本人即对山水画创作产生了极为浓厚的兴趣，画和诗词联系更紧密。如他常在画院命题作画，其一为“踏花归去，马蹄香气”，有人画了遍地落花，而第一名画的是马蹄旁有几只蝴蝶来回飞舞。又一为“野水无人渡，孤舟尽日横”，有人画空舟一叶，有人画一只水鸟停在船上，第一名画的是一个船夫在随水漂荡的舟中吹笛的场面。虽然这些画不如《清明上河图》等风俗画那样充满时代感、富于生活气息，却标志着人们开始按照自己亲笔描绘出的景色来构想自然并使自己得到满足，而不是仅仅停留于出神入化的模仿，这两种风格应被同样地予以重视。宋朝园林已开始“按图度地”，图纸不再只是园林的记录而成为施工的指导了。

宋朝建筑在唐朝的基础上有了改进和发展，并给予了理论上的总结。《营造法式》介绍了各式建筑的做法，是最杰出的建筑经典之一。它以模数衡量建筑使建筑有比例地形成了一个整体，组合灵活拆换方便，但宋时建筑已不如唐朝朴素大方，转而追求纤巧秀丽。园林建筑的造型到了宋代，几乎可以说达到了完美的程度，木构建筑那种相互之间的恰当比例关系，并用预先制好的构件成品，采用安装的方法，这在宋代是了不起的成就，形成了木构建筑的顶峰时期。

宋朝园林最高成就首推寿山艮岳（图2-1-5）。这是宋徽宗赵佶所建，赵佶好游山玩水，写字作画，不惜劳民伤财，在汴京营造“艮岳”。

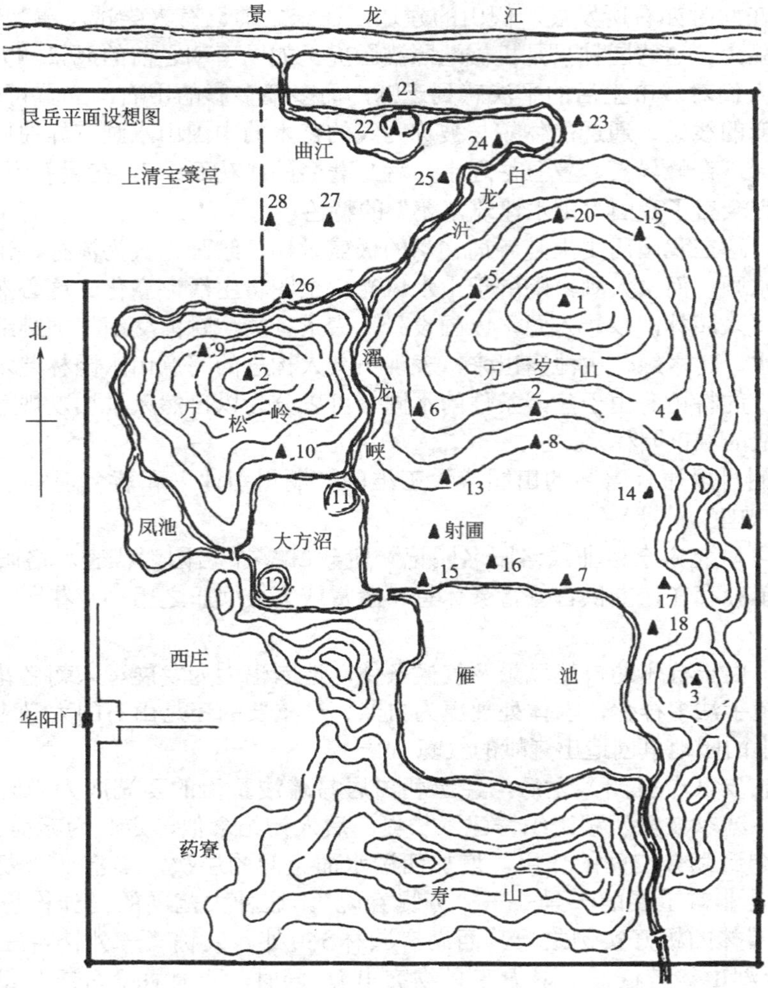

图2-1-5　艮岳设想图

1—介亭；2—巢云亭；3—极目亭；4—萧森亭；5—麓云亭；6—半山亭；7—降霄楼；8—龙吟堂；9—倚翠楼；10—巢凤堂；11—芦渚；12—梅渚；13—揽秀轩；14—萼绿华堂；15—承岚亭；16—昆云亭；17—书馆；18—八仙馆；19—凝观亭；20—圌山亭；21—蓬壶；22—老君洞；23—萧闲；24—漱玉轩；25—高阳酒肆；26—胜筠阉；27—药寮；28—西庄

艮岳主峰位于园东，上有介亭可由栈道上下。东南的寿山，中部的万松岭，与艮岳一同构成层峦叠嶂之势，相互开合收转，或成巨谷或为险峪。三山相交处有雁池（一称砚池）以汇艮岳万松岭之水，水奋静流，有瀑布。池水西出平地流入规划的方沼和凤池，构成河洲景区。周围种草药以示求道长生，辟农舍以示心悬天下。全园700多亩（1亩=667平方米），东部山景为其精华，万松岭、寿山均为艮岳的陪衬，无论从高度和体量上都处劣势，万松岭较寿山更为平缓，山上松林茂密。三座山各有各的性格而不雷同。艮岳东麓密植绿尊梅花上百株，辅以“尊绿华堂”、“萧森亭”等亭台，近可观林木花草，远可眺园外景龙江沿岸十里灯火。园中怪石林立，情趣自然。主山险峻，其上的楼道被誉为“有蜀道之难”。山中有大洞数十，以石灰石置于其中，自生烟云。艮岳追求山水画中山要收放起伏、有宾主相揖的意境，吸收了名山大川的雄奇险秀，并成功地进行了再现。艮岳不供休息居住使用，它纯为游览而建。观赏性被提高到首位，这对专业的风景园林设计提出了更高的要求。

缀山叠石在此时亦有所发展。假山的建造，在宋之前已有人尝试。唐朝定昆池仿华山，平泉山庄则效巫山。这些园林只是机械地照猫画虎，如同唐朝之前的风景嗣并未得山水之神韵。宋朝由于人们对城市生活的平淡感到乏味，而多姿多彩的山石，立置可倚，卧放可息，尤其太湖石多变的线条、通透的体貌与被称为线的艺术的中国山水画有异曲同工之妙，所以众多画家搜集天下奇峰异石，置亘岳之中，就是著名的“花石纲”。在置石方式上喜“独置”欣赏。此时已完全有了我国“山水建筑宫苑”的特色。

唐诗宋词，这在我国历史上是诗词文学的极盛时期，绘画也甚为流行，出现了许多著名的山水诗、山水画。而文人画家陶醉于山水风光，企图将生活诗意化。这必然影响到园林创作，诗情画意写入园林，以景入画，以画设景，借景抒情，融汇交织，把缠绵的情思从一角红楼、小桥流水、树木绿化中泄露出来，表现出文人构思的写意山水园林艺术，形成了“唐宋写意山水园”的特色。由于建园条件的不同，可以分为以自然风景加以规划布置的自然风景园和城市建造的城市园林。

自然风景园可以唐代著名的田园诗人王维的“辋川别业”和著名现实主义诗人白居易“庐山草堂”为典型。

城市园林可以北宋李格非《洛阳名园记》所载20多个名园为代表。洛阳园林园景与住宅分开，园林单独存在，专供官僚富豪休息、游赏或宴会娱乐之用，有花园、游憩园、宅院三种类型。

到了南宋，由于杭州的自然风景及气候条件，造园也大为发展。宋朝名花种类已达千种以上，植物种植手法多样化，水体处理更为自然。最重要的还是山石的大量应用，使得人工造山可以在较小的园地里创造出巍峨的气魄。

南宋迁都临安（今杭州）之后，经唐朝白居易疏浚整治的西湖成为当时最著名的旅游胜地。1071年，苏东坡在西湖组织修建了长堤，后人为纪念他，定名为苏堤。用一条长堤，既把西湖湖水起到划分空间的作用，增加西湖水面空间的层次，丰富了西湖水面景色，而且苏堤本身又是非常重要的一景——“苏堤春晓”。这种大范围的设计构思，可以说是我国最早期城市园林的极好实例之一。西湖有园林560处，人称“一处楼台三十里，不知何处是孤山”（西湖山势较低，更显人工景物突出）。同时，也是社会各项活动的重要场所：缔姻、会亲、送葬、经会、献神。西湖由淡装到浓抹，变得艳丽起来，这当中自然也有不适合园林本身的内容。西湖十景此时已经定出，分别为“平湖秋月”、“苏堤春晓”、“断桥残雪”、“曲院风荷”、“雷峰夕照”、“南屏晚钟”、“花港观鱼”、“柳浪闻莺”、“三潭印月”、“两峰插云”。景名两两相对，平仄对仗为各地所罕有，今日虽各处均有新景名，百般推敲难有出其右者。

① 苏堤春晓　北宋大诗人苏东坡任杭州知州时，疏浚西湖，利用挖出的葑泥构筑而成。后人为了纪念苏东坡治理西湖的功绩将它命名为苏堤。苏堤长堤延伸，六桥起伏，为游人提供了可以悠闲漫步而又观瞻多变的游赏线（图2-1-6）。

图2-1-6　苏堤

② 平湖秋月　平湖秋月景区位于白堤西端，孤山南麓，濒临外西湖。其实，作为西湖十景之一，南宋时平湖秋月并无固定景址，这从当时以及元、明两朝文人赋咏此景的诗词多从泛归舟夜湖，舟中赏月的角度抒写不难看出，如南宋孙锐诗中有

“月冷寒泉凝不流，棹歌何处泛舟”之句；明洪瞻祖在诗中写道：“秋舸人登绝浪皱，仙山楼阁镜中尘”（图2-1-7）。

图2-1-7　平湖秋月

③ 双峰插云　巍巍天目山东走，其余脉的一支，遇西湖而分弛南北形成西湖风景名胜区的南山、北山。其中的南高峰与北高峰古时均为僧人所占，山巅建佛塔，遥相对峙，迥然高于群峰之上。春秋佳日，岚翠雾白，塔尖入云，时隐时现，远望气势非同一般。南宋时，两峰插云列为西湖十景之一清康熙帝改题为双峰插云，建景碑亭于洪春桥畔。其时双峰古塔毁圮已久，以至连此景原有的内涵也一度难为人知“插云”者虚言也。

西湖作为唐、宋时期的写意山水园的代表，因地制宜地建造在城市之中，成为我国首个城市园林。这一时期园林艺术的另一种类型是在自然名胜区，以原来自然风景为基础，加以人工规划、布置，创造出各种意境的自然风景园。此种园林又受文人画家的影响，也具有写意园林艺术的特色。在杭州等这种本来就具备丰富的风景资源的城市，到了唐、宋，特别是宋朝，极注意开发，利用原有的自然美景，逢石留景，见树当荫，依山就势，按坡筑庭等因地制宜地造园，逐步发展成为更为美丽的风景园林城市。公共园林性质的佛寺丛林在唐宋也有所发展，在我国的一些名山胜景，如庐山、黄山、嵩山、终南山等地，修建了许多寺院，有的既是贵族官僚的别庄，往往又作为避暑消夏的去处。

宋朝私园发展很快。董氏西园，亭台花木不用对称轴线，自然布局。景物呈序列变化：正堂小桥—离台—林中草堂—竹林水池—大湖—高亭，各景可望而不可即，人曰：“此山林之景，而洛阳城中遂得之于此。”环溪园将溪水收而成溪，放而为池。树林安排也有变化，林中空地布置为植物展览区。湖园“水静而跳鱼鸣，木落而群峰出，虽四时不同而景物皆好”，无论何时何处都有美好的景色。“务宏大者少幽邃，人力胜者少苍古，多水泉者艰眺望，兼此穴者，惟湖园而已。”由此可知，景物给人的感受是很丰富的。

唐宋写意山水园开创了我国园林的一代新风。它效法自然、高于自然、寓情于景、情景交融，富有诗情画意，为明清园林，特别是江南私家园林所继承发展，成为我国园林的重要特点之一。

宋朝名花种类已达千种以上，植物种植手法多样化，水体处理更为自然。最重要的还是山石的大量应用，使得人工造山可以在较小的园地里创造出巍峨的气魄。中国写意山水园的组成素材在宋朝已很发达，园林正成为博大精深的艺术门类。因此，宋朝是最值得我们为之骄傲的时期，至少在其后数百年中，世界上无处可与之并驾齐驱。

从唐、宋众多的园林实例中我们可以看出，我国园林的基本形式有以“艮岳”为代表的皇家宫苑，以杭州等地为代表的自然式城市风景园，或以洛阳等地为代表的私家园林。这些不仅在形式，而且在造园手法等方面，进一步开创了我国园林艺术的一代新风，达到了极高的境界。在具体造园的手法上，也有很大的提高。如为了创造美好的园林意境，造园中很注意引注泉流，或为池沼，或为挂天飞瀑。临水又置以亭、榭等，注意划分景区和空间，在大范围内组织小庭院，并力求建筑的造型、大小、层次、虚实、色彩并与石态、山形、树种、水体等配合默契，融为一体，具有曲折、得宜、描景、变化等特点，构成园林空间犹如立体画的艺术效果。

（四）明清宫苑和江南私家园林

1. 明清宫苑

明清是我国封建社会的没落时期。明代宫苑园林建造不多，其代表是明西苑，系将元代的太液池向南扩展，加挖南海而形成三海，园林风格较自然朴素，继承了北宋山水宫苑的传统。清代宫苑建设日繁，其数量之多，规模之大，超过了历史上任何朝代。

明清宫苑多为艺术水平很高的山水宫苑，以北京为中心，向全国普及，是我国古代造园发展的鼎盛时期。此时期规模宏大的皇家园林多与离宫相结合，建于郊外，少数设在城内的规模也都很宏大。其总体布局有的是在自然山水的基础上加工改造，有的则是靠人工开凿兴建，其建筑宏伟浑厚、色彩丰富、豪华富丽。清代宫苑园林一般建筑数量多、尺度大、装饰豪华、庄严，园中布局多园中有园，即使有山有水，仍注重园林建筑的控制和主体作用。清代自康熙南巡、乾隆游江南后，不少园林造景模仿江南山水，吸取江南园林特色，可称为建筑山水宫苑。代表作有北京的颐和园、圆明园和承德避暑山庄等。

明、清时期造园理论也有了重要的发展，出现了明末吴江人、计成所著的《园冶》一书，这一著作是明代江南一带造园艺术的总结。该书比较系统地论述了园林中的空间处理、叠山理水、园林建筑设计、树木花草的配置等许多具体的艺术手法。书中所提“因地制宜”、“虽由人作，宛自天开”等主张和造园手法，为我国的造园艺术提供了理论基础。

（1）颐和园

颐和园是在金朝金山、明朝瓮山的基础上发展起来的（图2-1-8）。乾隆仿汉武帝建昆明池练水军，改瓮山泊为昆明湖，命瓮山为万寿山以为母庆寿，是为清漪园。其后同样遭到八

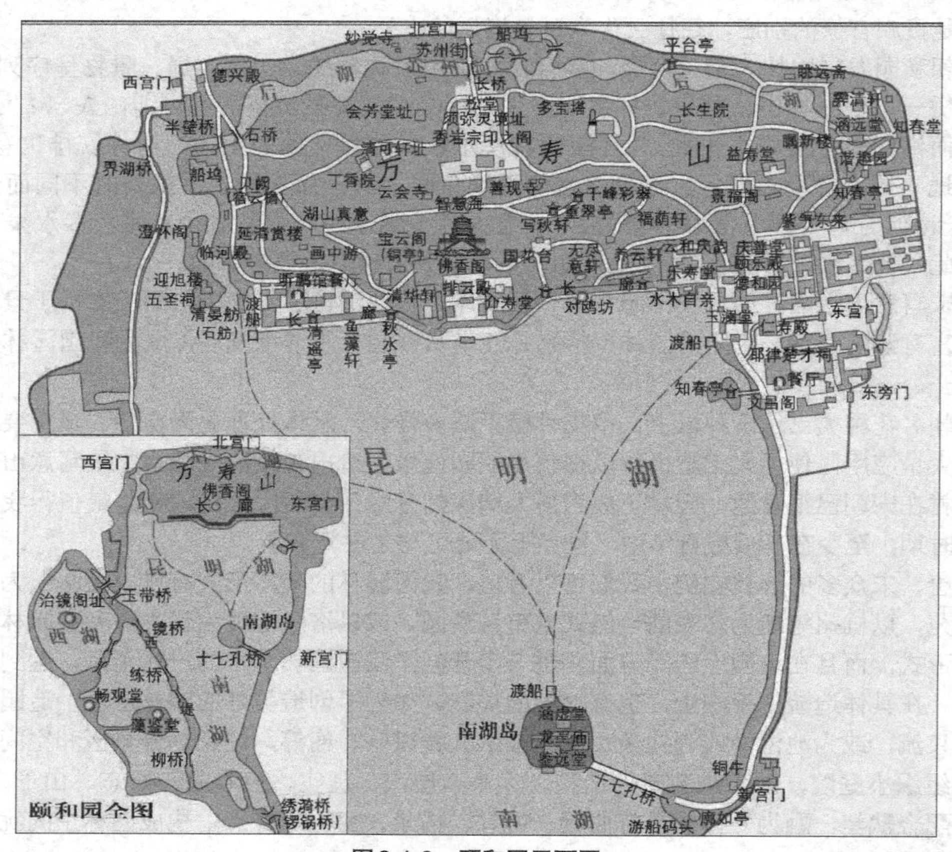

图2-1-8　颐和园平面图

国联军的摧毁，由光绪重修形成今日格局。3400亩（1亩=667平方米）的水面与万寿山形成了强烈对照，万寿山南坡930m的长廊与排云殿、佛香阁、智慧海的纵向轴线也形成了对比（彩图1）。南坡建筑密度大、宏伟壮丽。北坡幽深，后湖穿行于苏州街间，追求田野民居的生活情趣。后湖两山夹一水，前湖水面东西向的十七孔桥（彩图2）和南北向的西堤使水面有了变化。远有玉泉山、西山的景色可姿借入，园内更有由千里之外的无锡寄畅园借来的谐趣园（图2-1-9）。至于各个景区和景点的创作更是精致多样，是京城皇家园林中的绝顶精品。

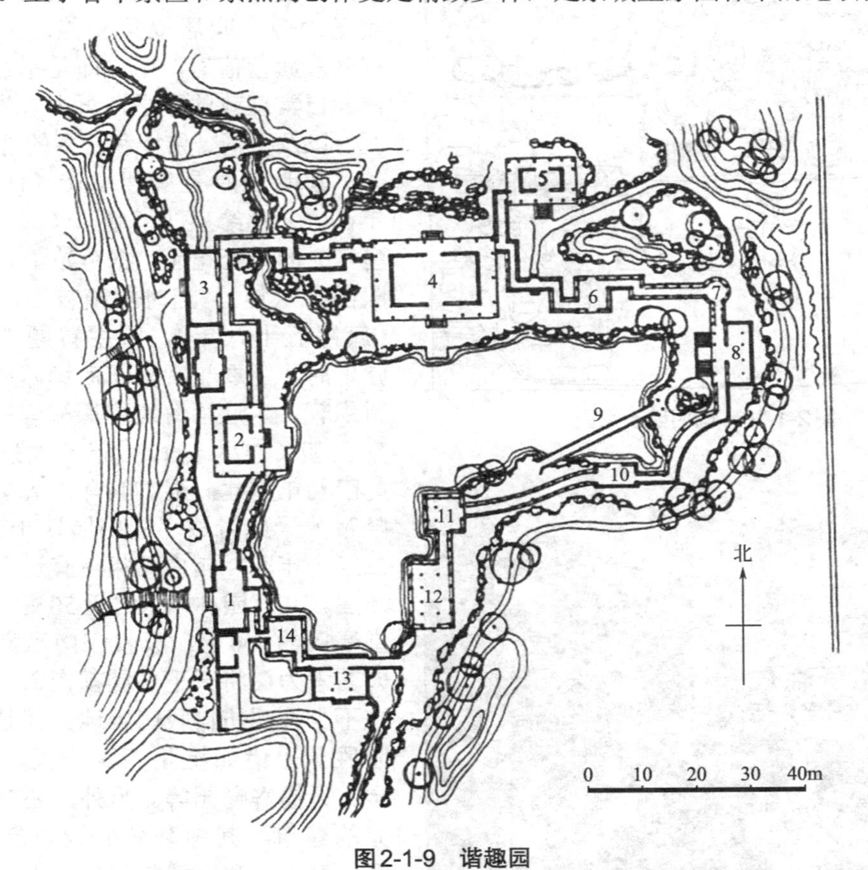

图2-1-9 谐趣园

1—园门；2—澄爽斋；3—瞩新楼；4—涵远堂；5—湛清轩；6—兰亭；7—小有天；8—知春堂；9—知鱼桥；10—澹碧；11—饮绿；12—洗秋；13—引镜；14—知春亭

（2）圆明园

被外国传教士称为“万园之园”的圆明园（图2-1-10、图2-1-11），以人工塑造起伏的地形、流畅的水系和精巧的建筑，让人们感到处处是人的创造，处处又散发着和谐优美的自然气息，山丘、流水、花树让人感到亲近适宜。圆明园是类似于隋朝西苑，以水院为特点的山水建筑式宫苑。“九洲清晏”紧接宫区，方形大湖四周分布着九块陆洲。景区取九州大地清平安定之意，较秦始皇移六国之精于威阳北阪，手法自如得多。九洲景区后是寺庙、书阁等特殊功能建筑和水体无中心组合的自然布置，之后是以福海为中心的江南名园仿制区，最后是乡村景物区。几十组景物景景不同。圆明园是以人工造景为主、兼有南北之长的范例，它在皇家园林中有其独到之处，但圆明园在19世纪中叶以后不幸毁于英法联军之手。现局部区域地形尚有保留，虽已部分恢复，但原有之断垣残壁仍使人触目惊心，扼腕长思。

圆明园占地210 hm^2，水域约占4/10。东部为园内最大水面福海，外围环列10个小岛，

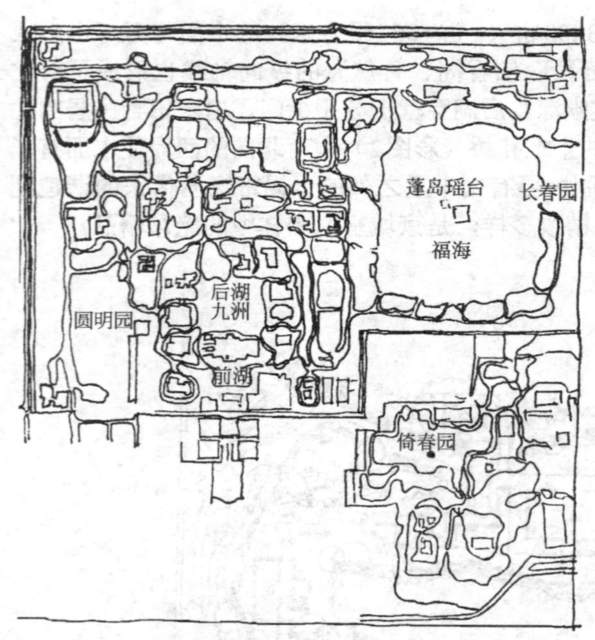

图2-1-10　圆明园示意图

图2-1-11　圆明园效果图

构成一处大型园林景区，共有10座园中园和建筑风景群。福海略呈方形，东西皆宽五六百米，水面开阔。盛时每逢阴历五月五日端午节和七月十五日中元节，先后在此举行龙舟竞渡和放河灯等民俗活动。圆明园是清帝“以恒莅政”之处，园林建筑兼备理政、园居双重功能。大宫门外分列部院旗营值房，门内即是举行朝会的正衙、日常理政的殿堂，再内方为帝后寝宫区，以及祖祠、佛楼和众多的游憩景观。

圆明园原是康熙皇帝（1662 ～ 1723年在位）赐给皇四子胤禛（即后来的雍正皇帝）的一处花园，据考始于1707年（康熙四十六年），当时规模较小。到1719年（康熙五十八年），园主首题“园景十二咏”时，主要景观除在后湖四岸外，北至耕织轩，东达福海西岸深柳读书堂。后经雍正朝（1723 ～ 1735年）大规模拓建及乾隆初年增建，至1744年（乾隆九年）乾隆帝分景题诗成“圆明园四十景”。此后二三十年间，园内又相继有过多处增建和改建。共有园林风景群近50处、挂匾的殿堂亭阁约600座。吸收江南私家园林的造园艺术力图将天下名园都搬入一园中，其中不少景观仿自我国各地尤其是江南的名园胜景，诸如杭州西湖十景、海宁安澜园、无锡寄畅园等。另外，还有西洋巴洛克的建筑。其中著名的景点有正大光明殿、万方安和、武陵春色、坐石临流、柳浪闻莺、廓然大公、蓬岛瑶台、平湖秋月、方壶胜境、别有洞天。

长春园在圆明园东侧，始建于1745年（乾隆十年）前后。此地原是康熙大学士明珠自怡园故址，有较好的园林基础，两年后该园中西路诸景基本成型，1751年（乾隆十六年）正式设置管园总领。稍后又在西部增建茜园，北部建成西洋楼景区，并于1766 ～ 1772年（乾隆三十一年至三十七年），集中增建了东路诸景。占地70余公顷，有园中园和建筑景群约20处，包括仿苏州的狮子林、江宁（南京）的如园和杭州西湖的小有天园等园林胜景。长春园昔日的园林景观，仅在乾隆年间由宫廷画师绘有一幅大型全景图，1860年英法联军焚园后下落不明。1992年12月起，全面整修长春园山形水系，至1994年5月竣工放水。

西洋楼景区位于长春园北界，是我国首次仿建的一座欧式园林，由海晏堂、黄花阵、谐奇趣、养雀笼、方外观、远瀛观、大水法、观水法、线法山、线法画等十余座西式建筑和庭院组成，占地约7 hm^2。此处欧式园林，由西方传教士意大利人郎世宁（Giuseppe Castiglione 1688 ～ 1766年）和法国人蒋友仁（R.Michel.Benoist 1715 ～ 1744年）设计监修，中国匠师建造。1747年（乾隆十二年）开始筹划，1751年（乾隆十六年）秋季建成第一座西洋水法（喷泉）工程谐奇趣，1756～1759年（乾隆二十一年至二十四年），基本建成东边花园诸景，1783年（乾隆四十八年）最终添建成高台大殿远瀛观。

西洋楼全盛期，清宫制有一套铜版图，为建筑立面透视画共20幅。1786年（乾隆五十一年）成图，由宫廷满族画师伊兰泰起稿，造办处工匠雕版。图幅面宽93cm，高58cm。1860年圆明园罹劫时，这些西式殿阁因以石材为主，故多有残存。经百年风雨仍然孑立，警示世人勿忘血泪史。1977～1992年间，西洋楼各遗址得以清理，廓清殿座基址，整修喷泉池，归位柱壁石件，并修复了迷宫黄花阵。

（3）承德避暑山庄

承德避暑山庄（图2-1-12）也是清朝盛事开始修建的，它的布局较颐和园更为分散。全园分为行宫区、湖州区、草原区、山岭区四部分，以山为主，以水为辅，水面分散而不集中。各景点因地制宜，由塞北江南之称。三条线路、五个湖形成了多变的环境，作为尽端重点的金山上帝阁、烟雨楼（彩图5）等多是模仿江南名园意境。湖区之北是大片的谷原区，四周环绕院落、宝塔、亭子，中心大块草原和树林是满蒙贵族与帝王进行最有民族特色

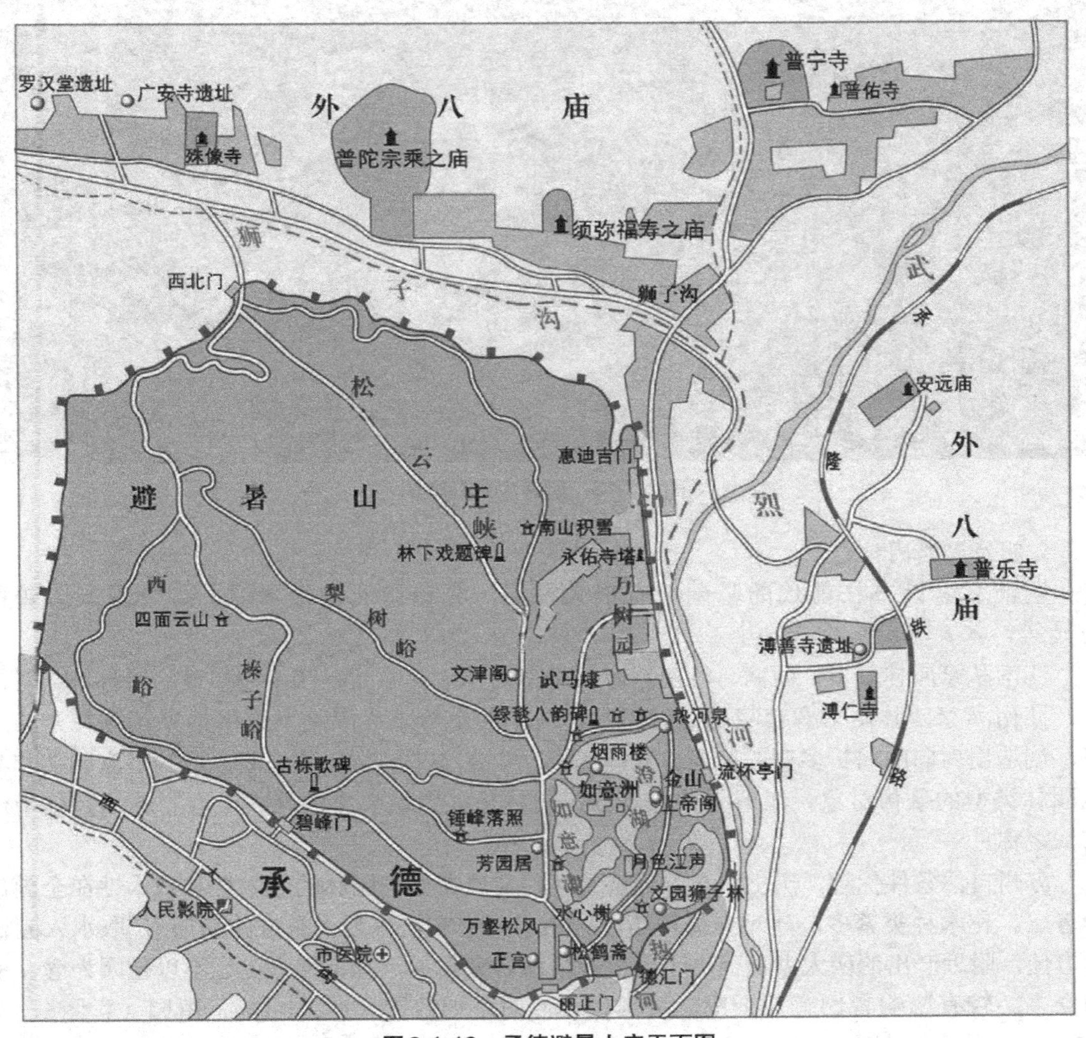

图2-1-12　承德避暑山庄平面图

的活动——狩猎会盟的场所，它是这些民族摇篮（东北森林和蒙古草原）的缩微再现。山庄西部的山岭区占全园560 hm^2面积的2/3，三条山谷由西北向东南延伸，和夏季风向一致，形成抽风机的效果，将园中热气排走，由南向北依次为水泉沟、梨树峪、松云峡。由沟、峪、峡这些名称可以看出地势上是由低变高的，设计者结合山中不同地势进行了灵活的景点设计（图2-1-13）。山庄东面和北面的外八庙，南面的城市，使人们在环庄长墙上都有景可观。“锤峰落照”就是将避暑山庄外的磬锤峰（俗称棒槌山）的倒影作为山区借景，这种设计上的大手笔为皇家园林所特有。

图2-1-13　避暑山庄鸟瞰图

2. 明清私家园林

明清私家园林在前代的基础上有很大发展，无论南北均很兴盛。如北京米万钟的勺园等。

江南私家园林较多，西南、岭南也有些私家园林，其中尤以江南园林最为著称。相对而言，江南私家园林由于多在喧闹的城市里，注重的是与外界隔绝下采用抽象精练朴素的风格，创造出内向的曲折多变的空间。其内涵极大丰富了中国文化的内涵，成为皇家园林和其他园林类型的摹仿对象。江南园林中，苏州园林是其中最突出的代表，有“苏州园林甲江南”之称。

苏州自然条件优越，历史悠久，经济发达，文风兴盛。园林的艺术性和技术性在全国最为著名。花木种类繁多，建筑布局精巧，城中水网密布被称为“东方威尼斯”，取水入园极为方便，附近产出的南太湖石促进了叠山技巧的研究发展，凡富绅官吏无不以佳园为念，私园众多。较有影响者约有几十座，最具代表性的是拙政园（图2-1-14）、留园（彩图6、图2-1-15）、狮子林（图2-1-16）、沧浪亭（彩图3）、网师园（图2-1-17）等处。

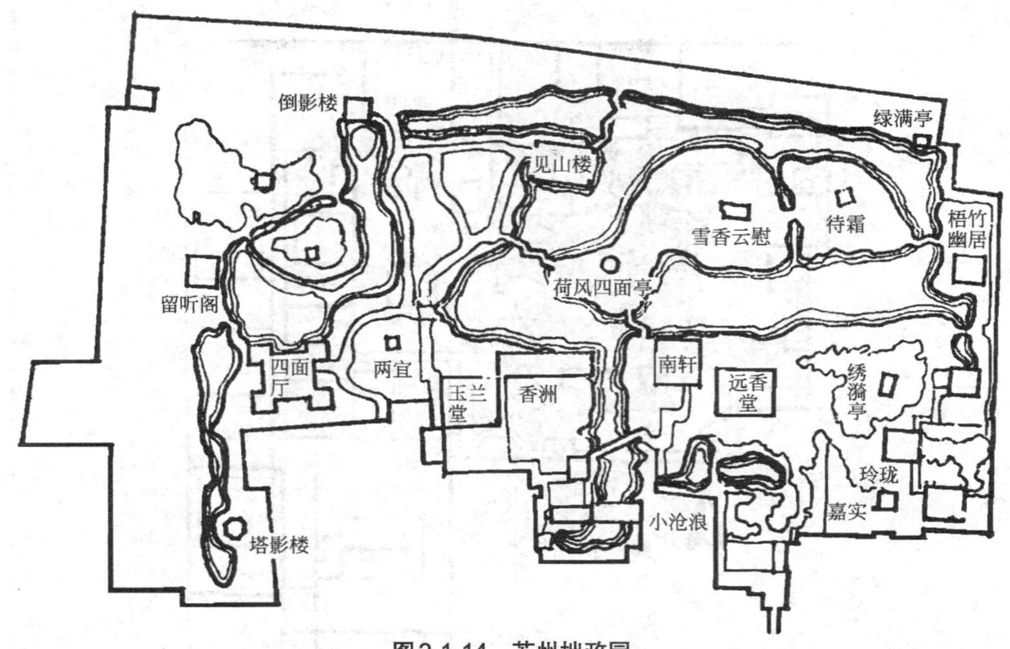

图2-1-14　苏州拙政园

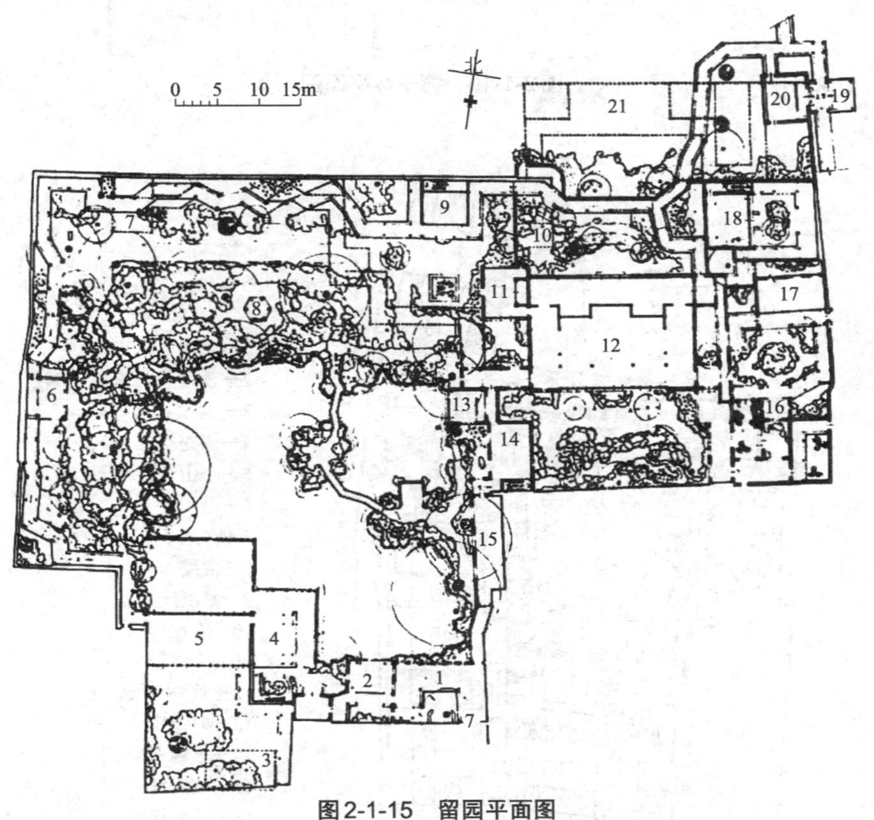

图2-1-15　留园平面图

1—寻真阁；2—绿荫；3—听雨楼；4—明瑟楼；5—卷石山房；6—餐秀轩；7—半野堂；8—个中庭；9—定翠阁；10—佳晴喜雨快雪亭；11—汲古得修绠；12—传经堂；13—垂阴池馆；14—霞啸；15—西奕；16—石林小屋；17—揖峰轩；18—还我读书处；19—冠云台；20—亦吾庐；21—花好月圆人寿

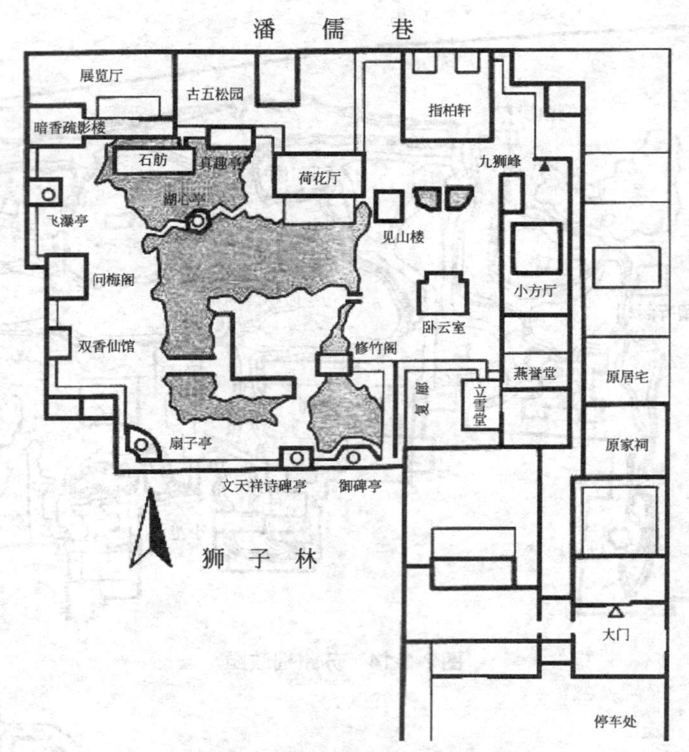

图2-1-16 狮子林平面图

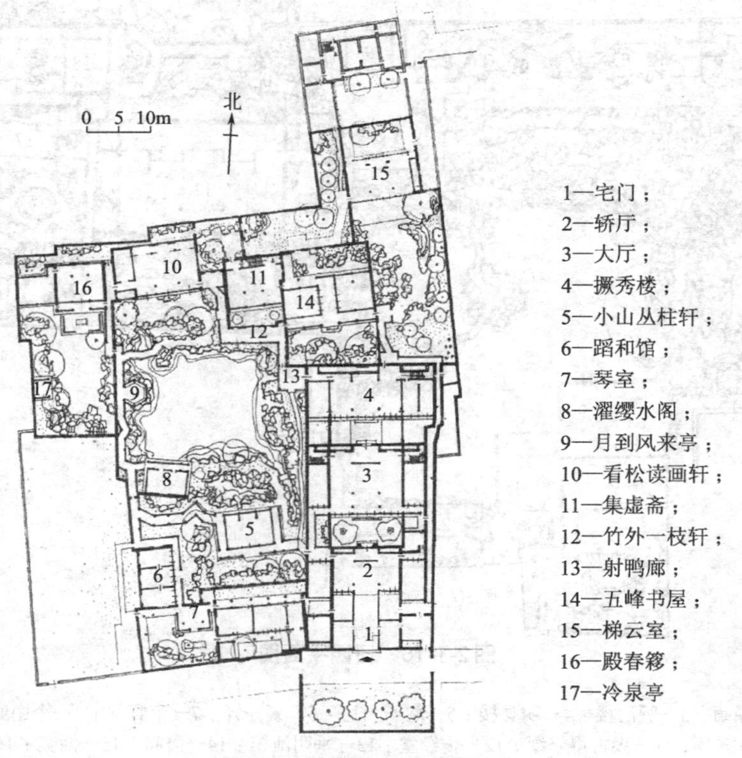

图2-1-17 网师园平面图

拙政园的精华在于中西两园。由中园的腰门入园首先要经过长而窄的通道，门内是一个作为障景的假山，人虽入园却不知其貌。穿过狭窄黑暗的山洞来到宽敞明亮的远香堂前，这座全园主体建筑临池面山使中园景观横向展开。可眺望城郊峰峦的见山楼横卧于水面之上，以细桥窄堤汇合一处，四面湖水拍岸的荷风四面亭（彩图7）、待霜亭（图2-1-18），湖水东岸的绿满亭、梧竹幽居（图2-1-19、图2-1-20）组成了一幅天然画屏，远香堂两翼是海棠春坞（图2-1-21）和小沧浪两个相对自成体系的小景区。西园和中园有墙相隔，西园墙边土山上筑宜两亭居高临下，可望两园景色，亭名取白居易诗："绿杨宜作两家春"，意为墙边的柳树返青（古时杨柳不分）为两家都可欣赏到的春季景色。水流呈带状之字形，形成了两条纵长幽深的透景线，尽端分别为倒影楼和塔影亭，中间的主体建筑三十六鸳鸯馆四周出有抱厦，冬暖夏凉。对岸留听阁取自李商隐"留得残荷听雨声"诗句，和中园的开敞相比较，显得另有情趣。全园做到了变化统一相结合，步移景异，是苏州园林的代表作之一。

图2-1-18　待霜亭

图2-1-19　梧竹幽居（一）

图2-1-20　梧竹幽居（二）

图2-1-21　海棠春坞

其他较有名的江南园林分布在无锡（寄畅园）（彩图4、图2-1-22）、扬州（个园、何园等）、上海（豫园、内园等）（图2-1-23）、南京（瞻园等）（图2-1-24）、常熟（燕园等）、南翔（古漪园）、嘉定（秋霞圃）、杭州（皋园、红栎山庄等）、嘉兴（烟雨楼）、吴兴（潜园）等地。

寄畅园坐落在无锡市西郊东侧的惠山东麓，惠山横街的锡惠公园内，毗邻惠山寺。寄畅园属山麓别墅类型的园林。寄畅园的面积为14.85亩（1亩＝667平方米），南北长，东西狭。园景布局以山池为中心，巧于因借，混合自然。假山依惠山东麓山势作余脉状。又构曲涧，引"二泉"伏流注其中，潺潺有声，世称"八音涧"，前临曲池"锦汇漪"。而郁盘亭廊、知鱼槛、七星桥、涵碧亭及清御廊等则绕水而构，与假山相映成趣。园内的大树参天，竹影婆娑，苍凉廓落，古朴清幽。以巧妙的借景，高超的叠石，精美的理水，洗练的建筑，在江南园林中别具一格。

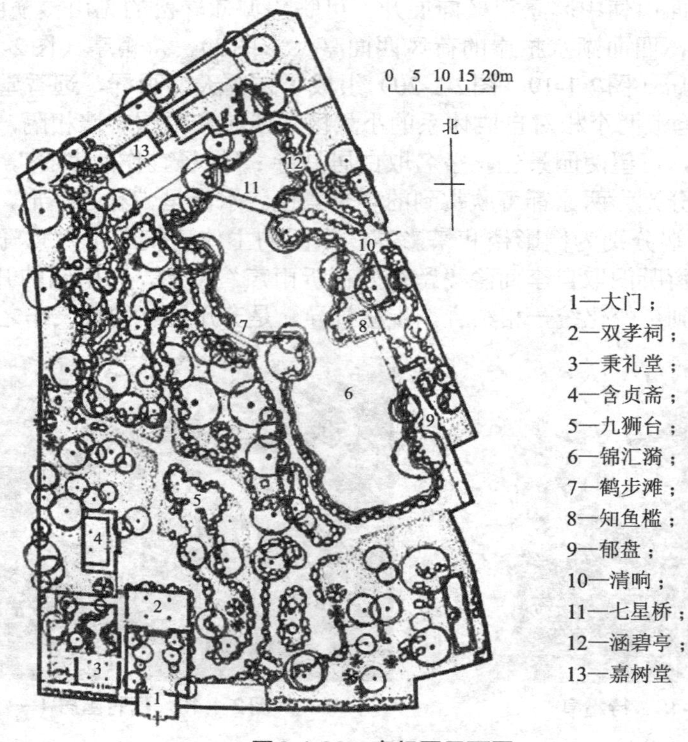

图2-1-22 寄畅园平面图

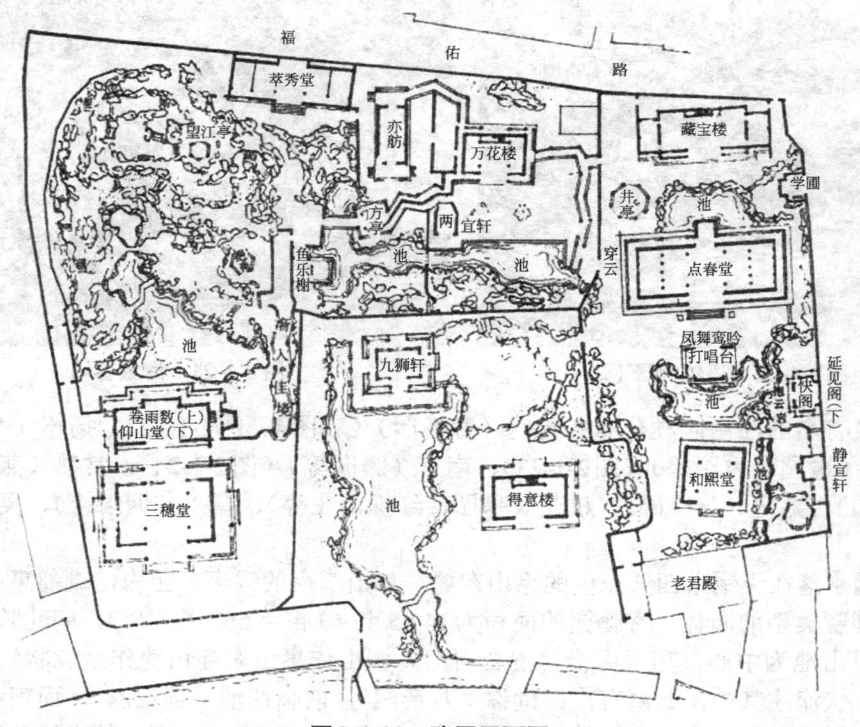

图2-1-23 豫园平面图

北方私家园林和同期的寺庙园林、风景区也得到了一定的发展。清朝园林总体上发展不大，虽也汲取了西方的先进工艺，如喷泉、彩色玻璃等，但未能探究其本质的东西并加以消化。我们今天提倡的民族化不只是一个空洞的概念，也更为迫切地要求我们吸取世界园林的艺术成就和科技成果，紧紧地和民族传统结合起来。元明清时期的园林为我们了解民族传统提供了极大的帮助。

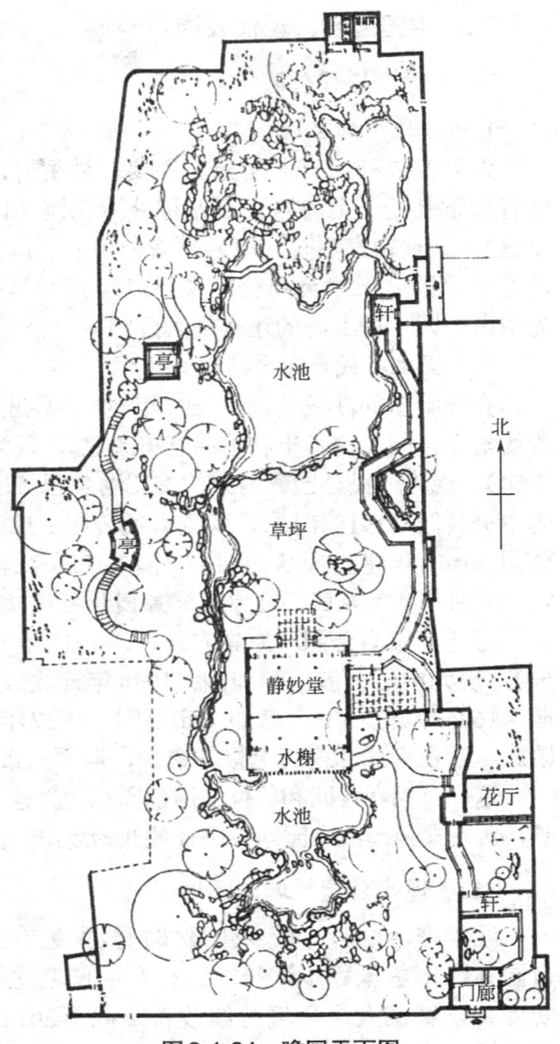

图2-1-24　瞻园平面图

当我们看到一座林木茂盛的园地而发出由衷的赞叹时，却不能不总是在提醒自己意识到，这座园林是历经多少岁月才形成的，我们欣赏的是很久以前的设计成果。这种表现上的滞后在宋朝以后显得尤为明显。元明清时期是离我们最近的年代，园林保存最多，给我们留下了古代造园的实例，但我们参观这些实例后的赞美却不应当仅仅留给这700年中的人们。他们视继承重于创新，尽管小革小改并不曾停顿，大的风格上的突破却再也难以见到了。一方面，这并不该由造园家们来负全部责任，我们对园林史的研究也并不是要在各个时期、各个地区之间分出孰是孰非，比较的目的是为了探讨出各自的经验和教训，对我们今后的发展方向有所教益。另一方面，我们也应当承认元明清时期园林只是宋朝园林的简单延续，没有保持住高速发展的势头。由此开始中国园林发展缓慢，但也形成了独特的风格。

清朝更以天朝大国自居。清已是封建社会没落衰亡的时期，政治上的守旧导致了文化发展的停滞，文学上再也没有唐诗的博大雄浑和宋词的清新精巧。绘画上师承古人，越来越紧地为宋朝山水画的形式所局限，门派之见愈见浓厚，使得作品风格单一。所有这些对园林造成了消极影响，使之只能在唐宋文人写意山水园的基础上继续发展。虽然西洋画派和造园学也曾在统治者面前展示出新的艺术形式，当时的社会却如同一个垂暮老人难以消化那些生脆鲜灵的食物了。但我们同时也应看到中国一成不变的风格塑造呈现给世界一个鲜明富于个性的形象。

客观地讲，东西方统治者在自己的宫苑中互相模仿并没有产生精彩之作，但在这个过程中人们受到的启发是巨大的。法国人至今不认为自然风景园是英国人的专利，相比较而言，他们更推崇中国是这种风格的开端。16世纪中叶欧洲就开始将中国园林的景物（桥、宝塔、山等）加以仿制，这较圆明园西洋水景的修建早了约100年。这表明了欧洲人对外来文化的重视。他们吸取的经验教训较我们的前人要丰富得多，今天的我们更应注意吸取我国园林遗产的精华。

二、中国近代、现代公园

（一）中国近代公园

1.租借地中的公园

为外商或外国官府所建。主要对外侨开放。这些公园已在20世纪初陆续收为国有。主要有如下几处：上海滩公园亦称外滩花园（1868年建），在黄浦江畔；上海法国公园（1908年建），又称顾家宅院，现为复兴公园；虹口公园（1900年建），在上海北部江弯路，现为鲁迅纪念公园；天津英国公园（1887年建），现为解放公园。天津法国公园（1917年建），现为中山公园；在上海的还有华人公园、新公园、纪念公园等数处。

2.中国政府或商团自建的公园

齐齐哈尔的沙龙公园（1897年建）；无锡的城中公园（1906年建）；万生园即北京农事实验场附设公园（1906年利用原府第改建），现为北京动物园的一部分；成都的少城公园（1910年建），现为人民公园；南京的玄武湖公园（1911年建）；南京的江宁公园（1909年建）；广州的中央公园（1918年建），现为人民公园；广州的黄花岗公园（1918年建）；四川万县的西山公园（1924年建）；重庆的中央公园（1926年建），现为人民公园；南京的中山陵（1926年建）。

3.利用皇家苑园、庙宇或官署园林经过改造的公园

有北京城南公园（原先农坛，在1912年开放）；北京中央公园（原社稷坛，在1914年开放），现为中山公园；颐和园（1924年开放），北海公园（1925年开放）；四川新繁的东湖公园（1626年开放）；上海的文庙公园（1927年开放）等。抗战前夕全国大致有数百处各类公园。尽管在形式和内容上极其繁杂，但面向市民这一点开始确立了。

这一时期在公园和单位专用性园林的兴建上开始有所突破，在引入西洋园林风格上有所贡献，对古典苑园或宅园向市民开放开始迈出一步。这些在园林发展史上是一次关键性的转折。

（二）现代公园、城市园林绿化

近年来，住房与城乡建设部积极推进节约型、生态型、功能完善型园林绿化建设，城市园林绿地总量稳步增长，园林布局日趋均衡，城市绿化美化水平明显提升，综合功能不断完善，城镇人居环境持续改善。截至2014年底，全国城市建成区绿化覆盖面积达190.8万公顷，比2013年增加9.6万公顷；人均公园绿地面积12.6m^2，比2013年增加0.38m^2。全国建成区绿化覆盖率、绿地率分别达39.7%和35.8%。与此同时，湿地的保护力度进一步加大，2014年，全国湿地总面积5360.3万公顷，湿地率为5.9%；我国森林面积和森林蓄积也持续增长，森林质量逐步提高，生态功能继续增强。全国森林面积2.08亿公顷，森林覆盖率21.63%，森林蓄积量151.37亿立方米，森林每公顷蓄积量89.79m^3，全国森林植被总碳储量84.27亿吨，生态服务功能年价值超过13万亿元（2014年中国国土绿化状况公报）。

节约资源能源、改善生态环境、促进人与自然的和谐相处也慢慢成为现代城市园林绿化发展的重要目标，这也要求园林绿化走节约型园林绿化道路。节约型园林是一种促进人与自然和谐相处的园林绿化模式，它倡导可持续发展追求高效率低成本这种模式顺应了时代发展的潮流迎合时代发展主题。并且，在城市化进程不断推进的背景之下人们越来越重视城市居住的舒适度和环境的优越度，这些要求也刺激了园林绿化产业的不断发展。同时这些需求也将园林绿化产业逐步引向生态园林建设，这也将会是园林绿化产业未来的发展趋势。

中国的园林事业有极好的发展前景。我国有博大精深的园林艺术理论，只要继承中国造园艺术的优良传统，学习借鉴外国造园艺术的精髓，结合时代特点，就可以创造出具有中国现代特色的优秀园林。

三、中国园林的特点

（一）中国古典园林的风格

中国古典园林不仅有悠久的历史和璀璨的艺术成就，且因其具有独树一帜的风格，而极大地丰富了人类文化宝库。中国古典园林风格是以山水造景著称于世的，这种风格早在六朝时期就已形成，比西方18世纪兴起的英国风景园，大约早1500年。

在六朝时期，道教和佛教学说盛行，士大夫阶层普遍崇尚隐逸，向往自然，寄情于山水。东南一带秀丽的风景，相继开发出来，提高了人们对自然的鉴赏能力，造成崇尚自然的思想文化潮流。歌颂自然风景和田园风光的诗文涌现于文坛，山水画也开始萌芽，影响到哲学、文学、艺术和生活方式，也影响到中国古典园林的风格。

深居庙堂的官僚士大夫们，不满足于一时的游山玩水，他们希求长期享受大自然的山林野趣，不出市井，于闹处寻幽；不下堂筵，坐穷泉壑，于是利用宅旁隙地造园。由于受地段条件、经济力量和封建礼法的限制，规模不可能太大，唯其小，又要体现千山万壑的气势，又要有曲径通幽的野趣和诗情画意的四时景观，这个矛盾经过历代匠师的努力，把山水画的画理与造园实践相结合，进而出现了一系列造园手法，使园林也能像绘画一样，“竖划三寸，当于切之高，横墨数尺，体百里之远”（南朝宗炳《画山水序》）。挖湖堆山、植树种草，在咫尺之地，再现一个精炼、概括的自然，典型化的自然，即是缩景园。这种能于小中见大的精致的造园艺术，也影响及于皇家园林。中国古典园林沿着这条道路在更高的水平上向前发展，到明清时期而臻于十分成熟的境地。人所共知的苏州园林和北京的颐和园，就是那时期的私家园林和皇家园林的代表作品。它们集中地展示了中国古典园林的两种主要形式——人工写意山水园和自然山水园在造园艺术和技术方面的造诣和成就。

（二）中国古典园林的特征

1.力求神似

我国古典园林的自然风景是以山水为基础，以植被作装点的，山、水和植被乃是构成自然风景的基本要素。但中国古典园林绝非简单地利用或模仿这些构景要素的原始状态，而是有意识地加以改造、调整、加工和剪裁，从而出现了一个精炼、概括的自然，典型化的自然。在造园艺术和手法上达到“本于自然，高于自然”“虽由人做，宛自天开”的境地。像颐和园一样的天然山水园则力求“自成天然之趣，不烦人事之工”。总之，本于自然、高于自然是中国古典园林创作的主旨。

提起中国古典园林，人们会很自然地联想到楼台亭阁、假山池沼、曲径小路、嘉树奇观。这些联想是符合事实的，它正表明我国古典园林所具有的立体形象和多种艺术风格。

宋朝画家郭熙说：“千里之山不能尽奇，百里之水岂能皆秀……一概画之，版图何异？”我国江苏省有遗存的古典园林中的假山造景，并不是附近任何名山大川的具体模仿，而是集中了天下名山胜景，加以高度概括与提炼，力求达到“一峰山太华千寻，一勺水江湖万里”的神似境界，就像京剧舞台上所表现的“三两步行遍天下，六七人雄会万师”，意在力求神似。

2.诗情画意

诗情画意是中国古典园林的精髓，也是造园艺术所追求的最高境界。亦即说，园林艺术的精髓，在于所创造出来的意境，这正是中国古典园林艺术最本质的特征，为西方所不及。一峰山能看出太华千寻，一勺水能想象成江湖万里，这就是意境的效果。

园林意境的确切定义，应是通过构思创作，表现出园林景观上的形象化、典型化的自然环境与它显露出来的思想意蕴。意境是一种审美的精神效果，它虽不像一山、一石、一花、一草那么实在，但它是客观存在的，它应是言外之意，弦外之音，它既不完全在于客观，也不完全在于主观，而存在于主客观之间，既是主观想象，也是客观反映，即艺术作为意识形态是主客观的统一，两者不可偏废。意境具有景尽意在的特点，即意味无穷，留有回味，令人遐想，使人流连。

中国古典园林名之为“文人园”，古园之筑出于文思和画意，古人诗文和山水画中的美妙境界，经常引为园林造景的题材。圆明园的武陵春色一景，即是模拟陶渊明《桃花源记》的文意，而把一千多年前的世外桃源，形象地再现于人间。如果说，中国山水画是自然风景的升华，那么园林则是把升华了的自然山水风景，再现于人们的现实。

山水园林比起水墨丹青的描绘，当然要复杂得多，因为造园必须解决一系列的科学和技术问题。再加上造园材料、山石、水体和植物，都不能像砖瓦那样有固定的规格和形状，摆放这些材料十分困难，而且游人与景物之间的观赏距离和观赏角度也难于固定，园中景物很难做到每一个角度都能达到如画的要求，而优秀的园林确能予人以置身画境，产生画中游的感受。

诗文与绘画是互为表里的园林景观能体现绘画意趣，同时也能涵咏诗的情调。景、情、意三者的交融，形成了我国古典园林特有的魅力，也是形成我国古典园林独特风格的又一个非常重要的原因。

3.建筑美与自然美的融揉

早在秦汉时代，就已将物质生活与人们对自然的精神审美需要结合起来，在自然山水中不断建造苑囿、山庄、庙宇和祠观等，人工建筑景观将山水点染得更富于中国民族特色和民族精神，起到了锦上添花的作用。明人曾有“祠补旧青山”之句，这个“补”字十分恰当地说出中国建筑与自然山水的有机结合，人工景观与自然景观巧妙地融合。

中国古典园林建筑类型丰富，有殿、堂、厅、馆、轩、榭、亭、台、楼、阁、廊、桥等，以及它们的各种组合形式，不论其性质和功能如何，都能与山水、树木有机结合，协调一致互相映衬，互相渗透，互为借取。有的建筑能成为园林景观中的主题，成为构图中心，有的建筑对自然风景起画龙点睛的作用。建筑美与自然美的互相融揉，已达到了你中有我、我中有你的境地。

4.意境的蕴涵

园林艺术毫无例外的同诗、画等其他艺术门类一样，都把意境的有无、高下作为创作和品评的重要标准。园林艺术由于其与诗画的综合性、三维空间的形象性，其意境内涵的显现比其他艺术门类就更为明晰，也更易于把握。

意境的蕴涵既深且广，其表述的方式必然丰富多样，归纳起来，大体上有以下3种不同的情况。

① 借助于人工的叠山理水把广阔的大自然山水风景缩移模拟于咫尺之间。所谓“一峰山太华千寻，一勺水江湖万里”。

② 预先设定一个意境的主题，然后借助于山、水、花木、建筑所构成的物境把这个主题表述出来，从而传达给观赏者以意境的信息。例如，神话传说、历史典故等。

③ 意境并非预先设定，而是在景园建成之后再根据现成物境的特征做出文字的“点题”——景题、园、联、刻石等，如杭州西湖曲院风荷。

（三）中国传统园林构景艺术方式

传统的构景艺术有以下两种不同的构景方式。

1.以人工造景为主，天然景观为辅

大多数私家园林，如苏州的网师园、留园、拙政园等，又如皇家园林中的某些小园，如颐和园中的谐趣园、无锡的寄畅园等。这些园林并不是直接欣赏自然，而是把自然风景高度概括和提炼，利用山石、水池、树木、花草等自然素材，构成象征性的景观，给人以美的享受。

2. 以天然景观为主，人工景观为辅

大多数寺庙园林，都建筑在风景奇丽的名山峻岭上，在这里能直接欣赏大自然的本来面目，其中建筑物只是风景的点缀。这种园林的特点，是以自然的山水作为风景主体，人工艺术的建筑庭园只是作为大自然山水的烘托和陪衬，二者相得益彰，天然美与艺术美融为一体。如颐和园和避暑山庄以及一些寺庙园林如杭州灵隐寺，镇江金山寺，四川乐山犬佛寺，浙江普陀山的观音寺等。

这两种构景方式中，人工对环境的艺术加工程度，起着不同的作用，前一种构景方式或是通过写意手法再现自然山水，或是以人工点缀美化建筑环境；后一种构景方式则在自然景观的基础上，通过“屏俗收佳”的手法，剪辑、调度和点缀山林环境，使景色更加集中，更加精炼从而美化自然山水，创造出高于自然的优美环境。

（四）中国传统园林艺术对世界的影响

早在公元6世纪，我国传统园林艺术通过朝鲜传入日本。日本园林承袭了秦汉典例，在池中筑岛，仿效中土的海上神山。600年后，日本又从南宋接受了禅宗和啜茗风气，为后来室町时代（1338～1573年）的茶道、茶庭打下精神基础。宋、明两朝的山水画作品被日本摹绘，用作造庭庭稿，通过石组法，布置茶庭和枯山水。室町时代的相阿弥和江户时代（1603～1867年）的小掘远州，把造庭艺术精炼到近乎象征和抽象的表现，进入青出于蓝的境地。崇祯七年（1634年），《园冶》一书出版后流入日本，被称为《夺天工》，作为造园的经典著作，为造园者必读。明臣朱舜水亡命日本，他擅长造园，今东京后乐园中还存留着朱氏遗规如圆月桥、西湖和圆竹等被称为江户名园。日本庭园建筑物的命名、风景题名和园名等全用古汉语表达，足见受中国影响之深。

欧洲规则式园林，16世纪起始于意大利，影响到法国和英国。随着海外贸易的发展，欧洲许多商人和传教士来到中国，把中国的文化包括造园艺术带到了欧洲，引起欧陆人士极大关注。由中国出口瓷器上的园景和糊墙纸上刻印的亭馆山池版画，都有助于西方对中国园林的了解。因而法国在16世纪就有仿中国的假山，17世纪有人造风景园。1743年，法国传教士王致诚（1722～1768年）由北京致巴黎友人函，描述圆明园美妙景物，称之为“万园之园，唯此独冠”，并把圆明园和避暑山庄的风景绘制成册，带回巴黎，从而轰动了整个欧洲。仅巴黎一地就建有中国式亭、桥园林20多处。英国皇家建筑师威廉姆钱伯斯（1723～1796年）于1761年在丘园建有一个高达84.8m共十层的中国式塔，并于1772年著《东方园林评述》一书。德国柏林波茨坦无愁宫苑中有中国茶厅，其他地方有用龙宫、水阁和宝塔等建筑点缀园林。

18世纪，英国风景园蓬勃发展时期，法国人把中、英两国的庭园作一比较，发现两者的本质是一致的，因而创造了“英华回庭”一词。

党的十一届三中全会以后，我国实行了改革开放政策。1980年1月，在美国纽约中心曼哈顿大都会博物馆北翼二楼，建造了一所苏式庭园称为明轩，开创了我国园林出口为国争取外汇的先例。1983年4月28日，我国在慕尼黑首次以园林建筑实体参加了国际园艺展览会。仅20天时间就建造成一座有石舫、分庭、门廊等组成的中国园林，受到当地各界的高度评价。从此以后，我国相继成立了许多古典园林出口公司。美国、英国、加拿大、菲律宾等国家竞相订购。我国古典园林以其独树一帜的风格，在世界各地重放光彩。

随着我国园林事业的发展和改革开放政策的实施，以及世界各国友好往来的增多，我国的园林事业开始走向世界，为祖国争光，为联络各国人民友好感情做出自己的应有贡献。继苏州古典园林建筑“明轩”在美国安家落户，又有广州的“芳华园”、北京的“燕园”、沈阳的“沈芳园”、“沈秀园”和上海的“友谊园”在德国、英国和日本等地建设开放。不仅宣传了中国优良的造园技术和独特艺术风格，还增进了各国人民的相互了解和友好情谊，为社会主义祖国争了光。

（五）中国园林的特点

（1）从中国园林的起源、发展中可知，中国园林的特点是以自然式著称。唐宋写意山水园，对形成中国园林自然式传统起了重要作用，至明清江南私家园林则继承和发展了这个传统。

（2）中国园林除符合一般规律以外，与诗词、山水画等有密切联系。园林中的“景”，不是纯天然的模仿，而是赋予诗情画意，即将自然山水景物经过艺术提炼加工，再现于园林之中。所以，中国传统园林重于“立意”，创造各种不同的意境。

（3）中国园林还常采取“园中有园”、“小中见大”的布局手法。在历代私家园林中又创造了咫尺山林，经常运用含蓄曲折的空间组景手法。

中国园林建筑数量特别多，且多据主景或控制地位，居于全园的艺术构图中心，且往往成为该园之标志。

（4）中国园林还善于因地制宜，即根据南北方自然条件的不同而有南方园林与北方园林之不同，而各有其特点，现在中国园林已逐步形成北方园林、江南园林、岭南园林、巴蜀园林以及各少数民族地区园林等的地方风格，如布达拉宫（彩图8）。

不同地区的园林风格如下：

① 江南园林　凝练素雅、秀丽、追求园林的“诗情画意”；

② 北方园林　中轴线式规划布局，凝重严谨，庄严稳重；

③ 岭南园林　建筑比重大，注重水的应用，布局密集、紧凑；

④ 巴蜀园林　以“文、秀、清、幽”为风貌，园林风格质朴。

（5）中国古代长期的园林景观设计实践中，在优秀的古典园林体系的形成过程中，也产生了许多造园的行家里手，明末造园家计成就是其中的佼佼者。他结合自己的造园实践，创作了被称之为中国园林艺术第一名著的《园冶》，是集美学、艺术、科学于一体的中国古典园林艺术典籍。

《园冶》中提出，园林作品应当是“虽由人作”、“宛自天开”的“天然图画”；造园应做到富于诗情画意，“寓情于景”、“情景交融”，并要“巧于因借”、“精在体宜”等造园的重要原则。《园冶》一书集中反映了中国园林传统的造园思想，对于学习、研究、继承、发扬我国优秀的园林艺术和园林景观设计思想，起到重要作用。

我国历代有关园林景观设计的专著与论述问世的甚多，其中应首推明代计成所著的《园冶》。此外，尚有明末文震亨的《长物志》和曹雪芹的《红楼梦》中有关大观园的评述等。

四、中国古典园林的继承与发展

（一）如何正确对待古典园林

中国古典园林是封建社会条件下的产物，是当时社会物质文明和精神文明的反映，也反映了那个时期的政治、经济、文化艺术和科学技术水平，是我国园林发展史上的重要里程碑，是我国园林艺术和技术上的光辉成就。因此，在园林事业大发展的今天，复古和仿古之风大盛。但是如果我们对古典园林认真地加以分析，不难看出它们普遍存在着如下问题。

1. 用为人民服务的观点去分析

常被称颂的苏州园林原是为园主人及其眷属服务的。因其环境容量和内部设施都无法适应众多的游人，即使是皇家园林，也只能适应少数人游览，对日游量达数万之众的游人很难适应，没有也根本不可能为现代游人留下足够活动或回旋的余地。苏州园林中游人的摩肩接踵现象，足以表明其不能适应现代人的游览方式，只能作为一种历史文物重点保护，供人们欣赏和研究，而不能用以替代公园的功能。

2.从审美观点分析

不同时代人们有不同的审美观，现代人们利用节假日，乘飞机和车船等交通工具走出家门，前往名山大川、风景名胜区去游览，直接欣赏大自然的风光美景。当人们的物质享受得到满足之后，他们的趣味就也生了纵深变化，转向去追求大自然的山林野趣。沐浴着金色的阳光，呼吸着清新的空气，百草芬芳、万壑鸟鸣、流水潺潺、万紫千红，这对久居闹市的人们而言，无疑是一种至高的享受。

3.从生态学观点分析

大部分古典园林在某种意义上是建筑空间的向外引伸。在建筑物之间有限的空间里，充斥着大量的园林建筑、山石和水体，植物在其中仅起着点缀作用，对整个城市环境效益，并无多大作用。

4.从经济观点分析

建筑庭园的造价，远远高于植物造园所需。因此，应在充分考虑经济状况的前提下进行拓展。

（二）如何继承与发展古典园林

在园林建设中，弘扬传统文化实际上包含双重内容：其一是继承，即以现存的定型的文化为核心，对园林景观进行再现和挖掘，旨在沟通人民对园林意境的感受，情趣的陶冶以及历史文化的传播等。其二是发展，没有发展也谈不上弘扬，继承便成了重复和抄袭。我们提倡的发展是指继承基础上的发展，没有继承也就无所谓发展。发展是在传统园林文明的基础上注入新的现代的“民族文化心理结构”，去创造新的园林景观。

就宏观而言，人类社会的文化发展表现为持续的推陈出新。中国古典园林产生和发展受当时的自然观和宇宙观以及社会环境、自然环境、文化环境等的制约和影响，时至今日园林存在和发展的主客观环境均发生了显著变化，但对待古典园林这一优秀历史文化绝不能采取“抽刀断水”的态度，而应当以继承发展的眼光，根据新时期人类生存生活环境建设的特点与需要，弃其不足，扬其优势，在继承古典园林艺术的基础上向前发展。随着现代人观念的改变，随着现代高科技的发展，园林设计就必须考虑人和社会心理因素的变化，考虑新材料的运用，考虑西方园林的影响，考虑机声光电等高技术的应用，在传统园林文化的基础上，创造出具有时代印痕的现代园林。

第二节　外国园林发展概况及特点

一、外国园林发展概况

美国心理学家马斯洛（A.H.Maslow）将人的需求分为五种，其层次由低到高分别是：生理需要、安全需要、归属和爱的需要、尊重需要、自我实现的需要。对美的渴望也是一种自我实现的需要。

公元前三千多年的地中海东部沿岸、古埃及产生了世界上最早的规则式园林。地中海东部沿岸地区是西方文明发展的摇篮。尼罗河沃土冲积，适宜于农业耕作，但国土的其余部分都是沙漠地带。对于沙漠居民来说，在一片炎热荒漠的环境里有水和遮荫树木的“绿洲”作为模拟的对象。尼罗河每年泛滥，退水之后需要丈量土地，因而发明了几何学。于是，古埃及人也把几何的概念用之于园林设计。水池和水渠的形状方整规则，房屋和树木都按几何形状加以安排，是为世界上最早的规整式园林设计。古巴比伦、波斯气候干旱，重视水的利用。波斯庭园的布局多以位于十字形道路交叉点上的水池为中心，这一手法为阿拉伯人继承下来，成为伊斯兰园林的传统，流布于北非、西班牙、印度，传入意大利后，演变成各种水法，成为欧洲园林的重要内容。

（一）西方园林

欧洲、西亚和东亚、南亚形成并发展了人类三大宗教——基督教、伊斯兰教、佛教。无独有偶，园林也发展为西方、西亚、东方三大流派。据学者考证，“天堂”一词在英语和波斯语中都是“豪华花园”的转化。可以看出人们从自然中捕捉到美的信息之后，便以此构筑了理想中的天国并迫不及待地在现实世界中实现它，一旦不尽如人意又开始新的一轮循环，无休无止，直至今日。

1. 古希腊园林

希腊作为欧洲文化的发源地，在历经了外部及内部频繁的战乱后，于公元前5世纪进入了相对和平繁荣的时期，园林便随之产生并发展。

在园林形成初期，其实用性是很强的，形式也比较单调，多将土地修整为规则式园圃，四周用绿篱加以划分范围。种植以经济作物为主，栽培果品、蔬菜、香料和各种调味品。这是园林产生之初比较主要的表现形式。据载古希腊时期已经产生了初步的园林规范，有包含500多种植物的植物志，如鸢尾、紫罗兰、芍药已广泛加以运用，此时园林工程师开始出现。

古希腊通过波斯学到西亚的造园艺术，发展成为住宅内布局规则方整的柱廊园。中庭式柱廊园是当时的又一种形式，园地四周由建筑围合，和我国内向的私家园林略有相同之处，但地面多加以铺装，后期设有水池、花池等景物，芳香植物应用较多，中心庭园成为重点之一，这也是由于当地气候条件较好的缘故。希腊泉水资源丰富，公元前10世纪就开始出现喷泉，在园林中和雕塑应用在一起，成为雕塑的另一主要结合对象，对紧随其后的古罗马时期产生了深远的影响。

与以上两种形式不同，公共园林是依附于公共建筑供公众使用的。由于当时文学艺术繁荣，民主气氛浓厚，广场、剧院、树林、体育场遍布各地。希腊人喜爱体育活动，竞技场内用于训练，而休息设施如棚架、座椅多设在场外的园林绿地中，已有了现代体育公园的雏形，在当时构成公共园林的主体。阿冬尼斯花园（Adonis Garden）是公共园林的另一形式。在阿冬尼斯节这一天，妇女们在房上塑出阿冬尼斯神像，周围摆上植物。这一仪式，后来转移到地面上进行，植物材料也逐渐以鲜花为主。西方雕塑和鲜花结合的传统即由此而来。

当时著名的哲学家亚里士多德曾说：“宇宙在于秩序、对比、统一、协调，任何事物都有多样统一，任何事物应有一定安排，有一定的度量”。这代表了当时的主要倾向，即园林应纳入建筑范畴，在衬托规则式的住房、学校、竞技场时只能表现为建筑的延续，故在古希腊园林里规则式是绝对必要的，它直接为人们的活动空间服务。无论我们今天如何评价，它们很多形式和手法为后人公用和借鉴，其地位是永恒不朽的。

2. 古罗马园林

继古希腊之后，古罗马成为欧洲最强大的国家，公元前2世纪开始，由亚平宁半岛向外扩张，地跨欧亚非三大洲，地中海成为罗马帝国的内湖。希腊于公元前190年被占领，在此之前古罗马园林几乎是一片空白。历史上文化先进的地区被其他地区征服屡见不鲜，征服者往往在被征服者的影响下被同化。古罗马园林基本继承了古希腊园林规则式的特点并对其进行了发展和丰富，做到了青出于蓝而胜于蓝。罗马继承古希腊的传统并着重发展了别墅园（Villa Garden）和宅园这两类山庄园林。

意大利中南部自然条件温暖湿润、雨量充足、土壤肥沃，多为丘陵山地，台地园开始出现，这是建筑和园林的结合体。富人在郊外的别墅，位于背山面海、视线开阔、小气候条件较好的地域上，供人居住、散步、骑马远游。种植上和赫图斯园艺（horticulture，类似古希腊园圃，以果、菜为主，具实用性）不同，花园占比重较大。绿篱的使用被沿袭下来，产生了模纹花坛，由台地上可观看全貌，植物修剪业也较为发达。通过对庞贝城遗址的发掘，人们发现古希腊中庭式柱廊园被继承下来。古罗马人认为水是清洁、灵性的象征，庭园中水池很多，浴场比比皆是。

古罗马人并不仅仅满足于模仿，哈德良山庄（V.Hadrian）是皇帝的庄园，距今已有多年的历史。喷泉和柱廊结合，为后人所效仿；餐桌旁用水流运送食物，可起冰镇作用。古罗马人已开始了对田园意境的追求，这是从前少见的，园林中的葡萄园、稻田已不再具有强烈的功利性。

当时还有了以云母片为材料的温室，使得植物材料更为丰富。有记载的植物便有上百种，市场中有月季市场，园林中有月季园，整个园林水平无论从艺术性和技术手段上都较古希腊有了明显的提高，赢得了后人敬佩。它们历经千年而未被埋没，为文艺复兴中意大利台地园的发展提供了有益的启迪和丰富的摹本。

3. 中世纪园林

中世纪的欧洲分裂成许多个大小不等的封建领地，诸侯权力有限，而教会借此发展为拥有强大物质和精神力量的政治势力，开始不择手段地维护自己的神权统治。宗教产生时的进步意义已不存在，剩下的只有静穆的顺从和血腥的镇压，大多数艺术在这样的环境里是难以得到发展的。人们多将这一段近千年的历史称之为“黑暗的中世纪”。

在这期间，城堡和修道院成为人们的活动中心。教会作为知识的拥有者，决定了园林的形式。在小农经济自给自足的影响下，园林以实用性为主。在城堡内部，规则式的药圃是不可缺少的，菜园也设在其中，其他作物设在城外。与从前各个历史时期相比较，严格意义上的园林并不很多，也缺乏影响力。这段时期是西方园林史上最漫长的一次低潮，当文艺复兴唤醒了人们的热情后，园林事业又开始了更快的发展。

4. 文艺复兴时期的园林

宗教在文化上的统治并不能使人们丧失追求，相反，正是教会势力中心之一的意大利最早摆脱了文化上被奴役的状态。意大利城市发达，航运便利，有利于工商业发展，产生了资本主义萌芽。威尼斯建立了城市共和国。在马丁·路德宗教改革前300多年，意大利有些教派就开始要求宗教适应人的生活本性。同时期，天文、地理等科学上的发现层出不穷，使教会以迷信推行的愚民政策开始破产。人的需求压倒了苦行修炼而成为生活的第一内容。人成为社会的中心，人文主义开始产生。古罗马昔日丰富的文化遗产，辉煌的业绩，使人们急于摆脱宗教呆板的束缚，以求创造出情感丰富的艺术形象。佛罗伦萨是当时经济最发达的城市，资产阶级富商利用民众对古罗马的崇拜，建立起自己的文化与之相适应，起到了巩固政权的作用。如美第奇（Medici）家族就曾是达·芬奇（Leonardo da Vinci）、米开朗基罗（Buonaroti Michelangelo）等著名艺术家的保护者和支持者，艺术家的头脑和雄厚的物质保障使众多的优秀艺术作品得以出现。

僧侣学者、建筑师阿尔伯蒂（Leon Battista Alberti）是当时最伟大的园林理论家。在指导思想上，他提出了实用、经济、美观的原则；在设计思路上，他摒弃了纯实用的观点，提倡适当的装饰，认为果树不应种植在园林中；同时又避免奢华炫耀，认为园林首先应注意是否方便实用。他主张协调是美的最高境界。他强调整体和局部、局部和局部之间关系和谐并使优雅、活泼的气氛能贯穿始终，尤其强调草地的作用，使园林中植物要素按乔木、灌木、草本的层次结构进行布置的手法在理论上得以形成。他还力图让人们意识到草坪上的潺潺流水可以带来享受，意识到除喷泉等形式外，自然化的水景更是为人们所需要的，这无疑大大提高了园林理论水平和人们的审美情趣。尽管在当时他形单影只，符合这理想的时间作品不久还是出现了。

米凯劳齐（Michelozzo Michelozzi）设计的美第奇（费索勒）庄园（V.Medici at Fiesole）表明当时设计已达到了一定水平。它按照地势分为三层，均呈长条状，建筑放在最高层并偏于一侧，避免在中间显得呆板或在尽端感到闭塞，使空间分隔得富于变化；庭后是正方形水池；庭前是长方形绿地，按广场、树丛、行道树依次布置，给人以亮—暗—亮的节奏感。走道在两旁，显得中部宽敞；进深大，更显建筑庄严。建筑在最高层可眺望远处景色。中层最窄，以藤萝架作为一、三层中间的停顿。最下层以中心喷泉配合修剪过的绿色丛植灌木（绿丛植坛），形成图案的效果，这种效果对于俯视最为合适。在各部分的位置布局上，美第奇庄园是很成功的。

16世纪，法兰西的入侵和美洲航线的开辟使佛罗伦萨失去了贸易中心的地位，意外的是正是教会为了恢复在精神领域中的权威地位，网罗了众多的艺术大师，为其修建了富丽堂皇的园邸，其中著名的有埃斯特庄园（V.de Este）、朗特庄园（V.Lante）和法尼斯庄园（V.Famese）。

埃斯特庄园是按绿化—水池—喷泉—建筑的序列安排的。绿化带由内到外分别为喷泉小广场、四株63m高的丝杉、绿丛植坛、乔木林和草坪。绿化手法丰富，明—暗—明的光影变化消除了单调感。美第奇庄园的喷泉主要靠喷泉中精雕细琢的雕塑吸引人们的注意，而埃斯特庄园则在喷泉本身的处理上进行了大量创新。喷泉上设计了会环绕水轴鸣叫的机械鸟。平静的水池紧挨树丛，可观倒影，流动的水道形成了瀑布，缓流和瀑布的跌落形成了音响高低大小的对比并可冲击编萧发声，称为水风琴。喷泉、小运河、水池共聚一园在音响和光影的变化上不相雷同。

朗特庄园分为四层，最下层依然是绿丛植坛，之上是主体建筑，最上两层是水景园。绿丛植坛中心是圆形喷泉和四个水池的组合，喷泉中心是四位裸体青年托起族徽（顶部有星星的三座山）的雕塑。水池四周有四只船，每只船上有一座剑客塑像。这座水池是本园轴线的第一个高潮，这条轴线贯穿始终，就连位于第二层的主体建筑也只好位居两旁，这在当时是非常独特的。在主体建筑的庄严和全园景色的气魄中，设计师最终选择了后者。在实用性很强的庄园中，园林部分作为一个整体表现出的和谐、自然的艺术感染力，已经开始让其他相对无关的因素服从于自己的需要。第三层和第四层利用高差使水由石雕中流出，经喷泉、链式水扶梯、瀑布、运河，最后注入水池，形成了有动感的中轴线。它以水由岩洞发源到奔流入海的全过程为摹本，不再是由人随心所欲地进行安排，开始了人工景观效法自然的过程。

法尼斯庄园的特点是灵活运用地形。由于它前半部是坡地而后半部较平（与朗特庄园正相反），便因地制宜，将一座水梯设于坡地上，两边设置河神塑像。台地上安排规则的植物种植和通常的台地园不同，以平视效果为主。

这一时期，中世纪园林中的实用作用依然存在，在此之上又有了发展。随着美洲大陆的发现，更多植物被发现，医生们在威尼斯帕度亚大学（University of Padua）学习植物学。为了方便教学，大学于1545年设立了植物园，随后各地均有效仿。

除此之外，意大利名园在细部（如视景焦点、花坛纹样）的处理上也是丰富的，但杰作的诞生往往招致抄袭的加剧，文艺复兴后期的园林在总体设计上创新不够，刻意于细部的雕琢，使其成就凝固起来，未能深入发展。

意大利台地园是新的社会阶层创造性的产物，具有鲜明的个性。炎热的气候决定了庄园应建在依山面海的坡地上，以利陆、海间气流交换而保持凉爽。降温是水景频繁出现的最实用的动机。意大利人充分利用高差创造了多种理水方法。对古罗马人追求宏大气魄的崇尚决定了主体建筑要有一定的体量，园地只能是其延续。为与之配合，多采用几何形状，这也决定了种植上将以整形和半整形树木为主。整形式的绿丛植坛在最下层，获得了较好视角。庄园外围则以半整形（在整形的地块上自然地种植树从而取得的半自然的效果）的方畦树丛成为整形庄园和周围天然环境的过渡。同时，当人位于最高层时视线升高，海天一色的巨大尺度使自然气氛压倒了人工气势，减弱了双方冲突中的势均力敌之感。人工环境只是自然环境的一小部分，从而使整形的园林和自然的风景得到了统一。意大利的强烈阳光，限制了艳丽花卉的应用。为了获得安宁清爽的感觉，常绿灌木成为庄中主景，同时也保证了修剪过的植物景观常年不变。方畦树丛也时常作为行道树，使主要路线上无阳光直射，较之行道树更显得灵活。植物叶色浓淡搭配也已受到重视，在建筑旁边选用叶色相似的植物逐渐过渡到天然丛林。意大利使西方园林在历经中世纪劫难后恢复了勃勃生机，并在造园手法上开始了更为精彩细腻的探索。

15世纪是欧洲商业资本的上升期，意大利出现了许多以城市为中心的商业城邦。政治上的安定和经济上繁荣必然带来文化的发展。人们的思想从中世纪宗教中解脱出来，摆脱了上帝的禁锢，充分意识到自己的能力和创造力。“人性的解放”结合对古希腊罗马灿烂文化的重新认识，从而开创了意大利“文艺复兴”的高潮。意大利半岛三面濒海而多山地，气候温和，阳光明媚。积累了大量财富的贵族、大主教、商业资本家们在城市修建华丽的住宅，也在郊外经营别墅作为休闲的场所，别墅园遂成为意大利文艺复兴园林中的最具代表性的一种类型。意大利文艺复兴式园林中还出现一种新的造园手法——绣毯式的植坛（Parterre）即在一块大面积的平地上利用灌木花草的栽植镶嵌组合成各种纹样图案，好像铺在地上的地毯。

特定的历史背景条件下造就了15世纪后期欧洲意大利半岛的独特理水方式促生了园林小品。作为反映当时意大利知识阶层的审美理想的园林，追求和谐的美，也就是对称、均衡和秩序。他们把园林视为府邸建筑与周围大自然之间的“过渡环节”，力求“把山坡、树木、水体等都图案化，服从于对称的几何构图”。沿山坡筑成几层台地，建筑造在台上且与园林轴线严格对称；道路笔直，层层台阶雕栏玉砌；树木全都修剪成规则的几何形，即所谓“绿色雕刻”，花园中座座植坛方方正正，与水池一样讲究对称；一泓清泉沿陡坡上精心雕刻的石槽层层跌落，称为“链式瀑布”。

5.法兰西园林

17世纪后期，法国在欧、亚、美洲夺取了大片领土，形成了强大的国王专制局面，并曾多次入侵意大利。军事目的虽未能达到，文艺复兴的建筑、庄园的形象却深深地打动了法兰西人。法国土地上，建筑依然是中世纪城堡形式，绿化更显得单调乏味，只有庄园外的森林用作狩猎场所。和教皇一样，为了表现自己的强大和权威，法国国王路易十四开始不满足于现状，转而寻求庄严壮丽的气氛。崇尚开放，流行整齐、对称的几何图形格局，通过人工美以表现人对自然的控制和改造，显示人为的力量。它一般呈具有中轴线的几何格局：地毯式的花圃草地、笔直的林荫路、整齐的水池、华丽的喷泉和雕像、排成行的树木（或修剪成一定造型的绿篱）、壮丽的建筑物等，通过这些布局反映了当时的封建统治意识，满足其追求排场或举行盛大宴会、舞会的需要。于是，西方规则式园林发展到顶点的标

图2-2-1　凡尔赛宫鸟瞰图

图2-2-2　绣花花坛

志——凡尔赛宫（Palais de Vermiller）诞生了。凡尔赛宫占地极广，有六百余公顷（图2-2-1），是路易十四仿照财政大臣副开的围攻园的样式而建成的，包括“宫”和“苑”两部分。

设计师勒诺特（Andre le Notre）将供饮食起居用的宫殿对称地排列在园东，以三条放射状大道和巴黎相连，使人可以由远而近领略凡尔赛宫的雄伟气魄。入园向西是绿丛植坛配以花卉镶边形成的绣花花坛（图2-2-2），分布在东西向的中轴路两侧。路南部分和一巨大池塘及柑橘园相接，气势浩大，以开敞为主。路北部分较为幽雅内向。紧挨绣花花坛群的是以路易十四最崇拜的太阳神阿波罗为主题的喷泉群（彩图9）。喷泉周围12块小园林密布喷泉、水池、迷园、雕塑、凉亭等设施，丰富多彩，是凡尔赛宫的精华。如其中的水剧场在半圆形的舞台后接以三条高于地面的放射路，每条道路的中间是水扶梯和喷起的水柱，人在路两边挨着“水栏杆”行走。迷园是参照伊索寓言布置的，在变化莫测的园路交点上设计了39种喷泉，每个喷泉配以一种寓言中的动物像，新奇有趣。水棚是在路的一侧安置喷头，拱形水流由头顶流过喷到另一侧且使人不遭淋湿。此手法后为俄国人仿造在彼得夏宫（Peter-hot）。小园林群再向西是路中轴。长1560m、宽120m的大运河纵轴使低洼地带的积水得以排泄并加强了纵深感。另有一条长1013m的横向运河与之交叉构成横轴线，显示了在宽度上的恢宏巨大。水面像镜面，具有扩大空间的作用（这种手法在我国江南私人园林中曾广泛得到运用）。整齐规整的人工水面更表现出华美豪放的风格。运河支撑起全园的骨架，仿佛要永久不停地映现出法兰西帝国的强盛。

设计师勒诺特继承了法国园林风格和意大利园林艺术，坚持整体统一的原则，使法国园林脱颖而出，取代了意大利，独树一帜，成为西方各国争先效仿的蓝本。

法国大部分位于平原，河流、湖泊较多，地形高差小。气温、阳光与意大利有较大差距。这就使瀑布叠水较少运用，绿丛植坛也只在高大宫殿的旁边布置，占全园很小比重并多以花卉应用于其中，不怕色彩绚丽而唯恐难以得到鲜艳夺目的效果。主体建筑占据统治地位，其前是宽广的林荫大道和广场，满足了人们的心理，并可供数万人活动。但在各个局部中多利用丛林安排出巧妙的透景线，避免了平地上常见的一览无余之弊。无论从整体大效果和各个局部游赏序列的组织上，勒诺特的安排都是匠心独运的。勒诺特经过半个世纪的实践，创造了凡尔赛宫及勒-维贡府邸这样的杰作，他把握住了法兰西社会跳动着的强劲脉搏。

细部的变化上，凡尔赛宫也可称集人类智慧之大成，可以将铜制的树、草、天鹅等造型的喷泉小品和谐地共聚一池。同时期的植物修剪技术更令人叹为观止，生活中的很多形象为其模仿得惟妙惟肖。大型落叶乔木作为背景时也可修剪（因法国无意大利天然整齐的常绿背景树），修剪技艺越来越高。同时，自然风格也日益为人所称道，大量不修剪的丛林应用于园中，园周围也以其作为绿色的画框。园周无墙，远近景色融为一体，形成无限感。花卉和喷泉出现在室内，室外空间因活动需要亦可布置成“绿色的房间”。室内外空间开始相互渗透，人们开始将双手从宫殿伸向窗外的自然。

路易十四喜欢花样翻新，凡尔赛宫的修建旷日持久。经常性施工费用占到国家税收的六成，加剧了社会矛盾，最后导致了大革命的爆发。

巴黎除凡尔赛宫外，尚有万桑公园（Bois de Vincennes）、圃龙园（Bois de Boulogne）。它们作为首次出现的公园在园林史上占有一定的地位。巴黎市重视街道绿化，城市的清新美丽为世界各国所瞩目。

6. 英格兰风景园和花园

13世纪后期，新式火炮的出现使得城堡的防御功能消失殆尽，英国造园开始从封闭式的内向的城堡庄园走了出来。潮湿的海洋性气候使生机勃勃的树木遍布于绿草如茵的山坡，是庄园内的高地（称为“台丘”）的眺望对象，由于17世纪清教徒过分崇尚简朴，必要的装饰和布置受到禁止。直到意大利特别是法国园林的繁荣使强大的大英帝国感到相形见绌之下，才开始了模仿、思索和创新。但当时被认为自然奇妙的中国园林也传到欧洲，成为反击规则式园林的有力武器之一。

英伦三岛多起伏的丘陵，17、18世纪时由于毛纺工业的发展而开辟了许多牧羊的草场。如茵的草地、森林、树丛与丘陵地貌相结合，构成了英国天然风致的特殊景观。这种优美的自然景观促进了风景画和田园诗的兴盛。而风景画和浪漫派诗人对大自然的纵情讴歌又使得英国人对天然风致之美产生了深厚的感情。这种思潮当然会波及园林艺术，于是封闭的“城堡园林”和规整严谨的“靳诺特式”园林逐渐被人们所厌弃而促使他们去探索另一种近乎自然、返璞归真的新的园林风格——风景式园林。

英国的风景式园林兴起于18世纪初期。弯曲的道路、自然式的树丛和草地、蜿蜒的河流，讲究借景和与园外的自然环境相融合。为了彻底消除园内景观界限，英国人想出一个办法，把园墙修筑在深沟之中即所谓“沉墙”。当这种造园风格盛行的时候，英国过去的许多出色的文艺复兴和靳诺特式园林都被平毁而改造成为风景式的园林。

法国凡尔赛宫虽尽很大努力，喷泉用水和修剪用工也不能保持事倍功半之弊，已为人们逐渐认识到。英国气候使自然生长的植物景观更胜于人工规则式园林，故培根（Francis Bacon）早在法国式园林盛行之际即指出，整形植物仅可满足幼稚者的好奇心，而英国牧场风光的鸟语花香、阴晴明暗才孕育着无穷的生机。

在英国，不甘心受古典主义呆板手法禁锢的文学艺术家推动了浪漫主义的发展，英国浪漫主义的思潮也扩大到园林领域。诗人们歌颂国内清新自然的山水，英国风景学派开始尽情描绘朴素多变的景色。当时被认为自然奇妙的中国园林也传到欧洲，成为反击规则式园林的有力武器之一。

1713年布里格曼（eludes Bridgeman）开始将斯托府邸（Stowe）改建为自然种植树木、无院墙而代之以界沟的新型庄园（图2-2-3）。虽然这种改建不很彻底，几何形体的树木和绿丛植坛依然存在，但将树木随意修剪为各种物景的华而不实的风格已经消失。1930年左右，肯特再次改建时将修剪过的植物和直线状的道路、水池一律抛弃，代之以弯曲的小径和流线型的水体，粗看上去和我国现代公园的平面颇为相似。其学生布朗（Lancelot Brown），第三次改造斯托府邸时清除了一切规则式的痕迹，造成了田园气氛，自此自然风景园开始在英国盛行，布朗也成为名噪一时的“改园能手”。他仿佛是为了与规则为敌而生，不仅对植物不加修剪，即使对于建筑旁边的平整的台地也要毁弃为草坡，墙壁也改为蛇行式（矫枉过正显得矫揉造作）。在英国几乎没有一座古典式园林能够得以幸免，这种不分情况强求一律为自然而自然的做法，不可避免地受到了人们的指责。

图2-2-3　斯托府邸

自然风景园当时并未有着成熟的技巧、娴熟的手法来表现丰富的合适题材，显得空寂，和原野无异。18世纪后期布朗的弟子雷普顿对老师的手法进行了修改，允许建筑旁保留完整的台地和较为整形的植物。

由于自然风景园并未能使人感到比天然原野具有更多的长处，丰富其内容便成了后人的主要任务。意大利和法国规则式园林又回到资产阶级暴发户庭院中，能够不厌其烦地进行雕琢，成为时髦的炫耀手段之一。即使在自然风景园中，雕塑、瓶饰等过去时兴的小品也不断出现，甚至日晷也被用来填补空白。尽管它们风行于一时，生命力毕竟是短暂的。直到观赏植物画被大量发现和应用，才最终使风景园完成了向现代园林过渡。

随着海外领地的拓展和对外联系的增多，英国引入了不同地区的奇花异草。至1805年时，牡丹、芍药、月季等我国著名品种大都流入英国，后来成为世界花卉的宝贵资源。自然科学如园艺学、植物学获得很大发展，为植物的应用提供了强大的动力。在广大小资产阶级中，小面积的花园较之大面积的自然风景园和代价高的规则式园林更易为人们接受，也为植物的推广孕育了巨大的市场。渐渐地，从综合性的花园分化出众多的专类园，如岩石园（彩图10）、沼泽园（彩图11）、水景园、高山园、鸢尾园、杜鹃园、芍药园等。

在历经几千年的发展之后，现代园林在英国和法国出现了。从此各种各样的园林形式如雨后春笋在世界各地出现，吸收了各地区园林精华而产生的英、法早期现代园林又成为各发达国家借鉴的对象。今天各国园林界百花齐放，新形式、新手法不断涌现，却难有某一种形式像从前那样在各国占有统治地位。园林工作者们一方面将外国新的设计思路加以吸收，将新的植物品种引种驯化，一方面结合本地文化传统、欣赏趣味、经济条件、人口、用地条件，产生最为适宜的设计指导思想。在园林中，通用的模式已不复存在，但相互间的借鉴更为频繁。夜郎自大和全面照搬都将意味着失败，在借鉴基础上的不断创新是历史给我们的教诲。

（二）西亚园林

从西班牙到印度，横跨欧亚大陆有着一种独特甚至从今天来看显得刻板的园林形式，这就是西亚园林。它处于波斯和阿拉伯文化的双重作用下，伊斯兰教给予了它巨大的影响，它也是伊斯兰文明的体现和组成部分。

在世界四大文明古国中，现今的阿拉伯地区就占半数。古埃及是人类文明最早发源地，世界古代十大奇迹中唯一和园林有关的便是古巴比伦的悬空园。经认定，《圣经》中的伊甸园是在西亚的大马士革。虽然我们今天对那里的园林感到陌生，却不能忘记人类智慧曾凝聚于此，为西方文明乃至世界文明构筑了温床。

1. 古埃及园林

古埃及和西亚气候干燥火热，临近沙漠景色单调，水便成为人们生存的重要条件。如果缺少树木，便会使人长时间处于阳光曝晒之下。树木的蒸发作用使人们感到空气清新、洁净，少见的树木反而为人所珍视，人们进行绿化活动显得较其他地方更为主动。因受自然环境制约，古埃及园林有着鲜明的特色，最重要的有两点：① 为了减少水的蒸发和渗漏，水渠为直线形，而水是绿化过程中最重要的制约因子，植物须随其布置，这便决定了当时的园林为规则式园林；② 由于人们在实用作物的栽植上已积累了丰富经验，园中植物种类也多为无花果、枣、葡萄等果树，以便于存活，这意味着园林植物的发展是由实用到观赏逐步过渡的。以古埃及某重臣宅园为例，大门正对着主体建筑，它们中间是宽敞的葡萄架，中轴线的两侧对称分布着方形地块，各个地块上分布着草坪、园亭、水池和树木。古埃及人崇尚稳定、规则，仿佛任何构筑物都要像金字塔一样是用最少的线条构成最稳定、最崇高的形象。它影响了西方艺术的发展，又让今天的人们由世界各地群集在它周围，发出由衷的赞叹。

除宅园外，古埃及尚有神园、墓园等形式。在社会早期发展过程中，迷信对人们的影响在生活各个方面都有体现。人死后可在来生转世的信念要求坟旁有树以供享受。墓园完全追求现实生活中令人愉悦的一切，它是现今西方墓园的起源。东方墓园相对之下园林气氛不够浓厚，庄严肃穆有余，美好明畅不足，忽略了墓园是生者活动场所的一面。神园为使人有崇高的感受，常建于易受风沙侵蚀的高处，有时需凿石填土，灌溉又不方便，为成行成片地栽植树木，人们付出了艰辛的劳动，因而也更令人崇拜。

2. 古巴比伦和波斯的园林

据考证，《圣经》中的不少典故出于美索不达米亚平原。这里是早期人类最繁荣的文化中心之一，美索不达米亚翻译过来是“两河之间”的意思，这两条河指的是幼发拉底河与底格里斯河。相对于古埃及，这里水源条件较好，雨量较多，气候温和，有茂密的森林。人们利用起伏的地形，在恰当的地方堆筑土山，在高处修建神庙、祭坛，庙前绿树成行，引水为池，圈养动物。由此，园林产生的另一个源头——猎园，在古巴比伦蓬勃发展起来。

猎园要在农业文明发展到一定程度，渔猎已不再成为绝大多数人可以随意进行的活动时，才能作为高级娱乐产生并用墙加以范围，不让常人进入。中国和古巴比伦都较早地出现了这种园林形式，后者在公元前3500年就有猎园逐渐向游乐园演化。这充分证明了古巴比伦在人类早期文明中占有重要地位。

随着时间的推移，古巴比伦人开始赋予园林更鲜明的特点，到公元前6世纪，空中花园诞生了。为了治愈由多山的波斯娶来的公主染上的思乡病，巴比伦王尼布甲尼撒二世在草原上建起高大的、能承受巨大重量的拱券，覆上铅皮、沥青，再积土其上种植植物，形成了中空可住人的人工山，在顶部设有提水装置，保证树木生长。远望全园如天间山林，构想之奇妙大胆，为世所罕见。

古巴比伦于公元前2世纪衰落后，波斯（今伊朗）便成为西亚园林中心。早在公元前5世纪就有封闭式的天堂园。公元8世纪，伊斯兰教徒控制西亚后开始按照伊斯兰教义中的天堂来设计园林。《古兰经》中描述的水河、乳河、酒河、蜜河在现实中化作四条主干渠成十字形通过交叉处的中心水池相连，将园林分成田字形。由于干旱，无论在传说和现实中水都是值得歌颂的、美好的象征。也正是为了节省水才采用了这样规则的输水线路，不仅如此，甚至将点点滴滴的水汇聚起来用输水管直接浇到每棵植株根部。人们对水的造型更加细心推敲，水景的设计技术在当时首屈一指，并传入西班牙、意大利和法国，为欧洲园林的发展做出了卓越的贡献。

西亚园林在近现代显得停滞、僵化了，但古埃及对古希腊园林的产生，波斯对中世纪后园林复兴的影响让人不得不说，离开了西亚园林，欧洲的园林发展便失去了推动力。虽然西亚园林对东方园林的影响相对要小得多，我们还是最终会认识到它的历史价值，因为如同巍峨的金字塔一样，其中也凝聚着人类的精神。

（三）东方园林——日本园林

前面所介绍的西方和西亚两大园林体系均是以精美的布置追求理想中的天堂才会有的恢宏壮丽或自然和谐。较之西方园林设置枯树残垣的做作手笔，东方园林中仿佛处处沉淀着历史的精华。美丽的景色只是唤醒人们思索的手段，由此而引发出对人生真谛的领悟，才是造园者所要塑造的真正的美景良辰。

日、中一水相隔，从汉朝起日本文化就受到中国影响。日本的帝王庭园类似于中国汉朝宫苑，其跑马赛狗、狩猎观鱼等活动内容和汉朝建章宫颇多类似。高墙和树篱密布，著名的曲水宴也是仿汉朝置杯于流水之上的习惯。

6世纪中期绘画、雕刻、建筑传入了日本，佛教的输入使得原有的高超工艺手段具备了灵魂。6世纪中期，天皇更注重向中国文化靠拢，文学上尊崇汉文，造园中多效仿“一池三山”手法。贵族大臣的宅园纷纷落成，形式上更为自然，其中以苏我马子的飞鸟河府邸最为有名。府邸内，曲池、岩岛、叠石广为应用，除瀑布细流之外，海景也成为园中重要题材之一。

9世纪开始，中国文化在日本占有压倒优势，建筑以唐式为主，园景在继承一池三山的基础上形成了以海岛为题材的“水石庭”。随着唐朝的衰亡，日本开始减少对中国的依赖，文化上更为独立。宅邸中建筑不再仿唐朝宫殿般的对称式，而是在建筑前凿池造岛，用桥与陆地连接。池中可驾画舫，园中松枫柳梅色彩明媚，较对称的寺庙净土庭园更为自由活泼。

13世纪的战乱时期如同中国的魏晋时期，人们的欣赏趣味由贵族化的华丽转为追求自然朴素，禅宗开始流行。倡导无色世界和水墨山水画以及茶文化使日本庭园形成了淡泊素雅精炼的风格。这时的园林已不再是人们追求物质享受的场所，其目的是在静静的赏游中得到思辨的乐趣。白沙和拳石分别代表了大海和陆地，是枯山水的雏形。

16世纪社会的统一和相对安定使日本古代园林发展进入了高潮，茶文化开始兴起，茶室茶庭以少求多、以缺求整的指导思想导致了将朴素简单的用材布置成为轻松自然的美景的片断表现在茶庭中。茶庭出现之前，日本园林已放弃了建筑和湖对面相向、由人在房中静赏的布置方法，代之以周游式的道路环绕美丽的楼阁，可以欣赏到丰富多彩的建筑立面的新颖布局。茶庭对天然美的追求更仿佛达到了无以复加的程度。石上的青苔、裂纹二梁柱上的节疤等均成了欣赏对象，院中经常只栽常绿树以表示自然朴野，常常将植物剪成自由形体，置石也多以巨大雄浑者为主。

日本古典园林发展到顶点时的作品有小掘远洲的桂离宫。中央为宫，四座茶室规格灵活，近宫者“楷”——严整，远者“草”——自由。八个洗手池造型各异，五岛十六桥穿插随意，大面积密林充满野趣。这时的园林常以密林隔绝外界干扰，以中心为高潮，再以轻柔的节奏结束。中国的名山大川常常成为日本庭院的模仿对象。

（四）外国近代、现代园林绿化

外国近代、现代园林沿着公园、私园两条线发展，而以城市公园、私园为主体，并且与城市绿化、生态平衡、环境保护逐渐结合起来，扩大了传统园林学的范围，提出了一些新的造园理论艺术。园林规划、设计与建造也与城市总体规划、建设紧密结合起来，并纳入其中，园林绿化业获得了空前规模的迅速发展。18、19世纪的西方园林可以说是勒诺特风格和英国风格这两大主流的并行发展、互为消长的时期，当然也产生出许多混合型的变体。19世纪后期，伴随着大工业的发展，郊野地区开始兴建别墅园林。

1.公园的出现与发展

公园是公众游观、娱乐的一种园，也是城市公共绿地的一种类型。最早的公园多由政府将私园收为公有而对外开放形成的。西方从17世纪开始，英国就将贵族私园开辟为公园，如伦敦的海德公园，欧洲其他国家也相继仿效，公园遂普遍成为一种园林形式。19世纪中叶，欧洲及美国、日本开始规划设计与建造公园，标志近代公园的产生。如19世纪50年代美国纽约的国家公园；70年代日本大阪市的住吉公园；美国的黄石国家公园（彩图17）。

现代世界各国公园，除开辟新园、古典园林、宫苑外，主要是由国家在城市或市郊、名胜区专门建造的国家公园或自然保护区。美国1872年建立的黄石国家公园是世界上第一座国家公园，面积为89万公顷以上，开辟了保护自然环境、满足公众游观需要的新途径。

而后世界各国相继效法，建立国家公园。有些国家还制定了自然公园法令，以保证国土绿化与城市美化。国家公园的面积很大，规模恢宏，有成千、成万公顷的，也有几百万公顷的。一般都选天然状态下具有独特代表性自然环境的地区进行规划、建造，以保护自然生态系统、自然地貌的原始状态。其功能多种多样，有科学研究、科学普及教育的，有公众旅游、观赏大自然奇景的等。如美国黄石国家公园，富有湖光、山色、悬崖、峡谷、硕泉、瀑布等特色，满山密布森林，园内百花争艳，野生动物奔翔其间。目前，全世界已有100多个国家建立了各有特色的国家公园1200多座。如美国有48座，面积共有880万公顷；日本有27座，总面积为199万公顷；加拿大有31座；法国有7000个自然保护区，3500个风景保护区；英国有131个自然保护区，25个风景名胜区；坦桑尼亚有7座国家动物园，11个野生动物保护区等。

2.城市绿地

城市绿地指公园、林荫路、街心花园、绿岛、广场草坪、赛场或游乐场、居住区小公园、居住环境及工矿区等，统称为城市园林绿地。

西方工业革命后，随着工业的发展，工业国家的城市人口不断增加，工业对城市环境、交通对城市环境的污染日益严重。1858年美国建立纽约中央公园后，多方面的专家纷纷从事改造城市环境的活动，把发展城市园林绿地作为改造城市物质环境的手段。1892年，美国风景建筑师F·L·奥姆斯特德编制了波士顿城市园林绿地系统方案，将公园、滨河绿地、林荫道连结为绿地系统。而后一些国家也相继重视公共绿地的建设，国家公园就是其中规模最大的一项建设工程。近几十年来，各国新建城市或改造老城，都把绿地纳入城市总体规划之中，并且制订了绿地率、绿地规范一类的标准，以确保城市有适宜的绿色环境。

3.私园的新发展

西方资产阶级为追求物质、文化享受，比过去的剥削者更重视园林建设，而且除继承园林传统外，特别注重园的色彩与造型的艺术享受，建筑富有自由奔放的浪漫情调，造景讲究自然活泼，丰富多彩。自然科学技术的发展，使园林植物通过驯化、繁育良种、人工育种、无性繁殖等方法不断涌现，适应性强，应用广泛，为园林植物布置提供了取之不尽的资源，促进了以花卉、植物为主的私园迅速发展。近代，尤其现代产生了诸多专类花园，如芍药园、蔷薇园、百合园、大丽花园、玫瑰园及植物园等。

拥有私园的人以大资本家、富豪者为多。在城市里建有华贵富丽的宅馆与花园，或工厂、宾馆的园林绿地，在郊外选风景区建别墅，甚至于异乡建休养别馆。19世纪后，英国私人的自然风景园，无论城内、郊外都比过去多，且不再是单色调的绿色深浅变化，而注重富丽色彩的花坛建造与移进新鲜花木，建筑物的造型、色彩也富有变化，舒适美观。英国私园中花坛的基本格局是：坛形有圆、方、曲弧、多角等，组成花坛群，周围饰步道，坛中植红、蓝、黄各种花卉，以草类花纹图案为背景。除花坛外，园多铺开阔草地，周植各种形态的灌木丛，边隅以花丛点缀，另有露浴池、球场、饰瓶、雕塑之类。英国的这类私园是近现代西方私园的典型，对欧美各国影响极大，欧美私园基本仿英国建造。

现代，城市中、小资产者与富裕市民也掀起建小庭园的热潮。以花木或花丛、小峰石、花坛、小水池及盆花、盆景装饰庭院，改善与美化住宅小环境。这类园虽小，无定格，但也不乏精品，而且人数众多，普及面广，交流频繁，对园林绿化的发展具有不可忽视的促进作用。

二、外国园林的特点

学习外国园林艺术，是为了“洋为中用”，从中吸收对我们有益的东西，以丰富我们今日的园林。外国园林就其历史的悠久程度、风格特点及对世界园林的影响，具有代表性的是东方的日本园林；15世纪中叶意大利文艺复兴时期后的欧洲园林，包括意大利、法国和英国园林等；近代又出现了苏联和美国的园林绿化。

（一）日本园林——缩景园

日本庭园特色的形成是与日本民族的生活方式与艺术趣味，以及与日本的地理环境密切相关的。日本是太平洋的群岛国家，全境由四个大岛和几百个小岛组成，中部有海拔3700m的富士山，终年积雪，山岭和高地占全部土地的4/5。由于多山，故多溪涧、瀑布。特别是瀑布，它作为神圣、庄严、雄伟、力量的象征，而历来为日本人民崇敬、喜爱。由于是岛国，海岸线曲折复杂，有许多优美的港湾。再加上海洋性气候，植物资源丰富。所有这些都影响到造园的题材与风格。

日本庭园在古代受中国文化和唐宋山水园的影响，后又受到日本宗教的影响，逐渐发展形成了日本民族所特有的“山水庭”，十分精致和细巧。它是模仿大自然风景，并缩景于一块不大的园址上，象征着一幅自然山水风景画，因此，日本庭园是自然风景的缩景园。园林尺度小，注意色彩层次，植物配置高低错落，自由种植。石灯笼和洗手钵（彩图12、彩图14）是日本园林特有的陈设品。日本传统园林分类有：

（1）筑山庭

“筑山”即所谓鉴赏型“山水园”。“筑山”又像书法一样，分为“真”、“行”、“草”三种体，繁简各异（彩图13）。

它是表现山峦、平野、谷地、溪流、瀑布等大自然山水风景的园林。传统的特征是以山为景，以重叠的几个山头形成远山、中山、近山及主山、客山，以流自山洞的瀑布为焦点。山前是水池或湖面，池中有中岛，池右为“主人岛”，池左为“客人岛”，以小桥相连。山以土为主，山上植盆景式的乔木或灌术模拟林地。山上、山腰、山麓、水际、瀑布附近及水中岛上分别相应地置有各种被命名的石组，象征石峰、石壁、露岩，从而构成一幅幅自然景观的缩影。

筑山庭有的部分供眺望，称“眺望园”，有的部分供观赏游乐，称“逍遥园”。此外，筑池水部分称“水庭”。筑山庭中另有一种枯山庭（亦称“石庭”或“枯山水”），其布置类似筑山庭，但没有真水，代表真水的是卵石和砂子，布在湖河床里，砂子划成波浪形，假拟为水波，湖河床里置石，拟想为岛。最著名的龙安寺石庭，在日本称为“国宝”。

（2）坪庭

日语中的“坪庭”一词，源自平安时代宫中的小庭园，也就是我们现在所说的院内小庭园。在拥有狭小空间的庭园里，种上自己喜爱的植物，宫廷中将这样的地方称为“壶庭”。后逐步演变，将面积在1坪（1坪≈$3.3m^2$）左右的庭园称为“坪庭”。

一般布置于平坦园地上，有的堆一些土山，有的仅于地面聚散地设置一些大小不等的石组，布置一些石灯笼、植物和溪流，这是象征原野和谷地，岩石象征真山，树木代表森林。坪庭中也有枯山水的做法，以平砂模拟水面（彩图14）。

（3）茶庭

通常将包括通向茶室的小道在内的、从等候室至茶室出入口的这部分庭园称为茶庭（彩图15）。因为茶庭是有使用功能的庭园，所以重要的是要使脚踏石易于行走。在设计时应考虑方便与茶事相关的所有活动。建造茶庭时，甚至其细节，都有约定俗成的规则。这个部位的尺寸应该是多少，它的位置应该在这里……因此，不了解茶道的人，建造不了茶庭。采用能适应不同场所的、随机应变的设计和使用方式营造茶庭，才是茶人原本所遵循的原则。

茶庭只是一小块庭地，单设或与庭园其他部分隔开，一般面积很小，布置在筑山庭或坪庭之中，四周设富有野趣的围篱，如竹篱、木栅，有小庭门入内，主体建筑为茶汤仪式的茶屋。布置主要用常绿树，极少用花木，庭地和石山上有青苔，茶庭中亦有洗手钵和石灯笼装点。茶庭面积虽小，但能表现自然的意境，创造深山幽谷的清凉的小天地，与茶室的气氛很协调，引人深思默想，进入茶庭犹如远离尘世一般。

以上三类日本传统园林，其功能和景观效果各异。筑造法有定规和程式，在较大规模园林中常三者共存。

（二）文艺复兴时期的意大利园林——台地园

意大利位于欧洲南部风景著称的阿尔卑斯山南麓，是个半岛国家。气候温和湿润，山峦起伏，土地肥沃，草木茂盛，尤以常绿阔叶树最为丰富，在世界上又以盛产大理石著名，古罗马时期建筑影响深远，雕塑精美，又多山泉，水景建设很方便。

意大利是古罗马中心，经过15世纪中叶文艺复兴，造园艺术成就很高，在世界园林史上占有重要地位，其园林风格影响波及法国、英国、德国等欧洲国家。

文艺复兴后，贵族、资产阶级追求个性解放，厌倦城市而倾心于田园生活，多由闷热潮湿的地方迁居到郊外或海滨的山坡上。在这种山坡上建园，视线开阔，有利于借景、俯视，这样逐渐形成了意大利独特的园林风格——台地园（图2-2-4）。

意大利台地园一般依山就势，分成数层，庄园别墅主体建筑常在中层或上层，下层为花草、灌木植坛，且多为规则式图案。园林风格为规则式，规划布局常强调中轴对称，但很注意规则式的园林与大自然风景的过渡。即从靠近建筑的部分至自然风景逐步减弱其规则式风格，如从整形修剪的绿篱到不修剪的树丛，然后才是大片园外的天然树林。

图2-2-4　意大利佐利山庄——台地园

意大利多山泉，便于引水造景，因而

常把水景作为园内主景之一，理水方式有水池、瀑布、喷泉、壁泉等。

植物以常绿树为主，有石楠、黄杨、珊瑚树等。在配植方式上采用整形式树坛、黄杨绿篱，以供俯视图案美，很少用色彩鲜艳的花卉。以绿色为基调，不眩光耀目，给人以舒适宁静的感觉。有时利用植物色彩深浅不同，使园景有所变化，园路注意遮荫，以防夏季阳光照射。高大的黄杨或珊瑚树植篱常作分隔园林空间的材料。由于社会和历史的条件，意大利的造园继承了古罗马的传统，而给予了新的内容。当然。意大利独特的地理环境，它那山峦起伏的地形及夏季闷热的气候，也是形成台地园这一特殊风格的因素之一。

（三）17、18世纪的法国宫苑——规则式的园林

法国在14世纪时，对自然园地的利用还仅限于实用果园，到16世纪末，法国在与意大利的战争中接触到意大利文艺复兴的文化，于是意大利文艺复兴时期的建筑及园林艺术也开始影响到法兰西。17世纪，意大利文艺复兴时园林传入法国，法国人并没有完全接受台地园的形式，而是把中轴线对称均齐的整齐式的园林布局手法运用于平地造园。法国地形平坦，根据法国的自然条件特点，吸收意大利等国园林艺术成就，创造出了具有法国民族独特的风格——精致而开朗的规则式园林（彩图16、彩图23），从而法国的园林有了改革和创新。路易十四建造的宏伟的凡尔赛宫苑，是这种形式杰出的代表，它在西方造园史上写下了光辉灿烂的一页。

唯理与缘情古典主义是17世纪下半叶法国文化艺术的最主要潮流，它的哲学基础源于自然科学早期重大成就所形成的唯理论哲学观。唯理论的代表人物笛卡尔认为，艺术中最重要的是：结构要像数学一样清晰明确，合乎逻辑。而且，法国古典主义建筑理论认为，古罗马的建筑就包含着这种超乎时代、民族的绝对规则。因而，古典主义者强调整齐划一、秩序、均衡、对称，平面构图上崇尚圆形、正方形、直线等几何图案和线形分割。法国古典主义园林风格正是在这种唯理的美学思想下形成的，它体现的是一种理性的思想内涵。

这种园林在水景方面，多系整形河道、水池喷泉及大型喷泉群。为扩大园林空间，增加园景变化，取得倒影艺术效果，常在水面周围布置建筑物、雕像和植物等，因法国雨量适中，气候温和，多落叶阔叶树，故常以落叶密林为丛林背景，并广泛应用修剪整形的常绿植物，大量采用黄杨和紫杉作图案树坛，草花运用比意大利丰富，常用图案花坛，注意色彩变化，并经常用平坦的大面积草坪和浓密树林，衬托华丽的花坛。行道树大多为悬铃木类，路旁或建筑物附近常植修剪整形的绿篱或常绿灌木，如黄杨、珊瑚树等。

图2-2-5　英国卡尔贝斯堡园林

（四）英国园林——自然风景园

18世纪出现的英国风景园，崇尚自然，为世界园林艺术也做出了重大贡献。

英国地处西欧，为大西洋的岛国，地形多变，气候温暖湿润，土地肥沃，花草树木种类繁多，栽培容易。故英国园林大多数以植物为主题，如英国卡尔贝斯堡园林（图2-2-5）。

15世纪前，英国园林大多数采用具有

草原牧地风光的风景园，以表现大自然美景。16～17世纪受意大利文艺复兴影响，曾一度流行规则式园林风格。到了18世纪，浪漫主义思潮在欧洲兴起，也影响到英国的园林艺术，出现了追求自然美，反对呆板、规则的布局，于是传统的风景园得到了复兴与发展。尤其是英国造园家威廉·康伯介绍了中国自然式山水园林后，在英国出现了崇尚中国式园林的时期，后又在伦敦郊外建造了邱园，影响颇大，这时田园歌曲、风景画盛行，出现了爱好自然热。另外，产业革命后，资本主义工业大发展，郊区农民大量涌入城市，牧场一片荒芜，提供了在市郊建造大面积园林的用地条件，于是英国园林风格为之一新，至19世纪成为自然式的风景园。

英国风景园的特点是以发挥和表现自然美出发，园林中有自然的水池，略有起伏的大片草地，在大草地之中的孤植树、树丛、树群均可成为园林的一景。道路、湖岸、林缘线多采用自然圆滑曲线，追求"田园野趣"，小路多不铺装，任游人在草地上漫步或作运动场。善于运用风景透视线，采用"对景"、"借景"手法，对人工痕迹和园林界墙，均以自然式处理隐蔽。从建筑到自然风景，采用由规则向自然的过渡手法。植物采用自然试种植，种类繁多，色彩丰富，常以花卉为主题，并注意小建筑的点缀装饰。

此外，英国风景园在植物种植丰富的条件下，运用了对自然地理、植物生态群落的研究成果，把园林建立在生物科学的基础上，创建了各种不同的人类自然环境，后来发展了以某一风景为主题的专类园，如岩石园、高山植物园、水景园、百合园、芍药园等。这种专类园对自然风景有高度的艺术表现力，对造园艺术的发展有一定的影响。

（五）美国国家公园

美国位于北美洲南部，国土东西高，中间低，山脉南北走向，气候属温带、亚热带，森林与植物资源丰富，具有发展天然公园的良好自然条件。

美国于1776年独立，国史较短，国民来自许多国家，园林基本上未形成自己独立的风格。大部分模仿英国等欧洲诸国和日本、中国等。美国的自由主义观念是多文化的融合点，这些也影响美国园林的发展。景观以起伏的线条和自然生动模仿为特点。19世纪美国园林更多反映解决道德问题和社会问题上。后来的美国大量移民流入，使得园林设计方向结合实际而又体现古典美，旨在缓解社会的无序和拥塞。现代公园和庭园多注意自然风景，室内外空间环境相联系。有自然曲线形混凝土道路和水池，因钢材和木材生产较多，故园林建筑常用钢木材料，显得轻巧空透，很注意光线效果。植物种植取自然式，而到建筑物附近逐步有规则绿篱或半自然的花径作过渡，很注意草皮覆盖，树下多用碎树皮、木片覆盖，以防止尘土飞扬和改善小气候。花卉运用多，点缀大草地和庭园。常用散置林木、山石和雕塑喷泉水池装饰园林。

在美国，对于自然式风景园林学的基本鉴赏已发展为两个不同的方向：一方面是针对私人地产和城市公园，表现为自然主义的、不规则样式的设计倾向；另一方面则是出自对教育、健康和游憩娱乐的考虑，由此展开了保持大面积本土景观的运动。对自然风景的保留是为了更好地予以利用，所以，这种保留的内容是很广泛的，这些保护区的主要类型包括：国家公园、国家森林、国家纪念地、州立公园、州立森林等各种场所。

美国注意发展各类公园，早在1832年就进行大型公园的试验。1872年3月1日美国总统正式签署法案，决定在美国西部怀俄明州的北洛基山中间有仙境般奇景的崇山峻岭中开辟"黄石国家公园"（彩图17）。这里温泉广布，有数百个间歇泉，有的喷出水柱高几十米，有的水温达85℃，面积共有89万公顷。这就是美国也是世界上第一个国家公园。

建立国家公园的主要宗旨在于对为遭受人类重大干扰的特殊自然景观、天然动植物群落，有特色的地质地貌加以保护，维护其固有面貌，并在此前提下向游人们开放，为人们提供在自然中休息的环境，同时，也是认识自然并对大自然进行科学研究的场所。

18世纪90年代，美国又先后开辟了四个国家公园，到现在美国国家公园共有40处。占地500万～600万公顷。属于美国国家公园处管理经营的还有国家名胜、国家纪念建筑、国家古战场、军事公园、历史遗址以及国家海岸、洞道和花园路等20多种形式游览地共达321处，占地面积共达3000多万公顷，其中有瀑布、温泉、热泉、火山，有大片的原始森林，有广阔肥美的草原，有珍贵的野生动、植物，还有古老的化石产地等。所有这些形式的游览地，形成了美国的国家公园系统。

国家公园内严禁狩猎、放牧和砍伐树木，大部分水源不得用于灌溉和建立水电站。这些被保护的大自然景区，有便利的交通条件，有多处宿营地和游客中心，为科学考察和旅游事业提供了很大便利。1916年美国在成立国家公园处的机构时，国会曾指示要“想方设法保存风景、自然和历史文物以及公园中的野生动物，供后人永世享用，不受损伤”。这一原则成了美国国家公园的一项根本方针。

现代，随着城市环境保护和旅游业的兴起，美国正在动员各方面的力量，为开辟更多的公园和改善生活环境而努力。美国的公园建设在不断吸取各国园林优点，结合自己国家的特点，探索创建美国园林自己的风格，其主要特点是多样化和不断创新，注重天然风景的组织和规模宏大等。

三、东西方园林特点的比较

以中国园林为代表的东方园林和西方园林是世界园林艺术的两大流派。风格迥异，表现形式也迥然不同。

从艺术角度讲，中国的园林艺术源于中国传统绘画，“诗情画意”是中国古典园林追求的审美境界，将建筑自然化，曲径通幽，追求意境，表现出形象的天然韵律之美。西方园林中的法国有“园林是陪衬，是背景，是建筑的附属物，确实不是独立完备的艺术”（黑格尔语）。西方园林以科技为缘，将建筑自然化，开阔坦荡，以整体对称图案美见长，表现出抽象性的人工技能之美。

从理念的角度讲，东方园林崇尚自然，模拟自然，注重天人合一，重现自然，而西方园林则在造园过程中强调人的重要性，一定程度的排斥自然，力求体现出严谨的理性，一丝不苟地按照纯粹的几何结构和数学关系发展，着重体现了人与自然的抗衡和对自然地控制。

从形式角度讲，中国古典园林是以含蓄、蕴藉、清幽、淡泊为美，重在情感上的感受。对自然物的各种形式属性如线条、形状、比例、组合，在审美前意识中不占主要地位。空间上循环往复，峰回路转，无穷无尽，追求含蓄的境界，是一种模拟自然，追求自然的封闭式园林，是一种“独乐园”。西方园林表现为开朗、活泼、规则、整齐、豪华、热烈、激情，有时甚至是不顾奢侈地讲究排场，其创作主导思想是以人为自然界的中心，大自然必须按照人的头脑中的秩序、规则、条理、模式来进行改造。

东西方园林在造园的艺术、理念、形式等不同之处反映在具体细节上的区别也大相径庭。如下表2-2-1所示。

表2-2-1　东西方园林比较

类别	西方园林	东方园林
布局	几何型规则布局	生态型自然布局
道路	轴线笔直式林荫道	迂回曲折，曲径通幽
树木	整形对植、列植	自然孤植、散植
花卉	图案花坛、重色彩	盆栽花台、重姿态
水景	动态小景、喷泉瀑布	静态水景、溪池滴泉
空间	大草坪铺展	假山起伏
雕塑	具象（人物、动物）	大型假山整体
取景	对景、视线限定	借景、步移景异
景态	旷景、开敞坦景	障景、幽闭深藏
风格	骑士的罗曼蒂克	文人的诗情画意

第三章

园林艺术及原理

第一节　园林艺术

园林艺术在中国源远流长，其完整的理论体系早在公元1631年就见诸明代计成所著《园冶》一书。该书流入日本，被誉为《夺天工》，可见对其评价之高。“造园”这一专用名词就是由他首先提出的，以后一直为日本所沿用。

在西方，16世纪的意大利、17世纪的法国和18世纪的英国，园林已被认为是非常重要的、融各种艺术为一体的荟萃艺术。1638年法国造园家布阿依索的名著《论园林艺术》问世，他的论点是：“如果不加以条理化和安排整齐，那么人们所能找到的最完美的东西都是有缺陷的”。17世纪下半叶，法国造园学家勒诺特提出，要强迫自然接受均匀的法则，他主持设计的凡尔赛宫苑，利用地势平坦的特点，开辟大片草坪、花坛、河渠，创造宏伟华丽的园林风格，被称为勒诺特风格，西欧各国竞相仿效。

著名的德国古典哲学家黑格尔在他美学著作中说：“园林艺术替精神创造一种环境，一种第二自然”。他认为：“园林有两种类型，一类是按绘画原则创造的，一类是按建筑原则建造的，因而必须把其中绘画原则和建筑的因素分别清楚”。前者力图模拟大自然，把大自然风景中令人心旷神怡的部分集中起来，形成完美的整体，这就是园林艺术；后者则用建筑方式来安排自然事物，人们从大自然取来花草树木，就像一个建筑师为了营造宫殿，从自然界取来石头、大理石和木材一样，所不同者，花卉树木是有生命的。用建筑方式来安排花草树木、喷泉、水池、道路、雕塑等，这也是园林艺术。

由于艺术观点的不同，产生的园林风格迥异。然而作为上层建筑的园林艺术，本来就允许多种园林风格的存在，随着东西方文化交流及思想感情的沟通，各自的园林风格都在产生惟妙惟肖的变化，从而使园林艺术更加丰富多彩，日新月异。

一、园林美

要研究园林艺术，首先要懂得什么是美，什么是园林美。关于美的问题涉及哲学范畴，已有许多美学专著可供参考。这里提出三个概念，将有助于对美的理解。

第一，在公元前6世纪，古希腊的毕达哥拉斯学派认为：“美就是一定数量的体现，美就是和谐，一切事物凡是具备和谐这一特点的就是美”。这一论点对以后西方文艺产生过深远的影响。

第二，德国黑格尔认为：“美是理念的感情显现”，并且辩证地认为：“客观存在与概念协调一致才形成美的本质”，这种思想成为马克思主义的美学理论来源之一。

第三，“美是一种客观存在的社会现象，它是人类通过创造性的劳动实践，把具有真和善的品质的本质力量，在对象中实现出来，从而使对象成为一种能够引起爱慕和喜悦的感情的观赏形象，就是美”（《美和美的创造》江苏人民出版社）。

辩证唯物主义美学家认为，没有美的客观存在，人们不可能产生美感，美存在于物质世界中。马克思认为，任何物种都有两个尺度，即任何物种的尺度和内在固有的尺度。这两个尺度都是物的尺度，是相对而言的。内在固有的尺度是指物的内在属性，内在特征。那么与之相对的任何物种的尺度是指物的外部形态，特定的具体物质形态。它作为特定物所特有的属性，这个属性不是它的共性、种属性所包括了的。例如黄河，除了具有河流的共同属性外，还有它自己特点，像水流混浊，泥沙严重淤塞，有些地方成为地上河等。因此我们认为马克思所说的两个尺度的关系，就是物的个性与种属性、现象与本质、形式与内容等两个方面的美的条件关系，美的规律就是这两个方面的高度统一的规律。这种对立的统一关系处于永远不停顿的运动变化状态。

因此，对于同类一系列的个别事物来说，两者之间的关系是不平衡的，有的两者之间统一面占优势，呈现出事物美的一面，有的两者之间对立面占优势，则呈现出事物丑的一面，有的只达到一般的统一，则事物呈现平庸。因此，通过对事物的这种关系属性研究，可以给“美”下个定义：美是事物现象与本质的高度统一，或者说，美是形式与内容的高度统一，是通过最佳形式将它的内容表现出来。

园林与绘画、音乐、戏剧等其它纯艺术不同，园林美以自然美为特点，是自然美、生活美和艺术美的高度统一。

（一）自然美

园林中众多的自然景观，无一不是美好的。如起伏的山峦、曲折的溪涧、凉凉的泉水、啾啾的鸟语、绿色的原野、黛绿的丛林、烂漫的山花、馥郁的花香、纷飞的彩蝶、奔腾的江河、蓝色的大海和搏浪的银燕等，这种美观非人工美所能模拟，自然质朴、绚丽壮观、宁静幽雅、生动活泼。总之，自然美主要包括以下几点。

1.地形起伏美

地形包括天然的或人工改造的，是园林的骨架。起伏的地形，结合园林植物种植、建筑营造和水景塑造，可创造出丰富的园林景观。结合景观需要创造起伏变化的地形，还可以取得“步移景异”的视觉效果。

2.水景艺术美

水中倒影成双，可以增加景深，扩大空间感；水面平坦和岸边的景物形成方向的对比，与山石形成刚柔对比；“水本静，因风雨而动，小动则朦，大动则失。”水景也可以产生动静相随之美；水的声响变化非常丰富，如雨声、泉声，澎湃如涛，叠瀑飞溅，滴水如琴；自然界水景的形式形态变化也很多：有溪、涧、江、河、池、湖、海等形式，有喷、旋、柱、悬、冰等形态。柳宗元在《小石潭记》中的“水尤清冽”，“鱼可百许头，皆若空游无所依”以及谢灵运的“云日相辉映，空水共呈鲜”等诗句，都表现了水的洁净之美。

3.植物配置美

植物有百花争艳、芳草如茵、绿荫护夏、满山红遍以及雪压青松等多种季相变化。西湖风景区呈现出春花烂漫、夏荫浓郁、秋色绚丽、冬景苍翠的季相变化，瞬息多变，仪态万千，西湖的自然美因时空而异，因而令人百游而不厌。

宋代郭熙在《林泉高致》中这样写道，“山以水为血脉，以草木为毛发……故山得水而活，得草木而华”。山得到了草木，就不会枯露，就有了华滋之美，就会气韵生动，具有活泼的意趣。

植物在园林中，一方面给人以视觉、听觉、嗅觉美，其中带给人的视觉美最为普遍；听觉美如拙政园的“听雨轩”，承德避暑山庄的“万壑松风”等；带给人嗅觉美的如苏州留园的“闻木樨香”，拙政园的“雪香云蔚”、“远香堂”，怡园的“藕香榭”等，借用芳香植物来香化园林。另一方面可仿效自然、创造人工植物群落，形成良性循环的生态环境，创造最适于人生活的小气候，使园林中的气温、湿度、风所形成的综合作用达到比较理想的要求。

4.气象变幻美

气象变换，如云海霞光雨雪、日出日落、雨打芭蕉等，由此设立的景点诸如朝阳洞、夕照亭、月到风来亭、烟雨楼、断桥残雪等，别具特色。

以杭州西湖为例，它有朝夕黄昏之异、风雪雨雾之变、春夏秋冬之殊，呈现出异常丰富的气象景观。前人曾言：“晴湖不如风湖，风湖不如雨湖，雨湖不如月湖，月湖不如雪湖”。

在一些以拟自然美为特征的江南园林中，有一些对自然景色的描写，如“蝉噪林愈静，鸟鸣山更幽”、“爽借清风明借月，动观流水静观山”、“清风归月本无价，近水远山皆有情”等诗句，只不过是对模拟自然美的艺术夸张，然而却是对自然美的真实写照。

（二）生活美

园林作为一个现实环境，必须保证游人游览时，感到生活上的方便和舒适，要达到这个目的，首先要保证环境卫生、空气清新、水体洁净并消除一切异味；第二要有宜人的微域；第三要避免噪声；第四植物种类要丰富，生长健壮繁茂；第五要有方便的交通、完善的生活设施，适合园林的文化娱乐活动，具有美丽安静的休息环境；第六要有可挡烈日、避风雨、供休息、就餐和观赏相结合的建筑物。当今，建设园林和开辟风景区，主要是为人们创造接近大自然的机会，接受大自然的爱抚，享受大自然的阳光、空气和特有的自然美，在大自然中充分舒展身心，消除疲劳和恢复健康。但是它毕竟不同于原始的大自然和自然保护区，它必须保证生活美的六个方面，方能使园林增色，相得益彰，才更能吸引游人游览。

（三）艺术美

人们在欣赏和研究自然美、创造生活美的同时，孕育了艺术美。艺术美应是自然美和生活美的提升，因为自然美和生活美是创造艺术美的源泉。存在于自然界中的事物并非一切皆美，也不是所有的自然事物中的美，都能立刻被人们所认识。这是因为自然物的存在不是有意识地去迎合人们的审美意识，而只有当自然物的某些属性与人们的主观意识相吻合时，才为人们所赏识。因而要把自然界中的自然事物，作为风景供人们欣赏，还必须要经过艺术家们的审视、选择、提炼和加工，通过摒俗收佳的手法，进行剪裁、调度、组合和联系，才能引人入胜，使人们在游览过程中感到它的完美。尤其是中国传统园林的造景，虽然取材于自然山水，但并不像自然主义那样，把具体的一草一木、一山一水，加以机械化摹仿，而是集天下名山胜景，加以高度概括和提炼，力求达到“一峰山太华千寻，一勺水江湖万里”的神似境界，这就是艺术美，康德和歌德称它为“第二自然”。

还有一些具有艺术美特征的音乐、绘画、照明、书画、诗词、碑刻、园林建筑以及园艺等，都可以组织到园林中来，丰富园林景观和游赏内容，使对美的欣赏得到加强和深化。

生活美和艺术美都是人工美，人工美赋予自然，不仅是锦上添花和功利上的好处，而且通过人工美，把作者的思想感情倾注到自然美中去，更易达到情景交融、物我相契的效果。

综上所述，园林美应以自然美为特点，与艺术美和生活美高度统一。

园林艺术必须为社会服务，为广大群众喜闻乐见。要认真贯彻“古为今用、洋为中用”的方针，认真研究、继承我国优秀的园林艺术遗产，同时要吸收外国园林艺术成就，努力创造具有民族特点、社会内涵的园林艺术新风格。“继承”和“借鉴”都不能生搬硬套、简单抄袭，要努力提高风景园林规划设计的水平。

二、园林艺术的特征

园林艺术同其他艺术的共同点是：它也能通过典型形象反映现实，表达作者的思想感情和审美情趣，并以其特有的艺术魅力影响人们的情绪，陶冶情操，提高文化素养。所不同之点是：园林不单纯是一种艺术形象，还是一种物质环境，园林艺术是对环境加以艺术处理的理论与技巧，因而园林艺术就有它自身的特点。

（一）园林艺术是与功能相结合的艺术

在考虑园林艺术性的同时，要考虑环境效益、社会效益和经济效益等多方面的功能要求，做到艺术性与功能性的高度统一。

与其他绘画、音乐、戏剧等纯艺术不同，园林既是满足人们文化生活、物质生活的现实生活环境，同时，园林又是反映社会意识形态与满足人们精神生活与审美要求的艺术对象。园林是一个现实的物质生活环境，园林布局必须保证游人游园时能有生活上的最大舒适感。首先应该保证园林的空气清新，不受烟尘污染，卫生条件良好，水体清洁且无异味、病菌。因为园林的卫生条件，是园林美的前提。其次，园林应该具有保证最适于人生活的小气候，使园林在气温、湿度、风力等方面达到比较理想的要求。冬季要防风，提高气温，夏季则要有良好的气流交换的规划，以及降温的措施，如规划一定的水面和空旷的草地，还要具有大面积的庇荫的密林。

园林应当具有方便的交通、完善的生活服务设施、广阔的户外活动场地、进行安静休息的散步、垂钓、阅读、休息的场所，在满足其社会使用功能的基础上体现园林美的艺术效果。

经济条件是园林艺术营造的重要依据，优秀的园林艺术作品是艺术性和经济条件相互协调运作的结果。

（二）园林艺术是有生命的艺术

构成园林的主要素材是植物。园林造景常利用植物的形态、色彩和芳香等作为主题，利用植物的季相变化构成奇丽的景观。

植物是有生命的，因而园林艺术就具有生命的特征，它不像绘画与雕塑艺术那样，抓住瞬间形象凝固不变，而是随岁月流逝，不断变化着自身的形体以及因植物间相互消长而不断变化着园林空间的艺术形象，因而园林艺术是有生命的艺术。

（三）园林艺术是与科学相结合的艺术

园林艺术是与功能相结合的艺术，所以在规划设计时，首先要对其多种功能要求综合考虑，对服务对象、环境容量、地形、地貌、土壤、水源及其周围的环境等进行周密地调查研究，方能着手规划设计。园林建筑、道路、桥梁、挖湖堆山、给排水工程以及照明系统等无不需要按严格的工程技术要求设计施工，才能保证工程质量；植物因其种类不同，其生态习性、生长发育规律以及群落演替过程等也就各异，只有按其习性因地制宜，适地适树，加上科学管理，才能达到生长健壮和枝叶繁茂的效果，这是植物造景艺术的基础。

综上所述，一个优秀的园林景观，从规划设计、施工及养护管理，无一不要依靠科学，而只有依靠科学，园林艺术才能尽善尽美。所以说园林艺术是与科学相结合的艺术。

（四）园林艺术是融汇多种艺术于一体的综合艺术

园林是融文学、绘画、建筑、雕塑、书法、工艺美术等艺术门类于自然的一种独特艺术，它们为充分体现园林的艺术性而各自在自己的位置上发挥着作用。也可以说是各门艺术的综合，必须彼此渗透和融合，融会贯通，形成一个适合于新的条件，能够统辖全局的总的艺术规则，从而体现出综合艺术的本质。

（五）园林艺术是见证历史的艺术

园林的思想内容和表现形式是互相适应的，因此，园林艺术能反映社会现实，能更全面、更直接地反映人类社会、经济、文化、政治生活的水平和特色。一定的园林艺术形式总是特定历史条件下政治、经济、文化以及科学技术的产物，它一定带有那个时代的精神风貌和审美情趣等。今天，无论就我国的社会制度，还是时代潮流，都发生了根本的变化，生产关系和政治制度的巨大变革以及新的生产力带来的社会进步和文明发展，都影响到人们的生活方式、心理特征、审美情趣和思想感情的巨变，它必然和旧的园林艺术形式发生矛盾，一种适应社会主义新时代的园林艺术形式，必将在实践中发展和完善起来。

从上面列举的五个特点可以看出，园林艺术不是任何一种艺术可以代替的，任何一个专家都不能完美地、单独完成造园任务。造园家如同乐队指挥或戏剧的导演，他虽然不一定是个高明的演奏家或演员，但他是乐队的灵魂，戏剧的统帅；他虽不是一个高明的画家、诗人或建筑师，但他能运用造园艺术原理及其他各种艺术的和科学的知识统筹规划，把各个艺术角色安排在适宜的位置，使之互相协调，从而提高其整体艺术水平。因此，园林艺术的实现，是要靠多方面的艺术人才和工程技术人员同力协作才能完成的。

总之，园林艺术主要研究园林创作的艺术理论，其中包括园林作品的内容和形式、风景园林景观规划设计的艺术构思和总体布局、园景创造的各种手法、形式美构图的各种原理在园林中的运用等。

三、园林风格

园林风格系指反映国家民族文化传统、地方特点和风俗民情的园林艺术形象特征和时代特征。

（一）反映不同国家、不同时代的风格特点

不同国家的园林风格不一样。从古典园林来说，有以意大利和法国为代表的规则式园林风格；有以英国为代表的，以植物造景为主的自然式园林风格；有以中国为代表的写意山水式的园林风格。

同一国家，由于时代不同，其先后的风格也有所不同，以意大利和法国为例，他们已经摆脱古典园林风格的束缚，向浪漫主义的自然式园林发展。现在欧美各国的园林，已打破了原有界限，与整个城市和城郊园林绿地融为一体，并正在用生态学的观点改造园林。

我国的近现代园林，也正在摆脱传统园林风格的影响，走以植物造景为主的道路。园林建筑多趋于轻巧玲珑，色彩明快，过去以石为主的假山，现在改用以土为主，并创造丘陵起伏的地形地貌，同时增多了现代化的文化游乐设施。

（二）反映地方特点

同为规则式园林，风格也不一。如意大利多山地，把山地修成台地，在台地上造规则式园林；而法国多平地，则在平地上建造规则式园林，通过园林反映出各自的地方特点；同为草原牧场风光的园林，由于地方植物种类不同，用地面积大小不一。英国和美国的园林风格，有明显的差别。英国园林用地面积小，多常绿阔叶树，美国园林用地大，多常绿针叶树。同为自然山水式园林，中国和日本在风格上也有着明显的差异。

日本园林风格虽然源于中国，但他们结合了国土的地理条件和风俗民情，形成了自己的风格。日本造园家通过石组手法，布置茶庭和枯山水，造庭艺术简化到象征性表现，甚至濒于抽象，有一定的程式化，过于刻板。

我国古典园林中的江南园林与北方园林也有明显的差别，北方皇家园林富丽堂皇、气派大、尺度大、建筑厚重、多针叶树；江南园林尺度小、建筑轻巧典雅、多常绿阔叶树；同为江南园林，还有杭州园林、扬州园林和苏州园林等地方风格之别。同是现代园林，人们常以“稳重雄伟”来形容北方园林；以“明秀典雅”来形容江南园林；以“物朗轻盈”来形容岭南园林；另外还有山地与海滨等风格迥异的园林。由于城市发展的历史不同，也影响到园林风格。如哈尔滨市园林受俄罗斯民族和日本庭园的影响，具有粗犷与精细并存的特点，其中园林建筑和花坛具有浓郁的欧洲风味，与历史悠久的古老城市中的园林风格有着明显的区别。

（三）个人风格

同一块绿地，表现同一主题，但由于设计者不同，作品的风格就不可能一致，这里体现个人风格的问题。设计者的生活经历、立场观点、艺术修养、个性特征不同，在处理题材、驾驭素材、表现手法等方面都有所不同，各具特色。风格体现在艺术作品的内容和形式的各个方面，尽管如此，个人的风格是在时代、民族、阶级风格的前提下形成的，但时代、民族、阶级的风格又是通过个人风格表现出来的。

在园林风格的创造上，忌千篇一律，千人一面，更不能赶时髦。应该因地制宜，因情制宜，形成具有地方特色的新风格。在现代风景园林规划设计中，师法于古，又不拘泥于古，要在贯通古今中外，融汇百家的基础上，大胆变革创新，体现出时代精神，这样才能使形式更趋完善，风格更为新颖。

四、园林与文学、书法、绘画、雕刻、音乐等的关系

中国园林是集萃式的以静态为主的综合艺术系统。这个综合系统工程包括：作为语言艺术并引起想象的诗词或文学；作为静态视觉艺术的书法、绘画、雕塑以及带有物质性的建筑、工艺美术、盆景等；另外，还有作为时间性动态艺术并诉诸听觉或视觉的音乐、戏曲等。它们相互包容、相互表里、相互补充、相互生发，建构着一个集萃式的综合艺术王国。

（一）文学

中国园林中文学性的建构成分，主要表现为题名、匾额、对联、刻石等。《红楼梦》中曹雪芹借贾政之口说道：“偌大景致，若干亭榭，无字标题，任是花柳山水，也断不能生色。”这正好点出了文学语言能够反映园林的意境这一功能。

园林中的语言艺术成分中，除了题名、匾额、对联外，还有碑刻、砖刻、石刻、屏刻、书条石和室内的挂件等。这样，园林中的文学语言就不只是状物、写景、抒情，还有言志、记事等功能。它极大地丰富了园林空间的精神内涵，增加了园林所储存的信息量。使游者进入其境，览景而生情思。中国古典园林之所以富于诗情画意，富于典雅的神韵风情，一个重要的原因就是文学语言的点缀、形容、渗透、生发。

恰到好处、隽永含蓄的题名、匾额、碑刻、书条石等，可以引导游赏者边赏景，边推敲体味，在园林的形式美（景）中，领悟到更高层次的精神美（情），深入细致地体验出园林意境的“韵外之致”、“味外之旨”。

（二）书法

书法是中国具有独特传统和悠久历史的精神性艺术。在园林中，书法有表明并供人确认

园中构筑、景点的功能。如扬州瘦西湖闻名遐迩的“钓鱼台”，避暑山庄蜚声海外的“热河泉”等。

书法也能引起视觉快感，挂在厅堂或亭榭上的匾额或对联，因为书法凝定于其上，再加上配置，形成了一种别有意味的建筑装饰美。

书法不仅调动了游赏者的视觉器官，更高明的是，书法对园林意境给予了一定的规定和引导，调动了游赏者的思维想象器官去体验、把握园林美。如苏州沧浪亭潭西石上俞樾（清代学者）的篆书“流玉”二字，其婉转悠长的线条，可引起游客关于潭中流水如碧的感受；留园石林小院明代著名书画家陈洪绶所书的对联“曲径每过三益友，小庭长对四时花”，集篆、隶、行、草为一体的书法艺术，不仅使得庭院生气勃发，古意盎然，更平添了一番艺术情趣。

（三）绘画

中国绘画与中国园林的关系是十分密切的，两者的关系不仅表现在理论上有许多共同点，而且中国绘画也是中国园林美的精神性建构序列之一。我国古代的许多园林均是由画家设计建造的，如唐代的王维、元代的倪云林，明代的文征明等都擅长绘画，同时又兼及造园。

一方面由于中国绘画深入集中地反映了自然山水与植物花鸟之美，为中国自然山水画写意式园林的发展奠定了基础；另一方面绘画与书法相匹配，强化了室内空间的艺术综合性和文人气息，造成了一种特定的精神氛围，使包围着它的精神空间获得生命；同时，名家的书画还能极大地体现园林建筑物内部空间的精神价值，从而增加园林的综合艺术气氛，满足园主多方面的艺术需求，丰富园林的精神生活。最后，值得一提的是园林中以绘画形式出现的多是木刻、画屏、石刻、砖刻等，很少有容易损坏的纸画。

（四）音乐

早在汉代，园林艺术和音乐就绾结在一起，当时的园林建筑多为收藏乐器和进行音乐活动的重要场所。如中国古琴“可以导养神气、宣和情志、处穷独而不闷”的功能与园林追求隐逸、怡情养性的目的十分符合，这就使得古典园林中的音乐主要是以琴的形式出现。有些园林中至今还残存有古代琴韵的遗迹，如江苏如皋的水绘园便有董小宛琴台，苏州怡园有坡仙琴馆、石听琴室等，不一而足，置身其间，可感受到弥漫着的音乐气氛。

（五）戏曲

中国古典艺术中有两个集萃式的综合艺术系统：一是以静态为主的园林，一是以动态为主的戏曲。二者异质同构，戏曲也同样综合了文学、音乐、雕塑、工艺美术、绘画、建筑等艺术门类，而且戏曲和园林一样，都善于“以无当有”。戏曲中常常“三五步，行通天下；六七人，雄伟万师”，造园则是“一峰则太华千寻，一勺则江湖万里”。

从实用功能来讲，戏曲是供人休闲娱乐的，园林同样如此。园主们既要在园内尽情游乐，就必然要欣赏戏曲，以求两全其美。如现在在苏州网师园、扬州寄啸山庄等地都恢复了戏曲式演奏节目，效果颇佳。

园林与戏曲，不但表现为珠联璧合，互相辉映，而且表现为时空交感，异质同构。二者在意境、风格、结构、形式等诸方面展现出一种契合之美。

第二节　园林色彩与艺术构图

园林是绚丽的色彩世界，是供人们游赏的空间境域。园林色彩作用于人的感官，能调节人的情绪，例如，园林中色彩协调，景色宜人，能使游人赏心悦目，心旷神怡，游兴倍增；

倘若色彩对比过于强烈，则能令人产生厌恶感；若色彩复杂而纷繁，则使人眼花缭乱，心烦意乱；若色彩过于单调，则令人兴味索然。若所用色彩为冷色，可使环境气氛幽静；若为暖色，则能使环境气氛活跃。因此，如何科学地、艺术地运用色彩，美化环境，以满足群众精神生活需要，显得尤为重要。

一、色彩概述

（一）色彩基本概念

1. 色彩

色彩是指所有可见波长的色光在人体眼睛视网膜上所引起的一切色觉，不论其色相如何、色调如何、饱和度如何，统统称为色彩。色彩的三要素为色相（颜色的种类）、色度（颜色的纯度）、明度（颜色的明亮程度）。色相指在日光的可见光波长的范围内的各种一定波长的单色光，都能引起我们的“色觉”，单色光的波长不同，色觉也就不同，单色光这种能引起我们相应色觉的属性，称为该色光的色相，即颜色的种类；色度也称为色相的纯度，或饱和度，以太阳光波中其中一波长单色光的“光流量”作为标准，如果没有被其他色光中和或没有被其他物体吸收时，所引起的色觉，便是“饱和色相”或“纯色”；明度也称色调，指某一饱和色相的色光，当被其他物体吸收，或被其他相补的色光中和时，就呈现该色相各种不饱和的色调。

同一色相，可以分为明色调、暗色调和灰色调。另外，色相的亮度是指各种饱和度相同而波长不同的色光，对人眼所引起的主观亮度是不相同的，人眼对不同色光的敏感度是不相同的，色相亮度还随着人眼的白日视觉和黄昏视觉之转变而有所不同，例如白日视觉，绿色亮度最强，亮度顺序为：绿、黄、橙、青、红、紫。黄昏视觉色相亮度的顺序为：青、绿、蓝、黄、橙、紫、红。

2. 色彩的分类

根据颜色的性质，按一定顺序连接成的环形色圈（赤、橙、黄、绿、青、蓝、紫的顺序），称为色环（图3-2-1）。在色环上垂直相对的两种色相，引用几何学“两角相加为180°时互为补角”的定理，将这两种位置相对的颜色称之为补色（对比色），如红色与蓝绿色、橙与蓝、黄与蓝紫等均为对比色。对比色对比程度最强，在园林上对比色相配的景物，产生对比的艺术效果。与对比色邻近的色相配在一起，对比稍微缓和（如黄与蓝，红与蓝，红与绿等，色相上仍然为对比变的关系）称为邻补色。

色环上相邻的颜色称为协调色（近似色、类似色）。红、黄、蓝称为三原色，其中二者相混即成橙、绿、紫，称为二次色。在园林中应用这些二次色与合成这个二次色的原色相配合，均可获得良好的协调效果。如绿色与蓝色、绿色与黄色、或黄绿蓝用在一起，都有舒适的协调感。其他如橙与黄，橙与红，紫与红，紫与蓝，均很协调。二次色再相互混合而形成三次色，如红橙，黄橙，黄绿、蓝绿、蓝紫、红紫等，与合成它们的二次色相配合，也同样获得协调效果。自然界各种园林植物的色彩变化万千，凡是具有相同基础的色彩，如红蓝之间的紫，红紫、蓝紫、与红、蓝原色相互组合均可以获得协调，这在园林中的应用已经十分广泛。

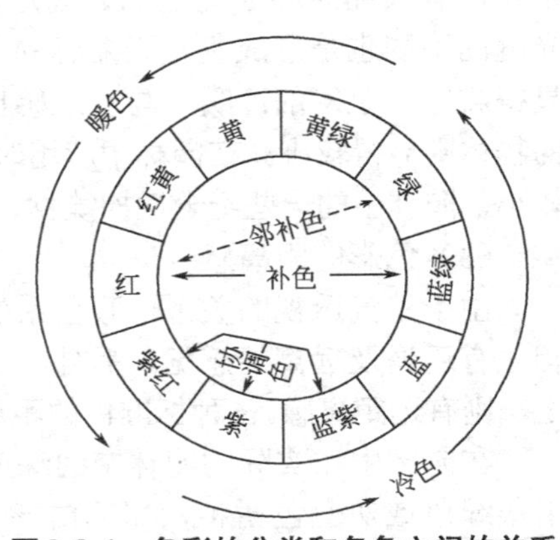

图3-2-1　色彩的分类和各色之间的关系

另外，红、橙、黄及其近似的一系列颜色给人以暖感，为暖色；绿、蓝、紫及其近似的一系列颜色给人以冷感，为冷色。

（二）色彩的感觉及应用

1. 色彩的感觉

不同的色彩引起人们的感觉不同，色彩所表现的物体不同，产生的联想也不同。人们对色彩的感觉极为复杂，这与园林色彩构图关系很密切，必须对它有所了解。色彩自身容易引起人们不同感觉的客观规律如下。

（1）色彩的温度感

图3-2-2 色彩联想产生温度感

又称冷暖感，通常称之为色性，这是一种最重要的色彩感觉。色性的产生主要在于人的心理因素，积累的生活经验，由色彩产生一定的联想，由联想到的有关事物产生温度感（图3-2-2）。如由红色联想到太阳，感到温暖，由蓝绿色联想到水与树荫、寂静夜空的月影，产生了寒冷感等。红、黄、橙以及这三色的临近性给人以温暖的感觉，常被称为暖色。蓝色、青色给人以冷凉的感觉，被称为冷色。绿色是冷暖的中性色，其温度感居于暖色与冷色之间，温度感适中。

在园林中运用时，春秋宜多用暖色花卉，严寒地带更宜多用，而夏季宜多用冷色花卉，冷色花卉在炎烈地带的应用还能引起退暑的凉爽联想。在公园举行游园晚会时，春秋可多用暖色照明，而夏季的游园晚会照明宜多用冷色。实际运用时，如春秋想多用暖色花卉，而材料有限，或夏季想多用冷色花卉而种类少，在这种情况下，可加配白色的花，因白色具有加强邻近色调的能力，又不会引起减暖冷的作用，另外，对比的两个补色配在一起时，温度感觉可以中和，例如早春将冷色的花卉（紫色的三色堇，紫色鸢尾等）与橙色花卉（金盏菊、黄色的三色堇）配合则不觉寒冷。

（2）色彩的涨缩感

红、橙、黄色不仅使人感到明亮清晰，同时有膨胀感；绿、紫、蓝色使人感到比较幽暗模糊，有收缩感。因此它们之间形成了巨大的色彩空间，增强了生动的情趣和深远的意境。光度的不同也是形成色彩胀缩感的主要原因，同一色相在光度增强时显得膨胀，光度减弱时显得收缩。色彩的冷暖，与胀缩感也有一定关系。冷色背景前的物体显得较大，暖色背景前的物体则显得较小。在园林中应用时，冷色背景前的物体显得较大，暖色背景前的物体则显得较小，园林中的一些纪念性构筑物、雕像等常以青绿、蓝绿色的树群为背景，以突出其形象。

（3）色彩的距离感

由于空气透视的关系，暖色系的色相在色彩距离上，有向前及接近的感觉；冷色系的色相，有后退及远离的感觉。另外，光度较高、纯度较高、色性较暖的色，具有近距离感；反之，则有远距离感。6种标准色的距离感按由近而远的顺序排列是：黄、橙、红、绿、青、紫。

在园林中如实际的园林空间深度感染力不足时，为了加强深远的效果，作背景的树木宜用灰绿色或灰蓝色树种，如毛白杨、银白杨、桂香柳、雪松等在一些空间较小的环境边缘，可采用冷色或倾向于冷色的植物，能增加空间的深远感。

（4）色彩的重量感

不同色相的重量感与色相间亮度的差异有关，亮度强的色相重量感小，亮度弱的色相重量感大。如红色、青色较黄色、橙色为厚重，白色的重量较灰色轻，灰色又较黑色轻。同一色相中，明色调重量感轻，暗色调重量感重；饱和色相比明色调重，比暗色调轻。

园林中色彩的重量感对园林建筑的影响很大，一般来说，建筑的基础部分宜用暗色调，显得稳重，建筑的基础栽植也宜多选用色彩浓重的种类（图3-2-3）。

（5）色彩的面积感

运动感强、亮度高、呈散射运动方向的色彩，在我们主观感觉上有扩大面积的错觉（图3-2-4）；运动感弱、亮度低、呈收缩运动方向的色彩，相对有缩小面积的错觉。橙色系的色相，主观感觉上面积较大，青色系的色相，主观感觉上面积适中，灰色系的色相面积感觉小。白色系色相的明色调主观感觉面积较大，黑色系色相的暗色调感觉上面积较小；亮度强的色相，面积感觉较大，亮度弱的色相，面积感觉小；色相饱和度大的面积感觉大，色相饱和度小的面积感觉小；互为补色的两个饱和色相配，双方的面积感更扩大；物体受光面积感觉较大，背光则面积感觉较小。

园林中水面的面积感觉比草地大，草地又比裸露的地面大，受光的水面和草地比不受光的面积感觉大。在面积较小的园林中水面多，白色色相的明色调成分多，也较容易产生扩大面积的感觉。在面积上冷色有收缩感，同等面积的色块，在视觉上冷色比暖色面积感觉小。在园林设计中，要使冷色与暖色获得面积同等大的感觉，就必须使冷色面积略大于暖色。

图3-2-3　色彩的重量感

图3-2-4　色彩的面积感

（6）色彩的兴奋感

色彩的兴奋感，与其色性的冷暖基本吻合。暖色为兴奋色，以红橙为最；冷色为沉静色，以青色为最。色彩的兴奋程度也与光度强弱有关，光度最高的白色，兴奋感最强，光度较高的黄、橙、红各色，均为兴奋色。光度最低的黑色，感觉最沉静，光度较低的青、紫色，都是沉静色。稍偏黑的灰色，以及绿、紫色，光度适中，兴奋与沉静的感觉亦适中，在这个意义上，灰色与绿紫色是中性的。

在园林设计中，红、橙、黄多用于一些庆典场面，如广场花坛及主要入口和门厅等环境，给人朝气蓬勃的欢快、兴奋感（彩图18）。

（7）色彩的运动感

橙色系色相伴随的运动感觉较强烈，而青色系色相伴随的运动感较弱，中性的白光照度愈强运动感愈强烈，灰色及黑色的运动感觉逐步减弱，白昼色彩的运动感觉强，黄昏则较弱。橙色系易引起骚动的感觉，青色系易引起宁静的感觉。同一色相的明色调运动感强，暗色调运动感弱。同一色相饱和的运动感强，不饱和的运动感弱。亮度强的色相运动感强，亮度弱的运动感弱，互为补色的两个色相组合时，运动感最强烈，两个互为补色的色相共处在一个色组中比任何一个单独的色相，在运动感上要强烈得多。

在园林中运用，如在文娱活动场地附近宜多选用橙色系花卉色相对比强，大红、大绿色调的成分多，以烘托欢乐活跃、轻松、明快、运动感的气氛（彩图19）；而在安静休息处和医疗地段附近，就不宜多选对比过于强烈的花卉，以免破坏宁静的气氛。

（8）色彩的方向感

橙色系的色相，有向外散射的方向感，青色系的色相有向心收缩的方向感。白色及明色调呈散射的方向感；黑色及暗色调，呈吸收的方向感；亮度强的色彩呈散射的方向感，亮度弱的色相呈吸收的方向感。饱和的色相较不饱和的色相散射方向感为强；饱和的两个补色配置在一起，方向呈较强烈的散射。

在园林中运用时，如在草坪上布置花坛或花丛等，宜选用白色的、饱和色的、亮度强的色彩的花卉种类，这样可以以少胜多与草坪取得均衡。

2. 色彩的感情

色彩容易引起人们的思想感情的变化，由于人们受传统的影响，对不同的色彩有不同的思想情感，色彩的感情是通过其美的形式表现的，色彩的美，可以通过它引起人们的思想而有所变化。色彩的感情是一个复杂、微妙的问题，对不同的国家、不同的民族、不同的条件和时间，同一色相可以产生许多种不同的感情，这对于园林的色彩艺术布局运用有一定的参考价值。下面就这方面的内容作一简单介绍。

① 红色：给人以兴奋、欢乐、热情、活力及危险、恐怖之感；

② 橙色：给人以明亮、华丽、高贵、庄严及焦躁、卑俗之感；

③ 黄色：给人以温和、光明、快活、华贵、纯净及颓废、病态之感；

④ 青色：给人以希望、坚强、庄重及低贱之感；

⑤ 蓝色：给人以秀丽、清新、宁静、深远及悲伤、压抑之感；

⑥ 紫色：给人以华贵、典雅、娇艳、幽雅及忧郁、恐惑之感；

⑦ 褐色：给人以严肃、浑厚、温暖及消沉之感；

⑧ 白色：给人以纯洁、神圣、清爽、寒凉、轻盈及哀伤、不祥之感；

⑨ 灰色：给人以平静、稳重、朴素及消极、憔悴之感；

⑩ 黑色：给人以肃穆、安静、坚实、神秘及恐怖、忧伤之感。

这些感情不是固定不变的，同一色相用在不同的事物上会产生不同的感觉，不同民族对同一色相所引起的感情也是不一样的，这点要特别注意。如，欧美的白种人普遍比较喜好白色的花，西方的复活节，人们喜欢把白色的百合花送到教堂；美国威斯康星州树木园专门设有“白花园”，这些代表了他们的审美情趣；中国人、日本人的丧服均为白色；非洲和美洲印第安人用白色描绘魔鬼，代表丑陋的形象。

二、园林色彩的组成因素

色彩是物质的属性之一，因此，组成园林构图的各种要素的色彩表现，就是园林色彩构图，归类起来，也可以分为三大类：天然山石、水面及天空的色彩，园林建筑构筑物的色彩，园林植物的色彩。

其中以园林植物的色彩最为丰富多变。植物的色彩表现时间比较短而且变化多，而天然山石、水面、天空及园林建筑物、构筑物、道路、广场、假山石等色彩变化相对较少且持续时间长，设计的时候要从整体出发，两种性质的色相要结合起来考虑。

（一）天然山石、水面及天空的色彩

天然山石、水面及天空的色彩都是自然形成的，在某些情况下，天然的山石、水面和天空的色彩往往成为园林色彩构图的重要因素，因此我们必须了解这些素材的色彩表现的特点和它在园林中的运用，使它们在园林色彩构图中起到应有的作用。天然山石、水面、地面和天空的色彩，在园林色彩构图中，一般都是将其作为背景来处理的。

1.天然山石的色彩

以远看为主，常见天然山石的色彩常以灰白、灰、灰黑、灰绿、紫、红、褐红、褐黄等为主，大部分属暗色调，少数属明色调，如汉白玉灰白色的花岗岩等。

因此，在以山石为背景，布置园林的主景时，无论是建筑或植物等，都要注意与山石背景的色彩有对比和调和关系，在以暗色调山石为背景布置主景时，主景的主体物的色彩宜采用明色调效果更佳。如浙江一带山上建的庙宇，外墙都涂成橙黄色，与山林的暗灰绿色有比较明显的对比，看起来很美观；另以香山的碧云寺为例，碧云寺的红墙、灰瓦和白色的五塔寺与周围山林的灰黑、暗绿色有明显的对比，远远就映入游人的眼里，吸引人们前往观看；而香山里面有一绿色琉璃塔，虽然在明度上与四周的山林有所不同，但因在色相上比较类似，就不及碧云寺那样容易被人发觉和引人注目。

在园林里，除了特殊情况外，很少有单纯成片裸露的天然山石作为背景，而是与植物配合在一起。形态色彩好的山石要显露出来，一般的或差一点的尽可能披上绿装；远山的色彩，因空气透视关系，一般呈灰绿、灰蓝、紫色相，对比不明显，但比较调和。

2.水面的色彩

水面的色彩，除本身呈现的蓝色外，其蓝色程度与水质的清洁度和水深有关，园林中以反映天空及水岸附近景物的色彩为主。水平如镜、水质洁净的水面，由于光和分子的散射，它所反映的天空和岸边景物的色彩，好像透过一层淡蓝色的玻璃而显得更加调和及清晰动人，在微风和水波作用下景物的轮廓线虽然模糊，但色彩的表现却更富于变幻，同时能给人们以巨大的艺术感染力，比如看江中夜月比抬头看天空的月亮更耐人寻味。

园林中水面的色彩表现贵在水质的透明程度，水质的透明度大，能清澈见底，能达到最佳的观赏效果，不过这要在有泉源或有自来水源的小池沼和溪流中才比较容易做到，而大的自然水面一般不易达到。另外，水面还反映天空、水岸附近景物和水池底部的色彩，水岸边植物、建筑的色彩可通过水中倒影反映出来，周围有树则发绿，有红砖建筑则发红。以水景为背景布置主景时，应着重处理主景与四周环境和天空的色彩关系。一般水景附近景物的色彩宜淡雅、协调。

3.天空的色彩

天空的色彩，晴天以蔚蓝色为主，多云的天气以灰白色为主，阴雨天以灰黑色为主。而一天之中，以早晨和傍晚天空的色彩最为丰富多彩，所以晨曦和晚霞往往成为园林中借景的对象之一。天空的色彩大部分以明色调为主，所以在以天空为背景布置园林的主景时，宜采用暗色调为主，或者与蔚蓝色的天空有对比的白色、金黄色、橙色、灰白色等，不宜采用与天空色彩类似的淡蓝，淡绿等颜色。天空的蔚蓝色由于空气透视的关系，越接近地平线越浅，渗入白色和黄色的成分越多，在园林和广场上设置青铜像时，多以天空为背景，效果较好。北海的白塔和天安门广场上的人民英雄纪念碑，以天空为背景，因仰角大，所以晴天的效果特别好。叶色暗绿的树种如油松、桧树等，种植在山上以天空为背景，效果也不错，如颐和园后湖的油松等。在实际应用时，还要考虑到地方的气候特点，如阴雨天多的地方，以天空为背景的景物就不宜采用灰白的花岗岩。

（二）园林建筑构筑物的色彩

园林建筑构筑物的色彩主要包括园林建筑物、构筑物、道路、广场、假山石等的色彩。园林建筑构筑物在园林构图中所占比例不大，但它们往往是游人在园林游览活动最频繁的场所。因此其色彩的表现对园林色彩构图起着重要的作用，如果色彩选配得当，可达到锦上添花的效果。建筑、构筑物设色应考虑以下几方面。

1.结合环境设色

园林建筑形式多样，可随境而安，其色彩也应因境而设。

水边建筑色彩以淡雅和顺为宜，如米黄、灰白、淡绿、蓝色等；山林建筑色彩宜与土壤、露岩色彩相近，而与绿色植物成对比，如用红、橙、黄等暖色或在明度上有对比的近似色，如孔雀蓝、绿色、灰绿的琉璃瓦。

2.结合气候设色

寒冷地带宜用暖色，温暖地带宜用冷色。

3.结合功能设色

文化娱乐处的亭廊应能够激发人们愉快活泼的情绪，以明快色调为主；安静休息处的亭榭，则以淡雅色为主。

4.反映建筑的总体风格

园林中的游憩建筑应能激发人们愉快活泼或安静雅致的思想情绪。

5.反映地方特色

人们对色彩的喜好除共同一面外，还存在着地方、区域的差异，故设色应结合各自的喜好、传统文化设色，表现地方特色。

6.考虑当地的传统习惯

雕塑、纪念碑宜选用与环境和背景有明显对比的色彩。

道路、广场与假山石的色彩，一般多为灰、灰白、灰黑、青灰、黄褐、暗红等色，色调比较暗淡、沉静。这也与材料有关，在运用时，也要注意与四周环境相结合。一般不宜把道路，广场处理得刺目、突出，如在自然式园林的山林部分，宜用青石或黄石（黄褐色）的路面；而在建筑附近，可用浅蓝色或淡绿色的地砖铺地；通过草坪的路面，宜采用留缝的冰纹石板或灰白色的步石路面。

假山石的色彩宜以灰、灰白、黄褐等为主，能给人以沉静、古朴、稳重的感觉。如果因园林材料的限制选用其他色彩，可利用植物巧妙地配合，以弥补假山石在色彩方面的缺陷。

（三）园林植物的色彩

园林植物是园林色彩构图的骨干，也是最活跃的园林色彩因素，如果能运用得当，往往能达到美妙的境界，许多园林因为有了园林植物四季多变的色彩，而形成了难能可贵的天然图画。如北京的香山红叶，对提高香山风景评价起到了非常重要的作用。园林中植物配色的方法，常用的有以下几种。

1.主色调的应用

园林设计中主要靠植物表现出的绿色来统一全局，辅以长期不变的及一年多变的其他色彩。

2.观赏植物对比色的应用

因为补色对比在色相等方面差别很大，对比效果强烈、醒目，在园林设计中使用较多，如红与绿、黄与紫、橙与蓝等。对比色在园林设计中适宜于广场、游园、主要入口和重大的节日场面。对比色在花卉组合中常见的有：桔梗与波斯菊的对比，玉蝉花与萱草的对比，在草地上栽植红色的美人蕉、紫薇都能收到很好的对比效果；黄色与蓝色的三色堇组成的花坛，橙色郁金香与蓝色的风信子组合图案等都能表现出很好的视觉效果。在花卉装饰中，应该多用补色对比中的组合补色对比，如同时开花的、黄色与紫色的、青色与橙色的花卉搭配在一起。在由绿树群或开阔绿茵草坪组成的大面积的绿色空间内点缀红色小乔木或灌木，形成明快醒目、对比强烈的景观效果。红色树种有常年呈红色的红叶李、红叶碧桃、红枫、红叶小檗、红花继木等以及在特定时节呈现红色的花木，如春季的贴梗海棠、碧桃、垂丝海棠，夏季的花石榴、美人蕉、大丽花、秋季的木槿、一串红等。

3.观赏植物同类色的应用

同类色指的是色相差距不大比较接近的色彩，如红色与橙色、橙色与黄色、黄色与绿色等。同类色也包括同一色相内深浅程度不同的色彩，如深红与粉红、深绿与浅绿等。这种色彩组合在色相、明度、纯度上都比较接近，因此容易取得协调，在植物组合中，能体现其层次感和空间感，在心理上能产生柔和、宁静、高雅的感觉，如不同树种的颜色深浅不一：大叶黄杨为有光泽的绿色，小蜡为暗绿色，悬铃木为黄绿色，银白杨为银灰绿色，桧柏为暗绿色。进行树群设计时，不同的绿色配置在一起，能形成宁静协调的效果。

花卉中，如金盏菊有橙色与金黄色两品种，如果单纯栽植一色品种，就没有对比和变化，如把两种色彩的金盏菊配合起来，就会成为自由散点式的花卉配置形式。混合配植，则色彩就显得活跃得多。绿色观叶植物中，叶色的变化十分丰富，如萱草、玉簪的叶色是黄绿色的，马蔺与香石竹的叶色是粉青绿色的，书带草与葱兰则是暗绿色的。树木中通常落叶阔叶树为浅绿，常绿阔叶树为带有光泽的暗绿色，常绿针叶树为灰绿色。秋季变色的树，叶色大不相同，有暗红色、橙红色、红褐色，黄褐色、黄色等，这些都是富于变化的类似色。在配色中必须注意其很细微的变化，这样才能使色彩配合更鲜明，更富于观赏性。

4.白色花卉的应用

白色属中性，其能很好地调节各色花卉之间的关系。在观花植物中，白色花卉或花木所占比重很大。在对比色花卉中，混入白花，可以使对比趋于调和。在暖色花卉中，如混入白色花不减其暖感；在冷色花卉中，如混入白色花不减其冷感；在暗色调的花卉中，混入白花，就可使色调明快起来，如大红的花木或花卉在暗绿的树丛背景之前，色调不够鲜明，或不够调和时，则宜用白色花卉和花木来调和；在暗色调的花卉中混入白色花可使整体色调变得明快；对比强烈的花卉配合中加入白色花可以使对比变得缓和；其他色彩的花卉中混种白色花卉时色彩的冷暖感不会受到削弱。

5.夜晚植物的配色

月光下，红色变成褐色，黄色变成灰白，白色则带着青灰色，只有淡青色和淡蓝色的花卉色彩比较清楚。因此夜花园中，应多用色彩明度较高的花卉，如淡青、淡蓝、淡黄、白色花卉。由于夜光下花卉的色相不可能丰富，故为了使月夜景色迷人，弥补色彩的不足，最好多用有强烈芳香的植物，如茉莉、白兰花、含笑、桂花、米兰、九里香、玫瑰、月见草、晚香玉等。要设计好的观赏植物构图，必须细致地记录各种花色和叶色。要把同时开花的花色或同时保持一定色相差异的叶色，作为色彩构图的组合而记录下来。如果脱离具体季节、具体地域来考虑植物色彩的组合是不实际的。

夜晚的植物配置：在夜晚使用率较高的花园中，植物多应用亮度强、明度高的色彩，如白色、淡黄色、淡蓝色的花卉，如白玉兰、白丁香、玉簪、瑞香等。

三、园林色彩构图的艺术手法

园林空间的色彩表现不是由某个单一因子构成的，它是由天然的、人为的、有生命的和无生命的许多因子结合在一起而形成的，其中以园林植物的色彩最为丰富。英国皇家园艺学会出版过一套色卡共202张，每张上有四种不同纯度的色块，共计808种不同深浅的颜色，基本上包括了园艺植物可能出现的全部色彩。但植物色彩随季节而变化，除绿色维持的时间较长和较稳定外，其他颜色表现的时间比较短，使园林景色多变、时进而景新。

在进行园林色彩构图设计时，必须将各类素材的色彩在时空上的变化作综合考虑，才能达到完美的效果。这里所说的色彩处理，是指那些可以受人摆布的色彩因素而言，但同时还需要考虑那些不以人们意志为转移的客观色彩因素，使两者很好地配合。

（一）单色处理或类似色处理

园林空间是由多种色彩构成的，不存在单色的园林空间，就一种色相而言，其变化就很大。以绿色为例，它的波长在505～510nm范围之内，用孟氏系统分类，有三种间色（亦称类似色）如蓝绿、绿和黄绿，有9种明度和5种纯度等级的变化，总共至少有135种不同色泽的绿色，再加上光源色和环境色的影响，其变化就更加丰富了。绿色是园林的基色，也就有135种类似色，因而单色处理也就包含着类似色处理。杭州花港观鱼公园中的雪松大草坪所形成的色彩可作为类似色处理的佳例（不包括后来添加的紫叶李和林缘的花镜在内），雪松大草坪具有朴实无华、稳重大方的豪迈气派，这种感情效应是由绿色通过雪松树群的形象和由其围合而成的16400m^2草坪空间所形成的。

纯净的单色处理是指用同一光流量的色光或同一种色相的处理，如在花坛、花带或花镜内只种同一种色相的花卉，当盛花期到来，绿叶被花朵淹没，其效果比多色花坛或花境更引人注目。荷兰沿公路两旁绵延数公里的单色郁金香，这些具有相当大面积的单一颜色的花坛所呈现的景象十分壮观，令人赞叹。适合作单色处理的花卉宜生长低矮，开花繁茂，花期长而一致，草本花卉中的花菱草、金盏花、香雪球、藿香蓟、硫黄菊和虞美人等以及木本花卉中先开花后展叶的植物。

（二）对比色处理

两种色互为补色时就是对比色，一组对比色放在一起，由于对比作用而使彼此的色相都得到加强，产生感情效应更为强烈，但对比强烈的色彩并不能引起人们的美感。只有在对比有主次之分的情况下，才能谐调在同一个园林空间中。例如万绿丛中一点红，比起相等面积的绿和红来更能引起人的美感。对比色处理在植物配置中最典型的例子是桃红柳绿，建筑设计中如华丽的佛香阁建筑群（彩图1）在苍松翠柏陪衬下分外庄丽悦目，光华照人。

（三）调和色处理

我们在自然界中经常看到黄花与绿叶，会感到一种平静、温和与典雅的美。黄、绿、青三色之间含有某种共同色素，配合在一起极易调和，故又称调和色。例如，花卉中的半支莲，在盛花时色彩异常艳丽，却又十分调和。半支莲有红、黄、金黄、金红以及白色等花色，其中除白色等中性色外，其余都是调和色。波斯菊有紫红、浅紫色和白色等花色，配植在一起浓淡相宜，十分雅致。在园林中类似色和调和色处理是大量的，因为容易取得协调，对比色的应用则是少量的，较多地是选用邻补色对比，这样容易取得和谐生动的景观效果。

（四）渐层

渐层是指某一个色相由深到浅、由明到暗或相反的变化，或由一种色相逐渐变为另一种色相，甚至转变为互补色，这些因微差引起的变化和由一个极端变为另一个极端都称为渐层。蓝色的天空和金黄色的霞光之间充满着渐层变化。同一色相在明度和饱和度上的渐层变化给人以柔和与宁静的感受；从一个色相逐渐转变为另一色相，甚至转变成补色相，这种渐层变化既调和又生动。在具体配色时，应把色相变化过程划分成若干个色阶，取其相间1～2个色阶的颜色配置在一起，不宜取相隔太近的，也不宜取太远的，太近了渐层变化不明显，太远又失去渐层的意义。渐层配色方法适用于布置花坛、建筑，也适用于园林空间色彩的转换。用不同色阶的绿色植物能构成具有层次和深度的园景。

（五）中性色的运用

青瓦粉墙是中国民用建筑特色的传统。园林中常以粉墙为纸，竹石为画，构成花影移墙的立体画面，生动而富有韵味。白色的园林建筑小品或雕塑在绿色草坪的衬托下显得十分明净。园林景色宜明快，因而在暗色调的花卉中混入适量的白花，可使色调明快起来。把白花混入色相对比较强烈的花卉中可使对比强度缓和。夏季在暖色花卉中加进白色花卉，不仅能使色彩明快，而且可起减热作用；冬天在冷色花卉中加进白色，可起增暖作用。

灰色在现代园林中常见诸于建筑、路面、塑石、围墙和高低栏杆上，因为灰色是水泥的本色。作为现代建筑材料的水泥在园林中应用已愈来愈广泛。自然界中的灰色可使人产生空虚、迷茫以及远离的感觉，如透过树林看到一堵灰墙，会使人产生错觉，疑是灰茫茫的天空，灰色天空可使园林环境的色彩变得柔和。

金黄多半应用于建筑室内外的装饰，如寺庙和宝塔的金顶、佛像的全身、建筑彩绘、嵌条、灯饰及家具等，在园林内常用于雕塑上，如苏联夏宫中的雕塑都是喷金的，在日内瓦湖上有一闪光的镂空球体就是金色的，银色用于灯饰及栏杆上。一些金属色彩，如不锈钢、紫铜等材料构成的抽象球体，都能给园林空间带来光环的色感。

（六）色块的镶嵌应用

自然界和园林中的色彩，不论是对比色还是调和色，大多是以大小不同的色块镶嵌起来的。如蓝色的天空、暗绿色的密林、黄绿色的草坪、闪光的水面、金黄色的花镜和红白相间的花坛等。利用植物不同的色彩镶嵌在草坪上、护坡上、花坛中都能起到良好的效果。除了采用色块镶嵌以外，还可以用花期相同、植株高度一致而花色不同的两种花卉混栽在一起，可产生模糊镶嵌的效果，从远处看去，色彩扑朔迷离，使人神往。

在园林建筑的墙壁上，色彩镶嵌的应用较多，马赛克壁画就是一种色彩镶嵌。用两三种颜色的石屑干粘在墙面上，也能产生模糊镶嵌的效果。

（七）多色处理

单色彩的园林空间是不存在的，而多色彩的空间却到处皆是。杭州花港观鱼公园中的牡丹园是园林植物多色处理的佳例。牡丹盛开时有红枫与之相辉映，有黑松、五针松、白皮松、构骨、龙柏、常春藤以及草坪等不同纯度的绿色作陪衬，谐调在统一的构图中。用红石板砌成石柱，配以白色的木架，配以绿色的紫藤，缀着紫色的花朵，这也是多色处理。成片栽种色相不同的同种花卉，如半支莲、矮牵牛、石竹、美女樱、百日草、小丽菊以及月季花等也是多色处理。有些花卉的花朵本身就有几种色彩。选择花期一致、品种不同的花卉配置在一起，构成花境或模纹花坛，这也是多色处理。多色处理中有调和色也有对比色，大量应用调和色，结合少量对比色，这样可给人以生动活泼的感受。

四、园林空间色彩构图

园林空间变化极为丰富，在总体规划思想指导下，每一个空间构图都应有其特色，这个特色包括空间造型的景物布置和色彩表现，前者是后者的构图依据。没有丰富特色的空间景物结构，则色彩无以依附，但如果只考虑景物结构而无视色彩的景观效果，则景物结构之美终将毁于一旦。所以，在进行色彩构图时务须慎重，需要从以下两个方面加以考虑。

（一）适应游人的心理

在寒冷地区和寒冷季节，暖色调能使人感到温暖，在喜庆节日和文化活动场所也宜选用暖色调，暖色调使人感到热烈与兴奋。在炎热地区和炎热季节，人们喜欢冷色调，冷色调使人感到凉爽与宁静，因此在宁静的环境中宜采用冷色调，以加强环境的宁静气氛。人们在过于热烈的环境中渴望宁静，在过于宁静的环境中又希望得到某种程度的热烈与兴奋。所以在一个园林中既要有热烈欢乐的场所，也要有幽深安静的环境以满足各种游人的心态。这样不仅能使游人心理活动取得平衡，而且可使空间景物富于变化。用颜色来创造环境气氛是很重要的，而色彩表现则是由构景要素的天然色彩和人工色彩配合而成的。

（二）确定基调、主调、配调和重点色

园林空间的色彩构图要确定基调、主调、配调和重点色。

1. 基调色

园林色彩的基调决定于自然，天空以蓝色为基调，地面以植被的绿色为基调，这是不以人们意志为转移的，重要的是选择主色调、配色调和重点色。

2. 主调色

园林中的主色调是以所选植物开花时的色彩表现出来的，例如杭州植物园的主色调，在早春白玉兰盛开时为白色，在樱花盛开时又变为粉红色，当枫叶变色时又变为红色。所以园林中的主色调是随时令而改变的。

3. 配调色

配色调对主色调起陪衬或烘托作用，因而色彩的配调要从两方面考虑：一是用类似色或调和色从正面强调主色调，对主色调起辅助作用；二是用对比色从反面强调主色调，使主色调由于对比而得到加强。产生主色调的树种，如果花色的明度和纯度都不足，则该树种应该种得多些，以多取胜，如樱花；如果花朵色相的明度和纯度都很强，则该树种的栽植数量可以适当减少，如垂丝海棠。

4. 重点色

重点色在园林空间色彩构图中所占比重应是最小的，但其色相的明度和纯度应是最高的，具有压倒一切的优势。如杭州植物园分类区主题建筑“植园春深”的立柱呈大红色，这种红色的明度和纯度都强过周围环境中的其他颜色，起到重点色的作用。

自然界的色彩充满着对比与调和的变化，如红花与绿叶；蔚蓝色的天空与金黄色的阳光以及物体上的阴与阳等，这些色彩均属于对比效果。而绿树、绿草由于植物的种类和品种不同，呈现出各种不同的绿色，都是调和色。被阳光笼罩下的各种物体上不同的暖色以及阴影中各种物体上不同的冷色等，也都属于调和的效果。在调和之间和调和转向对比之间又常常呈现渐变的过程。如蔚蓝色的天空在阳光万道之间呈现出橙、橙黄和湛蓝、蓝、淡蓝、乃至灰、灰白等色的现象都是色彩渐变的效果。

色彩是个复杂的问题，它直接作用于人的感官，产生感情反应。色彩处理得好，就能成为园林环境中最强烈的美感之一；如果处理不好，可能造成色彩公害，影响人们的心理健康。大自然中的色彩千变万化，是美的创作源泉，为了创造优美的造型环境，必须仔细观察自然界中丰富的色彩变化，掌握各种构景要素的色彩和人工色彩的调配规律，才能大胆而有创造性地进行园林色彩构图，把祖国的园林建设得更加绚丽灿烂、丰富多彩。

第三节　园林艺术法则

提起古典园林，人们会很自然地联想到楼台亭阁、假山池沼、曲径小路、嘉树奇葩。这些联想是符合事实的，它正表明我国古典园林所具有的立体形象和多种艺术风格。

中国园林艺术是伴随着诗歌、绘画等艺术而发展起来的，因而它表现出诗情画意的内涵。中国园林艺术着重意境的塑造，园林中的山水、植被、建筑以及其组成的空间关系构成的“景”不是自然景象的简单再现或一种物质环境，而是赋予情意境界，成为一种精神氛围。组景贵在“立意”，创造意境，寓情于景、情景交融。通过诸如象征与比拟、追求诗情画意、汇聚各地名胜古迹等造园手法，追求天然雅致的美学境界。

中国园林艺术因地制宜地利用环境，巧妙借景，利用自然风趣，通过概括与提炼艺术地再现自然山水之美。我国人民有着崇尚自然、热爱山水的风尚，孔子的“仁者乐山，智者乐水”的道德观，使中国园林艺术具有师法自然的艺术特征，又带有“天人合一”的哲学思想。

中国古典园林是我国劳动人民的创造和宝贵的文化艺术遗产，必须按现今的社会时代要求，去其糟粕，取其精华，古为今用，继承和发扬传统园林艺术。综合古今各家之说，结合现在风景园林发展需求和趋势把园林艺术法则总结如下。

一、造园之始，意在笔先

风景园林规划设计前应先确定主题思想，即意在笔先，然后再行设计建造，达到主题鲜明，主景突出的效果。不同时代的人们有不同的意境追求，不同的意境追求反映了人们对人生、自然、社会等不同的定位与理解，体现了人们的审美情趣与艺术修养。

意，可视为意志、意念或意境。它强调在造园之前必不可少的意匠构思，也就是指导思想，造园意图。立意，即主题思想的确定，也是指指导思想的构思。主题思想通过园林艺术形象表达，是园林创作的主体和核心。园中景物皆根据其“意”来设置，形成风格统一的艺术整体，如网师园围绕“网师者，渔人也”这一立意，园中所建亭阁房屋都如村社般简实平朴，无富贵之气。正如《园冶·兴造论》中提到的“三分匠，七分主人”，在风景园林规划设计中，设计主持人的意图对风景园林建设起着决定性作用。无论是何种园林形式都反映了园主的思想，而其思想是根据园林的性质、地位而定。如皇家园林颐和园万寿山佛香阁（彩图1），必以体现至高无上的皇权为主要意图；寺观园林以超凡脱俗普度众生为宗；私家园林有的以想耀祖扬宗为目的，而有些则以拙政清野、升华超脱、崇尚自然为乐趣。

“意境”一词来自唐代诗人王昌龄的《诗格》，他认为诗有三种境界：只写山水之形的为“物境”，借景生情的为“情境”，能托物言志的为“意境”。意境指通过意象的深化而构成的心境意合、神形兼备的艺术境界，也就是主客观情景交融的艺术境界，表现了意因景存、境由意活这样一个辩证关系。如陶渊明所代表的田园意境，反映了古代文人雅士追求清淡隐逸生活的向往；以仙山琼阁、一池三山为代表的神话意境，表明了自秦、汉以来，历代帝王对仙境长生的向往；景区、景点的题名，蕴藏着人们对生活的强烈眷恋和对祖国大地的赤诚爱心，如位于避暑山庄松林峪山谷端尽头的“食蔗居”，寓意蔗到尽头最甘甜、行至谷端景最佳之意。

以景名代诗，以诗意造景，是意境创作的常用手法。如颐和园“知春亭”就出自苏轼“竹外桃花三两枝，春江水暖鸭先知”一诗；“秋水亭”出自王勃《滕王阁序》“落霞与孤鹜齐飞，秋水共长天一色”；苏州网师园的“月到风来亭”出自韩愈诗“晚年秋将至，长风送月来”。以园名点题表现意境者，从许多园林取名可见一斑，如“拙政园”（图3-3-1）、“怡园”（图3-3-2）等。近现代的园林及风景名胜区的景区景点仍运用优美题名创造一种瑰丽深奥的意境美，如沈阳北陵公园的“松海听涛”等。

总之，立意于造园之始，表现于园境之中。立意关系到设计思想的体现，又是设计过程中合理运用园林要素的依据，因此，立意的好坏对整个设计是至关重要的。也就是在风景园林规划之先需要实地勘察、测绘，掌握情况，明确绿地性质和功能要求，然后确定风格和规划形式。意在笔先，要善于抓住设计中的主要方面，解决功能、观赏、生态及艺术境界的问题。立意要有新意，注重地方特色、时代特性，体现个人艺术风格，注重境界的创造，提高园林艺术的感染力。

图3-3-1　拙政园

图3-3-2　怡园

二、相地合宜，构图得体

风景园林规划设计必按基地地形、地势、地貌的实际情况，考虑园林的性质、规模，构思其艺术特征和园景结构。园林的基地地形应有山水的情趣，景观都应随着地势而成，或与山林相依，或与池沼相连。而园主对园林意境的期许，也需要考虑基地的选择，如要在乡野中选择幽胜的美景，则要利用高低错落的密林进行遮挡。只有合乎地形骨架的规律，才有构园得体的可能。

《园冶》相地篇中提到，“园基不拘方向，地势自有高低”，只要“园日涉以成趣”，即可“得景随形”，认为“园林唯山林最胜”，而城市地则“必向幽偏可筑”，旷野地带应“依乎平岗曲坞，叠陇乔林”。造园多用偏幽山林，平岗山窟，丘陵多树等地，少占农田好地，这也符合当今园林选址的方针。不同的园林有不同的营造手法和营造意境，这在造园选址之初就该确立，如此才能因地而建，因势利导，充分发挥每类地形的长处。相地与立意是不可分割的，是园林创作的前期工作。

在如何构园得体方面，《园冶》有一段精辟的论述，“约十亩之地，须开池者三，……余七分之地，为垒土者四……”，不能“非其地而强为其他”，否则只会“虽百般精巧，却终不相宜”。这种水、陆、山，三四三的用地比例，虽不可定格，但确有其参考价值。不同性质、不同功能要求的园林有着不同的布局特点，不同的布局形式必然反过来影响不同的造园思想，是内容与形式统一的创作过程。但园林构图必须与园林绿地的实用功能相统一，要根据园林绿地的性质、功能用途确定其设施与形式；要根据工程技术、生物学要求和经济上的可能性行构图、布局；按照功能进行分区，各区要各得其所，分区中各有特色，化整为零，园中有园，互相提携又要多样统一，即分隔又联系，避免杂乱无章；各园都要有特点、有主题、有主景，要主次分明，主题突出，避免喧宾夺主。

另外，园林布局要进行地形及竖向控制，只有山水相依，水陆比例合宜，才有可能创造好的生态环境。城乡风景园林应以绿化空间为主，绿化覆盖率应占有园林面积的85%以上，建筑面积应控制在2%以下，并应有必要的地形起伏，创造至高控制点，引进自然水体，从而达到山因水活的境地。总之，只有相地构园，才能合宜得体。

1.颐和园

北京颐和园构图达到主题鲜明，主景突出的效果。颐和园主要以万寿山和昆明湖组成，水面占全园面积的四分之三，但从造园布局来看，仍以万寿山为主体。园林建筑也都依山建构，山前、山腰、山顶，不同地基高度的殿堂楼阁，都因层层上升的地势而突现出来，构成一条爬升曲线。其中佛香阁（彩图1）虽建于山腰，而顶部突出山顶，不但从高度，而且从体量上也是能以控制全园的制高建筑。正是轴线的顶端，将一座绝对高度不到60m的山势平缓的万寿山通过攒尖顶、八面形的佛香阁向天际延伸。

佛香阁又处在万寿山的东西向的中部，确立了它的中心位置。从昆明湖的东西岸远眺佛香阁，不但它的尺度恰到好处，真有增之一寸则嫌高，减之一寸则嫌矮的感觉，而且将周围的近景、远景都凝聚在它的画面之中。在园内的许多庭院内，也都看到它的身影。当圆明园和畅春园在未毁之前，也是这两座皇家御苑的借景，从玉泉山和香山的坡顶上也能眺望到它的影廓，所以，佛香阁既是颐和园的中心建筑，也是北京西山地区的“三山五园”（香山、玉泉山、万寿山、静宜园、静明园、颐和园、畅春园、圆明园）的构图中心。

2.寄畅园

江苏无锡寄畅园（图2-1-22）因布局合理而风韵无限。

静观布局方面：寄畅园有大面积的山石园区，同时又有一片水域，形成一种阴阳拓扑关系（图3-3-3）。

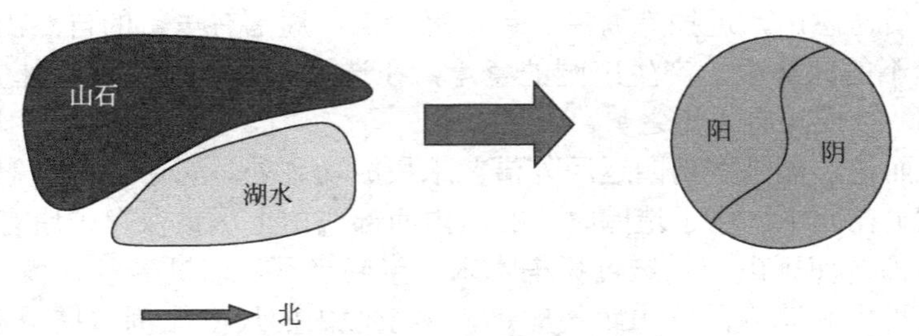

图3-3-3　寄畅园的阴阳拓扑关系

寄畅园在动态布局的方面做得很优秀：石板桥，与北岸相通。水心岛上筑有水心亭，依水而筑。池西筑有假山群，堆筑相当精巧，达到“虽由人作，宛自天开”的地步。全园只筑有三厅建筑：园北依墙筑有蝴蝶厅，规模宏伟，为全园主要建筑；园西依墙筑有桂花厅；园南端筑有宴厅。为北、西、南三个不同方位观赏全园的最佳观景点。三厅之间，上用串楼下用回廊进行串联，依照地势高低，曲折透逸。双层隔墙上均有什锦漏窗，从楼下回廊与楼上串楼观赏，将园景分成高下两个层次，转换成前后左右四面，既可观赏西园的景色，又可观赏东园的景色，真是“一步一景，步移景换”，达到多角度、多方位、多层次的观景效果。这种用串楼复廊隔景，又用双层漏窗借景，是寄畅园建筑者的独创，在私人园林中少见。

叠山理水、处理得当。叠山的主要部分在寄畅园南部。山的轮廓有起伏、有主次。其中部较高，以土为主，两侧较矮，以石为主，土石间栽植藤蔓和树木，配合自然。山虽不高，而山上高大的树木却助长了它的气势。假山间为山洞，引惠山泉水入园，水流婉转跌落，泉声聒耳，空谷回响，如八音齐奏，称八音涧，与“天下第二泉”相连。

寄畅园的水池的处理很成功。水面南北纵深，池岸中部突出鹤步滩，上植大树二株，与鹤步滩相对处突出知鱼槛亭，划分水面为二，若断若续。池北又有平桥浅低，似隔还通，层次丰富。寄畅园水池是自然式的（彩图4），池岸斗折蛇形，犬牙交错，自然活泼，水则百折千迴，有始有终，有聚有散，收放有度。

三、巧于因借，因地制宜

中国古典园林（景园）的精华就是“因借”二字。园林是一个有限空间，就免不了有其局限性，但是酷爱自然传统的中国造园家，从来没有就范于现有空间的局限，用巧妙的“因借”手法，使有限的园林空间具有了无限风光。“因”者，是就地审势的意思；“借”者，景不限内外。明末造园家计成在其名著《园冶》中提出“借者，园虽别内外，得景则无拘远近。晴峦耸秀，绀宇凌空，极目所至，俗则屏之，嘉则收之，不分町疃，尽为烟景”，即立足本园，借用园外有利因素，组织到园林景象之间。这种因地、因时借景的作法，大大超越了有限的园林空间。因此，要根据地形地貌特点，结合周围景色环境，巧于因借，做到“虽由人作，宛自天开”，避免矫揉造作。

“夫借景，园林之最要者也”。借景分远借、邻借、仰借、俯借、应时而借5种。借景是强化景深的重要手段。如颐和园中的谐趣园远借玉泉山玉峰塔（彩图20），拙政园平借北寺塔、玄武湖，遥借钟山。古典园林的“无心画”、“尺户窗”的内借外，此借彼，山借云海，水借蓝天，东借朝阳，西借余晖，秋借红叶，冬借残雪，镜借背景，强借疏影，松借坚毅，竹借高节，借声借色，借情借意，借天借地，就是汇集所有的外围环境的风景信息，拿来为我所用，取得事半功倍的艺术效果。

无锡寄畅园是借景的范例，寄畅园有52景，但这些景物并不都在园内。寄畅园背山临流，右邻锡山，后倚惠山，近控寺塘泾，远谒惠山浜，周围有丰富的自然山水供借资。造园匠师能在尺度较小的园林中，产生广阔的意境，在造园布局上能突破园林空间的局限。“纳千里于咫尺之中，使咫尺有千里之势。”

以外借山景而论，那是寄畅园运用外借艺术最成功之处。它借惠山和锡山景色，使景色悠然而来，宛似山在园中。由于造园时，在园内西部假山上尽量保存了原有的老树，山上古木交叉，苍茫翁郁，使惠山山景透过树梢木末，半隐半现，若断若续，使人觉得山中有山，树中有树。虽然惠山和园内的假山距离颇远，由于假山的尺度比例掌握得恰到好处，这样，游人在园中眺望，只觉得惠山峰峦近在眉睫，达到“受之于远，得之最近”的最佳艺术效果。这样，通过假山的介置引渡，正面明显地将惠山引揽入园。而对邻近的锡山却采取了不同的手法，设计者仅在园林布局上面留出适当的观瞻位置。园子利用了树梢瞻角，透露一株秀峰，在隐约含蓄之中将锡山山景和山巅的龙光塔塔景（彩图4、图3-3-4）构入园景。游者坐站在七星桥上东南望，只见锡山上的绿树森森，山巅上的古拙龙光塔历历在目，只觉得山外山，楼外楼，借得古塔进园来，使园内空间序列变化无穷。锡山山色在顾盼之间悄然可见这更是借景中若无情实有意的巧妙处理。

造园者根据西枕惠山麓，南瞰锡山巅，园内东西狭窄，南北引长，地势西高东低的特点，因高培山（西部），就低凿池（东部），沿池建筑临水亭廊，在统体不足十五亩的小花园内，大作外借艺术的文章。以外借水源而论，巧妙地借用了墙外的二泉伏流（图3-3-5），依据地形的倾斜坡注，顺势导流，创造了曲涧、澄潭、飞瀑、流泉等诸般水景，增加了风景内容，丰富了山水意趣。

高超的“八音涧”黄石假山建筑，使涧流或浮石面，或伏石碑，或旁山崖，或流谷底，使水流忽断忽续，忽隐忽现，忽聚忽散，同时产生不同音响，使水音与岩壑发生共鸣，达到“山本静，水流则动”的观景效果。此外，由于外借的水源是一股终年不竭的活水，这便在根本上保证了东部的水池——锦汇漪的水质清澈不腐。正如宋人郭熙所说：“水活物也”，

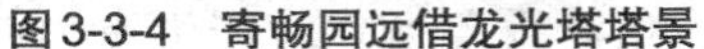

图3-3-4　寄畅园远借龙光塔塔景

图3-3-5　寄畅园借二泉伏流

“欲草木欣欣，欲挟烟云而秀娟，欲照溪谷而生辉，此水之活体也”。

通过相地，可以取得正确的构园选址，然而在一块土地上，要想创造多种景观的协调关系，还要靠因地制宜，随势生动和随机应变的手法，进行合理布局，这是中国造园艺术的又一特点，也是中国画论中经营位置原则之一。画论中有“布局须先相势”，布局要以“取势为主”。《园冶》中也多次提到“景到随机”、“得景随形”等原则，不外乎是要根据环境形势的具体情况，因山就势，因高就低，随机应变，因地制宜地创造园林景观，即所谓“高方欲就亭台，低凹可开池沼；卜筑贵从水面，立基先究源头，疏源之去由，察水之来历”，这样才能达到“景以境出”的效果。在现代风景园林的建设中，这种对自然风景资源的保护顺应意识和对风景园林景观创作的灵活性，仍是实用的。

在构建新园林时，务必从园林的主客观条件（地理条件、面积大小、财力多寡等）出发，注意遵循“因地制宜”这一条原则。我国寺庙园林的构建，最善于运用因地制宜这条原则。

江苏镇江有三座寺庙园林（金山寺、甘露寺和定慧寺），分别构建于不同的三座山峰（金山、北固山与焦山）上。基于三座山峰不同的地理形势，三座寺庙园林的构建者便分别采取了“寺裹山”、“寺镇山”和“山裹寺”的三种迥然不同的布局方式。镇江三山三寺的成功构建，实在是因地制宜地构建园林的一种典范，值得我们今天造园时作创造性地借鉴。

四、欲扬先抑，柳暗花明

风景园林规划设计十分注重人在空间中行进时心理体验的变化，欲扬先抑是处理园林景观高潮的一个十分有效的方法，用“抑”产生期待，烘托出“扬”的精彩，产生“柳暗花明”的效果。一个包罗万象的园林空间，有多种方法向游人展示。对于如何取得引人入胜的效果，东西方造园艺术似乎各具特色。

西方几何式园林以开朗明快，宽阔通达，一目了然为其偏好，符合西方人的审美心理。

东方人因受儒家学说影响，且中国文学及画论也给了很好的借鉴，塑造了中国人含蓄理义的习俗。崇尚“欲露先藏，欲扬先抑”及“山重水复疑无路，柳暗花明又一村”的效果，这些都符合东方的审美心理与规律。故而在景园艺术处理上讲究含蓄有致、曲径通幽、逐渐展示、引人入胜。表现在园林布局上就是先藏后露、引人渐入佳境的作法。陶渊明的《桃花源记》给我们提供了一个欲扬先抑的范例，遇洞探幽，豁然开朗，偶如世外桃源，人无限向往。如在造园时，运用影壁、假山水景等作为入口屏障；利用绿化树丛作隔景；创造地形变化来组织空间的渐进发展；利用道路系统的曲折引进并结合门洞形成的框景（彩图21），形成园林景物依次出现的效果；利用虚实院墙的隔而不断；利用园中园，景中景的形式等，都可以创造引人入胜的效果。它无形拉长了游览路线，增加了空间层次，给人们带来柳暗花明，绝路逢生的无穷情趣。

尽管现代风景园林对以上两种方式有综合并用的趋势，然而作为造园艺术的精华，两者都有保留发扬的价值。

五、开合有致，步移景异

如果说，欲扬先抑给人们带来层次感，则开合有致、步移景异给人们以韵律感。中国园林景观序列中有阴有阳、有开有合、有虚有实、有疏有密、有动有静、有明有暗、有主有次、有大有小、有长有短、有浓有淡、有远有近、有俯有仰、有起有伏、有首有尾、有转有承等无往不复的各种对比变化，完成了由有限空间向无限空间有节奏、有韵律的过渡。节奏与韵律感，是人类生理活动的产物，表现在风景园林艺术上，就是创造不同大小类型的空间，通过人们在行进中的视点、视线、视距、视野、视角等反复变化，产生审美心理的变迁，通过移步换景的处理，增加引人入胜的吸引力。

风景园林是一个流动的游赏空间，善于在流动中造景，也是中国园林特色之一。以此为借鉴，风景园林同样可以创造这种效果。现代综合性风景园林有着广阔的地域、丰富的内容、多类型的出入口、多种序列交叉游程，所以不能有起结开合的固定程序，但是，因地制宜、因景设施的景区布置、景点设置和功能分区还是必要的。可以仿效古典园林在空间上的开合收放、疏密虚实的变化原则，比如景区的大小、景点的聚散、绿化草坪植树的疏密、园林建筑的虚与实等，这种多领域的开合反复变化，会创造宽窄、急缓、闭敞、明暗、远近之别的序列，必然会带来游人心理起伏的律动感，使景园达到步移景异、渐入佳境的效果（图3-3-6、图3-3-7）。

图3-3-6　月亮门步移景异的景观效果

图3-3-7　长廊步移景异的景观效果

“步移景异”是中国传统园林的一大艺术特色，包含空间转换与景致变换两重意思。

江南私家园林经营空间的艺术性比皇家园林略胜一筹，但同为私家园林也风格各异，拙政园明瑟旷远，网师园小巧精致，沧浪亭历史已久，艺圃极具飘逸之气，唯独留园（图3-3-8），面积适中，空间密度较大，变化丰富，用来分析“步移景异”具有典型性。留园以水面为中心，以冠云峰（彩图35）为景观序列的高潮，从入口到“还我读书处”一段，基本包含了主要的空间类型。尤其是位于门厅过道、古木交柯前的庭院、古木交柯、曲溪楼、清风池馆、五峰仙馆、还我读书斋7个“站点”的空间及景观类型。

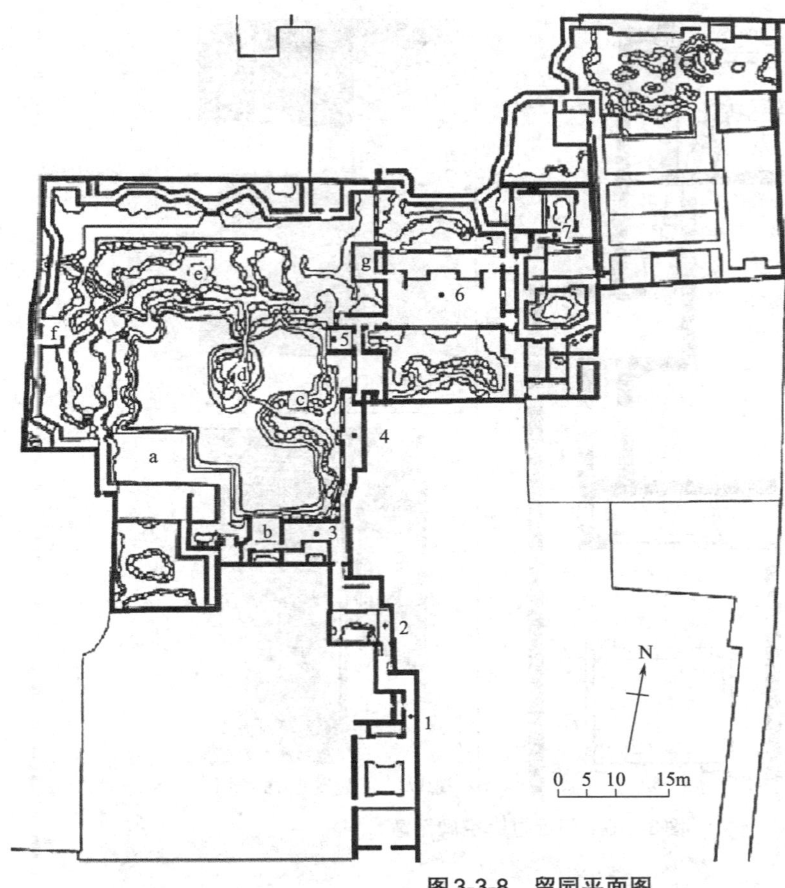

1—入口门厅过道；
2—古木交柯前庭；
3—古木交柯；
4—曲溪楼；
5—清风池馆；
6—五峰仙馆
7—还我读书斋；

a—涵碧山房；
b—绿荫；
c—濠濮亭；
d—小蓬莱；
e—可亭；
f—闻木樨香轩；
g—汲古得绠处

图3-3-8 留园平面图

1.门厅过道

入口的“本体空间”是狭长幽暗的廊道—门厅过道（图3-3-9），“站点”左侧是个天井，从功能上讲能给过道带来自然光线，从空间上讲，是在本体空间之外增加了一重维度。景色从漏窗中透过，会产生内与外，明与暗的对比，加强人对本体空间的认知。

2.古木交柯前的庭院

在曲折幽暗的廊道空间过后，出现了古木交柯前的庭院（图3-3-10），沿对角线方向有两个开口：来的方向上，是过道和角落里的植物，这些植物成为视觉落点；去的方向上，也是一个过道，从站点的位置上看去，是一个“孔洞”。同时，对角线两侧的建筑与自然景物对应而立，辅助加强空间自身的个性。

3.古木交柯

古木交柯（图3-3-11）的“本体空间”是形态微妙的建筑空间，没有寻常建筑的四面围和之感，建筑的属性显得很微弱。北墙上的一排漏窗，形态各异，花样精美，其角度和位置有细微差别，框景也各不相同。这里，画面更像是平面的、二维的，里面的景物没有单独存在的意义，一个一个浏览过去，才始觉是一个完整的外部空间。

4.曲溪楼

空间序列经过前面“收—放—收—略放—收”的一系列变化，在曲溪楼（图3-3-12）这里向水面完全打开，视线间的角度增大，人的意识被拉出空间之外，空间向外打开的程度到达了极限，形成了一个空间及景观的高潮。

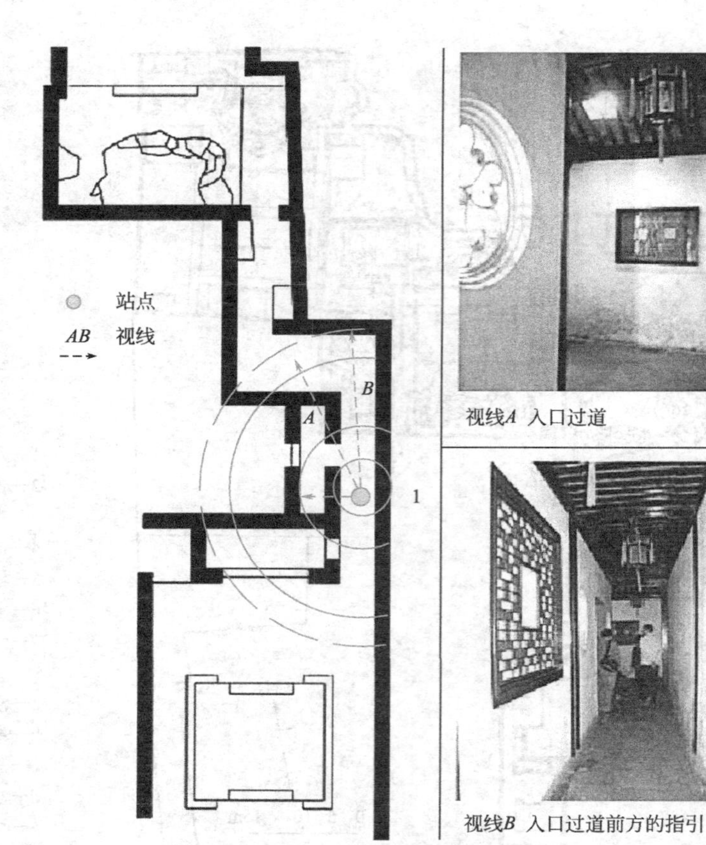

图3-3-9　门厅过道空间示意

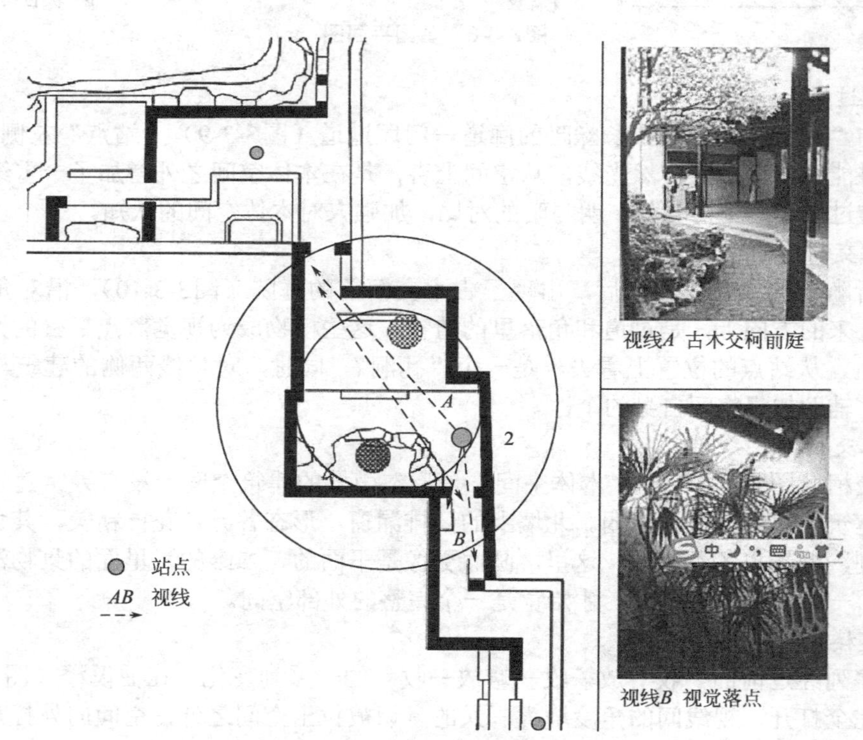

图3-3-10　古木交柯前庭院空间示意

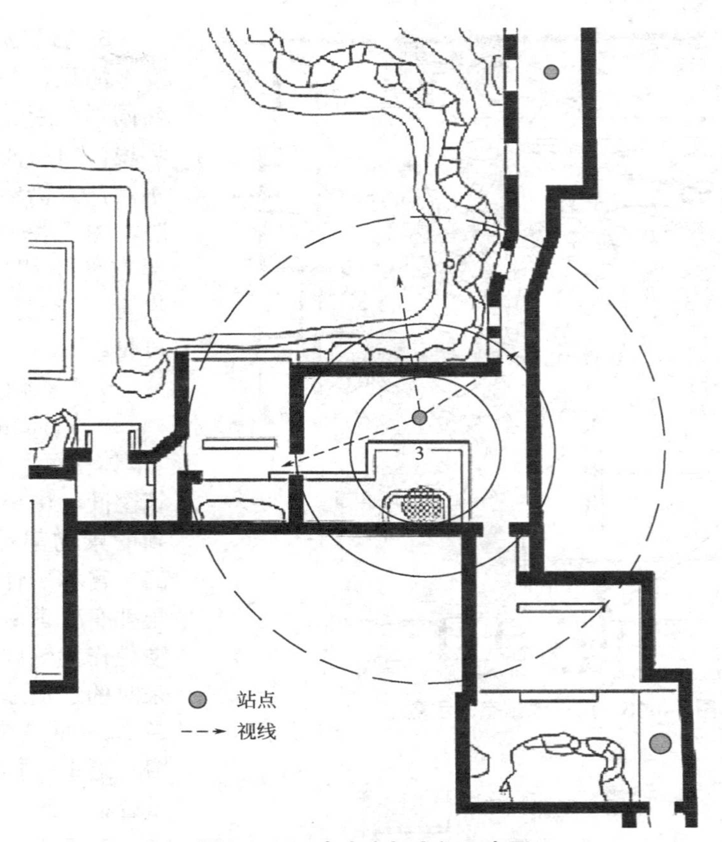

图3-3-11　古木交柯空间示意图

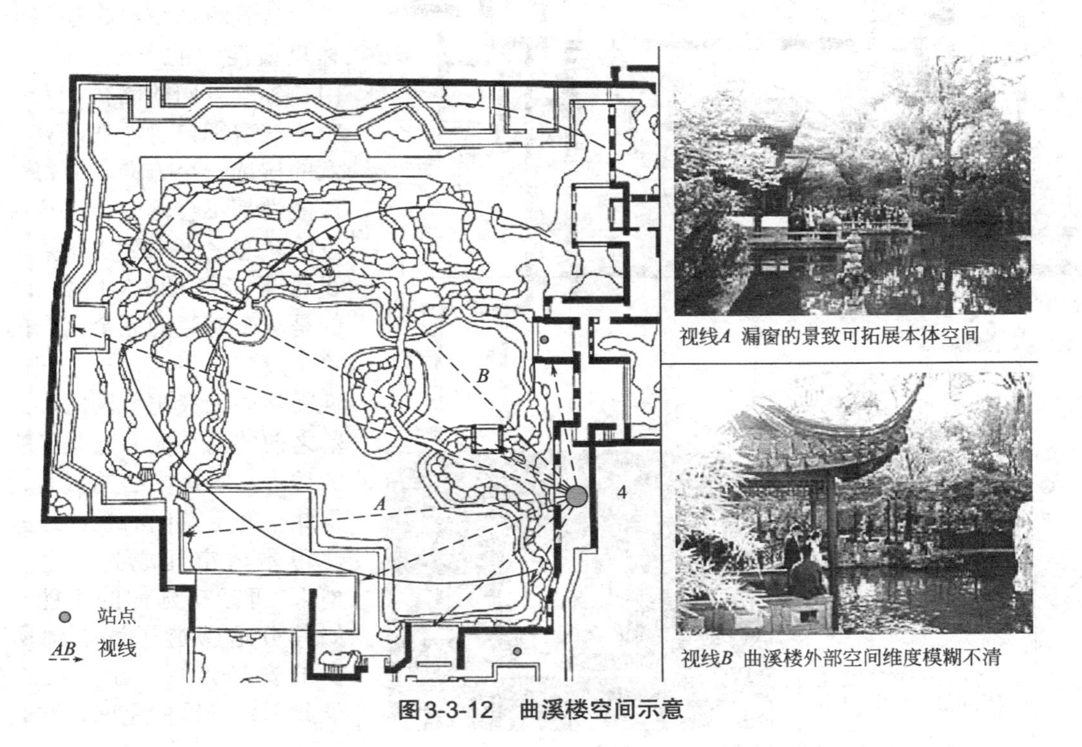

图3-3-12　曲溪楼空间示意

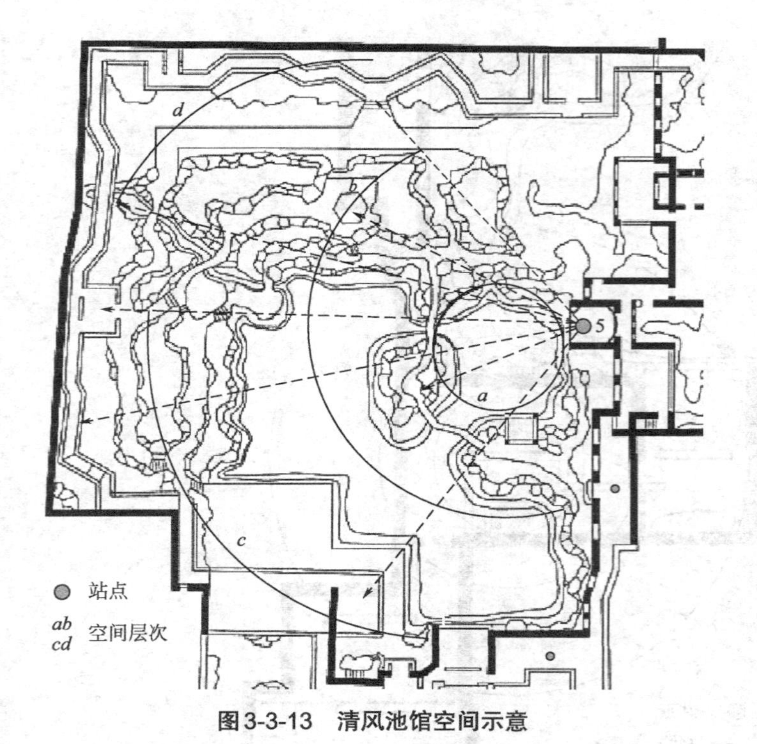

图3-3-13　清风池馆空间示意

5. 清风池馆

清风池馆（图3-3-13）虽然同样是通过门窗来关照外部环境，但与曲溪楼的全景图像不同，人仍然在空间之内。同时，由于各个视线落点的位置形态各不相同，就产生了主次远近之别，空间层次清晰可见。

6. 五峰仙馆

五峰仙馆（图3-3-14）的“本体空间”是功能明确的建筑空间，由出入口和窗户所见到的景物都是对“本体空间”的丰富和延伸。建筑的四个边角都有处理：西北侧有汲古得绠处作为辅助空间；西南侧是来时的通道；东南是离开的通道；东面是漏窗—天井—漏窗—通道—门洞，几重小空间重叠在一起。

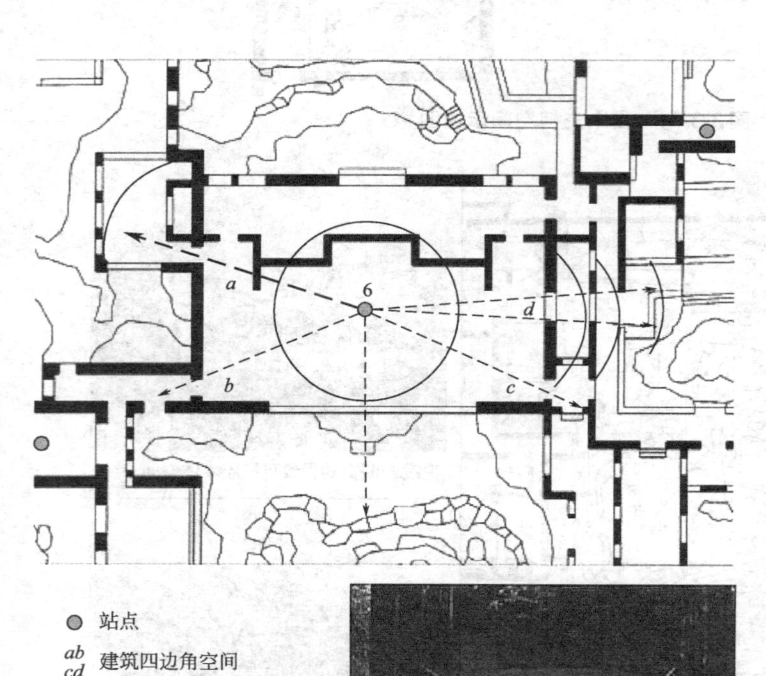

空间*d*　五峰仙馆东面空间有重重层次，引人入胜

图3-3-14　五峰仙馆空间示意

7. 还我读书斋

从五峰仙馆出来是整个园林里最混沌的一段空间，窗、门、各个方向的路径，人在其中无法辨别自身所在，只能随意的挑选一个方向，而每一种可能性都不会落空。在这种随意的状态之下来到“站点”还我读书斋（图3-3-15)，面对的是一个完整的完全闭合的院落，反差之下，这一空间的个性就格外的突出。同时，进院落之前的两个天井加强了空间的边界，院落中心的置石也使得此空间更具向心性，这些都使得本体空间成为一个“末梢”，再没有延伸的可能，恰如其分地营造了读书地所需要的安静氛围，游人要么安于此恒定维度的空间，要么转身离开。

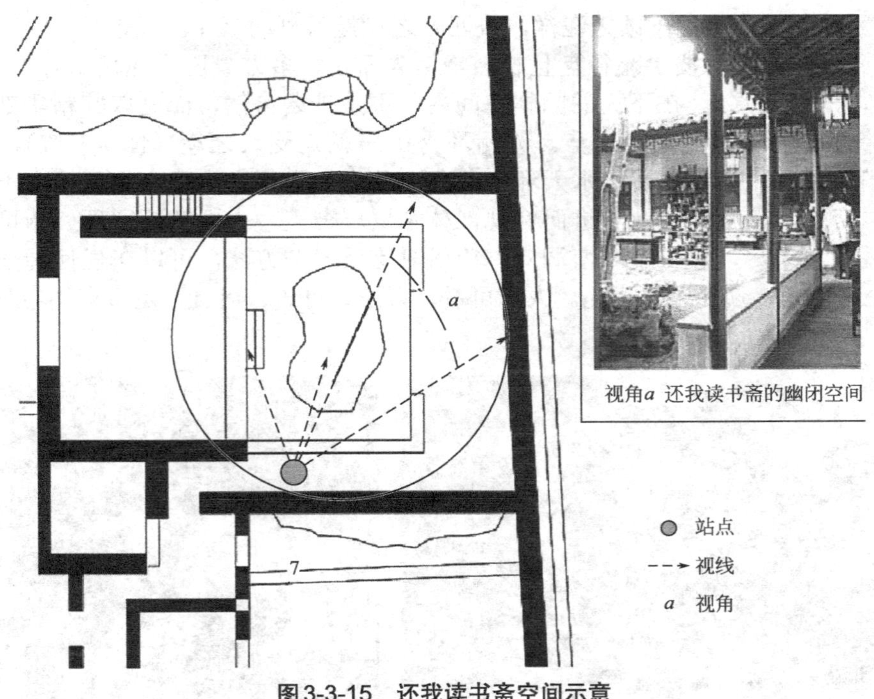

图3-3-15　还我读书斋空间示意

六、小中见大，咫尺山林

首先，因借是利用外景来扩大园内空间的方法，运用“借景”手法，突破园墙的局限，将园外之景纳入园中观赏范围，以起缩地扩基之妙，也可以达到园内小中见大、咫尺山林的效果。还可以通过调动内景诸要素之间的关系达到小中见大，咫尺山林的效果。园内之景可相互借资，通过视点、视角的切换以及对比和反衬，造成错觉和联想，使同一景物发生景观的种种变化，以小寓大，以少胜多，扩大空间感，成倍丰富园景，形成咫尺山林的效果（彩图22）。这多用于较小的园林空间。

其次，在园林的结构布局上，常将园林划为景点、景区，使景与景间分隔又有联系，而形成若干忽高忽低，时敞时闭，层次丰富，曲折多趣的小园。常用粉墙、曲廊、花坛等将一个园子分隔成若干小的景区，并赋予这些小区以特定的风景主题，以此来增加园景的层次，使欣赏内容多样化。人行其间，则峰回路转，幅幅成图，柳暗花明，意趣无穷。陈从周《说园》有言：“园林的大小是相对的，无大便无小，无小也无大。园林空间越分隔，感到越大，越有变化，以有限面积，造无限空间，因此，大园包小园，即基此理”（大湖包小湖，如西湖三潭印月）。

孙筱祥在《山水画与园林》中，对于“小中见大”作过精辟的分析。他认为，在园林中，为了增强景深的感受，也须增加风景层次，而每层的景物最好在线条、色彩上有所不同，这是空间深度层面的“小中见大”方法。使空间组织“小中见大”的第二种办法是“实中求虚”。第三种办法是引起错觉和联想，通过模拟与缩写是创造咫尺山林，小中见大的主要手法之一。堆石为山，立石为峰，凿池为塘，垒土为岛，都是模拟自然，池仿西湖水，岛作蓬莱、方丈、瀛洲之神山，其体型以能引起名山大川的联想，成为崇山峻岭的缩景为上品。使之有虽在小天地，置身大自然的感受，如江苏扬州小盘谷（图3-3-16）。第四种办法是本着“景愈藏，景界愈大”的原则，即“欲露先藏”的“抑景”手法。

《园冶》要求做到"纳千顷之汪洋，收四时之烂漫"、"动'江流天地外'之情，合'山色有无中'之句"。掇山要"蹊径盘且长，峰峦秀而古，多方景胜，咫尺山林"。李渔主张"一卷代山，一勺代水"。在不大的园林空间内，不是抄袭自然，而是取其精华部位再现组合，创造峰峦岩洞，谷涧飞瀑之势。苏州环秀山庄就是咫尺之境（图3-3-17），是创造山峦云涌、峭崖深谷、林木丛翠、水天环绕的典型佳作。取得小中见大的秘诀，不外乎山以动势取胜，峦仿风云变幻，峡谷进而仰视，林木层层覆盖，水面宽而回环。俯可见山影云影，平可视曲水无尽，仰可望峰峦洞穴。巧用对比反衬的方法，可以在任何局限的小空间里，纳时空之一角，现无限之风光。人们可赏、可游、可居、可食，足可有小中见大无边的艺术效果。

图3-3-16　江苏扬州小盘谷

图3-3-17　苏州环秀山庄的咫尺之境

七、文景相依，诗情画意

文以景存，景以文传，引诗点景，诗情画意，这是中国风景园林艺术的特点之一。

中国园林艺术之所以流传古今中外，经久不衰，一是有符合自然规律的人文景观，二是具有符合人文情意的诗、画。诗和画，把现实风景中的自然美，转化为园林空间艺术，提炼为艺术美，上升为自然山水的诗情和画境。但却不是简单模仿大自然，而是大自然写意的艺术创作；不是追求大自然的形似，而是抓住大自然本质特征的形象，体现出神似，构成理想的自然山水景观，它源于自然，但高于自然。而园林造景与文字诗画有机结合，把这种艺术中的美及诗情和画境变为现实，使之富有诗情画意的特点，在中国古典园林中是共有的。"文因景成，景借文传"，文景相依，同时，寓情于景、情景交融（彩图3～彩图7），人们触景生情，使园林充满了诗情画意，使中国园林更富生机，深入人心，流芳百世。

文景相依表现在大量的风景信息之中，体现出中国风景园林人文景观与自然景观的有机结合。如北京颐和园十七孔桥（彩图2）形成了"有声的画，有形的诗，凝固的音乐，流动的建筑"的意境。泰山被联合国列为文化与自然遗产，就是最好的例证。泰山的宗教、神话、君主封禅、石雕碑刻和民俗传说，伴随着泰山的高峻雄伟和丰富的自然资源，向世界发出了风景音符的最强音。《红楼梦》中所描写的大观园，以文学的笔调，为后人留下了丰富的造园哲理。一个"潇湘馆"的题名就点出种竹的内涵，一则表达了黛玉对宝玉的感情，二则表现环境的清凉，三则反映了黛玉的愁肠，实在深刻而生动。唐代张继的《枫桥夜泊》一诗，以脍炙人口的诗句，把寒山寺的钟声深深印刻在中国人民的心底，每年招来无数游客，寒山寺才得以名扬海外。

中国景园中题名、匾额、楹联随处可见，而以诗、史、文、曲咏景者则数不胜数。

1. 根据园主思想意志命名

“颐和园”表示颐养调和之意；“圆明园”表示君子适中豁达、明静、虚空之意；苏州“拙政园”表明拙者之为政也。

2. 利用景区特征命名

表示景区特征的如避暑山庄康熙题36景四字和乾隆题36景三字景名，四字的有：烟波致爽、水芳岩秀、万壑松风、锤峰落照、南山积雪、梨花伴月、濠濮间想、水流云在、风泉清听、清风绿屿等；三字的有：烟雨楼、文津阁、山近轩、水心榭、青雀舫、冷香亭、观莲所、松鹤斋、知鱼矶、采菱渡、驯鹿坡、翠云岩、畅远台等。杭州西湖更有：苏堤春晓、曲院风荷、平湖秋月、三潭印月、柳浪闻莺、花港观鱼、南屏晚钟、断桥残雪等景名。

3. 引用唐诗宋词题名

引用唐诗宋词而题名，更富有情趣，如苏州拙政园的“与谁同坐轩”，取自苏轼诗“与谁同坐？明月、清风、我”。“邀月门”取自李白“举杯邀明月，对影成三人”。“松风阁”取自杜甫“松风吹解带，山月照弹琴”。

4. 采用匾额点景

利用匾额点景的如颐和园的“涵虚”，“罨秀”牌坊，涵虚一表水景，二表涵纳之意；罨秀表示招贤纳士之意。北海公园中的“积翠”、“堆云”牌坊，前者集水为湖之意，后者堆山如云之意，取自郑板桥“月来满地水，云起一天山”。

5. 利用对联点题

利用对联点题的更不胜枚举，苏州网师园内的一副对联，“风风雨雨暖暖寒寒处处寻寻觅觅”，“莺莺燕燕花花叶叶卿卿暮暮朝朝”，韵味十足，全联主题突出，富有音乐的美感。泰山普照寺内有“筛月亭”，因旁有古松铺盖，取长松筛月之意。亭之四柱各有景联，东为“高筑西椽先得月，不安四壁怕遮山”；南为“曲径云深宜种竹，空亭月朗正当楼”；西为“收拾岚光归四照，招邀明月得三分”；北为“引泉种竹开三径，援释归儒近五贤”，对联出自四人之手。这种以景造名，又借名发挥的作法，把园景引入了更深的审美层次。登上泰山南天门，举目可见“门辟九霄仰步三天胜迹，阶崇万级俯临千嶂奇观”，真是一身疲惫顿消，满腹灵升天。来到玉皇顶，但见玉皇庙门有联曰：“地到无边天作界，山登绝顶我为峰”。杭州灵隐雕在山石上的大肚弥勒佛两侧对联“大肚能容容世间难容之事，佛颜常笑笑天下可笑之人”，再看大肚佛憨笑之神态，真是点到佳处，发人深思。

6. 因景传文

还有因景传文而名扬四海的，如李白的“西辞白帝彩云间，千里江陵一日还。两岸猿声啼不住，轻舟已过万重山。”诗句给白帝城增辉。又如杭州西泠印社对联“合湖内湖外山光水色归一览；萃浙东浙西文人秀气独有千秋”，把人文景观和环境美融为一体。

对于风景园林中特定景观的文学描述或取名，给人们以更加深刻的诗情画意。如对月亮的形容有金蟾、金兔、金镜、金盘、银钩、银台、玉兔、玉轮、悬弓、宝镜、素娥、蟾宫等。春景的景名有杏坞春深、长堤春柳、海棠春坞、绿杨柳、春笋廊等。夏景有曲院风荷，以荷为主的诗句“毕竟西湖六月中，风光不与四时同；接天莲叶无穷碧，映日荷花别样红”。夏景还有听蝉谷、消夏湾、听雨轩、梧竹幽居、留听阁、远香堂。秋景有金冈秋满（退思园）、扫叶山房（南京清凉山）、闻木樨香轩、写秋轩等。冬景有岁寒居、三友轩、南山积雪、踏雪寻梅。北宋画家郭熙《林泉高致》：“春山澹冶而如笑，夏山苍翠而如滴，秋山明净而如妆，冬山惨淡而如睡”等。至于有些园已无存，意境犹在的诗文，流传至今，令人回味。如王维《辋川集》诗中的描述：“日日采莲去，洲长多暮归。弄篙莫溅水，畏湿红莲衣”，尽管景色早已无存，但人们对她的向往依旧存在。

八、虽由人作，宛自天开

中国园林造园者顺应自然、利用自然和仿效自然的主导思想始终不移。通过因借自然、堆山理水，可谓顺天然之理，应自然之规。只要“稍动天机”，即可做到“有真有假，做假成真”，“虽由人作，宛自天开”的效果（彩图3、彩图4、彩图5、彩图26、彩图34、图3-3-2、图3-3-16、图3-3-17），使中国造园堪称为“巧夺天工”。古人正是在研究自然之美，探索了这一自然规律之后才悟出景园艺术的真谛，这是中国传统景园最重要的艺术法则与特征。

在《园冶》中，作者以自己多年的实践经验提出了“虽由人作，宛自天开”的造园理念，追求自然写意的园林风格，避免人工雕琢的痕迹，达到浑然天成的自然美效果。讲究园林的建造不仅要外观精致，更要在文化内涵上崇尚自然，达到人与自然和谐统一的美学风格。这种造园理论寓含着朴素的生态美学思想。

“巧于因借，精在体宜”之说贯穿《园冶》的各个部分，而所谓“极目所至，俗则屏之，嘉则收之”，所谓“纳千顷之汪洋，收四时之烂漫”的借景原则所要达到的效果正是“虽由人作，宛自天开”。因此，可以说“虽由人作，宛自天开”是《园冶》核心理念的集中表达，其实也正是中国古典艺术的“自然观”在园林艺术中的体现。“真”是“虽由人作，宛自天开”之“里”，“巧于因借，精在体宜”是“虽由人作，宛自天开”之“表”。“巧于因借，精在体宜”是为了达到“真”，而“真”是“虽由人作，宛自天开”的核心。

在我国造园的范例中可见巧在顺天然之理、应自然之规，就是遵循客观规律，符合自然秩序，撷取天然精华，布局顺理成章。这种规律表现在众多的具体造景手法之中。

1. 掇山

《园冶》中论造山者“峭壁贵于直立；悬崖使其后坚。岩、峦、洞穴之莫穷，洞、壑、坡、矶之俨是；信足疑无别境，举头自有深情。”另有“未山先麓，自然地势之嶙峥；构土成岗，不在石形之巧拙”，“欲知堆土之奥妙，还拟理石之精微。山林意味深求，花木情缘易逗。有真为假，做假成真”。

2. 理水

“约十亩之基，须开池者三，曲折有情，疏源正可”，“曲曲一湾柳月，濯魄清波；遥遥十里荷风，递香幽室”。“疏水若为无尽，断处通桥”，对曲水流觞主张“何不以理涧法，上理石泉，口入瀑布，亦可流觞，似得天然之趣。”做瀑布可以利用高楼檐水，用天沟引流，“突出石口，泛漫而下，才如瀑布”。寄畅园的八音涧是利用跌落水声造景的范例。无论古今园林，大水小溪都是人们喜爱的造园要素。广泛利用天上降水，地下引流，池中挖井，高差落水等方法，就能顺山峦之理，成水景之章，如上海辰山矿坑花园（图3-3-18）。

图3-3-18 上海辰山矿坑花园

3.植物配植

古人对树木花草的厚爱，不亚于山水。种植条件的创造，利用植物的人格化特征进行不同意境的创造，或利用植物题名造景，都反映了植物造景中“天人合一”的哲理。如《园冶》中多处可见：“开林择剪蓬蒿”，“在涧共修兰芷”，“梧阴匝地，槐荫当庭，插柳沿堤，栽梅绕屋”，“移竹当窗，分梨为院”，“芍药宜栏，蔷薇未架；不妨凭石，最厌编屏”，“开荒欲引长流，摘景全留杂梅”。“寻幽移竹，对景莳花；桃李不言，似通津信”。

古人在植物造景中，还找到一些规律性的配植方式，从植而成山林气氛，并突出植物特色，如牡丹园、月季园、菊花园、蔷薇谷、桃花峪、芙蓉限、梅花岭、松柏坡、枫林晚、珍李坂、竹林寺、海棠坞、木犀轩、玉兰堂、远香堂（荷花）等。清代陈扶摇（陈昊子）的《花镜》有“种植位置法”，其中有“花之喜阳者，引东旭而纳西晖；花之喜阴者，植北囿而领南薰。”；“梅花……宜疏篱竹坞”；“桃花……宜别墅山限、小桥溪畔”；“李花……宜屋角墙头”；“梨……李……宜闲庭旷圃”；“榴、葵……宜粉壁绿窗”；“木樨……宜崇台广厦”；“紫荆……宜竹篱花坊”；“松柏……宜峭壁奇峰”；“梧、竹……宜深院孤亭”；“荷……宜水阁南轩”；“菊……宜茅舍清斋”；“枫叶飘丹，宜重楼远眺”。

总之，对山石的玲珑巧安，对建筑的随机摆布，对蹬道的自然盘曲，对天然风雨云雾的利用等，都是在探索了自然规律之后，才能运筹帷幄、巧夺天工，达到“虽由人作，宛自天开”的效果。

颐和园、承德避暑山庄、拙政园、留园，是闻名遐迩的中国四大名园。这些古典园林并不单纯地模仿自然，而是以建筑、山水、花木等为要素，取诗的意境作为造园的依据，范山模水而又人工为之，虚实相衬，借景对景，步移景变……均得人而彰，聚名山大川鲜花于一园，而至“虽由人作，宛自天开”的艺术境界。它们是古典园林的艺术杰作。颐和园，主体建筑佛香阁北面依山，南面临湖，取山水意境，并借北京城内北海白塔、景山之美景，是最完整的皇家行宫御苑；承德避暑山庄又名承德离宫和行宫，由宫室、皇家园林和宏大的寺庙组成，蔚为壮观；拙政园，全园有五分之三的水面，造园采用“高方欲就亭台，低凹可开池沼”因地制宜的手法，它和留园同在苏州，留园被俞樾称为“吴下名园之冠”。1997年这四大名园被列为“世界遗产名录”。

第四节 园林意境的创造

园林均有意境，或直接表达，或间接表达。相对于西方园林，意境涵蕴是中国古典园林非常重要的特点和创作内容之一。风景园林规划设计的重点是通过对于环境的渲染以及气氛的烘托，来达到美学、文学以及景观功能相结合的目的，因此，规划设计中如何做好主题意境的渲染以及烘托就显得尤为重要，也是园林艺术设计中的重点。

构建优秀的园林景观时，必须首先确立一个“卓尔不群”、立意新颖、内涵深刻的主题，作为园林的“灵魂”和“统帅”，创造具备氛围融洽、主题突出和意境丰富等特点的园林环境。主题意境能够在有限的空间内表达出无限的精神内涵，因此，在设计时要能够充分把握和提炼自然、人文景观及元素等的形象、特点与特征，在设计者脑内形成具有一定精神寄托并且被景象化的概念，然后通过视觉、触觉和听觉等形式将这种概念具体化或抽象为符号，设计出优秀的作品，使观赏者在欣赏时能够得到情感和精神上的共鸣，感受到这种主题意境下设计者所要表达的精神理念与情感观念。这种主题意境的营造是抽象化和具象化的有机结合，在表达上倾向于含蓄，与中国传统文化中的言外之意、弦外之音有异曲同工之妙，通过调动人们的想象力来实现主题精神的传达。

现存的皇家园林之所以采取圈形内心式布局，乃是由于“朕即一切”这一皇权主题所决定的，山区寺庙园林之所以采取步步登天式布局，乃是由于宗教的“朝天”这一神权的主题所决定的。它们极其注重主题的精神是可取的，具有一定的现实借鉴意义。

沧浪亭的园林主题是“沧浪之水，清可濯缨，浊可濯足”，富涵人生的哲理。正因为它的主题立意极高，才保证了这座园林的文化品位极高。

个园的园林主题原是“竹”，“个”者，半个“竹”也，其命名原源于园主仿效苏东坡“宁可食无肉，不可食无竹”的诗意。但笔者以为个国最鲜明酌个性不在于竹，而在于四季假山的布局。所谓“个”，其实非“竹”也，而是“特”也。由于它别出心裁的构思，才使它闻名遐迩。

因而，凡在构建新的园林之前，必须集中全部的精力，确立一个立意新颖、不落俗套，亦即“卓尔不群”的主题，创造主题意境，这才是保证构建新园林时成功之关键。

此外，一个园林一般只以确立一个主题为好，不要确立多重主题。否则，就会弄得杂乱无章，主次不明。

一、园林意境

（一）意境的内涵

所谓意境，从美学上讲，它是欣赏者在艺术形象的审美过程中所获得的美感境界。它来源于艺术形象，但又不同于艺术形象。

意境是情景交融的观点，为我国传统的美学思想，它滥觞于南朝著名文学理论批评家刘勰的巨著《文心雕龙》一书，其在文学上的表现便是景与情的结合。所以，就园林艺术而言，意境就是由物境（园景形象）和情境（审美感情、审美评价、审美理想）在含蓄的艺术表现中所形成的高度和谐的美的境界。亦即园林意境是园景形象与它们所引起欣赏者相应的情感、思想相结合的境界。例如，在我国传统园林的意境表达上，植物造景就有松之坚贞、梅之清高、竹之刚直不阿、兰之幽谷品质、菊之傲骨凌霜、荷花之出淤泥而不染等，在山水创作方面更有观拳山勺水如神游峻岭大川之说。

意境是中国美学对世界美学思想独特而卓越的贡献，中国古典美学的意境说，在园林艺术、园林美学中得到了独特的体现。中国园林的美，并不是孤立的园景之美，而是艺术意境之美。因此，中国古典园林美学的中心内容，是园林意境的创造和欣赏。

在风景园林规划设计时，除了布置景物的形象，还要做巧妙的处理，使这些形象能在欣赏者心目中产生设计预期的情思，就形成或创造一定的意境，造园艺术才达到更高的境界。园林的设计布置如果只停留在外观的安排，没有表达一定的情意，就形成不了相应的意境，美的效果必然是肤浅的，甚至仅是景象零碎或庞杂呆板的凑合。如果重视了意境的形成和创造，则能丰富欣赏内容，增加欣赏深广程度，产生更加动人的园景效应。

园林意境，是比直观的园景形象更为深刻、更为高级的审美范畴。它融会了诗情画意与形象、哲理等精神内容，通过游人眼前具体的园景形象而暗示更为深广的优美境界，实现了“景有尽而意无穷”的审美效果。对于创作来讲，园林意境是客观世界的反映和创作者的主观意念及情感的抒发。对于欣赏者来说，园林意境既是客观存在的园林属性，又是游人主观世界浮想联翩的审美感受，并且这种感受是以游人对自然与生活的体验、文化素养、审美能力和对园林艺术语言的了解程度为基础，亦可谓“景感”。对创作者而言，园林意境是可知的，其构成可以通过理性的分析去加以认识和掌握，从而作为创作的指导。对欣赏者而言，园林意境是比较隐晦的，因此，要充分领略其内容，也有一个提高文化与艺术修养的问题。

意境在文学上是景与情的结合，写景就是写情，见景生情、借景抒情、情景交融。古代有许多伟大的诗人善用对景物的描写，来表达个人的思想感情，如李白《黄鹤楼送孟浩然至广陵》诗“故人西辞黄鹤楼，烟花三月下扬州。孤帆远影碧空尽，唯见长江天际流。”诗中虽只字未提及诗人的感情如何，但是通过诗人对景物的描写，使读者清晰见到帆船早已远去，而送别的人还伫立在江边怅望的情景，那种深厚的友情溢盈于诗表。所以，以景抒情，情更真，意更切，更能打动读者的心弦，引起感情上的共鸣，这就是言外之意，弦外之音，确切地说，这就是意境。

（二）立意与意境关系

一件艺术作品应该是主客观统一的产物，作者应该而且可以通过丰富的生活联想和虚构，使自然界精美之处更加集中，更加典型化，就在这个“迁想妙得”的过程中，作者会自然而然地融进自己的思想感情，而在作品上也必然会反映出来。这是一个“艺术构思”的过程，是“以形写神”的过程，是“借景抒情”的过程，是使“自然形象”升华为“艺术形象”的过程，也就是“立意”和创造“意境”的过程。

作者愈是重视这个“造境”过程，收到的艺术效果也必然愈好。清代画家方薰在他所著《山静居画论》中提到：“笔墨之妙，画者意中之妙也。故古人作画，意在笔先”；“作画必先生立意以定位，意奇则奇，意高则高，意远则远，意深则深，意古则古，意庸则庸，俗则俗矣”。由此可见“立意”是何等重要。可以这样认为：没有“生活”，也就无从“立意”，而“生活”却顺归于“立意”，没有“立意”，也就没有“意境”，作品就失去了灵魂。“意”即作者对景物的一种感受，进而转化为一种表现欲望和创作激情，没有作者能动地通过对象向观众抒发和表达自己的思想感情，艺术就失去了生命，作品就失去了感染观众的魅力。由此可见，“立意”是“传神”和创造“意境”的必由之路。

写景是为了写情，情景交融，意境自出，所以一切景语皆情语。园林设计是用景语来表达作者的思想感情的。人们处在园林这种有“情”的环境中，自然会产生不同深度的联想，最后概括、综合，使感觉升华，成为意境。有些园林工作者对自然风景没有深刻感受，总是重复别人的，甚至把园林设计公式化，尽管穷极技巧，总让人感到矫揉造作，缺乏感人的魅力，这种作品是没有艺术价值的。自己没有感动，又如何能感动别人，更谈不上有意境的创造。

对欣赏者而言，因人而别，见仁见智，不一定都能按照设计者的意图去欣赏和体会，这正说明了一切景物所表达的信息具有多样性和不定性的特点，意随人异，境随时迁。

二、园林意境的表达方式

园林意境的表达方式可以分为两类，即直接表达方式、间接表达方式。

（一）直接表达方式

在有限的空间内，凭借山石、水体、建筑以及植物等四大构景要素，创造出无限的言外之意和弦外之音。

1. 形象的表达

园林是一种时空统一的造型艺术，是以具体形象表达思想感情的。例如南京莫愁湖公园中的莫愁女，西湖旁边的鉴湖女侠秋瑾，东湖的屈原，上海动物园的欧阳海和草原两姊妹以及黄继光、董存瑞、刘胡兰等都能使人产生很深的感受。神话小说中的孙悟空，就会使人想到“今日欢呼孙大圣，只缘妖雾又重来”。见岳坟前跪着的秦桧夫妇，就会联想到“江山有幸埋忠骨，白铁无辜铸佞臣”。在儿童游园或者小动物区用卡通式小屋、蘑菇亭、月洞门，使人犹如进入童话世界。再如山令人静，石令人古，小桥流水令人亲，草原令人旷，湖泊和大海令人心旷神怡，亭台楼阁使人浮想联翩等，不需要用文字说明就可使人感觉到。

2.典型性的表达

鲁迅说过“文学作品的典型形象的创造，大致是杂取种种人，合成‘一个’。这一个人与生活中的任何一个实有的人都‘不似’。这不似生活中的某一个人，但‘似’某一类人中的每一个人，才是艺术要求的典型形象”。堆山置石亦然，中国古典园林中的堆山置石，并不是某一地区真山水的再现，而是经过高度概括和提炼出来的自然山水，用以表达深山大壑，广亩巨泽，使人有置身于真山水之中的感觉。

3.游离性的表达

游离性的园林空间结构是时空的连续结构。设计者巧妙地为游赏者安排几条最佳的导游线，为空间序列喜剧化和节奏性的展开指引方向。整个园林空间结构此起彼伏，藏露隐现，开合收放，虚实相辅，使游赏者步移景异，目之所极，思之所致，莫不随时间和空间而变化，似乎处在一个异常丰富、深广莫测的空间之内，妙思不绝。

4.联觉性的表达

由甲联想到乙，由乙联想到丙，使想象愈来愈丰富，从而收到言有尽而意无穷的效果。扬州个园中的四季假山，以石笋示春山，湖石代表夏山，黄石代表秋山，宣石代表冬山，在神态、造型和色泽上使人联想到四季变化，游园一周，有历一年之感，周而复始，体现了空间和时间的无限。

在冬山的北墙上开了四排24个直径尺许的圆洞，当弄堂风通过圆洞时，加强了北风呼号的音响效果，加深了寒冬腊月之意。在东墙上开两个圆形漏窗，从漏窗隐约可见翠竹石笋，具有冬去春来之意。作者用意之深，使人体会到意境的存在，起到神游物外的作用。

由滴水联想到山泉，由沧浪亭联想到屈原与渔父的故事。当时屈原被放逐，有渔父问他为何被逐。答曰：“举世皆浊我独清，举世皆醉我独醒”。渔父答曰：“沧浪之水清兮濯吾缨，沧浪之水浊兮濯吾足”。看到残荷就想到听雨声，都是联觉性在起作用，也就是在园林中用比拟联想的手法获得意境。

5.模糊性的表达

模糊性即不定性，在园林中，我们常常看到介于室内与室外之间的亭、廊、轩等。在自然花木与人工建筑之间，有叠石假山，石虽天然生就，山却用人工堆叠。在似与非似之间，我们看到有不系舟，既似楼台水榭，又像画舫航船。水面上的汀步分不清是桥还是路，粉墙上的花窗，欲挡还是欲透，圆圆的月洞门，是门却没有门扇，可以进去，却又使人留步。整个园林是室外空间，却园墙高筑与外界隔绝，是室内空间，却又阳光倾泻，树影摇曳，春风满园。几块山石的组合堆叠，是盆景还是丘壑？是盆景，怎么能登能探，充满着山野气氛？是丘壑，怎么又玲珑剔透，无风无霜？回流的曲水源源而来，缓缓而去，水头和去路隐于石缝矶凹，似有源，似无尽。

在这围透之间、有无之间、大小之间、动静之间和似与非似之间，在这矛盾对立与共处之中，形成令人振奋的情趣，意味深长。由此可知模糊性的表达发人深思，往往可使一块小天地，一个局部处理变得隽永耐看，耐人寻味。《白雨斋词话》中有一段话“意在笔先，神余言外”，“若隐若现，欲露不露，反复缠绵，终不许一语道破”。换一句话说：一切景物不要和盘托出，应给游赏者留有想象的余地。

（二）间接表达方式

园林意境的间接表达方式主要包括利用光与影、色彩、声响、香气以及气象因子等来创造空间意境。

1.光与影

（1）光

光是反映园林空间深度和层次的极为重要的因素。即使同一个空间，由于光线不同，便会产生不同的效果，如夜山低、晴山近和晓山高是光的日变化，给景物带来视觉上的变化。由明到暗，由暗到明和半明半暗的变化都能给空间带来特殊的气氛，可以使人感觉空间扩大或缩小。

① 天然光　在天然光和灯光的运用中，对园林来说，天然光更为重要。春光明媚、旭日东升、落日余晖、阳光普照以及窗前明月光、峨眉佛光等都能给园林带来绮丽景色和欢乐气氛。利用光的明暗与光影对比，配合空间的收放开合，渲染园林空间气氛。以留园的入口为例，为了增强欲放先收的效果，在空间极度收缩时，采用十分幽暗的光线，当游人通过一段幽暗的过道后，展现在面前的是极度开敞明亮的空间，从而达到十分强烈的对比效果。在这一段冗长的空间，通过墙上开设的漏窗，形成一幅幅明暗相间、光影变化、韵味隽永的画面，增加了意趣。

② 灯光　灯光的运用常常可以创造独特的空间意境，如颐和园的后湖，由于空间开合收放所引起的光线明暗对比，使后湖显得分外幽深宁静。乐寿堂前的什锦灯窗，利用灯光造成特殊气氛，每当夜幕降临，周围的山石、树木都隐退到黑暗中，独乐寿堂游廊上的什锦灯窗中的光在静悄悄的湖面上投下了美丽的倒影，具有岸上人家的意境。

杭州西湖三潭印月的三个塔，塔高2m，中间是空的，塔身有五个圆形窗洞，每到中秋夜晚，塔中点灯，灯影投射在水中和天上的明月相辉映，意境倍增。

喷泉配合灯光，使园林夜空绚丽多彩，富丽堂皇，园林中的地灯更显神采。

（2）影

影是物体在光照下所形成的，只要有光照，就会有影的产生，即形影不离。如“亭中待月迎风，轩外花影移墙”、“春色恼人眠不得，月移花影上栏杆”、“曲径通幽处，必有翠影扶疏”、“浮萍破处见山影”、“隔墙送过千秋影”、“无数杨花过无影”，在古典文学的宝库中，写影的名句俯拾皆是。

在园林诸影中，如檐下的阴影、墙上的块影、梅旁的疏影、石边的怪影、树下花下的碎影，以及水中的倒影都是虚与实的结合，意与境的统一。而诸影中最富诗情画意的首推粉壁影和水中倒影。

① 粉壁影　作为分割空间的粉墙，本身无景也无境。但作为竹石花木的背景，在自然光线的作用下，无景的墙便现出妙境。墙前花木摇曳，墙上落影斑驳。此时墙已非墙，纸也，影也非影，画也。随着日月的东升西落，这幅天然图画还会呈现出大小、正斜、疏密等不同形态的变化，给人以清新典雅的美感。

② 水中倒影　水中倒影在园林中更为多见。倒影比实景更具空灵之美。如“水底有明月，水上明月浮，水流月不去，月去水还流”。宋代大词人辛弃疾《生查子·独游雨岩》一词云：“溪边照影行，天在清溪底。天上有行云，人在行云里”。都说明了水中倒影给游人增添无穷的意趣。从园林造景和游人欣赏心理来看，倒影较之壁影更有其迷人之处。倒影丰富了景物层次，呈现出反向的重复美。

重复作为一种艺术手法，被广泛运用于各类艺术形式中，但倒影的重复，却不是顺序的横向重复，它是以水平面为中轴线的岸上景物的反向重复，能使游人产生一种新奇感。江南园林面积一般不大，为求得小中见大的效果，亭台廊榭多沿水而建，倒影入水顿觉深邃无穷。再衬以蓝天白云、红花绿草、朗日明月，影中景致更是美妙无比。“形美以感目，意美以感心”，这是鲁迅先生论述中国文字三美中的两个方面。园林虚景中的影，则集这二美于一身。

2. 色彩

随光而来的色彩是丰富园林空间艺术的精粹。色彩作用于人的视觉，引起人们的联想尤为丰富。利用建筑色彩来点染环境，突出主题；利用植物色彩渲染空间气氛，烘托主题；这在中国园林中是最常用的手法。有的淡雅幽静，清馨和谐，有的则富丽堂皇，宏伟壮观，都极大地丰富了意境空间。在承德避暑山庄中的“金莲映日”一景，在大殿前植金莲万株，枝叶高挺，花径二寸余，阳光漫洒，似黄金布地。康熙题诗云：“正色山川秀，金莲出五台，塞北无梅竹，炎天映日开。”可见当年金莲盛开时的色彩，所呈现的景色气氛，致使诗情焕发。

3. 声响

声在园林中是形成感觉空间的因素之一，它能引起人们的想象，是激发诗情的重要媒介。在我国古典园林中，以赏声为景物主题者为数不少。诸如鸟语虫鸣、风呼雨啸、钟声琴韵等，以声夺人，使人的感情与之共鸣，产生意境。如《园冶》中“鹤声送来枕上”，“夜雨芭蕉，似鲛人之泣泪”，“静扰一榻琴书，动涵半轮秋水”等的描写，都极富意境。古园中以赏声为题的有：惠州西湖的“丰湖渔唱”、杭州西湖的“南屏晚钟”和“柳浪闻莺”，苏州留园的“留听阁”，避暑山庄的“万壑松风”、扬州瘦西湖的“石壁流淙”以及无锡寄畅园的“八音涧”等，这些景名不但取景贴切，意境内涵也很深邃。

利用水声是创造意境最常用的手法。如北京中南海的“流水音”（图3-4-1），由一座亭子、泉水及假山石构成，亭子建于水中，由于亭子的地面有一个九曲构槽，水从沟中流过，叮咚有声故名。在这一个不大的、由假山环抱的小空间中，由于流水潺潺，顿觉亲切和宁静。无锡寄畅园内的八音涧，将流水的音响比喻成金、石、土、革、丝、木、匏、竹八类乐器合奏的优美乐谱。北京颐和园的谐趣园设有响水口，使这一组古朴典雅的庭园空间更为高雅幽静。北京圆明园的“日天琳宇”和杭州西湖的“柳浪闻莺”等处均有响水口，水流自西北而东南，流水的声音，竟成为宫廷的音乐，使园林空间增添情趣。

图3-4-1　北京中南海“流水音”

利用水声反衬出环境的幽静。唐朝王维“竹露滴清响”的诗句，静得连竹叶上的露珠，滴入水中的声音都能听见，带出幽静意境。仅仅用一滴水声，便能把人引入诗一般的境界。溪流泻涧给人一种轻松愉快的感觉，飞流喷瀑予人以热烈奔腾的激情。此外，还可以利用风声、树叶声来创造空间意境。万壑松风是古代山水画的题材，常用来描写深山幽谷和苍劲古拙的松树。承德避暑山庄的“万壑松风”一景就是按“万壑松风”这个意境来创造的。在山坡一角设一建筑，在其周围遍植松树，每当微风吹拂，松涛声飒飒在耳，使人们的空间感得到升华。

4.香气

香气作用于人的感官虽不如光、色彩和声那么强烈，但同样能诱发人们的精神，使人振奋，产生快感。因而香气亦是激发诗情的媒介，形成意境的因素。例如，兰香气可浴，有诗赞曰："瓜子小叶亦清雅，满树又开米状花，芳香浓郁谁能比，迎来远客泡香茶"。含笑"花开不张口，含笑又低头，拟似玉人笑，深情暗自流"。桂花"香风吹不断，冷霜听无声。扑面心先醉，当头月更明"，郭沫若赞道："桂蕊飘香，美哉乐土，湖光增色，换了人间"。

香花种类很多，有许多景点因花香而得名。例如，苏州拙政园"远香堂"，南临荷池，每当夏日，荷风扑面，清香满堂，可以体会到周敦颐《爱莲说》"远香益清"的意境。网师园中的"小山丛桂轩"，留园的"闻木樨香轩"都因遍栽桂花而得名，开花时节，异香袭人，意境十分高雅。杭州满觉垅，秋桂飘香，游客云集，专来此赏桂。广州兰圃，兰蕙同馨，兰花盛开时，一时名贵五羊城。无锡梅园遍植梅花，梅花盛开时构成"香雪海"，远方专程赏梅者络绎不绝。咏梅诗古往今宋也是最多的。

5.气象因子

气象因子是产生深广意境的重要因素。由于气象因子造就的意境在诗词中得到广泛的反应，如，描写乐山乌龙寺的"云影波光天上下，松涛竹韵水中央。"；描写苏州怡园的"台榭参差金碧里，烟霞舒卷画图中。"；描写南昌白花洲的"枫叶荻花秋瑟瑟，闲云淡影日悠悠。"；描写上海豫园明楼的"楼高但任云飞过，池小能将月送来。"；描写苏州沧浪亭的"清风明月本无价，近水远山皆有情。"；描写杭州西湖的"水光潋滟晴方好，山色空濛雨亦奇，欲把西湖比西子，淡妆浓抹总相宜。"。

同一景物在不同气候条件下，也会千姿百态，风采各异，如"春水澹冶而如笑，夏山苍翠而如滴，秋山明净而如妆，冬山惨淡而如睡"。同为夕照，有春山晚照，雨霁晚照，雪残晚照和炎夏晚照等，上述各种晚照使人产生的感情反映是不一样的。

中国人爱在山水中设置空亭一所。戴醇士曰："群山郁苍，群木荟蔚，空亭翼然，吐纳云气"。一座空亭，竟成为山川灵气动荡吐纳的交点和山川精神聚积的处所。张宣题倪云林画《溪亭山色图》诗云："石滑岩前雨，泉香树梢风，江山无限景，都聚一亭中"。柳宗元的二兄在马退山建造了一座茅亭，屹立于苍莽中的大山，耸立云际，溪流倾注而下，气象恢宏。承德避暑山庄"南山积雪"一景，仅在山庄南部山巅上建一亭，称为南山积雪亭，是欣赏千里冰封，万里雪飘，银装素裹，玉树琼枝的最佳处。

扬州瘦西湖的"四桥烟雨楼"是当年乾隆下江南时，欣赏雨景的佳处。在细雨蒙蒙中遥望远处姿态各异的四座桥，令人神往。故有"烟雨楼台山外寺，画图城郭水中天"的意境。

综上所述，诱发意境空间的因素是很多的，诸如景物的组织、形态、光影、色彩、音响、质感、气象因子等都会使同一个空间带来不同的感受。这些形成意境空间的因素很难用简单明确的方式来确定，因为在具有感情色彩的空间中1+1并不等于2。只能通过对比把一种隐蔽着的特性强调出来，引起某种想象和联想，使自然的物质空间，派生出生动的、有生气的意境空间。人们依靠文明，依靠形象思维的艺术处理，能动地创造出园林意境。

三、园林意境的创造手法

（一）情景交融的构思

园林中的景物是传递和交流思想感情的媒介，一切景语皆情语。情以物兴，情以物迁，只有在情景交融的时刻，才能产生深远的意境。

情景交融的构思和寓意，运用设计者的想象力，去表达景物的内涵，使园林空间由物质空间升华为感觉空间。同诗词、绘画、音乐一样，为观赏者留下了一个自由想象，回味无穷的广阔天地，使民族文化得到比诗画更为深刻地身临其境的体验。

不过情景交融的构思与寓意，通过塑造园林景物和创造意境空间，交流人的思想感情有着时代、阶级和民族的差异。古典园林中，意境最深也只是属于过去的，虽然遗存下来，但并不完全受到现代人们的理解和接受的那样美好而富有诗情画意。

园林中的假山，是中国园林的特点，但真正堆得好的假山，并不多见。如白居易《太湖石记》中所述“承相奇章嗜石，与石为伍，所奇者，太湖石为甲。无非是其状如虬如凤、如鬼如兽之类”。这种拘泥于“瘦、透、漏、皱”的外形，玩山石于兽怪、娇态的情调，同今天人民热爱祖国壮丽山河的情感不能同日而语。上海龙华公园的“红岩”假山和广州白云宾馆的石景都巍然挺拔，气势磅礴，毫无矫揉造作之意，却有刚毅之感。同是用石，其构思寓意具有强烈的时代感。广州东方宾馆的“故乡水”使海内外游子感到分外亲切，此景、此意、此情更为浓郁。

中国古典园林对园林意境的创造及情景交融的构思上可谓出神入化，如扬州的“个园”和苏州的耦园。

1. 扬州“个园”

扬州“个园”的四季假山（图3-4-2）出自大画师石涛之手。他在一个小小的庭院空间里布置以千山万壑、深溪池沼等形式为主体的写意境域，表达“春山淡冶而如笑，夏山苍翠而如滴，秋山明净而如妆，冬山惨淡而如睡”的诗情画意。以石斗奇，结构严密，气势贯通，可谓别出心裁、标新立异。

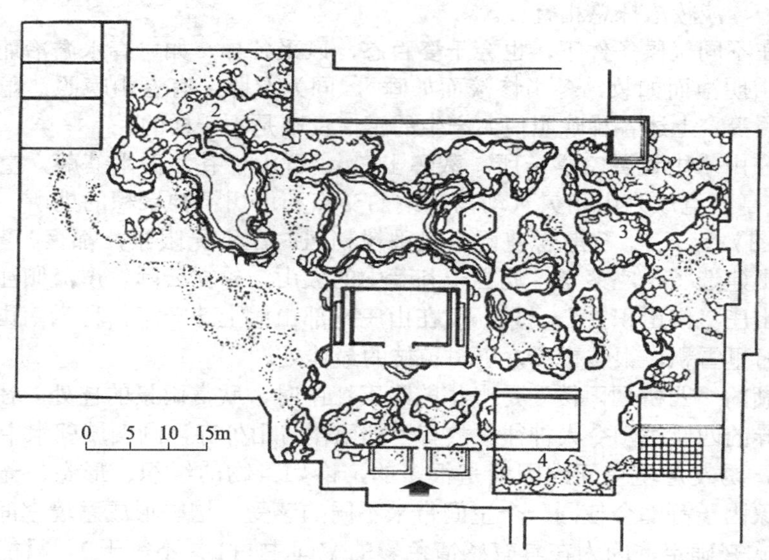

图3-4-2 扬州“个园”的四季假山平面布置图

1—春山；2—夏山；3—秋山；4—冬山

四季假山是该园的特色，表达了园主的构思寓意。

春石低而回，散点在疏竹之间，有雨后春笋，万物苏醒的意趣；也有翠竹凌霄、石笋埋云、粉墙为纸、天然图画之感。

夏石凝而密，漂浮于曲池之上，有夏云奇峰、气象瞬变的寓意；也有湖石停云、水帘洞府、绿树浓荫、消暑最宜之感。

秋石明而挺，冗立于塘畔亭侧，有荷销翠残、霜叶红花的意境；也有黄石堆山、夕阳吐艳、长廊飞渡、转为秋色之感。

冬石柔而团，盘萦于墙脚树下，有雪压冬岭、孤芳自赏的含意。亦有北风怒号、狮舞瑞雪、通过圆窗、探问春色之感。

在一个小小的庭园空间里，景与情交融在一起，可谓“遵四时以叹逝，瞻万物而思纷”的真实写照。再观其用色，春石翠，夏石青，秋石红，冬石白。用石色衬托景物的寓意，渲染空间气氛，给人以极深的感受。

2. 苏州耦园

第二个情景交融的例子是苏州耦园。耦园的主人沈秉成是清末安徽的巡抚，丢官以后，夫妇双双到苏州隐居。他出身贫寒，父亲靠织帘为生，这个耦园是他请一位姓顾的画家共同设计建造的。“耦园”的典型意境在于夫妻真挚诚笃的“感情”。

在西园有“藏书楼”和“织帘老屋”，织帘老屋四周有象征群山环抱的叠石和假山，这个造景为我们展示了他们夫妇在山林老屋一起继承父业织帘劳动和读书明志的园林艺术境界。

在东花园部分，园林空间较大，其主体建筑北屋为“城曲草堂”，这个造景为我们展示出这对夫妇不慕城市华堂锦幄，而自甘于城边草堂白幄的清苦生活。

每当皓月当空、晨曦和夕照，我们可以在“小虹轩”曲桥上看到他们夫妇双双在“双照楼”倒影入池，形影相怜的图画。楼下有一跨水建筑，名为“枕波双隐”，又为我们叙述夫妇双栖于川流不息的流水之上，枕清流以赋诗的情景。

东园东南角上，临护城河还有一座“听橹楼”。这又为我们指出，他们夫妇双双在楼上聆听那护城河上船夫摇橹和打浆的声音。

在耦园中央有一湾溪流，四面假山环抱，中央架设曲桥，南端有一水谢，名山水洞，出自欧阳修“醉翁之意不在酒，而在山水之间也”。东侧山上建有吾爱亭，这又告诉我们，他们夫妇在园中涉水登山，互为知音，共赋“高山流水”之曲于山水之间，又在吾爱亭中唱和陶渊明的“众鸟欣有托，吾亦爱吾庐。既耕亦已种，时还读我书”的抒情诗篇。

耦园就是用高度艺术概括和浪漫主义手法，抒写了这对夫妇情真意切的感情和高尚情操的艺术意境，设计达到了情景交融。

（二）园林意境的创造

园林意境的创造可以是对已有的园景加以整理，也可以通过人工布置的景物创造出来。具体的手法主要是增加感官欣赏种类，加强气象景观利用，发挥景物的象征、模拟作用，努力创造与有关艺术结合的园林艺术综合体。

园林艺术是所有艺术中最复杂的艺术，处理得不好则杂乱无章，更无意境可言。清代画家郑板桥有两句脍炙人口的话：“删繁就简三秋树，标新立异二月花”，这一简、一新对于我们处理园林构图的整体美和创造新的意境有所启迪。园林景物要求高度概括及抽象，以精当洗练的形象表达其艺术能力。因为越是简练和概括，给予人的可思空间越广，表达的弹性就越大，艺术的魅力就越强，亦即寓复杂于简单，寓繁琐于简洁，与诗词及绘画一样，有“意则期多，字则期少”的意念，所显露出来的是超凡脱俗的风韵。

1. 简

就是大胆的剪裁。中国画、中国戏曲都讲究空白，“计白当黑”，使画面主要部分更为突出。客观事物对艺术来讲只能是素材，按艺术要求可以随意剪裁。齐白石画虾，一笔水纹都不画，有极真实的水感，虾在水中游动，栩栩如生。白居易《琵琶行》中有一句诗“此时无声胜有声”。空白、无声都是含蓄的表现方法，亦即留给欣赏者以想象的余地。艺术应是炉火纯青的，绘画要达到增不得一笔也减不得一笔的效果，演戏的动作也要做到举手投足皆有意，要做到这一点，要精于取舍。

2. 夸张

艺术强调典型性，典型的目的在于表现，为了突出典型就必须夸张，才能给观众在感情上以最大满足。夸张是以真实为基础的，只有真实的夸张才有感人的魅力。毛泽东描写山高“离天三尺三”，这就是艺术夸张。艺术要求抓住对象的本质特征，充分表现。

3. 构图

我国园林有一套独特的布局及空间构图方法，根据自然本质的要求“经营位置”。为了布局妥帖，有艺术表现力和感染力，就要灵活掌握园林艺术的各种表现技巧。不要把自己作为表现对象的奴隶，完全成为一个自然主义者，造其所见和所知的，而是造由所见和所知转化为所想的，亦即是将所见、所知的景物经过大脑思维变为更美、更好、更动人的景物，在有限的空间产生无限之感。

艺术的尺度和生活的尺度并不一样，一个舞台，要表现人生，未免太小，但只要把生活内容加以剪裁，重新组织，小小的舞台也就能容纳下了。在电影里、舞台上，几幕、几个片断就能体现出来，而使人铭记难忘。所谓“纸短情长”、“言简意赅”，园林艺术也是这样，以最简练的手法，组织好空间和空间的景观待征，通过景观特征的魅力，动人心弦的空间便是意境空间。

有了意境还要有意匠，为了传达思想感情，就要有相应的表现方法和技巧，这种表现方法和技巧统称为意匠。有了意境而没有意匠，意境无从表达。所以一定要苦心经营意匠，才能找到打动人心的艺术语言，才能充分地以自己的思想感情感染别人。

综上所述，中国园林设计，特别强调意境的产生，这样才能达到情景交融的理想境地。所以说，中国园林不是建筑、山水与植物的简单组合，而是赋有生命的情的艺术，是诗画和音乐的空间构图，是变化的、发展的艺术。

第四章

风景园林规划设计的基本原理

第一节　风景园林规划设计的依据与原则

一、风景园林规划设计的依据

（一）科学依据

在风景园林规划设计过程中，要依据有关工程项目的科学原理和技术要求进行，如在设计时要结合原地形进行风景园林地形和水体的设计。设计者必须对目标地段的水文、地质、地貌、地下水位、北方的冰冻线深度、土壤状况等资料进行详细了解。如果没有翔实资料，务必补充勘察后的有关资料。可靠的科学依据为地形改造、水体设计等提供理论支撑，可有效避免产生水体漏水、土方塌陷等工程事故。

在风景园林规划设计过程中，园林植物的种植设计也要根据植物的生长要求、生物学特性进行；要根据不同植物的喜阳、耐阴、耐旱、怕涝等不同的生态习性进行配植。一旦违反植物生长的科学规律，必将导致种植设计的失败。风景园林建筑、工程设施，更有严格的规范要求，必须严格依据相关科学原理进行。风景园林规划设计关系到科学技术方面的问题很多，有水利、土方工程技术方面的，有建筑科学技术方面的，有园林植物方面的、甚至还有动物方面的生物科学问题。所以，科学依据是风景园林规划设计的基础和前提。

（二）社会需要

风景园林属于上层建筑范畴，它要反映社会的意识形态，为广大人民群众的精神与物质文明建设服务。风景园林是人们休憩娱乐、开展社交活动及进行文化交流等精神文明活动的重要场所。所以，风景园林在规划设计时要考虑广大人民群众的心理和审美需求，了解他们对风景园林开展活动的要求，营造出能满足不同年龄、不同兴趣爱好、不同文化层次游人需要的空间环境，面向大众和百姓。

（三）功能要求

风景园林规划设计者要根据广大群众的审美要求、活动规律、功能要求等方面的内容，创造出景色优美、环境卫生、情趣健康、舒适方便的园林空间境域和环境优良的人居环境，满足游人的游览、休息和开展健身娱乐活动的功能要求。园林空间应当富于诗情画意，处处茂林修竹，绿草如茵，繁花似锦，山清水秀，鸟语花香，令游人流连忘返。不同的功能分区，选用不同的设计手法，如儿童区，要求交通便捷，一般要靠近主要出入口，并要结合儿童的心理特点，该区的园林建筑造型要新颖，色彩要鲜艳，空间要开朗，营造充满生机、活力和欢快的景观气氛。

（四）经济条件

经济条件是风景园林规划设计的重要依据。经济是基础，同样一处风景园林绿地，甚至同样一个设计方案，由于采用不同的建筑材料，不同规格的苗木，不同的施工标准，将需要不同的建设投资。设计者应当在有限的投资条件下，充分发挥设计技能，节省开支，创造出最理想的作品。

综上所述，一项优秀的风景园林设计作品，必须做到科学性、艺术性和经济条件、社会需求紧密结合，相互协调、全面运筹，争取达到最佳的社会效益、环境效益和经济效益。

二、风景园林规划设计必须遵循的原则

（一）“适用、经济、美观”原则

“适用、经济、美观”是风景园林规划设计必须遵循的原则。

风景园林规划设计的特点是有较强的综合性，所以要求做到适用、经济、美观三者之间的辩证统一。三者之间的关系是相互依存、不可分割的。同任何事物发展规律一样，三者之间的关系在不同的情况下，根据不同性质、不同类型、不同环境的差异，彼此之间有所侧重。

一般情况下，风景园林规划设计首先要考虑“适用”的问题。所谓“适用”就是园林绿地的功能适合于服务对象。但也要考虑因地制宜，具体问题具体分析。例如，颐和园原先的瓮山和瓮湖已具备山、水的骨架，经过地形改造，仿照杭州西湖，建成了以万寿山、昆明湖为山水骨架，以佛香阁作为全园构图中心（彩图1），主景突出而明显的自然式山水园。而圆明园，原先是丹凌沜地貌，自然喷泉遍布，河流纵横。根据圆明园的原地形，建成平面构图上以福海为中心的集锦式的自然山水园。由于因地制宜，适合于原地形的状况，从而创造出独具特色的园林景观。

在考虑是否“适用”的前提下，其次考虑的是“经济”问题。实际上，正确的选址，因地制宜，巧于因借，本身就减少了大量投资，也解决了部分经济问题。经济问题的实质，就是如何做到“事半功倍”，尽量在少投资情况下收获相应成效。当然风景园林建设要根据风景园林性质建设需要确定投资。

在“适用”、“经济”前提下，尽可能地做到“美观”，即满足园林布局、造景的艺术要求。在某些特定条件下，美观要求提到最重要的地位。实质上，美感本身就是一个“适用”，也就是它的观赏价值。风景园林中的孤植假山、雕塑作品等起到装饰、美化环境的作用，创造出感人的精神文明的氛围，这就是一种独特的“适用”价值。

在风景园林规划设计过程中，“适用、经济、美观”三者是紧密联系不可分割的整体。单纯地追求“适用”、“经济”，不考虑风景园林艺术的美感，就要降低风景园林的艺术水准，失去吸引力，不被广大群众所接受；如果单纯地追求“美观”，不是全面考虑到“适用”问题或“经济”问题，就可能产生某种偏差或缺乏经济基础而导致设计方案不能实施。所以，风景园林规划设计工作必须在“适用”和“经济”的前提下，尽可能地做到“美观”，美观必须与“适用”、“经济”协调起来，统一考虑，最终创造出理想的风景园林规划设计作品。

（二）生态性原则

生态性原则是指风景园林规划设计必须建立在尊重自然、保护自然、恢复自然的基础上。要运用生态学的观点和生态策略进行风景园林规划布局，使风景园林绿地在生态上合理，构图上符合要求。

风景园林不仅仅要考虑“适用”、“经济”、“美观”，还必须考虑将风景园林建设成为具有良好生态效益的环境。风景园林绿地具有很强的净化功能，对改善城市生态环境起着至

关重要的作用。所以风景园林规划设计应以生态学的原理为依据，以达到融游赏娱乐于良好的生态环境之中为目的。在风景园林建设中，应以植物造景为主，在生态原则和植物群落多样性原则的指导下，注意选择色彩、形态、风韵、季相变化等方面有特色的树种进行种植设计，使景观与生态环境融于一体或以风景园林反映生态主题，使风景园林既发挥了生态效益，又发挥风景园林绿地的美化功能。植物造景时应以乡土树种为主，外来树种为辅，以体现自然界生物多样性为主要目标，构建乔木、灌木、草、藤复层植物群落，使各种植物各得其所，以取得最大的生态效益。

（三）以人为本的原则

以人为本原则是指风景园林的服务对象是人，在进行规划设计时要处处体现以人为中心的宗旨。风景园林绿地是城市中具有自净能力及自动调节能力的城市重要基础设施，具有吸收有害气体、维持碳氧平衡、杀菌保健等生态功能，被称为“城市之肺”；它是城市生态系统中唯一执行自然“纳污吐新”负反馈机制的子系统，在保护和恢复绿色环境，改善城市生态环境质量，为人们提供舒适、美观的生存环境方面起着至关重要的作用。因此，风景园林规划设计要遵循以人为本的原则，以创建宜居的生活环境为宗旨。

另外，以人为本的风景园林规划设计即人性化规划设计。人性化设计是以人为中心，注重提升人的价值，尊重人的自然需要和社会需要的动态设计哲学。站在“以人为本”的角度上，在风景园林规划设计过程中要始终把人的各种需求作为中心和尺度，分析人的心理和活动规律，满足人的生理需求、交往需求、安全需求和自我实现价值的需求，按照人的活动规律统筹安排交通、用地和设施，充分考虑城市人口密集、流动量大、活动方式一致性高和流动的方向性、时间性强的特点，依据人体工程学的原理去设计、建设各种内外环境以及选择各种所需材料，对场地的规划设计致力于建设一个舒适的区域，杜绝非人性化的空间要素。合理安排无障碍设施，满足不同层次的人类群体的需要，达到人与物的和谐。

第二节　风景园林景观的构图形式

一、规则式园林

规则式园林又称整形式、建筑式或几何式园林。西方园林，从埃及、希腊、罗马起到18世纪英国风景式园林产生以前，基本上以规则式（图4-2-1）为主，其中以文艺复兴时期意大利台地建筑园林和17世纪法国勒诺特平面图案式园林为代表（彩图16）。这一类园林，以建筑式空间布局作为园林风景的主要题材。

图4-2-1　规则式园林

其特点是强调整齐、对称和均衡。有明显的主轴线，在主轴线两边的布置是对称的（图4-2-2）。规则式园林给人以整齐、有序、形色鲜明之感。

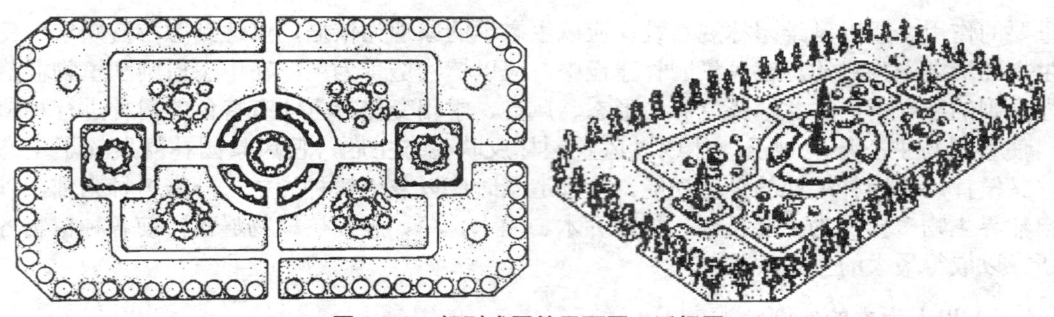

图4-2-2　规则式园林平面图、透视图

我国北京天安门广场、大连市斯大林广场、南京中山陵、北京天坛公园以及济南泉城广场（图4-2-3）都属于规则式园林，给人以庄严、雄伟、整齐和明朗之感。其基本特征可以从以下几个方面进行阐述说明。

图4-2-3　济南泉城广场

（一）地形地貌

在平原地区，由不同标高的水平面及缓倾斜的平面组成，在山地及丘陵地，需要修筑成有规律的阶梯状台地，由大小不同的阶梯式水平台地、倾斜平面及石级组成，其剖面均为直线构成（彩图23）。

（二）水体

外形轮廓均为几何形。采用整齐式驳岸，园林水景的类型以整形水池（彩图23、图4-2-4）、壁泉、喷泉（图4-2-5）、整形瀑布及运河等为主，其中常运用雕像配合喷泉及水池为水景喷泉的主题。

图4-2-4　规则式园林整形水池

图4-2-5　规则式园林喷泉

（三）建筑

不仅园林中个体建筑采用中轴对称均衡的设计，而且建筑群和大规模建筑组群的布局，也采取中轴对称的手法，布局严谨，以主要建筑群和次要建筑群形式的主轴和副轴控制全园（图4-2-6）。

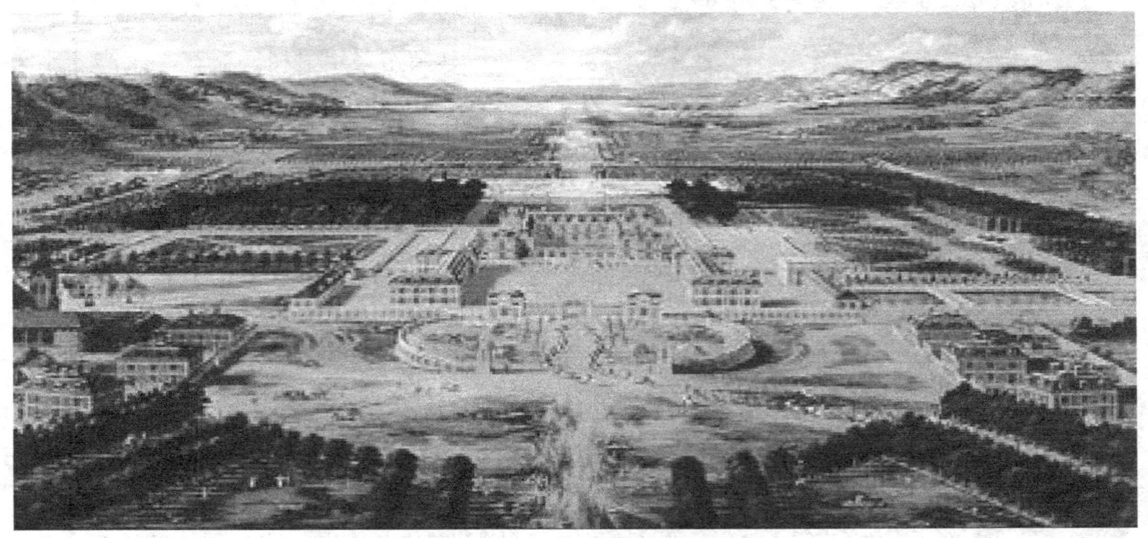

图4-2-6 规则式园林建筑

（四）道路广场

园林中的空旷地和广场外形轮廓均为几何形（图4-2-7）。广场空间为封闭性的，以对称建筑群或规则式林带、树墙包围。道路系统由直线、折线或有轨迹可循的曲线所构成，构成方格形或环状放射形（图4-2-8），其布局为中轴对称或不对称的几何布局。常与模纹花坛、水池组合成各种几何图案。

图4-2-7 规则式园林中的道路广场

图4-2-8 规则式园林中环形道路广场

（五）种植设计

植物的配置呈有规律有节奏的排列、变化，或组成一定的图形、图案或色带，强调成行等距离排列或作有规律的简单重复（彩图23），植物材料也强调整形、修剪成各种几何图形（彩图16），园内花卉布置用以图案为主题的模纹花坛和花境为主（图4-2-9），花坛布置以图案式为主，或组成大规模的花坛群，并运用大量的绿篱、绿墙以区划和组织空间。树木整

图4-2-9　规则式园林植物种植设计

图4-2-10　规则式园林中的绿柱

形修剪以模拟建筑体形和动物形态为主，如绿柱（图4-2-10）、绿塔、绿门、绿亭和用常绿树修剪而成的鸟兽等。

（六）园林其他景物

除以建筑、花坛群、规则式水景和大量喷泉为主景外，其余常采用盆树、盆花、瓶饰、雕像为主要景物。雕像的基座为规则式，雕像位置多配置于轴线的起点、终点或支点上（见彩图9）。

规则式的园林，以意大利台地园和法国宫廷园为代表，给人以整洁明朗和富丽堂皇的感觉。缺点是缺乏自然美，一目了然，欠含蓄，并有管理费工之弊。

二、自然式园林

这一类园林又称风景式、不规则式、山水派园林等。我国园林，从有历史记载的周秦时代开始，无论大型的皇帝苑囿和小型的私家园林，多以自然式山水园林为主，古典园林中以北京颐和园、承德避暑山庄、苏州拙政园、留园为代表。我国自然式山水园林，从唐代开始影响了日本的园林，从18世纪后期传入英国，从而引起了欧洲园林对古典形式主义的革新运动。自然式园林在世界上以中国的山水园与英国式的风景园为代表（彩图24）。

自然式构图的特点是：没有明显的主轴线，其曲线无轨迹可循（图4-2-11）。自然式园林景色变化丰富、意境深邃、委婉。如北京的陶然亭公园、紫竹院公园，上海虹口鲁迅公园、杭州花港观鱼公园、广州越秀山公园等也都进一步发扬了这种传统布局手法。这一类园林，以自然山水作为园林风景表现的主要题材，其基本特征可以从以下几个方面进行阐述说明。

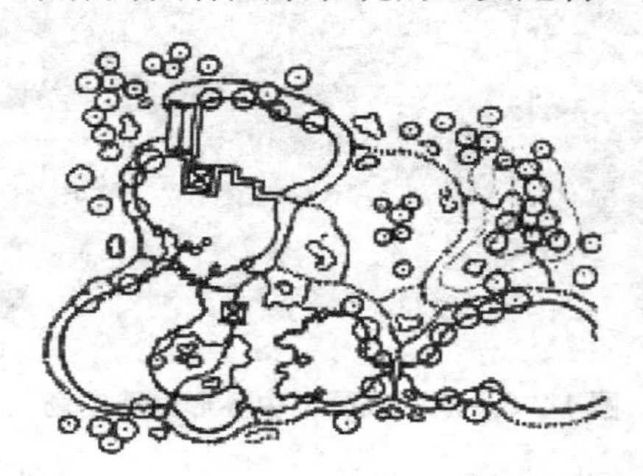

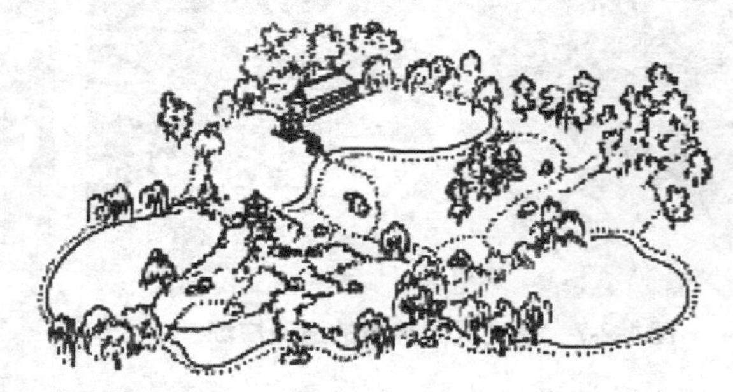

图4-2-11　自然式园林平面图、透视图

（一）地形地貌

平原地带，地形起伏富于变化，地形为自然起伏的缓和地形与人工堆置的若干自然起伏的土丘相结合，其断面为缓和的曲线（彩图24、图4-2-12）。

图4-2-12 自然式园林地形地貌

在山地和丘陵地，则利用自然地形地貌，除建筑和广场基地以外不做人工阶梯形的地形改造工作，原有破碎割面的地形地貌也加以人工整理，使其自然。

（二）水体

其轮廓为自然的曲线，驳岸为各种自然曲线的倾斜坡度，有些驳岸亦为自然山石驳岸（彩图3、彩图4、彩图24）。园林水景的类型以多为小溪、池塘、溪涧、河流、自然式瀑布、池沼、湖泊等，常以瀑布为水景主题（图4-2-13）。

（三）建筑

园林内个体建筑为对称或不对称均衡的布局，其建筑群和大规模建筑组群，多采取不对称均衡的布局。对建筑物的造型和建筑布局不强调对称，善于与地形结合（图4-2-14）。全园不以轴线控制，而以主要导游线构成的连续构图控制全园。

图4-2-13 瀑布水景

图4-2-14 自然式园林建筑与地形结合

（四）道路广场

广场的外缘轮廓线和道路曲线自由灵活。园林中的空旷地和广场的轮廓为自然形的封闭性空旷地和广场，以不对称的建筑群、土山、自然式的树丛和林带包围。道路平面和剖面为自然起伏曲折的平面线和竖曲面。

（五）种植设计

园林植物的配置不成行列式，植物配置没有固定的株行距，充分发挥树木自由生长的姿态，不强求造型；植物种植不成行列式，着重反映植物自然群落之美（彩图24）；树木配植以孤植树、树丛、树林为主，不用规则式修剪的绿篱，树木整形不作建筑、鸟兽等体形模拟，而以模拟自然界苍老的大树为主；以自然的树丛、树群、花带来区划和组织园林空间。注意色彩和季相变化，花卉布置以花丛、花群为主，不用模纹花坛；林缘和天际线有疏有密，有开有合，富有变化，自然缓和。在充分掌握植物的生物学特性的基础上，将不同种植物配置在一起，以自然界植物生态群落为蓝本，构成生动活泼的自然景观。

（六）园林其它景物

除以建筑、自然山水、植物群落为主景外，其余尚采用山石、假山、桩景、盆景、雕像为主要景物，其中雕像的基座为自然式，雕像位置多配置于透视线集中的焦点。

自然式园林在中国的历史悠长，绝大多数古典园林都是自然式园林。自然式园林使人如置身于大自然之中，足不出户而游遍名山名水。

三、混合式园林

在现实中，绝对的规则式和绝对的自然式园林很难实现。意大利园林除中轴以外，台地与台地之间，植物仍然为自然式的布局，只能说是以规则式为主的园林。北京的颐和园，在行宫的部分，以及构图中心的佛香阁，也采用了中轴对称的规则布局，只能说是以自然式为主的园林。实际上，在建筑群附近及要求较高的园林植物类型必然要采取规则式布局，而在建筑群较远的地点，在大规模的园林中，只有采取自然式的布局，才易满足因地制宜和经济的要求。

园林中，如规则式与自然式比例差不多的园林，可称为混合式园林。如广州烈士起义陵园、北京中山公园、广东新会城镇文化公园等。

混合式园林是综合规则与自然两种类型的特点，把它们有机地结合起来（图4-2-15）。这种形式应用于现代风景园林中，既可发挥自然式园林布局设计的传统手法，又能吸取西方规则式布局的优点，创造出既有整齐明朗，色彩鲜艳的规则式部分，又有丰富多彩，变化无穷的自然式部分（图4-2-16）。其手法是在较大的现代园林建筑周围或构图中心，采用规则式布局；在远离主要建筑物的部分，采用自然式布局（图4-2-17）。因为规则式布局易与建筑的几何轮廓线相协调，且较宽广明朗，然后利用地形的变化和植物的配置逐渐向自然式过渡。这种手法在现代风景园林中应用广泛。实际上大部分园林都有规则部分和自然部分，只是所占比重不同而已。

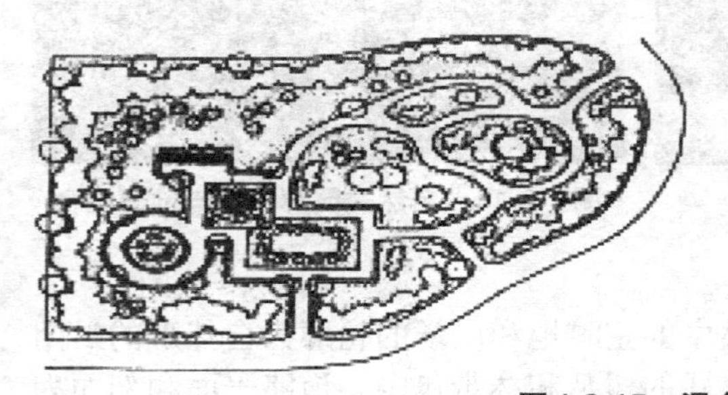

图4-2-15　混合式园林平面图、透视图

图4-2-16　混合式园林

图4-2-17　以建筑为主体的混合式园林布局

在进行风景园林规划设计时，选用何种形式不能单凭设计者的主观愿望，而要根据功能要求和客观可能性。如一块处于闹市区的街头绿地，不仅要满足附近居民健身的要求，还要考虑过往行人在此作短暂停留的需要，则宜用规则不对称式；绿地若位于大型公共建筑物前，则可作规则对称式布局；绿地位于具有自然山水地貌的城郊，则宜用自然式；地形较平坦，周围自然风景较秀丽，则可采用混合式。

由此可知，影响构图形式的因素有绿地周围的环境条件，还有经济技术条件。环境条件包括的内容很多，有周围建筑物的性质与造型、交通、居民情况等。经济条件包括投资和物质来源，技术条件指的是技术含量和艺术水平。风景园林绿地采用何种类型，必须对这些因素作综合考虑后，才能做出决定。

在公园规划工作中，原有地形平坦的可规划成规则式，原有地形起伏不平的、丘陵、水面多的可规划为自然式，原有自然式树木较多的可规划为自然式，树木少的可建成规则式。大面积园林，以自然式为宜，小面积以规则式较经济。四周环境为规则式宜规划为规则式，四周环境为自然式则宜规划成自然式。林荫道、建筑广场的街心花园等以规则式为宜。居民区、机关单位、工厂、体育馆、大型建筑物前的绿地以混合式为宜。

第三节　风景园林景观的构图原理

一、风景园林景观构图的含义、特点和基本要求

（一）风景园林景观构图的含义

构图是造型艺术的术语，艺术家为了表现作品的主题思想和美观效果，在一定的空间，安排人物的关系和位置，把个别或局部的形象组成艺术的整体（引自《辞海》）。所谓构图即组合、联想和布局的意思。风景园林景观构图是在工程、技术、经济可能的条件下，组合风景园林物质要素（包括材料、空间、时间），联系周围环境，并使其协调，取得风景园林景观绿地形式美与内容高度统一的创作技法，也就是规划布局。风景园林景观绿地的内容，即性质、时间、空间，是构图的物质基础。

如何把风景园林景观素材的组合关系处理恰当，使之在长期内呈现完美与和谐，主次分明的布局，从而有利于充分发挥风景园林的最大综合效益，是风景园林景观构图所要解决的问题。在工程技术上要符合“适用、经济、美观”的原则，在艺术上除了运用造景的各种手法外，还应考虑诸如统一与变化、比例与尺度、均衡与稳定等造型艺术的多样统一规律的运用。

（二）风景园林景观构图的特点

1.风景园林是一种立体空间艺术

风景园林景观构图是以自然美为特征的对空间环境的规划设计，绝不是单纯的平面构图和立面构图。因此，风景园林景观构图要善于利用地形地貌、自然山水、园林植物，并以室外空间为主与室内空间互相渗透的环境创造景观。

2.风景园林景观的构图是综合的造型艺术

园林美是自然美、生活美、建筑美、绘画美、文学美的综合。它以自然美为特征，有了自然美，风景园林绿地才有生命力。风景园林景观空间的形式与内容、审美与功能、科学与技术、自然美与艺术美以及生活美、意境美等在艺术构图中要充分的体现。因此，风景园林绿地常借助各种造型艺术加强其艺术表现力。

3.风景园林景观构图受时间变化影响

风景园林景观构图的要素如园林植物、山水等都随时间、季节而变化，春、夏、秋、冬园林植物景色各异，园林山水变化无穷。

4.风景园林景观构图受地区自然条件的制约性很强

不同地区的自然条件，如日照、气温、湿度、土壤等各不相同，其自然景观也不相同，风景园林景观绿地只能因地制宜，随势造景，景因境出。

5.风景园林景观构图的整体性和可分割性

任何艺术构图都是统一的整体，风景园林景观构图也是如此。构图中的每一个局部与整体都具有相互依存、相互烘托、互相呼应、互相陪衬以及相得益彰的关系。如北京颐和园中万寿山、昆明湖、谐趣园以及苏州河之间的相互关系。不过风景园林景观构图中整体与局部之间的关系不同于其他造型艺术，具有可分割性的关系。风景园林景观构图的整体与局部之间的关系，一是主从关系，局部必须服从整体；二是整体与局部之间保持相对独立，如颐和园中的万寿山，山前区与山后区的景观和环境气氛蔚然不同，都可独立存在，自成体系，因而是可分割的。

（三）风景园林景观构图的基本要求

（1）风景园林景观构图应先确定主题思想，即意在笔先。

风景园林的主题思想，是风景园林景观构图的关键，根据不同的主题，就可以设计出不同特色的风景园林景观。园景主题和风景园林规划设计的内容密切相关，主题集中地、具体地表现出内容的思想性和功能上的特性，高度的思想性和服务于人民的功能特性是主题深刻动人的重要因素。风景园林景观构图还必须与园林绿地的实用功能相统一，要根据园林绿地的性质、功能用途确定其设施与形式。

（2）要根据工程技术、生物学要求和经济上的可能性构图。

（3）要有自己独特的风格。

每一个风景园林绿地景观，都要有自己的独到之处，有鲜明的创作特色，有鲜明的个性，即园林风格。中国园林的风格主要体现在园林意境的创作、园林材料的选择和园林艺术的造型上。园林的主题不同，时代不同，选用的材料不同，园林风格也不相同。

（4）按照功能进行分区，各区要各得其所，景色分区中各有特色，化整为零，园中有园，互相提携又要多样统一，即分隔又联系，避免杂乱无章。

（5）各园都要有特点、有主题、有主景，要主次分明、主题突出，避免喧宾夺主。

（6）要根据地形地貌特点，结合周围景色环境，巧于因借，做到“虽由人作，宛自天开”，避免矫揉造作。

（7）要具有诗情画意，它是我国园林艺术的特点之一。

诗和画，把现实园林风景中的自然美，提炼为艺术美，上升为诗情画意。风景园林造景要把诗情画意搬回到现实中来。实质上就是把我们规划的现实风景，提高到诗和画的境界。这种现实的园林风景，可以产生新的诗和画，使能见景生情，也就有了诗情画意。

二、风景园林景观构图的基本规律

（一）统一与变化

任何完美的艺术作品，都有若干不同的组成部分。各组成部分之间既有区别，又有内在联系，通过一定的规律组成一个完整的整体。各部分的区别和多样，是艺术表现的变化，各部分的内在联系和整体，是艺术表现的统一。有多样变化，又有整体统一，是所有艺术作品表现形式的基本原则。同其他艺术作品一样，风景园林景观也是统一与变化的有机体。

风景园林构图的统一与变化，常具体表现在对比与调和、韵律与节奏、主从与重点、联系与分隔等方面。

1.对比与调和

对比、调和是艺术构图的一个重要手法，它是运用布局中的某一因素（如体量、色彩等）中两种程度不同的差异，取得不同艺术效果的表现形式，或者说是利用人的错觉来互相衬托的表现手法。差异程度显著的表现称对比，能彼此对照，互相衬托，更加鲜明地突出各自的特点；差异程度较小的表现称为调和，使彼此和谐，互相联系，产生完整的效果。

风景园林景观构图要在对比中求调和，在调和中求对比，使景观既丰富多彩、生动活泼，又突出主题，风格协调。对比与调和只存在于同一性质的差异之间，如体量的大小，空间的开敞与封闭，线条的曲直，颜色的冷暖、明暗，材料质感的粗糙与光滑等，而不同性质的差异之间不存在调和与对比，如体量大小与颜色冷暖就不能比较。

调和手法广泛应用于建筑、绘画、装潢的色彩构图中，采取某一色调的冷色或暖色，用以表现某种特定的情调和气氛。调和手法在风景园林中的应用主要是通过使构景要素中的地形地貌、水体、园林建筑和园林植物等的风格和色调来实现。尤其是园林植物，尽管各种植物在形态、体量以及色泽上有千差万别，但从总体上看，它们之间的共性多于差异性，在绿色这个基调上得到了统一。总之，凡用调和手法取得统一的构图，易达到含蓄与幽雅的美。美国造园家们认为城市公园里不宜使用对比手法，他们主张在精神上、功能上、形式上和材料上的恰如其分，四周充满着和谐统一的环境，比起对比强烈的景物更为安静。

对比在造型艺术构图中是把两个完全对立的事物作比较，叫作对比。凡把两个相反的事物组合在一起的关系称为对比关系。通过对比而使对立着的双方达到相辅相成、相得益彰的艺术效果，这便达到了构图上的统一与变化。

对比是造型艺术构图中最基本的手法，所有的长宽、高低、大小、形象、方向、光影、明暗、冷暖、虚实、疏密、动静、曲直、刚柔等量感和质感，都是从对比中得来的。对比的手法很多，在空间程序安排上有欲扬先抑、欲高先低、欲大先小、以暗求明、以素求艳等。现就静态构图中的对比分述如下。

（1）形象的对比

风景园林布局中构成风景园林景物的线、面、体和空间常具有各种不同的形状，在布局中只采用一种或类似的形状时易取得协调统一的效果。如在圆形的广场中央布置圆形的花坛，因形状一致显得协调。而采用差异显著的形状时易取得对比，可突出变化的效果，如在方形广场中央布置圆形花坛（图4-3-1）或在建筑庭院布置自然式花台。在园林景物中应用形状的对比与调和常常是多方面的，如建筑广场与植物之间的布置，建筑与广场在平

图4-3-1 花坛与广场形象的对比

面上多采取调和的手法，而与植物尤其与树木之间多运用对比的手法，以树木的自然曲线与建筑广场的直线对比，来丰富立面景观（图4-3-2）。不同的植物形态也形成了鲜明的对比（图4-3-3）。

（2）体量的对比

在风景园林布局中常常用若干较小体量的物体来衬托一个较大体量的物体，以突出主体，强调重点（图4-3-4）。如颐和园的佛香阁与周围的廊，廊的规格小，显得佛香阁更高大，更突出（图4-3-5）。另外，颐和园后山，后湖北面的山比较平，在这个山上建有一个比一般的庙体量小很多的小庙，从万寿山望去庙小而显得山远，山远从而使后山低矮的感觉减弱。

图4-3-2 广场建筑与植物形象的对比

图4-3-3 植物形象的对比

图4-3-4 体量的对比

图4-3-5 佛香阁——体量的对比

（3）方向的对比

在风景园林的体形、空间和立面的处理中，常常运用垂直和水平方向的对比，以丰富园林景物的形象，如常把山水互相配合在一起，使垂直方向上高耸的山体与横向平阔的水面互相衬托（图4-3-6），避免了只有山或只有水的单调；在开阔的水边矗立的挺拔高塔，产生明显的方向对比，体现了空间的深远、开阔（图4-3-7）。

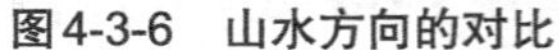

图4-3-6　山水方向的对比

图4-3-7　高塔与开阔水面的方向对比

园林布局中还常利用忽而横向，忽而纵向，忽而深远，忽而开阔的手法，造成方向上的对比，增加空间方向上的变化效果（图4-3-8），如孤植树与横向开阔草坪的方向对比（图4-3-9）。

图4-3-8　横纵方向对比

图4-3-9　孤植树与开阔草坪的对比

（4）开闭的对比

在空间处理上，开敞的空间与闭锁空间也可形成对比。在园林绿地中利用空间的收放开合，形成敞景与聚景的对比，开敞空间景物在视平线以下可旷望。开朗风景与闭锁风景两者共存于同一园林中，相互对比，彼此烘托，视线忽远忽近，忽放忽收。自闭锁空间窥视开敞空间，可增加空间的对比感，层次感，达到引人入胜的效果。

颐和园中苏州河的河道由东向西，随万寿山后山山脚曲折蜿蜒，河道时窄时宽，两岸古树参天，空间开合，收放自如，交替向前，通向昆明湖（图4-3-10）。合者，空间幽静深邃；开者，空间宽敞明朗。在前后空间大小对比中，景观效果由于对比而彼此得到加强。最后到达昆明湖，则更能感受到空间的宏大，宽阔的湖面，浩渺水波，使游赏者的情绪，由最初的沉静转为兴奋，再沉静，再兴奋。这种对比手法在园林空间的处理上是变化无穷的。

（5）疏密的对比

疏密对比在风景园林构图中比比皆是，如群林的林缘变化是由疏到密和由密到疏和疏密相间，给景观增加韵律感（图4-3-11）。《画论》中提到“宽处可容走马，密处难以藏针”，故颐和园中有烟波浩渺的昆明湖，也有林木葱郁、富室建筑密集的万寿山，形成了强烈的疏密对比（彩图1）。

图4-3-10　颐和园苏州河——空间开闭的对比

图4-3-11　空间疏密的对比

（6）明暗的对比

由于光线的强弱，造成景物、环境的明暗对比，环境的明暗对人有不同的感觉（图4-3-12）。明，给人以开朗、活泼的感觉；暗，给人以幽静柔和的感觉。在风景园林绿地中，布置明朗的广场空地供游人活动，布置幽暗的疏林、密林供游人散步休息。一般来说，明暗对比强的景物令人有轻快振奋的感觉，明暗对比弱的景物令人有柔和沉郁的感觉。在密林中留块空地，叫林间隙地，是典型的明暗对比，如同较暗的屋中开个天窗。

（7）曲直的对比

线条是构成景物的基本因素。线的基本线形包括直线和曲线，人们从自然界中发现了各种线型的性格特征，直线表示静，曲线表示动；直线有力度，具稳定感；曲线具有丰满、柔和、优雅、细腻之感。线条是造园的语言，它可以表现起伏的地形线、曲折的道路线、婉转的河岸线、美丽的桥拱线、丰富的林冠线、严整的广场线、挺拔的峭壁线、丰富的屋面线等。在风景园林规划设计中曲线与直线经常会同时对比出现（图4-3-13）。

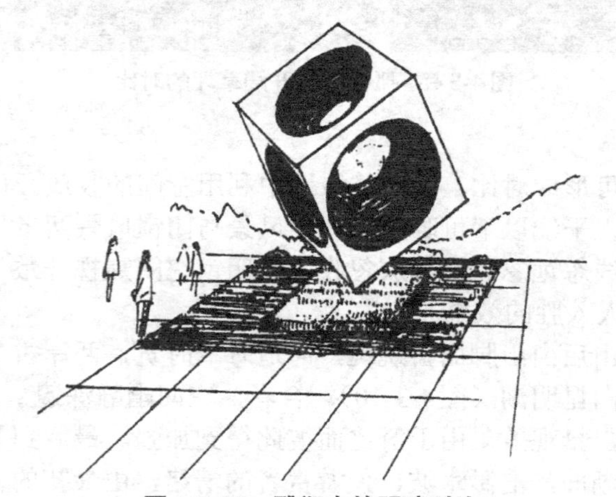

图4-3-12　雕塑中的明暗对比

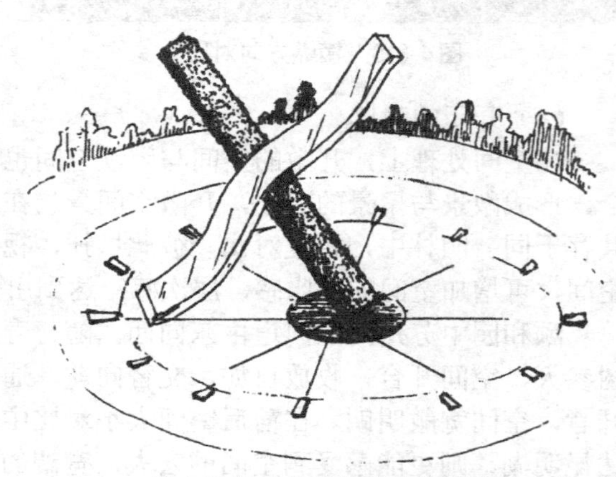

图4-3-13　曲线与直线的对比

风景园林中的直与曲是相对的，曲中寓直，直中寓曲，关键在于灵活应用，曲直自如。比如上海豫园，从仰山堂到黄石假山去的园路，本是一条直路，但故意作成一条曲廊，寓曲于直，经过四折，步移景换，名之曰“渐入佳境”。苏州沧浪亭的复廊（彩图3）、拙政园的水廊、留园的沿墙折廊（图3-3-9），扬州何园的楼廊，或随地势高低起伏，或按地形左曲右折，无不曲直“相间得宜”。此外，扬州小盘谷把云墙和游廊曲折地盘旋至9m高的假山之上，山上有廊、有坪、有亭，山下有池、有桥、有洞，上下立体交通，山、水、建筑与直、曲的游览路线连成一体，在狭小的空间范围内组成了丰富变幻的景观。

（8）虚实的对比

园林绿地中的虚实常常是指园林中的实墙与空间，密林与疏林（图4-3-14）、草地，山与水的对比等。在园林布局中要做到虚中有实、实中有虚是很重要的。

虚给人轻松，实给人厚重，若水面中有个小岛，水体是虚，小岛是实，因而形成了虚实对比，能产生统一中有变化的艺术效果。园林中的围墙，常做成透花墙或铁栅栏，就打破了实墙的沉重闭塞感觉，产生虚实对比效果，隔而不断，求变化于统一，与园林气氛协调。如以花篱、景墙分隔空间形成虚实的对比（彩图21）。

由于虚实的对比，使景物坚实而有力度，空凌而又生动。风景园林十分重视布置空间，处理虚的地方以达到“实中有虚，虚中有实，虚实相生”的目的。例如，圆明园九洲“上下天光”，用水面衬托庭院，扩大空间感，以虚代实；再如苏州怡园面壁亭的镜借法，用镜子把对面的假山和螺髻亭收入镜内，以实代虚，扩大了境界（图4-3-15）。此外，还有借用粉墙、树影产生虚实相生的景色。

图4-3-14　疏林草地虚实对比

图4-3-15　怡园面壁亭——虚实对比

（9）色彩的对比

色彩的对比与调和包括色相和色度的对比与调和。色相的对比是指相对的两个补色，产生对比效果如红与绿，黄与紫；色相的调和是指相临近的色如红与橙，橙与黄等。颜色的深浅叫色度，黑是深，白是浅，深浅变化即黑到白之间的变化。一种色相中色度的变化是调和的效果。风景园林中色彩的对比与调和是指在色相与色度上，只要差异明显就可产生对比的效果，差异近似就产生调和效果。利用色彩对比关系可引人注目，如“万绿丛中一点红”。风景园林景观中的色彩对比包括园林植物不同颜色的对比、道路与园林绿地颜色的对比及与周围环境的对比等。

（10）质感的对比

在风景园林布局中，常常可以运用不同材料的质地或纹理来丰富园林景物的形象。材料质地是材料本身所具有的辅佐作用。不同材料质地给人不同的感觉，如粗面的石材、混凝土、粗木、建筑等给人稳重的感觉，而细致光滑的石材、细木和植物等给人轻松的感觉。如草坪与树木形成了质感的对比（图4-3-16）。

2.韵律与节奏

韵律与节奏就是指艺术表现中某一因素作有规律的重复，有组织的变化。重复是获得韵律的必要条件，只有简单的重复而缺乏有规律的变化，就令人感到单调、枯燥，而有交替、曲折变化的节奏就显得生动活泼（图4-3-17）。所以韵律与节奏是风景园林艺术构图多样统一的重要手法之一。风景园林景观构图中韵律节奏方法很多，常见的有：

图4-3-16　草坪与树木质感的对比

图4-3-17　韵律与节奏

（1）简单韵律

即由同种因素等距反复出现的连续构图。如等距的行道树（图4-3-18），等高等距的长廊，花架的支柱（图4-3-19）、等高等宽的登山道、爬山墙等。

图4-3-18　简单韵律——行道树

图4-3-19　简单韵律——花架支柱

图4-3-20　交替韵律

（2）交替的韵律

即由两种以上因素交替等距反复出现的连续构图（图4-3-20）。行道树用一株桃树一株柳树反复交替的栽植、龙爪槐与灌木的反复交替种植（图4-3-21）、景观灯柱与植物（图4-3-22），嵌草铺装或与草地相间的台阶（图4-3-23），两种不同花坛的等距交替排列（图4-3-24），登山道一段踏步与一段平面交替等。

图4-3-21　龙爪槐与灌木的反复交替种植的交替韵律

图4-3-22　景观灯柱与植物的交替韵律

图4-3-23　草地与台阶的交替韵律

图4-3-24　花坛的等距交替排列

（3）渐变的韵律

渐变的韵律是指园林布局连续重复的组成部分，在某方面作规则的逐渐增加或减少所产生的韵律，如体积的大小，色彩的浓淡，质感的粗细等。渐变韵律也常在各组成分之间有不同程度或繁简上的变化（图4-3-15、图4-3-25）。园林中在山体的处理上，建筑的体型上，经常应用从下而上愈变愈小，如塔体型下大上小，间距也下大上小等。

（4）起伏曲折韵律

由一种或几种因素在形象上出现较有规律的起伏曲折变化所产生的韵律。如连续布置的山丘、建筑、树木、道路、花境等（图4-3-26），可有起伏、曲折变化，并遵循一定的节奏规律，围墙、绿篱也有起伏式的。自然林带的天际线则是一种起伏曲折的韵律。

图4-3-25　渐变韵律

图4-3-26　建筑起伏曲折的韵律

（5）拟态韵律

既有相同因素又有不同因素反复出现的连续构图。如花坛的外形相同，但花坛内种的花草种类、布置形式又各不相同；漏景的窗框一样，漏窗的花饰又各不相同等（图4-3-27）。

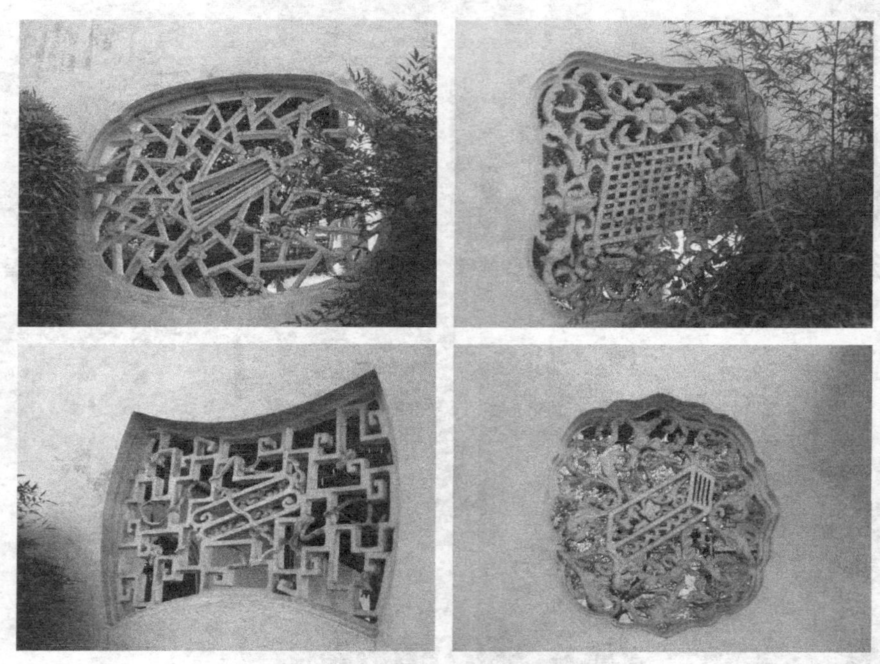

图4-3-27　漏窗漏景的拟态韵律

（6）交错韵律

即某一因素作有规律的纵横穿插或交错，其变化是按纵横或多个方向进行的，切忌苗圃式的种植（图4-3-28）。如空间一开一合，一明一暗，景色有时鲜艳，有时素雅，有时热闹，有时幽静，如组织得好都可产生节奏感。常见的例子是园路的铺装，用卵石、片石、水泥板、砖瓦等组成纵横交错的各种花纹图案，连续交替出现，如设计得宜，能引人入胜。

图4-3-28　植物互相交错、渗透而组成统一的景观

在园林布局中，有时一个景物，往往有多种韵律节奏方式可以运用，在满足功能要求前提下，可采用合理的组合形式，能创作出理想的园林艺术形象。所以说韵律是园林布局中统一与变化的一个重要方面。

3. 主从与重点

（1）主与从

在艺术创造中，一般都应该考虑到一些既有区别又有联系的各个部分之间的主从关系，并且常常把这种关系加以强调，以取得显著的主宾分明、井然有序的艺术效果。

园林布局中的主要部分或主体与从属体，一般都是由功能使用要求决定的，从平面布局上看，主要部分常成为全园的主要布局中心，次要部分成次要的布局中心，次要布局中心既有相对独立性，又要从属主要布局中心，要能互相联系，互相呼应。

一般缺乏联系的园林各个局部是不存在主从关系的，所以取得主要与从属两个部分之间的内在联系，是处理主从关系的前提，但是相互之间的内在联系只是主从关系的一个方面，而二者之间的差异是更重要的一面。适当处理二者的差异则可以使主次分明，主体突出。因此在园林布局中，以呼应取得联系和以衬托显出差异，就成为处理主从关系的关键。

关于主从关系的处理方法，大致有下面两种方法。

① 组织轴线，安排位置，分清主次

在园林布局中，尤其在规则式园林，常常运用轴线来安排各个组成部分的相对位置，形成它们之间一定的主从关系。一般是把主要部分放在主轴线上，从属部分放在轴线两侧和副轴线上，形成主次分明的局势。在自然式园林，主要部分常放在全园重心位置，或无形的轴线上，而不一定形成明显的轴线（图4-3-29）。

组织轴线分清主次（广州市云台花园）

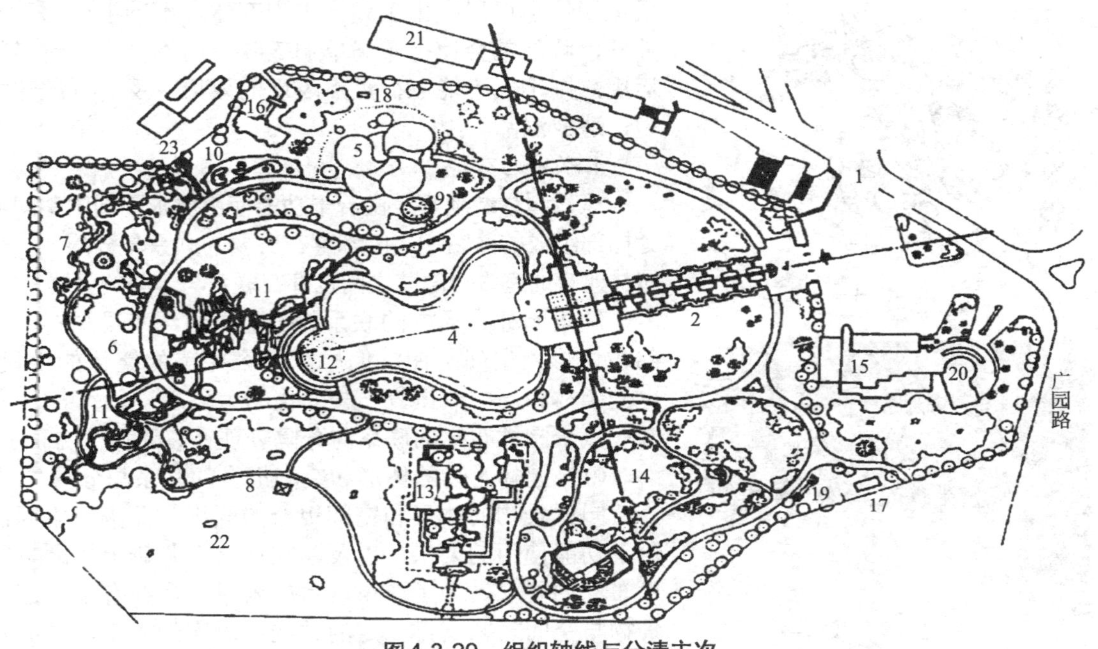

图4-3-29　组织轴线与分清主次

1—主入口广场；2—飞瀑流影；3—喷泉广场；4—滟湖；5—大温室；6—玫瑰园；7—岩石园；8—林中小憩；9—花钟；10—装饰花坛；11—花溪浏香；12—荧光湖；13—醉华苑；14—谊园；15—风情街；16—市级文物保护点；17—管理室；18—厕所；19—休息廊；20—白去酒家；21—白去索道；22—山林；23—小卖部

② 运用对比手法，互相衬托，突出主体

在园林布局中，常用的突出主体的对比手法是体量大小、高低。某些园林建筑各部分的体量，由于功能要求关系，往往有高有低，有大有小。在布局上利用这种差异，并加以强调，可以获得主次分明，主体突出的效果。

再一种常见的突出主体的对比手法是形象上的对比。在一定条件下，一个高出的体量，一些曲线，一个比较复杂的轮廓突出的色彩和艺术修饰等，可以引起人们的注意。

（2）重点与一般

重点处理常用于园林景物的主体和主要部分，以使其更加突出。此外，它也可用于一些非主要部分，以加强其表现力，取得丰富变化的效果。因而重点处理也常是园林布局中有意识地从统一中求变化的手段。

一般选择重点处理的部分和方法，有以下三个方面。

① 以重点处理来突出表现园林功能和艺术内容的重要部分，使形式更有力地表达内容。例如园林的主要出入口、重要的道路和广场、主要的园林建筑等常做重点处理，使园林各部分的主次关系直观明了，起到引导人流和视线方向的作用。

② 以重点处理来突出园林布局中的关键部分，如对园林景物体量突出部分，主要道路的交叉转折处和结束部分，视线易于停留的焦点等处（包括道路与水面的转弯曲折处、尽头、岛堤山体的突出部分，游人活动集中的广场与建筑附近）加以重点处理，可使园林艺术表现更加鲜明。

③ 以重点处理打破单调，加强变化或取得一定的装饰效果，如在大片草地、水面和密林部分，可在边缘或地形曲折起伏处做点处理，或设建筑或配植树丛，在形式上要有对比和较多的艺术修饰，以打破单调枯燥感。重点是对一般而言，因此选择重点处理不能过多，以免过于繁琐，反而得不到突出重点的效果。重点处理是园林布局中运用最多的手段之一，如果运用恰当可以突出主题，丰富变化，不善于运用重点处理，就常常会使得布局单调乏味，而不恰当地过多的运用，则不仅不能取得重点表现的效果，反而分散注意力，造成混乱。

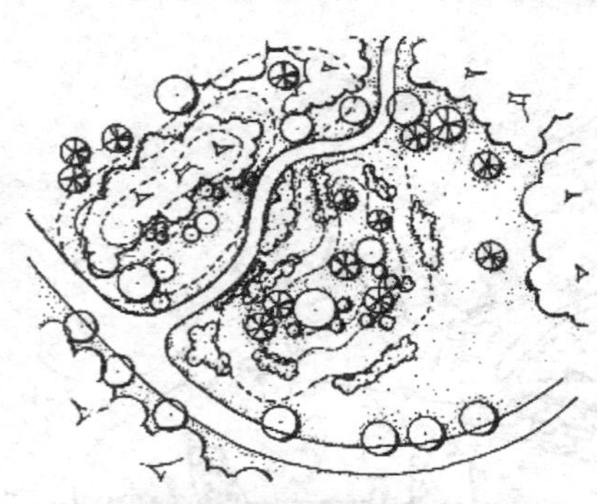

图4-3-30　以地形分隔空间

4.联系与分隔

风景园林绿地都是由若干功能使用要求不同的空间或者局部组成的，它们之间都存在必要的联系与分隔，一个园林建筑的室内与庭院之间也存在联系与分隔的问题。

风景园林布局中的联系与分隔是组织不同材料、局部、体形、空间，使它们成为一个完美的整体的手段，也是园林布局中取得统一与变化的手段之一。

风景园林布局的联系与分隔表现在以下两个方面。

（1）园林景物的体形和空间组合的联系与分隔

园林景物的体形和空间组合的联系与分隔，主要决定于功能使用的要求，以及建立在这个基础上的园林艺术布局的要求，为了取得联系的效果，常在有关的园林景物与空间之间安排一定的轴线和对应的关系，形成互为对景，利用园林中的植物、土丘、道路、台阶、挡土墙、水面、栏杆、桥、花架、廊、建筑门、窗等作为联系与分隔的构件（彩图21、图4-3-30）。

园林建筑室内外之间的联系与分隔，要看不同功能要求而定。大部分要求既分隔又有联系，常运用门、窗、空廊、花篱、花架、水、山石等建筑处理把建筑引入庭院，有时也把室外绿地有意识地引入室内，丰富室内景观。

（2）立面景观上的联系与分隔

立面景观的联系与分隔，也是为了达到立面景观完整的目的。有些园林景物由于使用功能要求不同，形成性格完全不同的部分，容易造成不完整的效果，如在自然的山形下面建造建筑，若不考虑两者之间立面景观上的联系与分隔，往往显得很生硬。有时为了取得一定的艺术效果，可以强调分隔或强调联系。

分隔就是因功能或者艺术要求将整体划分成若干局部，联系却是因功能或艺术要求若干局部组成一个整体。联系与分隔是求得完美统一的整体风景园林布局的重要手段之一。

上述对比与调和、韵律与节奏、主从与重点、联系与分隔都是园林布局中统一与变化的手段，也是统一与变化在园林布局中各方面的表现。在这些手段中，调和、主从、联系常作为变化中求统一的手段，而对比、重点、分隔则更多地作为统一中求变化的手段。这些统一与变化的各种手段，在园林布局中，常同时存在，相互作用，必须综合地运用，而不是孤立地运用上述手段，才能取得统一而又变化的效果。

风景园林布局的统一还应具备这样一些条件，即要有风景园林布局各部分处理手法的一致性。如一个园子建筑材料处理上，有些山附近产石，把石砌成虎皮石，用在驳岸、挡土墙、踏步等各方面，但样子可以千变万化；园林各部分表现性格的一致性，如用植物材料表现性格的一致性，墓园在国外常用下垂的（如垂柳、垂枝桦、垂枝雪松等）、攀援的植物体现哀悼、肃穆的性格，我国的寺庙、纪念性园林常用松柏体现园子的性质，如长沙烈士陵园、雨花台烈士陵园的龙柏、天坛的桧柏、人民英雄纪念碑的油松；园林风格的一致性，如鉴于我国园林的民族风格，在园林布置时就应注意，中国古典园林中就不适宜建小洋楼，使用植物材料也不适宜种一些国外产的整形式树木。如果缺乏这些方面的一致性，仍达不到统一的效果。

（二）均衡与稳定

由于园林景物是由一定的体量和不同材料组成的实体，因而常常表现出不同的重量感，探讨均衡与稳定的原则，是为了获得园林布局的完整和安定感，这里所说的稳定，是指园林布局的整体上下轻重的关系而言。而均衡是指园林布局中的部分与部分的相对关系，例如左与右、前与后的轻重关系等。

1.均衡

自然界静止的物体要遵循力学原则，以平衡的状态存在，不平衡的物体或造景使人产生不稳定和运动的感觉。在园林布局中要求园林景物的体量关系符合人们在日常生活中形成的平衡安定的概念，所以除少数动势造景外（如悬崖、峭壁、倾斜古树等），一般艺术构图都力求均衡。均衡可分为对称均衡与非对称均衡。

（1）对称均衡

对称布局是有明确的轴线，在轴线左右完全对称（图

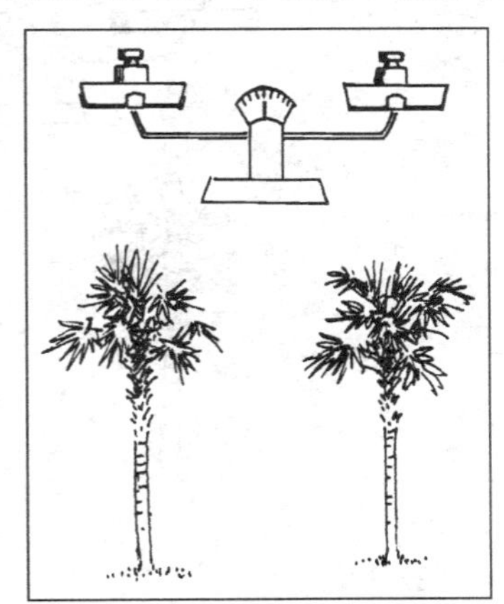

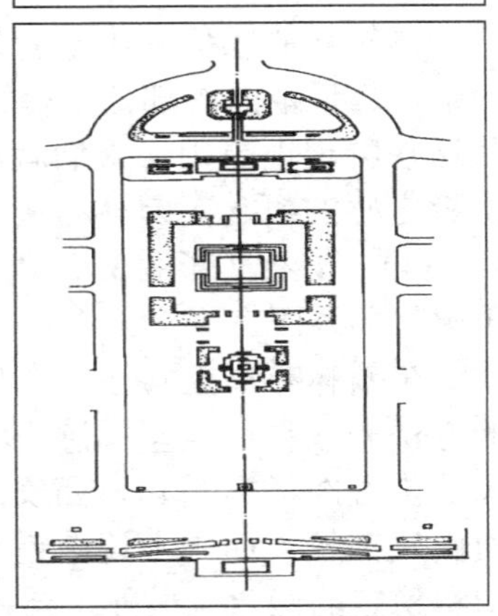

图4-3-31　对称均衡

图4-3-32　道路的对称布局

4-3-31)，对称的布局往往都是均衡的。对称均衡布置常给人庄重严整的感觉，规则式的园林绿地中采用较多，如纪念性园林、公共建筑的前庭绿化等，有时在某些园林局部也有所运用。

对称均衡小至行道树的两侧对称及花坛、雕塑、水池的对称布置，大至整个园林绿地建筑、道路的对称布局（图4-3-32)，但对称均衡布置时，景物常常过于呆板而不亲切，若没有对称功能和工程条件的，如硬凑对称，往往妨碍功能要求并增加投资，故应避免单纯追求所谓“宏伟气魄”的平立面图案的对称处理。

（2）非对称均衡

在园林绿地的布局中，由于受功能、组成部分、地形等各种复杂条件制约，往往很难也没有必要做到绝对对称形式，在这种情况下常采用非对称均衡的布局（图4-3-33)。

非对称均衡的布置要综合衡量园林绿地构成要素的虚实、色彩、质感、疏密、线条、体形、数量等给人产生的体量感觉，切忌单纯考虑平面的构图。非对称均衡的布置小至树丛、散置山石、自然水池，大至整个园林绿地、风景区的布局。它常给人以轻松、自由、活泼变化的感觉。所以广泛应用于一般游憩性的自然式园林绿地中。

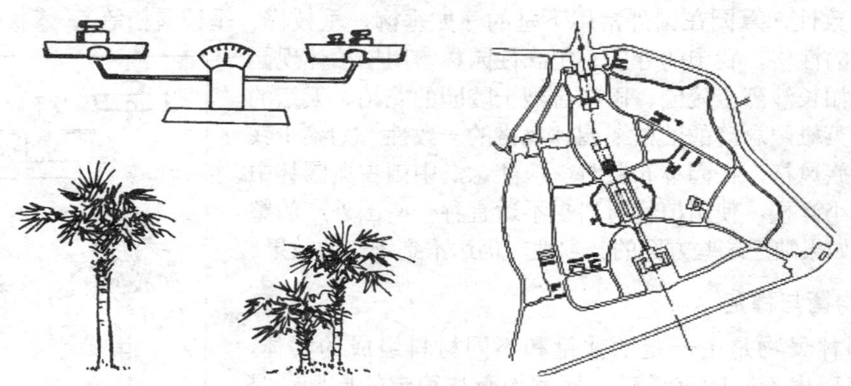
图4-3-33　非对称均衡

2.稳定

自然界的物体，由于受地心引力的作用，为了维持自身的稳定，靠近地面的部分往往大而重，而在上面的部分则小而轻。从这些物理现象中，人们就产生了重心靠下，底面积大可以获得稳定感的概念。园林布局中稳定的概念，是指园林建筑（图4-3-34)、山石（彩图35）和园林植物等上下、大小所呈现的轻重感的关系而言。

在园林布局上，往往在体量上采用下面大，向上逐渐缩小的方法来取得稳定坚固感，我国古典园林中的高层建筑如颐和园的佛香阁（彩图1)、西安的大雁塔等，都是通过建筑体量上面由底部较大而向上逐渐递减缩小，使重心尽可能低，以取得结实稳定的感觉。另外，园林建筑和山石处理上也常利用材料、质地所给人的不同的重量感来获得稳定感。如园林建筑的基部

图4-3-34　稳定的建筑

墙面多用粗石和深色的表面处理，而上层部分采用较光滑或色彩较浅的材料，在土山带石的土丘上，也往往把山石设置在山麓部分而给人以稳定感。

（三）比例与尺度

风景园林绿地是由园林植物、园林建筑、园林道路场地、园林水体、山、石等组成，它们间都有一定的比例与尺度关系。风景园林构图的比例与尺度都要以使用功能和自然景观为依据。

1. 比例

风景园林景观构图的比例包含两方面的意义，一方面是指园林景物、建筑物整体或者它们的某个局部构件本身的长、宽、高之间的大小关系，园林景物自身的比例关系会给人不同的感受（图4-3-35、表4-3-1）；另一方面是园林景物、建筑物整体与局部，局部与局部之间的空间形体、体量大小的关系（图4-3-36、图4-3-37）。

图4-3-35　园林建筑的比例与尺度

表4-3-1　景物本身宽与高的比例不同给人的感受也不同

景物宽高比	景物给人的感受
1 ∶ 1	具有端正感
1 ∶ 1.618（黄金比例）	具有稳健感
1 ∶ 1.414	具有豪华感
1 ∶ 1.732	具有轻快感
1 ∶ 2	具有俊俏感
1 ∶ 2.236	具有向上感

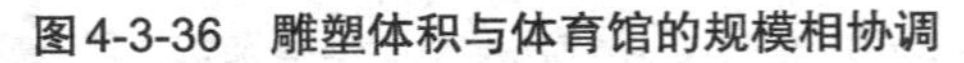

图4-3-36　雕塑体积与体育馆的规模相协调

图4-3-37　不足1.5m的小桥与小溪相称

凡是造型艺术都有一定比例关系，决定比例的因素很多，对风景园林布局来说，比例是受工程技术、材料、功能要求、艺术的传统和社会的思想意识以及某些具有一定比例的几何形状的影响。如园林建筑物的比例问题主要受建筑的工程技术和材料的制约，如由木材、石材、混凝土梁柱式结构的桥梁所形成的柱、栏杆比例就不同。建筑功能要求不同，表现在建筑外形的比例形式也不可能雷同。例如向群众开放的展览室和容人数量少的亭子要求室内空间大小、门窗大小都不同。

另外，某些抽象的几何形体本身，有时会形成良好的比例。具有肯定外形易于吸引人的注意力，如果处理得当，就可能产生良好的比例。所谓肯定的外形，就是形状的周边的“比率”和位置不能做任何改变，只能按比例地放大或缩小，不然就会丧失此种形状的特性。例如正方形、圆形、等边三角形等都具有肯定的外形，而长方形的周长，可以有种种不同的比例，而仍不失为长方形，所以长方形是一种不肯定的形状，但是经过人们长期的实践和观察，探索出若干种被认为完美的长方形，“黄金率长方形”就是其中一种。

2. *尺度*

风景园林景观构图的尺度是景物、建筑物整体和局部构件与人或人所习见的某些特定标准的大小关系。

图4-3-38　在大空间里赏景会有雄伟、壮观之感

尺度是按人的高低和使用活动要求来考虑的，道路、广场、草地等则根据功能及规划布局的景观确定其尺度。风景园林中的一切都是与人发生关系的，都是为人服务的，所以要以人为标准，要处处考虑到人的使用尺度，习惯尺度及与环境的关系。

与环境关系方面，如高大展览馆大门也应大，不符合这些尺寸比例的，使用起来就感到不便，看上去也不习惯，显得尺度不对。在大空间里赏景会有雄伟、壮观之感（图4-3-38），在习惯大小的空间里赏景会感到自然、舒适（图4-3-39），在小于习惯尺度空间里有亲切、趣味感（图4-3-40）。此外，绿化种植、园林布置与主体构筑物的比例、尺度也要协调，如高大的建筑物下种植高大的乔木使人感到比例协调。

图4-3-39　在习惯大小的空间里会感到自然、舒适

图4-3-40　在小于习惯尺度空间里有亲切、趣味感

在风景园林景观构图时，我们通常会采用单位尺度引进法、人的习惯尺度法、夸张尺度等方法来确定合适的尺度。

（1）单位尺度引进法

应用某种为人所熟悉的景物作为尺度标准，来确定群体景物的相互关系，从而得出合乎尺度规律的风景园林景观。如在苏州留园中，为了突出冠云峰的高度，在其旁边及后面布置了人们熟知的亭子和楼阁作为陪衬和对比，来显示其“冠云”之高（彩图35）。

（2）人的习惯尺度法

图4-3-41　人的习惯尺度

习惯尺度是以人体各部分尺寸及其活动习惯尺寸规律为准，来确定风景空间及各景物的具体尺度。如台阶的宽度不小于30cm（人脚长），高度为11～12cm为宜；栏杆、窗台高1m左右；又如人的肩宽决定路宽，一般园路能容2人并行，宽为1.2～1.5m较合适；亭子、花架、水榭、餐厅等尺度，就是依据人的习惯尺度法来确定的（图4-3-41）。

（3）夸张尺度

将景物放大或缩小，以达到造园意图或造景效果的需要（图4-3-42）。如北京颐和园佛香阁到智慧海的一段假山蹬道，台阶高差设计成30～40cm。这种夸大的尺度增加了登山的艰难感，运用人的错觉增加山和佛寺高耸庄严的感觉。教堂、纪念碑、凯旋门、皇宫大殿、大型溶洞等，往往应用夸大了的超人尺度，使人产生自身的渺小感和建筑物及景观的庄严、高大感。

图4-3-42　夸张尺度的景物

比例与尺度受多种因素和变化的影响，如苏州古典园林，是明清时期江南私家山水园，风景园林各部分造景都是效法自然山水，把自然山水经提炼后缩小在园林之中，建筑道路曲折有致，大小合适，主从分明，相辅相成，无论在全局上或局部上，它们相互之间以及与环境之间的比例尺度都是很相称的，就当时少数人起居游赏来说，其尺度也是合适的。但是现在随着旅游事业的发展，国内外旅客大量增加，游廊显得矮而窄，假山显得低而小，庭院不敷回旋，其尺度就不符合现代功能的需要。所以不同的功能，要求不同的空间尺度，另外不同的功能也要求不同的比例，如颐和园是皇家宫苑园林，为显示皇家宫苑的雄伟气魄，殿堂山水比例均比苏州私家古典园林为大。

（四）比拟与联想

艺术创作中常常运用比拟联想的手法，以表达一定的内容。风景园林艺术不能直接描写或者刻画生活中的人物与事件的具体形象，因此比拟联想手法的运用，就显得更为重要。人们对于风景园林形象的感受与体会，常常与一定事物的美好形象的联想有关，比拟联想到的东西，比园林本身深远、广阔、丰富得多，给风景园林增添了无数的情趣。

风景园林景观构图中运用比拟联想的方法，简述如下。

1.概括祖国名山大川的气质，模拟自然山水风景

在风景园林景观构图中，通过概括名山大川，创造“咫尺山林”的意境（彩图22），使人有“真山真水”的感受，联想到名山大川，天然胜地，若处理得当，使人面对着园林的小山小水产生“一峰则太华千寻，一勺则江湖万里”的联想，这是以人力巧夺天工的“弄假成真”。

我国园林在模拟自然山水手法上有独到之处，善于综合运用空间组织、比例尺度、色彩质感、视觉感受等，使一石有一峰的感觉，使散置的山石有平岗山峦的感觉，使池水有不尽之意，犹如国画“意到笔未到”，使人联想无穷。

2.运用植物的姿态、特性和我国传统，赋予植物拟人化的品格，给人以不同感染，产生比拟和联想

我国历史文明悠久，经过长期的文化传承和沉淀形成了具有独特韵味的古文化，在长期的发展过程中部分植物被赋予了特殊寓意，通过这种寓意来表达特定的文化内涵。部分植物的寓意如下：

松、柏——斗寒傲雪、坚毅挺拔，象征坚强不屈、万古长青的英雄气概；

竹——象征“虚心有节”、节高清雅的风尚；

梅——象征不屈不挠、不畏严寒、纯洁英勇坚贞的品质；

兰——象征居静而芳、高雅不俗的情操；

菊——象征贞烈多姿、不怕风霜的性格；

柳——象征强健灵活、适应环境的优点；

枫——象征不怕艰难困苦，晚秋更加红艳；

荷花——象征廉洁朴素、出污泥而不染；

桃——鲜艳明快，象征和平、理想、幸福

石榴——果实籽多，喻多子多福；

桂花——芳香高贵，象征胜利夺魁、留世百芳；

迎春——象征欣欣向荣、大地回春；

银杏——象征健康长寿、幸福吉祥；

海棠——因为“棠”与“堂”谐音，海棠花开，象征富贵满堂；

牡丹——富丽堂皇，国色天香，象征富贵吉祥、繁荣昌盛。

这些园林植物，如“松、竹、梅”有“岁寒三友”之称，“梅兰竹菊”有“四君子”之称，常是诗人画家吟诗作画的好题材，在风景园林绿地中适当运用，增加其丰富的文化内涵。在我国古代的园林中经常以植物的寓意来表现出主人的性格以及品德。充分利用植物的特殊寓意表现出高尚的文化内涵，对营建具有文化气息的园林植物景观，升华生活环境中的精神领域具有重要作用。

3.运用园林建筑、雕塑造型产生的比拟联想

园林建筑雕塑造型常与历史事件、人物故事、神话小说、动植物形象相联系，能使人产生艺术联想。如蘑菇亭、月洞门、水帘洞、天女散花等使人犹入神话世界，雕塑造型在我国现代风景园林中应该加以提倡，它在联想中的作用特别显著。

4.遗址访古产生的联想

我国历史悠久，古迹文物很多，存在许多民间传说、典故、神话及革命故事，遗址访古在旅行游览中具有很大吸引力，内容特别丰富，如北京圆明园将建成遗址公园，上海豫园的点春堂、杭州的岳坟、灵隐寺、苏州的虎丘、西安附近临潼的华清池等。

5.风景题名题咏对联匾额、摩崖石刻产生的比拟联想

好的题名题咏不仅对“景”起了画龙点睛的作用，而且含意深、韵味浓、意境高，能使

游人产生诗情画意的联想。如西湖的“平湖秋月”，每当无风的月夜，水平似境，秋月倒影潮中，令人联想起“万顷湖面长似镜，四时月好正宜秋”的诗句。

题咏也有运用比拟联想的，如陈毅元帅“游桂林”诗摘句“水作青罗带，出如碧玉簪。洞穴幽且深，处处呈奇观。桂林此三绝，足供一生看。春花娇且媚，夏洪波更宽。冬雪山如画，秋桂馨而丹”。短短几句把桂林“三绝”和“四季”景色特点描写得栩栩如生，把实境升华为意境，令人浮想联翩。题名、题咏、题诗确能丰富人们的联想，提高风景园林的艺术效果。

（五）空间组织

空间组织与园林绿地构图关系密切，空间有室内、室外之分，建筑设计多注意室内空间的组织，建筑群与风景园林绿地规划设计，则多注意室外空间的组织及室内外空间的渗透过渡。

园林绿地空间组织的目的首先是在满足使用功能的基础上，运用各种艺术构图的规律创造既突出主题，又富于变化的园林风景；其次是根据人的视觉特性创造良好的景物观赏条件，使一定的景物在一定的空间里获得良好的观赏效果，适当处理观赏点与景物的关系。

1.视景空间的基本类型

（1）开敞空间与开朗风景

人的视平线高于四周景物的空间是开敞空间，开敞空间中所见到的风景是开朗风景（图4-3-43）。开敞空间中，视线可延伸到无穷远处，视线平行向前，视觉不易疲劳。开朗风景，目光宏远，心胸开阔，壮宽豪放。古人诗：“登高壮观天地间，大江茫茫去不还”，正是开敞空间、开朗风景的写照。但开朗风景中如游人视点很低，与地面透视成角很小，则远景模糊不清，有时见到大片单调天空。如提高视点位置，透视成角加大，远景鉴别率也大大提高，视点愈高，视界愈宽阔，而有“欲穷千里目，更上一层楼”的需要（图4-3-44）。

图4-3-43　开朗风景

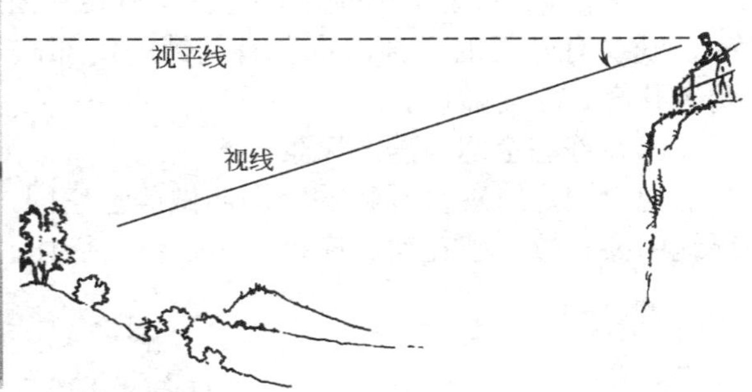

图4-3-44　开敞空间与开朗风景

（2）闭锁空间与闭锁风景

人的视线被四周屏障遮挡的空间是闭锁空间，闭锁空间中所见到的风景是闭锁风景（图4-3-45）。屏障物之顶部与游人视线所成角度愈大，则闭锁性愈强，成角愈小，则闭锁性也愈弱，这也与游人和景物的距离有关，距离愈小，闭锁性愈强，距离愈远，闭锁性愈弱（图4-3-46）。

闭合空间的大小与周围景物高度的比例关系决定它的闭合度，影响风景的艺术价值。一般闭合度在6°～13°之间，其艺术价值逐渐上升，当小于6°或大于13°时，其艺术价值逐渐下降。闭合空间的直径与周周景物高度的比例关系也能影响风景艺术效果，当空间直径

图4-3-45　闭锁空间与闭锁风景

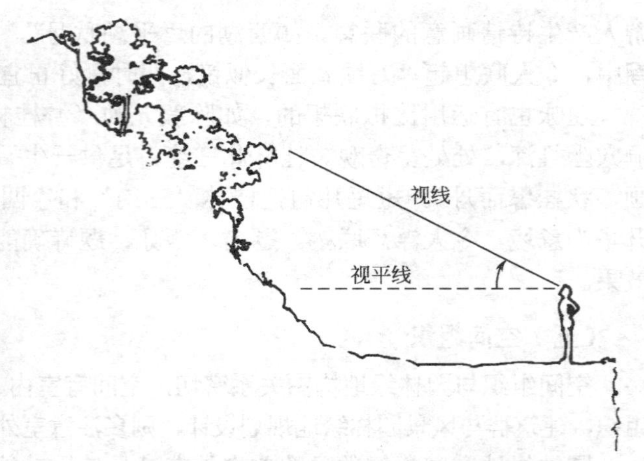

图4-3-46　景物与人的距离近而形成强迫视距

为景物高度的3～19倍时，风景的艺术价值逐渐升高，当空间直径与景物高度之比小于3或大于10时，风景的艺术价值逐渐下降。如果周围树高为20m，则空间直径为60～200m之间，如超过270m，则目力难于鉴别，这就需要增加层次或分隔空间。闭锁风景，近景感染力强，四面景物，可琳琅满目，但久赏易感闭塞，易觉疲劳。

（3）纵深空间与聚景

在狭长的空间中，如道路、河流、山谷两旁有建筑、密林、山丘等景物阻挡视线，这狭长的空间叫纵深空间，视线的注意力很自然地被引导到轴线的端点，这种风景叫聚景（图4-3-47）。开朗风景，缺乏近景的感染，而远景又因和视线的成角小，距离远，色彩和形象不鲜明。所以风景园林中，如果只有开朗景观，虽然给人以辽阔宏远的情感，但久看觉得单调，因此，要有些闭锁风景近览。但闭锁的四合空间，如果四面环抱的土山、树丛或建筑，与视线所成的仰角超过15°，景物距离又很近时，则有井底之蛙的闭塞感。

所以，风景园林中的空间组织，不要片面强调开朗，也不要片面强调闭锁。同一园林中，既要有开朗的局部，也要有闭锁的局部，开朗与闭锁综合应用，开中有合，合中有开，两者共存，相得益彰。

（4）静态空间与静态风景

视点固定时观赏景物的空间叫做静态空间，在静态空间中所观赏的风景叫静态风景。在绿地中要布置一些花架、座椅、平台供人们休息和观赏静态风景（图4-3-48）。

图4-3-47　纵深空间与聚景

图4-3-48　静态空间与静态风景

（5）动态空间与动态风景

游人在游览过程中，通过视点移动进行观景的空间叫做动态空间，在动态空间观赏到的连续风景画面叫做动态风景。在动态空间中游人走动，景物随之变化，即所谓“步移景异”。为了让动态景观有起点，有高潮，有结束，必须布置相应的距离和空间。

2.空间展示程序与导游线

风景视线是紧相联系的，要求有戏剧性的安排，音乐般的节奏，既有起景、高潮、结景空间，又有过渡空间，使空间主次分明，开、闭、聚、敞适当，大小尺度相宜。

3.空间的转折

空间的转折有急转与缓转之分，在规则式园林空间中常用急转，如在主轴线与副轴线的交点处。在自然式园林空间中常用缓转，缓转有过渡空间的作用，如在室内外空间之间设有空廊、花架之类的过渡空间。

两空间之分隔有虚分与实分。两空间干扰不大，须互通气息者可虚分，如用疏林、空廊、漏窗、水面等。两空间功能不同、动静不同、风格不同宜实分，可用密林、山阜、建筑、实墙来分隔。虚分是缓转，实分是急转。

第四节　景与造景

一、景与景的感受

（一）景的概述

我国园林中，常有“景”的提法，如燕京八景、西湖十景、关中八景、圆明园四十景、避暑山庄七十二景等。所谓“景”即风景、景致，是指在风景园林景观中，自然的或经人为创造加工的，并以自然美为特征的，那样一种供作游憩欣赏的空间环境。景的形成必须具备两个条件：一是其本身具有可赏的内容，二是它所在的位置要便于被人觉察。

这些环境，不论是天然存在的或人工创造的，多是由于人们按照此景的特征命名、题名、传播而使景色本身具有更深刻的表现力和强烈的感染力而闻名于天下。泰山日出、黄山云海、桂林山水、庐山仙人洞等是自然的景。江南古典园林，使一峰山有太华千寻，一勺水有江湖万里之意，以及北方的皇家园林都是人工创造的景。至于闻名世界的万里长城，蜿蜒行走在崇山峻岭之上，关山结合，气魄雄伟，兼有自然和人工景色。三者虽有区别，然而均以因借自然、效法自然、高于自然的自然美为特征，这是景的共同点。所谓“供作游憩欣赏的空间环境”，即是说“景”绝不是引起人们美感的画面，而是具有艺术构思而能入画的空间环境，这种空间环境能供人游憩欣赏，具有符合风景园林艺术构图规律的空间形象和色彩，也包括声、香、味及时间等环境因素。如西湖的“柳浪闻莺”，关中的“雁塔晨钟”，避暑山庄的“万壑松风”是有声之景；西湖的“断桥残雪”，燕京的“琼岛春荫”，避暑山庄的“梨花伴月”是有时之景。由此说明风景构成要素（即山、水、植物、建筑以及天气和人文特色等）的特点是景的主要来源。

（二）景的感受

景是通过人的眼、耳、鼻、舌、身这五个官能而接受的。没有身临其境是不能体会景的美的。从感官来说，大多数的景主要是看，即观赏，如花港观鱼、卢沟晓月；但也有许多景，必须通过耳听、鼻闻、品味等才能感受的，避暑山庄的“风泉清听”、“远近泉声”是听的。广州的兰圃，每当兰花盛开季节，馨香满园，董老赞曰“国香”。名闻中外的虎跑泉水龙井茶只有通过品茶才能真正地感受。景的感受往往不是单一的，而是随着景色不同，以一种以至几种感官感受，如鸟语花香、月色江声、太液秋风等均属此类景色意境。

景能引起感受，即触景生情，情景交融。如西湖的平湖秋月（图4-4-1），每当仲秋季节，天高云淡，空明如镜，水月交辉，水天宛然一体，濒临欣赏，犹如置身于琼楼玉宇的广寒宫中；再如广州烈士陵园的松柏（图4-4-2），给人以庄严肃穆的感受；北京颐和园的佛香阁建筑群（彩图1），给人以富丽堂皇的感受；位于哈尔滨市松花江之滨的斯大林公园，给人以开朗豁达的感受。

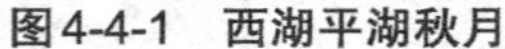

图4-4-1　西湖平湖秋月

图4-4-2　广东烈士陵园的松柏

同一景色也可能有不同的感受，这是因为景的感受是随着人的阶级、职业、年龄、性别、文化程度、社会经历、兴趣爱好和当时的情绪不同而有差异的，但只要我们把握其中的“共性”，就可驾驭见景生情的关键。

二、景的观赏

景可供游览观赏，但不同的游览观赏方法，会产生不同的景观效果，给人以不同的景的感受。

（一）静态观赏与动态观赏

景的观赏可分为动与静，即动态观赏与静态观赏。在实际游览中，往往是动静结合，动就是游、静就是息，游而无息使人筋疲力尽，息而不游又失去游览的意义。不同的观赏方法给人以不同的感受，游人在行走中赏景即人的视点与景物产生相对移位，称为动态观赏，动态观赏的景物称为动态风景。游人在一定的位置，向外观赏景物，视点与景物的位置不变，即为静态观赏，静态观赏的景物称为静态风景。

一般风景园林景观规划设计应从动与静两方面要求来考虑，风景园林绿地平面总图设计主要是为了满足动态观赏的要求，应该安排一定的风景路线，每一条风景路线应达到像电影片镜头剪辑一样，分镜头（分景）按一定的顺序布置风景点，以使人行其间产生步移景异之感，一景又一景，形成一个循序渐进的连续观赏过程。

分景设计是为了满足静态观赏的要求，视点与景物位置不变，如看一幅立体风景画，整个画面是一幅静态构图，所能欣赏的景致可以是主景、配景、近景、中景、侧景、全景、甚至远景，或它们的有机结合，设计应使天然景色、人工建筑、绿化植物有机地结合起来，整个构图布置应该像舞台布景一样，好的静态观赏点正是摄影和画家写生的地方。

静态观赏有时对一些情节特别感兴趣，要进行细部观赏，为了满足这种观赏要求，可以在分景中穿插配置一些能激发人们进行细致鉴赏，具有特殊风格的近景、特写景等，如某些特殊风格的植物、某些碑、亭、假山、窗景等。

（二）观赏点与景物的视距

人们赏景，无论动静观赏，总要有个立足点，游人所在位置称为观赏点或视点。观赏点与景物之间的距离，称为观赏视距。观赏视距适当与否对观赏的艺术效果关系甚大。

人的视力各有不同。正常人的视力，明视距离为25cm，4km以外的景物不易看到，在大于500m时，对景物存在模糊的形象，距离缩短到250～270m时，能看清景物的轮廓，如要看清树木、建筑细部线条则要缩短到几十米之内。在正视情况下，不转动头部，视域的垂直明视角为26°～30°（图4-4-3），水平视角为45°（图4-4-4），超过此范围就要转动头部，转动头部的观赏，对景物整体构图印象，就不够完整，而且容易感到疲劳。

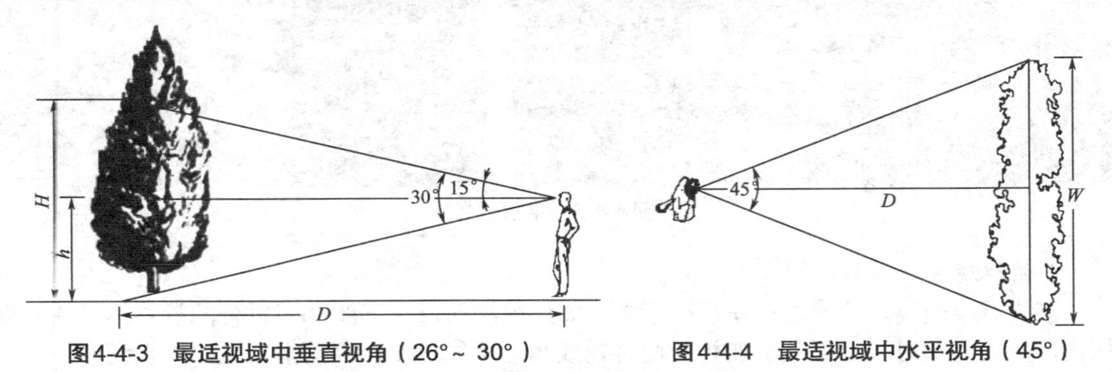

图4-4-3　最适视域中垂直视角（26°～30°）　　图4-4-4　最适视域中水平视角（45°）

粗略估计，大型景物，合适视距约为景物高度的3.3倍，小型景物约为3倍。合适视距约为景物宽度的1.2倍。

如果景物高度大于宽度时，则依垂直视距来考虑，如景物宽度大于高度时，依据宽度、高度进行综合考虑，一般平视静观的情况下，水平视角不超过45°，垂直视角不超过30°为原则（图4-4-5）。

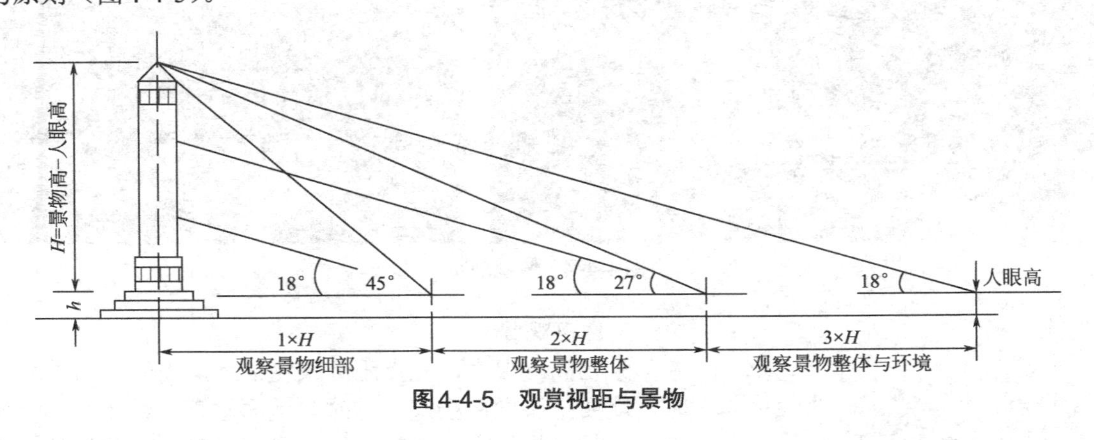

图4-4-5　观赏视距与景物

（三）俯视、仰视、平视的观赏

观景因视点高低不同，可分为平视、仰视、俯视。居高临下，景色全收，这是俯视。有些景区险峻难攀，只能在低处瞻望，有时观景后退无地只能抬头，这是仰视。在平坦草地或河湖之滨，进行观景，景物深远，多为平视。俯视、仰视、平视的观赏对游人的感受各不相同。

1. 平视观赏

平视是视线平行向前，游人头部不用上仰下俯，可以舒服的平望出去，使人有平静、安宁、深远的感觉，不易疲劳（图4-4-6）。平视风景由于与地面垂直的线条，在透视上均无消失感，故景物高度效果感染力小，而不与地面垂直的线条，均有消失感，表现出较大的差异因而对景物的远近深度有较强的感染力。平视风景应布置在视线可以延伸到较远的地方，如园林绿地中的安静地区，休息亭棚、休、疗养区的一侧等。西湖风景的恬静感觉与多为平视景观分不开。

图4-4-6　平视观赏

2. 俯视观赏

游人视点较高，景物展现在视点下方，如果视线向前，下部60°以外的景物不能映入视域内，鉴别不清时，必须低头俯视，此时视线与地平线相交，因而垂直地面的直线，产生向下消失感，故景物愈低就显得愈小。

所谓“一览众山小”，过去登泰山而小天下的说法，就是这种境界。俯视易造成开阔和惊险的风景效果（图4-4-7），如泰山山顶、华山峰顶、黄山清凉台都是这种风景。

图4-4-7　俯视观赏

图4-4-8　仰视观赏

3. 仰视观赏

景物高度很大，视点距离景物很近，当仰角超过13°时，就要把头微微扬起，这时与地面垂直的线条有向上消失感，故景物的高度感染力强，易形成高耸、险峻的景观效果及雄伟、庄严、紧张的气氛（图4-4-8）。在风景园林中，有时为了强调主景的崇高伟大，常把视距安排在主景高度的一倍以内，不让有后退余地，运用错觉，感到景象高大。古典园林叠假山，让人不从假山真高考虑，而将视点安排在近距离内，好像山峰高入蓝天白云之中。颐和园佛香阁（彩图1），人在从中轴攀登时出德辉殿后，抬头仰视，视角为62°，觉得佛香阁高入云端，就是这种手法。

平视、俯视、仰视的观赏，有时不能截然分开，如登高楼、峻岭，先自下而上，一步一步攀登，抬头观看的是一组一组仰视景物，登上最高处，向四周平望而俯视，然后一步一步向下，眼前又是一组一组俯视景观，故各种视觉的风景安排，应统一考虑，使四面八方高低上下都有很好的风景观赏，又要着重安排最佳观景点，让人停息体验。

三、造景手法

造景，即人为地在园林绿地中创造一种既符合一定使用功能又有一定意境的景区。人工造景要根据园林绿地的性质、功能、规模，因地制宜地运用园林绿地构图的基本规律去规划设计。

现就景在园林绿地中的地位、作用和欣赏要求，将造景的手法分述如下。

（一）主景与配景

景无论大小均有主景与配景之分，在园林绿地中能起到控制作用的景叫“主景”，它是整个园林绿地的核心、重点，往往呈现主要的使用功能或主题，是全园视线控制的焦点。风景园林的主景，按其所处空间的范围不同，一般包含有两个方面的涵义，一个是指整个园子的主景，一个是指园子中由于被园林要素分割的局部空间的主景。以颐和园为例，前者全园的主景是佛香阁排云殿一组建筑（彩图1），后者如谐趣园的主景是涵远堂。配景起衬托作用，可使主景突出，像绿叶“扶”红花一样，在同一空间范围内，许多位置、角度都可以欣赏主景，而处在主景之中，此空间范围内的一切配景，又成为观赏的主要对景，所以主景与配景是相得益彰的。如北海公园的白塔即为主景。

不同景区之间、不同景点之间、不同空间之间均应有主有次，重点突出。主景需给予突出才容易被人所发现和记忆。从视知觉理论来看，也就是视觉强化的过程，即使物象在一般基调之中有所突破，有所变化，从而构成视觉的聚集力，使之突出重点以统率全局。突出主景的方法有：

1.主体升高

主景主体升高，相对地使视点降低，看主景要仰视，一般可取得以简洁明朗的蓝天远山为背景，使主体的造型、轮廓鲜明地突出，而不受其他因素干扰的影响。如广州越秀公园的五羊雕塑（图4-4-9）、天坛祈年殿（彩图25）、杭州花港观鱼牡丹亭及奥地利宣布隆宫花园（图4-4-10）。

图4-4-9 广州越秀公园的五羊雕塑

图4-4-10 奥地利宣布隆宫花园

2.面阳朝向

指屋宇建筑的朝向，以南为好，因我国地处北半球，南向的屋宇条件优越，对其他风景园林景物来说也是重要的，山石、花木南向，有良好的光照和生长条件，各处景物显得光亮，富有生气，生动活泼。如天坛公园祈年殿（彩图25）、谐趣园中的建筑。

3.运用轴线和风景视线的焦点

主景前方两侧常常进行配置，以强调陪衬主景，对称体形成的对称轴称中轴线，主景总是布置在中轴线的终点，否则就会感到这条轴线没有终结。此外主景常布置在园林纵横轴线的相交点，或放射轴线的焦点或风景透视线的焦点上。如意大利台地园（图4-4-11）、法国凡尔赛宫阿波罗泉池（彩图9）。

图4-4-11　意大利台地园

4.动势向心

一般四面环抱的空间，如水面、广场、庭院等，周围次要的景色往往具有动势，趋向于一个视线的焦点，主景宜布置在这个焦点上，如意大利威尼斯的圣马可广场（图4-4-12）。此外，我国西湖周围的建筑布置都是向湖心的，因此，这些风景点的动势集中中心便是西湖中央的主景——孤山，便成了“众望所归”的构图中心。

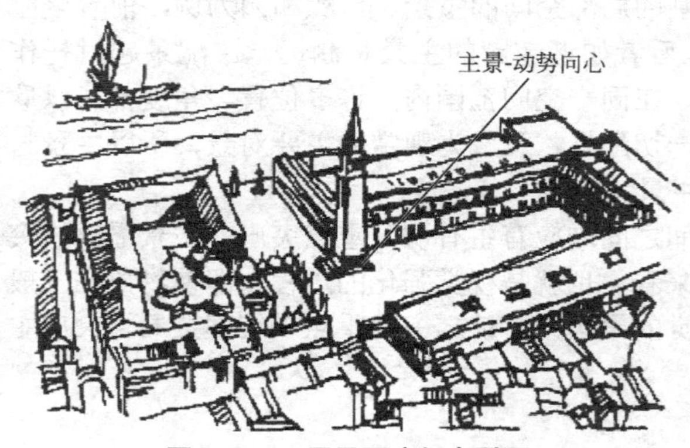

图4-4-12　圣马可广场鸟瞰图

由于力感作用，在视觉力场中会出现一个平衡中心，对控制全局及均衡稳定感起决定作用。把重要的内容布置在平衡中心的位置，容易突出重点。

5.空间构图的重心

主景布置在构图的重心处。规则式园林构图，主景常居于几何中心，如西方古典园林内的喷泉（图4-4-13、彩图9）。而自然式园林构图，主景常布置在自然重心上，如中国传统假山园，主峰切忌居中，就是主峰不设在构图的几何中心，而有所偏，但必须布置在自然空间的重心上，四周景物要与其配合。

6.渐变法

在园林景物的布局上，采取渐变的方法，从低到高，逐步升级，由次景到主景，级级引人入胜（图4-4-14）。

颐和园佛香阁建筑群（彩图1），游人到达排云门时，看到佛香阁的仰角为28°，上升九十台石级到达排云殿后看到佛香阁时的仰角为49°，石级再上升114台到德辉殿后，看佛香阁时的仰角为62°，游人与对象之间视觉关系步步紧张，佛香阁主体建筑的雄伟感随着视角的变化而步步上升。

把主景安置在渐层和级进的顶点，将主景步步引向高潮，是强调主景和提高主景艺术感染力的重要处理手法。此外，空间的一重更进一重，所谓“园中有园，湖中有湖”的层层引人入胜，也是渐进的手法。如杭州的三潭印月，为湖中有湖，岛中有岛；颐和园的谐趣园（彩图20）为园中有园等。

图4-4-13　西方古典园林内的喷泉主景

图4-4-14　渐变法突出主景

综上所述，主景是强调的对象，为了达到此目的，一般在体量、形状、色彩、质地及位置上都被突出，为了对比，一般都用以小衬大，以低衬高的手法突出主景。但有时主景也不一定体量都很大、很高，在特殊条件下低在高处，小在大处也能取胜，成为主景，如长白山天池就是低在高处的主景。

（二）近景、中景、全景与远景

景色就空间距离层次而言有近景、中景、全景与远景（图4-4-15)。近景是近视范围较小的单独风景；中景是目视所及范围的景致；全景是相当于一定区域范围的总景色；远景是辽阔空间伸向远处的景致，相当于一个较大范围的景色；远景可以作为风景园林开阔处瞭望的景色，也可以作为登高处鸟瞰全景的背景。山地远景的轮廓称轮廓景，晨昏和阴雨天的天际线起伏称为蒙景。合理的安排前景、中景与背景，可以加深景的画面，富有层次感，使人获得深远的感受。

前景、中景、远景不一定都具备，要视造景要求而定，如景观效果要开朗广阔、气势宏伟，前景就可不要，只要简洁背景烘托主题即可。

有的景观景深的绝对透视距离很大，由于缺乏层次，在感觉上平淡而缺乏深度感；反之，如果景区的绝对透视距离并不大，但若有层次结构，可引起空间深远感，加强风景的艺术魅力，如杭州“三潭印月”多层次景观（图4-4-16)。

并不是所有的景物都需要有层次处理，应视具体情况而定。如需要开朗景观，则层次宜少或无层次，如大草坪或交通绿岛的绿化设计。

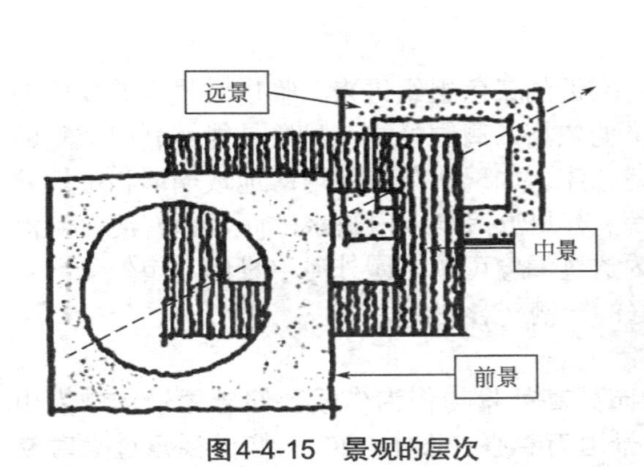

图4-4-15　景观的层次

图4-4-16　杭州三潭印月多层次景观

（三）借景

根据造景的需要，将园内视线所及的园外景色有意识地组织到园内来进行欣赏，成为园景的一部分，称借景，“借”也是“造”。借景是极为重要的造景手段。《园冶》卷二、六“借景”专题篇中，把借景之法分为远借、邻借、仰借、俯借和应时而借5种手法。“园林巧于因借，精在体宜”，“借者园虽别内外，得景则无拘远近，晴峦耸秀，绀宇凌空，极目所至，俗则屏之，嘉则收之，不分町疃，尽为烟景……”。说明借景除借园外景物，以丰富园内景观，增加层次和扩大空间感外，园内景物也可以相互因借。但究其实质，实为园内外和园内各空间景观的相互渗透或互为对景和相互烘托的关系。借景要达到“精”和“巧”的要求，使借来的景色同本园空间的气氛环境巧妙地结合起来，让园内园外相互呼应汇成一片。

借景能使可视空间扩大到目力所及的任何地方，在不耗费人工财力，不占园内用地的情况下，极大地丰富风景园林景观。借景可以表现在多个方面，按景的距离、时间、角度等，可分以下几种。

1.远借

就是借取园外远景，把园外远处的景物组织进来，所借景物可以是山、是水、是树木、建筑等。所借的园外远景通常要有一定高度，以保证不受园边墙、树、山石的遮挡。有时为了弥补这方面的不足，常在园内高处设置高台或建筑。远借虽然对观赏者和被观赏者所处的高度有一定要求，产生的仍是平视效果，和仰借、俯借有较大的差别。成功的例子很多，如苏州拙政园远借北寺塔（彩图26）；北京颐和园远借西山及玉泉山之塔（图4-4-17）；避暑山庄借僧帽山、磬锤峰（图4-4-18）；谐趣园远借寄畅园（彩图20）；苏州寒山寺登枫江楼可借狮子山、天平山及灵岩峰等。

图4-4-17　颐和园远借西山及玉泉山之塔

图4-4-18　避暑山庄远借僧帽山、磬锤峰

2.邻借（近借）

就是园林周围相邻的景物引入视线之中，把邻近的景色组织进来。临借对景物的高度要求不严格，低洼之地也可被借。周围环境是邻借的依据，周围景物，只要是能够利用成景的都可以利用，不论是亭、阁、山、水、花木、塔、庙。如现代茶室采用落地玻璃墙临借墙外景观（图4-4-19）；避暑山庄邻借周围的“八庙”；苏州沧浪亭园内缺水，而邻园有河，则沿河做假山、驳岸和复廊，不设封闭围墙，从园内透过漏窗可领略园外河中景色，园外隔河与漏窗也可望园内，园内园外融为一体，就是很好的一例（彩图3）。

3.仰借

利用仰视所借之景观，借居高之景物，以园外高处景物作为借景。仰借之景物常为山峰、瀑布、高阁、高塔之类。如北海可借附近景山万春亭（图4-4-20）。仰借视角过大时易产生疲劳感，附近应有休息设施。

图4-4-19　现代茶室邻借墙外景观

图4-4-20　北海远借万春亭

4.俯借

与仰借相反，由高向低利用俯视所借之景物。许多远借也是俯借，登高才能远望，欲穷千里目，更上一层楼。登高四望，四周景物尽收眼底，就是俯借。所借之景物甚多，如江湖原野，湖光倒影等。万春亭可借北海之内景物，六和塔可借钱塘江宽广曲折的水景，前举避暑山庄之借外八庙也是俯借。此外，现如今著名旅游景点借珍珠滩（图4-4-21）、黄龙五彩池（彩图27）景观亦是俯借。俯借给人的感受也很深刻，但常使人“趋边性”，应在边界处设置铁索、护栏、墙壁等保护措施。

图4-4-21　俯借珍珠滩

5.应时而借

利用一年四季、一日之时，由大自然的变化和景物的配合而成。如以一日来说，日出朝霞，晓星夜月，以一年四季来说，春光明媚，夏日原野，秋天丽日，冬日冰雪。就是植物也随季节转换，如春天的百花争艳，夏天的放荫覆盖，秋天的层林尽染，冬天的树木姿态。这些都是应时而借的意境素材，许多名景都是应时而借成名的如“琼岛春荫”、“曲院风荷”、“平湖秋月”、“南山积雪”、“卢沟晓月”等。

（1）借时

一天之内的晨昏明暗变化可以使人感受到自然的节律，如江苏扬州五亭桥（彩图28、彩图30）。颐和园由前山去谐趣园的路上有一关城，其东称“紫气东来”，其西为“赤城霞起”。传说老子骑牛过潼关时，宛如霞光普照。建筑朝向一旦不好就要用人文和自然景观加以弥补。夕佳楼是颐和园中的另一个例子，它位于“宜芸馆”西侧，黄昏阳光强烈，环境条件并不好（有人称之为“西晒楼”）。为此，在院中叠石时采用含有氧化铁成分的房山石，其新者橙红，旧者橙黄，从西侧楼上看，黄昏下的石峰在阳光的照射下，有“夕阳一抹金”的效果。院内种植国槐供鸟类栖息。楼西为水面，长满荷花。有对联曰：“隔夜晚莺藏谷口，唼花雏鸭聚塘坳”，分写楼两边假山谷口的安静和池塘荷旁的声响，达到了陶渊明原诗里：“山气日夕佳，飞鸟相与还”的意境要求。

避暑山庄西岭晨霞同样面西而立，却是赏朝阳射于西岭之上的景色而非晚霞辉映的效果。“锤峰落照”、“清晖亭”、“瞩朝霞”等都是朝东的建筑，可以欣赏到棒槌山、蛤蟆石、罗汉山的剪影效果。其中“锤峰落照”主要供东望夕阳余晕照射下光彩夺目的磬锤峰。由此可见，赏景面不应为建筑所左右，朝向可以东西向，甚至南北倒座，可以面东而赏夕阳，也可以面西而赏朝霞，宜视周围环境而定。香山有霞标石壁，苏州街旁有寅辉，均是“借时”之作。

（2）借天

天气的变化常引起人们浓厚的兴趣。国外很多现代园林内不设亭廊等遮蔽设施，认为受些风吹雨打反而更有意味。泰山斩云剑、避暑山庄的南山积雪，都是对天时变化的欣赏，较为稳定，易于安排的天气变化要数四季的更替了。东晋王威曾说：“望秋云，神飞扬，临春风，思浩荡”，陆机《文赋》里也写到“遵四时之叹世，瞻万物而纷思，悲落叶于劲秋，喜柔条于春芳”，都说明了借助天时的变化（图4-4-22），人们可以抒发自己的情怀。郭熙云：“春山淡冶而如笑，夏山苍翠而如滴，秋山明净而如妆，冬山惨淡而如睡”，赋予了四季不同的性格。

春景　夏景

秋景　冬景

图4-4-22　应时而借——借天

① 春景

扬州个园假山相传为石涛手笔，其《画语录》里曾描绘春景是：“每同沙草发，长共云水连。”嫩绿的幼草拱破土层，地上其他植物还未生叶，视平线可达于很远的地方。零星的几簇新绿可帮助我们活跃麻木久已的神经。古人的踏青，今天的春游，都是欣赏万物复苏的活动。春天的特点在一个“长”字上，个园前部修竹千竿配以石笋。石笋挺拔峭立，仿佛竹笋刚于春雨之后破土而出，和竹林配合在一起显示出旺盛的生机。再过一道院墙来到位于主体建筑南面，这是春景的另一个部分，这里左有竹林，右有常青的桂花，给人以四季皆春的感觉，是全园植物最茂密的地方。山石配植上以线条变化更为丰富的湖石仿照动物形象组合成“十二生肖”的景观，象征天气变暖，万物开始活动了，在意境上和春景区发生了联系，在形象上为夏景区湖石的运用先埋下了伏笔，否则会因石笋和太湖石的不协调破坏和谐的气氛。春景的形象要鲜明集中，以前介绍过的桃花沟、知春亭，都是靠纯林成片栽植产生了动人的气势。

② 夏景

石涛《画语录》写夏景是：“树下地常荫，水边风最凉”（图4-4-21），反映出植物生长茂密，和水、风一起可以带来凉爽感。个园以灰色的湖石叠起玲珑剔透的夏山，广玉兰撑开浓荫，曲桥贴水直通幽暗的山下石洞，整个局部避免强烈的色彩和细碎的安置，创造出涧谷深邃、高林苍翠的清凉世界，使人一身清爽，神清志畅。古柯亭和古木交柯都是以荫木为主景的院落。风也是夏景常用的题材之一。杭州的曲院风荷是因附近原有一酿酒厂常在水边冲洗酒糟，酒糟本身具有香气，又是很好的肥料，能使荷花长得更茂盛。而荷花能散发出另一种香味，使贴水而来的风中夹杂着不同的香气，令游人陶醉于其中而得名（因此，曲院风荷的“曲”原为酒曲的“曲”，后据说康熙题字时写成了现在的“曲”，故现曲院风荷中有了曲折的院落——曲院景区）。园林里有的景点名为“听香”，实则为使人感到鸟语花香之外的清凉感。

夏景的另一个重要组成方面是水生植物，主要是荷花。宋朝理学家周敦颐在《爱莲说》中赞誉道：“出淤泥而不染，濯清涟而不妖，中通外直，不蔓不枝，香远益清，亭亭静植”，并在濂溪设堂讲学。圆明园的“濂溪乐处”仿其意境，题诗曰：“香风湖面来，炎夏方秋冷。时披濂溪书，乐处惟自省。”水中设“香雪廊”，可知附近种有素雅的白莲。人们将花分为四等，荷花以“清香”而位列最上。花香不在多，远处偶尔随风飘来的淡淡香气才更使人感到清爽有加。

拙政园主体建筑远香堂同旁边的倚玉轩，对面的荷风四面亭和雪香云蔚亭一起形成了以赏荷为主题的水面空间。现有人因倚玉轩旁种竹而认为“玉”是竹的代称，实则取：“红衣新浴碧玉轻敲”（雨水打在荷花叶面上）的含义。“玉”指荷叶，这里借“红花尚要绿叶扶”隐喻倚玉轩是远香堂不可缺少的扶持和陪衬，暗示其重要性，由倚玉轩的另一名称“听香深处”也可看出这一点。香雪云蔚亭的“香雪”两字有人以“香雪海”的典故认定它与梅花有关，现在有的学者开始认为它和“香雪廊”有着相同的寓意——都是观赏白莲的地方，因为亭旁对联“蝉噪林愈静，鸟鸣山更幽”告诉人们亭是供人欣赏夏景的场所。这几幢建筑形成了一个集中的趣味中心，是最受游人欢迎的地方之一。

园林中以“冷香”为名的建筑很多，一般都指栽种白莲花，其效果与“接天莲叶无穷碧，映日荷花别样红”的景象决不可同日而语。很多植物在采用时要慎重选择品种，否则会达不到应有的气氛。避暑山庄的“香远益清”和“苹香沜”都位于湖洲区东北角的热河泉处，这里因有温泉，花可开到很晚的秋季，仿佛能延长生机郁勃的夏天。此时就可用一些红荷来渲染气氛。

③ 秋景

秋季给人的感受应是：“寒城一以眺，平楚正苍然。”当人们登高远望之际，只见“无边落木萧萧下”，大地苍茫一片，最为令人感慨。红叶、高山、中秋月常常成为主要欣赏对象。个园秋山为全园的高潮所在，以三座黄石假山产生了雄浑高峻的感觉。中峰最高，峰上设置三座不同高程的山洞，顶部有山势未了之感，使人感到层次丰富，突出了山体体量。如由山口上行到下方的山洞，其距离仅15m（高约7m多），就布置了山谷、峭壁、小岗、蹬道、悬崖、山涧、深潭、天桥等多种山道形式，如同真山再现。下洞中有飞梁石屋，内有石门、石窗、石几、石床，干燥通风，清爽怡人。中洞四面凌空，有“仙人洞”之称，室内极为雅致，再往上有飞阁凉亭并建有二层平台以利远眺。视距在山内控制得比较好，在天桥上看主峰仰角即为65°，在飞梁上角度又增大到74°，在洞道内视角更达82°，令人感受到山的高险。

另外，还利用阳光被突出的山石所挡而形成的阴影做成“旱瀑”供人在山南观赏，这在当时是很有新意的。在山顶俯视四周，可见夏山如同脚下灰白色的云朵，秋山本身又呈现出特有的金黄色调使人感到秋意满怀。秋景在园林中很受到重视，秋霞圃、沁秋亭、写秋轩、秋爽斋、闻木樨香轩、平湖秋月、月到风来亭等仅是其中极小的一部分。满坡的桂花使人感到清心舒怀，残叶飘零可令文人骚客悲秋叹世。在类似“眺远斋”的皇家园林建筑里，统治者是以“关心民情”为借口尽情饱览壮丽的河山美景，赏秋的动机和观感因人的境域不同可以有很大的差别。

④ 冬景

个园冬山浑圆洁白的宣石被置于南墙阴影之下，仿佛皑皑白雪经冬不消，庭园在主风向上留出空隙引风入院并在墙上设四排共24个风孔，如同口琴音孔一样，使风经过时产生的声响富于变化。用白矾石在地面上铺成冰裂纹，更似乎来到冬天一样。庭中种植蜡梅以仿“踏雪寻梅”之意。和春山相隔的墙上开透窗连接两边景物，好像预示着冬尽春还。

拙政园十八曼陀罗馆位于三十六鸳鸯馆之南。为防寒风，四角出抱厦作为缓冲。冬天时人们主要在这里活动。在沿墙很窄的地带上种植了18棵山茶（曼陀罗）花，现存12棵。春季流光溢彩，和个园冬山有异曲同工之妙。靠近房屋处种白皮松，冬天剥落的树干白色和绿色并存，如同白雪积于树上。苏州同里退思园有供家人在年未团聚的“岁寒居”，其他如“冷韵斋”、“焙茶坞”也都是供冬季使用的景点。松、梅等植物题材也常在冬景中成为重点。骑跛驴“踏雪寻梅”古来便被认为是极富雅趣的事情。

四季里春生、夏荣、秋收、冬枯的变化拓展了园景的欣赏范围，提高了人们审美情趣。

6.借影

杭州花圃“美人照镜”石正面效果并不突出，但在水的倒影里可将靠里边的形态较美的部分反射出来。狮子林有“暗香疏影楼”取意于宋朝林逋的诗句：“疏影横斜水清浅，暗香浮动月黄昏”，将诗的意境表达在园林里。拙政园东部的“倒影楼”、避暑山庄的“镜水云岑”等都是借影的例子。此外，还有许多通过借影创造丰富优美的景观效果范例，如西藏拉萨的布达拉宫（彩图8）、苏州古典建筑群（彩图31）及北京颐和园的十七孔桥（彩图2）等的借影。

7.借声

拙政园燕园有“留听阁”（图4-4-23），取自晚唐李义山“留得残荷听雨声”之句。避暑

图4-4-23 拙政园留听阁

图4-4-24 寄畅园八音涧

山庄内的风泉清听、莺啭乔木、远近泉声、五整松风、暖流喧波、听瀑亭、月色江声等都是以听觉为主的景点，做到了“绘声绘色”。再如寄畅园的“八音涧”（图4-4-24），涧中石路迂回，上有茂林，下流清泉。其落水之声好似用“金、石、丝、竹、匏、土、革、木”等八种材料制成的乐器，合奏出“高山流水”的天然乐章。

8.借香

草木的气息可使空气清新宜人，颐和园澄爽斋即取其意，堂前对联写着“芝砌春光兰池夏气，菊含秋霞桂映冬荣”，道出了春兰夏荷秋菊冬桂带来的满院芬芳。恭王府花园本不大，以香为景题的就有“樵香径”、“雨香岑”“妙香亭”、“吟香醉月”、“香抱恒春”等几处，成为园林中烘托山林气氛的重要手段。

9.借虚

借景可借实景也可借虚景。如前记述的舫便是寄托人们理想的景观之一。颐和园的清晏舫取名出自郑锡的“河清海晏，时和岁丰”（彩图32），显示出帝王巡游于太平盛世的升平景象。与“人生在世不称意，明朝散发弄扁舟”为指导的江南旱船建筑有很大的区别。瘦西湖、狮子林、南京照园、怡园、寄啸山庄、上海秋霞浦、古满园等都设有这种“不系舟”。拙政园的香洲内又题有“野舫”，仿佛要在不沉之舟中感受到“少风波处便为家”的清逸节奏。现已不存的避暑山庄“云帆月舫”设于岸上，依“月来满地水，云起一天山”而将如水的月作为“驾轻云，浮明月”的凭借条件。

广东清晖园、余荫山房也建有船厅。以清晖园为例，楼也在湖岸较远处，以蕉叶形式的挂落模拟“蕉林夜泊”（图4-4-25）的意境，水边一株大垂柳上紫藤缠绕，象征船缆。楼以边廊和湖岸相接，宛如跳板，整个景点全靠意境连缀而成，浑然一体。

图4-4-25　清晖园船厅“蕉林夜泊”

10.借古田

“江山也要文人捧，堤柳而今尚姓苏”。我国风景园林历来是集自然景观和人文景观于一身的，两者可谓缺一不可。苏州虎丘为吴王墓地，传说曾有宝剑埋于此地，人们纷纷前来寻找，剑未找到却掘出一个大坑，称为剑池（图4-4-26）。池旁一石，上有裂缝，便被称为试剑石，风景就是这样一步步由浅而深，由简及丰发展来的。杭州灵隐寺（图4-4-27）的形态和周围有较大差异，并有泉水。为借以扬名，便有人传言山是由西天飞来，山上石洞尚有灵猿，游人遂众。苏东坡游后曾题诗曰：“春凉如整雷”，人们便建春凉亭、整雷亭于香道旁边，加强了对香客的吸引力。冷泉亭有联王维诗“泉声咽危石，日色冷青松”，描写优美的自然景色。春凉亭联为“山水多奇踪，二涧春水一灵莺；天地无凋换，百顷西湖十里源”。貌似介绍这里水是百顷西湖之源，山是万里天堂之峰，实则暗示游人，佛法可使飞来峰落于此地，自然是万般灵验了，而灵隐乃是东土佛学之源，这一点和天地一样永远不会改变，使人感到妙趣横生。

我国古典园林有着优良的传统，随着时代的发展需要补充新的内容，原有的部分内容将可能受到冷落，有人说邻借在空间开放的现代社会中将不复存在。今天风景园林的开放性和公共性要求新的形式与其适应，快速交通工具如汽车、火车上的观赏者将以中景、远景为主。大多数绿地要满足人看人的需要，要成为人们相互交往的场所，尤其是街心公园、居住区绿地，常常需要更高、更新的设计手法而不能仅仅满足于对传统的模仿，否则任何一位非专业人员也能“照葫画瓢”，产生出徒具形式而无实际内容的风景园林。有的风景园林设计师在形成自己一套固定模式之后，经常不分场合地随处套用，对于一些功能性的设计，其固有的合理性自然不应放弃，对于创意性设计，则应尽可能使之“景色如新”，甚至当没有绞尽脑汁进行思考之前，设计师根本难以设想到最后“成品”的哪怕是细枝末节，这种不可预见性正是风景园林空间丰富多彩、变幻莫测的魅力所在。

图4-4-26　虎丘剑池图

图4-4-27　杭州灵隐寺

（四）对景与分景

为了创造不同的景观，满足游人对各种不同景物的欣赏，园林绿地进行空间组织时，对景与分景是两种常见的手法。

1. 对景

图4-4-28　对景

位于园林绿地轴线及风景视线端点设置的景物叫对景。对景常置于游览线的前方，给人的感受直接、鲜明。为了观赏对景，要选择最精彩的位置，设置供游人休息逗留的场所，作为观赏点，如安排亭铺、草地等与景相对（图4-4-28）。在城市的中轴线上对全局起统帅作用的高大主景，如景山万春亭、各古老城市里的钟鼓楼都是采用正对手法使之成为独一无二的观赏重点。景可以正对，也可以互对，正对是为了达到雄伟、庄严、气魄宏大的效果，在轴线的端点设景点，互对是在园林绿地轴线或风景视线两端点设景点，互成对景。规则园林里也不时对此手法加以运用，但更为普遍的是互对——在风景视线的两端设景，它可以使景象增多，同时也可避免单一建筑体量过大。互对景也不一定有非常严格的轴线，可以正对，也可以有所偏离。互对的角度要求也不像正对那样严格，对景之间常保持一定的差异而不求对等以突出自身的特点。江南园林里主体建筑与山池之间，北海的琼岛和团城之间都是互对的实际应用。

2. 分景

我国风景园林含蓄有致，意味深长，忌“一览无余”，要能引人入胜。所谓“景愈藏，意境愈大。景愈露，意境愈小”。分景常用于把园林划分为若干空间，使之园中有园，景中有景，湖中有岛，岛中有湖。园景虚虚实实，景色丰富多彩，空间变化多样。

分景按其划分空间的作用和艺术效果，可分为障景和隔景。

（1）障景（抑景）

在园林绿地中，凡是抑制视线，引导空间屏障景物的手法叫障景。障景可以运用各种不同的题材来完成，可以用土山作山障（图4-4-29），用植物题材的树丛叫树障（图4-4-30），用建筑题材做成转折的廊院，叫做曲障等，也可以综合运用。障景一般是在较短距离之间才被发现，因而视线受到抑制，有“山重水复疑无路”的感觉，于是改变空间引导方向，而逐渐展开园景，达到“柳暗花明又一村”的境界。即所谓“欲扬先抑，欲露先藏，先藏后露，才能豁然开朗”。

图4-4-29　山障

图4-4-30　植障（树障）

障景的手法是我国造园的特色之一，以著名宅园为例，进了园门穿过曲廊小院或宛转于丛林之间或穿过曲折的山洞来到大体瞭望园景的地点，此地往往是一面或几面敞开的厅轩亭之类建筑，便于停息，但只能略窥全园或园中主景，这里把园中美景的一部分只让你隐约可见，但又可望而不可即，使游人产生欲穷其妙的向往和悬念，达到了引人入胜的效果。

障景在中国古典园林里应用得十分频繁。苏州拙政园腰门的设计就很有变化。当人们经过转折进入到门厅内时，一座假山挡住去路，这时有五条路线可供选择：门厅西侧接廊，分题“左通”、“右达”（现东边封死，但由题刻可知原来也有廊子）；沿廊西去可到小沧浪，这里水曲岸狭，小飞虹、香洲、听香深处、荷风四面、见山楼等建筑在狭长的视野里层层分布，和远香堂对面空阔的自然山池形成强烈对比；如不想西行过远，可由山西面过桥前往，远香堂和听香堂深处之间的狭小空间让人在到达远香堂前对中部空间的宽广毫无预料，东部一条小路顺坡而下，这里不像西坡，山、水、建筑密集，只有和地形结合得很好的一道云墙，显得空旷，是前面庭园小空间之后的一处较为开敞的景区（但与中部相比面积上仍有数倍的差距）；中间两条路一条潜入山洞，在洞里成“S”形转折，更加强了直与曲、明与暗的对比；一条沿山而上，山不高而陡，峭壁临水，又是另一种感受。五条道路五种感受，都与前后空间保持了联系，收到了“日涉成趣”之效。

1949年后，中部景区的入口改在东侧，一进门山池空间便全部显露出来，远香堂和雪香云蔚亭反成侧景。而且东园空旷平坦，进入这里时人们不但不以为大，反有拥塞之感，应尽早改为以腰门为主要入口，才能使这座著名的文物型园林给人留下应有的印象。

障景的高度要高过人的视线，影壁是传统建筑里常用的材料。山、树丛因能构成不对称构图，也常在园林里得到应用。

障景还能隐蔽不美观或不可取的部分，可障远也可障近，而障本身又可自成一景。

（2）隔景

凡将园林绿地分隔为不同空间，不同景区的手法称为隔景（彩图33）。为使景区、景点都有特色，避免各景区的相互干扰，增加园景构图变化，隔断部分视线及游览路线，使空间

“小中见大”。隔景的手法如常用绵延的土岗把两个不同意境的景区划分开来，或同时结合运用一水之隔。划分景区的岗阜不用高，2 ～ 3m挡住视线即可。隔景的方法与题材也很多，如树丛、植篱、粉墙、漏墙、复廊等。运用题材不一，目的都是隔景分区，但效果和作用，依主题而定，或虚或实，或半虚半实，或虚中有实，实中有虚。简单说来，一水之隔是虚，虽不可越，但可望及；一墙之隔是实，不可越也不可见；疏林是半虚半实；而漏隔是虚中有实，似见而不能越过。

运用隔景手法划分景区时，不但把不同意境的景物分隔开来，同时也使景物有了一个范围，一方面可以使注意力集中在所范围的景区内，一方面也使从这个景区到那个不同主题的景区不相干扰，感到各自别有洞天，自成一个单元，而不致像没有分隔时那样，有骤然转变和不协调的感觉。

我国风景园林在这方面有很多成功的例子。山和石墙、一般性建筑可以隔断视线，称为实隔；空廊花架、乔木地被、水面漏窗虽造成不同空间的边界感却仍可保持联系，是为虚隔；堤岛、桥梁、林带等常可造成景物若隐若现的效果，称作虚实隔。国外很多古典园林中各个部分只是为某个视点提供画面，自身的个性受到了伤害。西方现代风景园林充分注意到了这一点，对于外部空间的设计和用植物材料进行空间划分的手段进行了广泛研究。相比之下我国风景园林界沿袭多于创新，而古典园林中以实隔为主，即使虚隔也多用廊、窗等建筑素材，使得建筑气氛浓烈（虽然在水面分隔上古典手法仍可发挥较好作用，但解决游人活动需求的关键还在陆地）。因此，并未创作出足够的真正意义上的新型风景园林。所以，这方面的设计水平有待提高。

（五）框景、夹景、漏景、添景

园林绿地景观构图，立体画面的前景处理手法可分为框景、夹景、漏景和添景等。

1.框景

它将景物直接呈现于游人面前，对于更好地选取景面有很大的帮助。空间景物不尽可观，或则平淡间有可取之景。利用门框、窗框（图4-4-31）、树框（图4-4-32）、山洞等，有选择地摄取空间的优美景色，而把不要的隔绝遮住，使主体集中，鲜明单纯，恰似一幅嵌于镜框中的立体美丽画面来安排。这种利用框架所摄取景物的组景手法叫框景。

图4-4-31 窗框框景

图4-4-32 树木框景

框景的作用在于把园林绿地的自然美、绘画美与建筑美高度统一于景框之中，因为有简洁的景框为前景，约束了人们游览时分散的注意力，使视线高度集中于画面的主景上，是一种有意安排强制性观赏的有效办法，处理成在不经意中得佳景，给人以强烈的艺术感染力，如扬州瘦西湖吹台亭的三星拱照利用月亮门作景框。

框景务必设计好入框之对景，观赏点与景框应保持适当距离，视中线最好落在景框中心。

其中框景的形式有：① 入口框景（图4-4-33）；② 端头框景（图4-4-34）；③ 流动框景（图4-4-35）；④ 镜游框景（图4-4-36）。

图4-4-33　入口框景

图4-4-34　端头框景

图4-4-35　流动框景

图4-4-36　镜游框景

2. 夹景

远景在水平方向视界很宽，但其中又并非都很动人，因此，为了突出理想的景色，常将左右两侧以雹丛、树干、土山或建筑等加以屏障，于是形成左右遮挡的狭长空间，这种手法叫夹景（图4-4-37、图4-4-38）。夹景是用来遮蔽两旁留出的透景线，借以突出轴线顶端主景的景物，是运用轴线、透视线突出对景的手法之一，夹景可以造成景物的深远感，它可由山、石、建筑和植物构成，本身的变化不要使人感到过于突出。夹景是一种引导游人注意的有效方法，沿街道的对景，利用密集的行道树来突出，就是这种方法。

3. 漏景

漏景（彩图34、图4-4-39）是从框景发展而来的。如果为使框入的景色含蓄、富于变化，而借助于窗花（图4-4-40）、树枝（图4-4-41）产生似隔非隔、若隐若现的效果，就称为漏景。框景景色全观，漏景若隐若现，有“犹抱琵琶半遮面”的感觉，含蓄雅致。漏景不限于漏窗看景，还有漏花墙，漏屏风等。除建筑装修构件外，利用疏林树干也是营造漏景的好方式（图4-4-42），植物宜高大，枝叶不过分郁闭，树干宜在背阴处，排列宜与远景并行。

图4-4-37　夹景1

图4-4-38　夹景2

图4-4-39　漏景

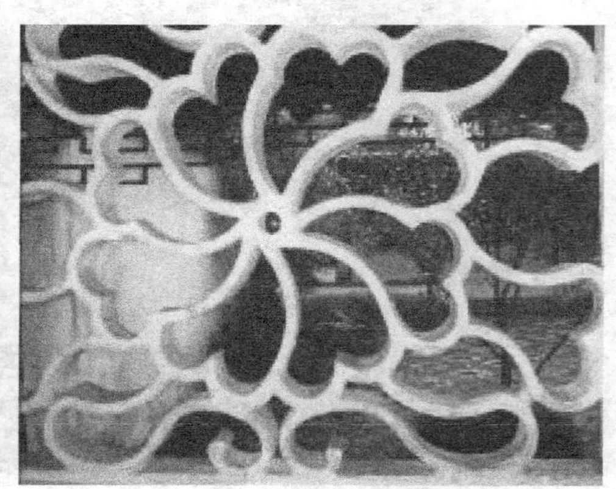

图4-4-40　窗花漏景

图4-4-41　树枝漏景

图4-4-42　树干漏景

如北京颐和园玉澜堂南端昆明湖边的一丛桧柏林，错落有致，从疏朗的树干间透漏过来的万寿山远景，显得格外注目。

4.添景

当风景点与远方之间没有其他中景、近景过渡时，为求主景或对景有丰富的层次感，加强远景“景深”的感染力，常做添景处理，如留园冠云峰（彩图35）。位于主景前面景色平淡的地方用以丰富层次的景物便是添景。建筑、植物均是构成添景理想的材料。添景可用建筑的一角或建筑小品，树木花卉。用树木作添景时，树木体型宜高大，姿态宜优美。如在湖边看远景常有几丝垂柳枝条作为近景的装饰就很生动。添景在宾馆饭店等场所更应受到重视。

（六）点景

我国风景园林善于抓住每一景观特点，根据它的性质、用途，结合空间环境的景象和历史，高度概括，常做出形象化、诗意浓、意境深的园林题咏，其形式多样，有匾额、对联、石碑、石刻等。题咏的对象更是丰富多彩，无论景象、亭台楼阁、一门一桥，一山一水。甚至名木古树都可以给以题名、题咏。如颐和园万寿山、爱晚亭（图4-4-43）、鱼沼秋蓉（图4-4-44）、杭州西湖曲院风荷（图4-4-45）、海南三亚南天一柱（图4-4-46）、天涯海角、泰山颂、将军树、迎客松、兰亭、花港观鱼、正大光明、纵览云飞、碑林等。它不但丰富了景的欣赏内容，增加了诗情画意，点出了景的主题，给人以艺术联想，还有宣传装饰和导游的作用。各种园林题咏的内容和形式是造景不可分割的组成部分，我们把创作设计园林题咏称为点景手法，它是诗词、书法、雕刻、建筑艺术等的高度综合。

图4-4-43　爱晚亭

图4-4-44　鱼沼秋蓉

图4-4-45　杭州西湖曲院风荷

图4-4-46　海南三亚南天一柱

第五章

风景园林构成要素

风景园林绿地的种类繁多，大至风景名胜区，小到庭院绿化。不同类型的风景园林绿地其功能与特点虽各不相同，但都是由地形地貌、水体水系、园林建筑、园林植物四大基本要素所构成。每种要素都有其独特的作用与功能，它们彼此相辅相成，共同构成丰富多彩的风景园林景观。因此，在风景园林规划设计中要根据造景手法与景观构图原理与规律，合理运用风景园林四大基本要素，营造出环境优美、供人休憩、游览和文化生活、体育活动的空间境域。

第一节　地形地貌

一、地形地貌及其作用

（一）地形地貌的概念

在测量学中，对地表面呈现着的各种起伏状态叫地貌，如山地、丘陵、高原、平原、盆地等；在地面上分布的所有固定物体叫地物，如江河、森林、道路、居民点等。地貌和地物统称为地形。而在园林绿地设计中所谓的“地形”，实际指测量学中地形的一部分——地貌，我们按照习惯称为地形地貌，既包括山地、丘陵、平原，也包括河流、湖泊。简单地说，地形就是地球表面的形状。

地形是其它要素（包括水体）的承载体，就像剧场里的舞台，电影的屏幕一样，所不同的是在很多场合下，它可以成为主角。如山岳、石林、溶洞、沙漠等，它们是和青山绿水截然不同的景色。土地的使用如果不够恰当，将造成最大且最难挽回的损失。当田野、绿带被改为建筑、道路和广场时，它们将难以恢复原有的形状，而一旦地形选择适当，建筑的重建、植物的更新相对而言则容易得多。颐和园虽被英法联军烧毁，重建时国力空虚，慈禧等人的艺术品位又远不及乾隆，却仍然能够取得良好的效果，这正是由于全园的布局很大程度上已为地形限定，亭池林木，各有所置，保证了总体效果的成功。

今天的景观设计日益复杂，形式也更多样，设计者在设计时也不能仅从景观上考虑。例如美国沃辛顿河谷（Worthington Valleys）规划就曾制订过以下原则。

① 河谷阶地无林处：不作建设，可混栽硬木林；林木高度达7～8m时，按有林处考虑。

② 有林处：坡度大于25%的不作建设，其余地段只有当可以永远保持森林面貌的情况下才能进行建筑，最大密度为每1.2hm^{2}一户。

③ 河谷高地：有林时可进行4000m^{2}一户的建设，无林时可大规模修建开发。

④ 河谷本身：禁止建设。

土地科学利用的关键在于把握其性质，某些不适合于最初意图的土地往往在其他用途上有良好的发展潜力。

国外已开始对地质土壤、森林植被、坡度、水文、气候等因素与土地的利用价值建立了等级量化联系，每个因素在设计图上用几种不同的色彩深度来显示，最后以叠加图所示的色彩深浅决定可利用价值的高低，若在计算机上应用效果更好。

（二）地形地貌的景观类型

地形地貌在园林中具有形态美（图5-1-1）、韵律美（图5-1-2）、意境美（图5-1-3）和其产生的界限感和阜障作用（图5-1-4）四个方面的景观效应。

地势对景观的创造有着直接的关系。景观必须因地制宜，充分发挥原有的地势和植被优势，结合自然、塑造自然。

图5-1-1　形态美（立体感）

图5-1-2　韵律美

图5-1-3　意境美

图5-1-4　阜障作用和界限感

按照地势的不同可把地形地貌的景观分为如下几种类型。

1. 山峰

山峰在自然风景中一直成为游人观赏景色的高峰点，体会到山峰绝顶，居高临下，可纵目远眺景色，更能感受到“欲穷千里目，更上一层楼”的博大胸怀，所以山峰的景观塑造应以亭、塔这种向上式的建筑为主，加强山势的纵伸感，与山势相协调。

山峰景观（图5-1-5、图5-1-6）具有的魅力还体现在控制风景线，规范空间，成为人们观赏的视觉中心。景观的造型，在尺度和动势上与自然景观的默契，丰富了自然景区中的人文景观，使人、景、园路自然的交融更为紧密。

2. 山脊

由于山脊（图5-1-7）其特有的地势特点，可以观赏山脊两面的景色，具有良好的地势观景条件，群山环抱、云雾缥缈、形势险峻，是因势构筑的好景点，因此，这常常是景观设

图5-1-5　山峰景观——泰山日出云海

图5-1-6　山峰景观——鲁山山岳风光

图5-1-7　山脊景观

图5-1-8　山腰景观

计师所追求的地势环境。

3. 山腰

山腰（图5-1-8）地势而创造的景色——山腰在自然风景中规模较大，视野开阔，地理与气候条件都较好，且地势具有丰富的层次感，故山腰地带常是园林建筑选用的地址。

4. 峭壁

以“险”、“奇”作为设计主题的峭壁建筑形式，给人以“险”、“奇”、玄妙的感受，它们以插入洞穴中的悬梁为基础，木梁、主柱、斜撑相互连接成一个整体，使之稳定整个建筑。建在峭壁上的建筑多采用竖向型的设计与整个自然地势相呼应，多采用层层叠落的形式语言，以创造高耸挺拔的效果，给人以“险”、“奇”的奇特艺术景观。如四川的石宝寨（图5-1-9）等景观。

图5-1-9　四川石宝寨

5. 峡谷

峡谷（图5-1-10）的地势以高山夹峙，中间有山泉流水，繁茂的植物，清新的空气，是追求深邃、幽静的人们向往的宝地。地势的不同而形成的各种特有景观，其形式与风格的不同，丰富了景观艺术。

图5-1-10　峡谷景观

图5-1-11　落差景观图

图5-1-12　九龙大峡谷

6.落差

落差也是地势变化的一种表现形式。落差形成的层次感极大地丰富了景观设计艺术空间（图5-1-11）。

7.跌

跌是落差地势而形成层层跌落的表现形式，由于地势的层层下跌，景观也层层下落，多用于纵向垂直于等高线的布置形式，具有强烈的节奏感和韵律感，如九龙大峡谷等峡谷景观（图5-1-12）。

（三）地形地貌的作用

进行园林绿地建设的范围内，原来的地形往往多种多样，有的平坦，有的起伏，有的是山冈或沼泽，所以无论造屋、铺路、挖池、堆山、排水、开河、栽植树木花卉等都需要利用或改造地形。因此，地形地貌的处理是园林绿地建设的基本工作之一。它们在园林中有如下作用。

1.满足园林功能要求

园林中各种活动内容很多，景色也要求丰富多彩。地形应当满足各方面的要求，如游人集中的地方与体育活动的场所的地形要平坦，登高远眺要有山冈高地。划船、游泳、养鱼、栽藕需要河湖。为了不同性质的空间彼此不受干扰，可利用地形来分隔。地形起伏，景色就有层次，轮廓线有高低，变化就丰富。此外，还可以利用地形遮蔽不美观的景物，并阻挡狂风、大雪、飞沙等不良气候的危害等。

2.改善种植和建筑物条件

利用地形起伏，改善小气候有利于植物生长。地面标高过低或土质不良都不适宜植物生长。地面标高过低，平时地下水位高，暴雨后就容易积水，会影响植物正常生长，如果需种植湿生植物是可以留出部分低地的。建筑物和道路、桥梁、驳岸、护坡等不论在工程上和艺术构图上也都对地形有一定要求。所以要利用和改造地形，创造有利于植物生长和建筑的条件。

3.解决排水问题

园林中可利用地形排除雨水和各种人为的污水、淤积水等，使其中的广场、道路及游览地区在雨后短时间内恢复正常交通及使用。利用地面排水能节约地下排水设施，地面排水坡度大小，应根据地表情况及不同土壤结构性能来决定。

园林景观及其周边的地形和地貌特点，常常是景观设计师所倾心利用的自然素材，许多著名城市景观的规划，大都与其所在的地域特征密切结合，通过精心设计，形成城市景观的艺术特色和个性。

自然地理状况，如高原地区、平原地区的景观格局都极大地影响社会文化、人的生活方式。因此，在分析地形、地貌时我们应对该地区由于地理环境所形成的地势、落差、地质结构的变化进行深入的分析，因地制宜。

二、地形设计的原则和步骤

（一）原则

园林地形利用和改造应全面贯彻“适用、经济、在可能条件下美观”这一城市建设的总原则。根据园林地形的特殊性，还应贯彻如下原则。

1.利用为主，改造为辅

在进行园林地形设计时，常遇到原有地形并不理想的情况。这就应从原地形现状出发，结合园林绿地功能、工程投资和景观要求等条件综合考虑设计方案。这就是在原有基础上坚持利用为主，改造为辅的原则。

城市园林绿地与郊区园林绿地对于原有地形的利用，随园林性质、功能要求以及面积大小等有很大差异。如天然风景区、森林公园、植物园、休疗养区等，要求在很大程度上利用原地形；而公园、花园、小游园、动物园等除了利用原地形外，还必须改造原地形；而体育公园对原来的自然地形利用较困难，中国传统的自然山水园则可以较多的利用自然地形。

2.因地制宜，顺其自然

我国造园传统，以因地制宜利用地形著称。造园应因地制宜，各有特点，“自成天然之趣，不烦人事之工”。古代深山寺院庵观建筑群，很巧妙地利用了山坡、峰顶、山麓富有变化的地形。近代南方园林，利用沟壑山坡、依山傍水高低错落地布置园林建筑，使人工建筑与自然地形紧密连成整体。这些都是因地制宜利用地形成功的优秀实例。

因地制宜利用地形，要就低挖池，就高堆山。面积较小时，挖池堆山不要占用较多的地面，否则会使游人活动陆地太少。此外，园林绿地内外地形有整体的连续性，并不是孤立存在的，因此地形改造要与周围环境相协调，如闹市高层建筑区不宜堆较高土山。周围环境封闭，整体空间小，地形起伏不宜过大。周围环境规则严整，地形以平坦为主。

3.节约原则

改造地形在我国现有技术条件下是造园经费开支较大的项目。尤其是大规模的挖湖堆山所用人力物力大，土方工程不可轻动，必须根据需要和可能，全面分析，多做方案，进行比较，使土方工程量达到最小限度，充分利用原有地形包含了节约的原则。要尽量保持原有地面的种植表土，为植物生长创造良好条件。要尽可能的就地取材，充分利用原地的山石、土方，堆山、挖湖要结合进行，要使土方平衡，缩短运距，节省经费。

4.符合自然规律与艺术要求

符合自然规律如土壤的物理特性，山的高度与土坡倾斜面的关系，水岸坡度是否合理稳定等，不能只求艺术效果，不顾客观实际可能，要使工程既合理又稳定，以免发生崩坍现象等。同时要使园林的地形地貌合乎自然山水规律，但又不能追求形式，卖弄技巧，要使园中的峰壑峡谷、平岗小阜、飞瀑涌泉和湖池溪流等山水诸景达到“虽由人作，宛自天开”的境界。

（二）地形设计的表示方法

1.设计等高线法

用设计等高线进行设计时，经常要用到两个公式，一是用插入法求两相邻等高线之间任意点的高程的公式；其二是坡度公式：

$$i=h/l$$

式中　i——坡度，%；

h——高差，m；

l——水平间距，m。

设计等高线法在设计中可以用于表示坡度的陡缓（通过等高线的疏密）、平垫沟谷用平直的设计等高线和拟平垫部分的同值等高线连接、平整场地等。

2.方格网法

根据地形变化程度与要求的地形精度确定图中网格的方格尺寸，一般间距为5～100m。然后进行网格角点的标高计算，并用插入法求得整数高程值，连接同名等高线点，即成“方格网等高线”地形图。

3.透明法

为了使地形图突出和简洁，重点表达建筑地物，避免被树木覆盖而造成喧宾夺主，可将图上树木简化成用树冠外缘轮廓线表示，其中央用小圆圈标出树干位置即可。这样在图面上可透过树冠浓荫将建筑、小品、水面、山石等地物表现得一清二楚，以满足图纸设计要求。

4.避让法

即将地形图上遮住地物的树冠乃至被树荫覆盖的建筑小品、山石水面等，一律让树冠避让开，以便清晰完整地表达地物和建筑小品等。缺点是树冠为避让而失去其完整性，不及透明法表现的剔透完整。

其他还有立面图和剖面图法、轮廓线法、轴测斜投影法等。

（三）地形设计的步骤

1.准备工作

（1）园林用地及附近的地形图，地形设计的质量在很大程度上取决于地形图的正确性。一般城市的市区与郊区都有测量图，但时间若长，图纸与现状出入较大，需要补测，要使图纸和原地形完全一致，并要核实现有地物。注意那些要加以保留和利用的地形、水体、建筑、文物、古迹、植物等，供进行地形设计时参考。

（2）收集城市市政建设各部门的道路、排水、地上地下管线及与附近主要建筑的关系等资料，以便合理解决地形设计与市政建设其他设施可能发生的矛盾。

（3）收集园林用地及其附近的水文、地质、土壤、气象等现况和历史有关资料。

（4）了解当地施工力量。包括人力、物力和机械化程度等。

（5）现场踏勘：根据设计任务书提出的对地形的要求，在掌握上述资料的基础上，设计人员要亲赴现场踏勘，对资料中遗漏之处加以补充。

2.设计阶段

地形改造是园林总体规划的组成部分，要与总体规划同时进行，要完成以下几项工作：

（1）施工地区等高线设计图（或用标高点进行设计），图纸平面比例采用1∶200～1∶500，设计等高线高差为0.25～1m。图纸上要求表明各项工程平面位置的详细标高，如建筑物、绿地的角点，园路、广场转折点等的标高，并要表示出该地区的排水方向。

（2）土方工程施工图：要注明进行土方施工各点的原地形标高与设计标高，做出填方、挖方与土方调配表。

（3）园路、广场、堆山、挖湖等土方施工项目的施工断面图。

（4）土方量估算表：可用求体积公式估算，或用方格网法估算。

（5）工程预算表。

（6）说明书。

三、园林景观地形设计

（一）竖向变化的意义

1.改变立面形象

绿地与城市在选地标准上略有差别，在容易遭受污染或不适于大规模建设的地方，如水源保持区和坡地上绿地反而比较适合。最适于城市发展的大面积平地景色单调，缺乏尺度感，人工建筑物的出现对改善上述情况有着很大的作用，园林环境应与之配合形成建筑空间与绿化空间、建筑构筑与绿化材料的有利组合，增多趣味焦点。园林在平地上应力求变化，通过适度的填挖形成微地形起伏，使空间富于立体化，从而达到引起欣赏者注意的目的。阶梯、台地也能起到同样的作用，现在在较大的室内空间里已得到广泛的应用。高台地下必都设亭榭，否则会在整体上使自然气氛受到影响。跌落景墙、高低错落的花台在有条件的情况下可配合植物材料加以运用。尤其在入口处高差的变化有助于产生界限感，栅栏、街灯，甚至附近的高架桥都可被用以界定空间。平地造园还应注意烘托周围环境和用水面倒影再现建筑、植物、蓝天、白云。

2.合理利用光线

光线的变化会给人不同的感受，正光下的景物缺乏变化，较为平淡，早晨的侧光会产生明显的立体感。据调查，虽然由于植物一夜的呼吸作用，早晨其周围的CO_2含量增加，空气并不如通常想象的那么清新，但建筑、树木仍可给遛早的人们留下鲜明的印象。海边光线柔和，使景物“软化”，有迷茫的仙山佛国意境。内陆低角度光可使远物清晰易辨，富于雕塑感。如果光的方向改变为由下向上照射，会产生戏剧的效果，夜晚中的建筑、雕塑、广场等重点地段可借此吸引人流。山洞的采光孔如设在下面常常有神秘甚至恐怖的感觉，合理加以利用将会使人们体会到不同寻常的雄伟与神奇。

3.创造心理气氛

在通常情况下，地形的朝向、坡度会对附着其上的要素产生直接的影响。中国园林以山水园为风格代表，这里的山（地形）的重要性已不仅仅表现在直观视觉方面，而是加入了人的感情因素。《韩诗外传》曾说：“夫山者，万物之所瞻仰也，草木生焉，万物植焉，飞鸟集焉，走兽休焉，吐生万物而不私焉，出云导风。天地所成，国家以宁。此仁者所以乐于山也。”我国大部分地区是山岳地带，先民们居于山洞，捕捉走兽飞禽，采果伐木，都离不开依山傍水的环境。山承担着阳光雨露，风暴雷霆，供草木鸟兽生长，使人以之为生而不私有。故论语有“仁者乐山”之说，将山比作仁德的化身。

在人类社会初期，对于各种自然现象的不理解导致了对山的崇拜。人们认为“山林川谷丘陵，能出云，为风雨，见怪物，皆曰神。”（《礼记·祭法》）想象神仙居住于高山之上，使山产生了神秘感。例如昆仑山被认定为天帝在地上的都城，是地上统治者（周穆王）和仙人首领（西王母）宴聚之所。泰山坐落于文化较为发达的齐鲁腹地，被认为是天地之间沟通的场所。秦始皇统一中国之后便到此封禅，并规定了天下十二名山。尽管后世对山由崇拜转为欣赏，它带给人们的雄浑气势和质朴清秀一直是造园家所追求的目标。在城市里，从古代庭园内的掇山到现代公园常用的挖湖堆山，无不表明地形上的变化历来都对自然气氛的创造起着举足轻重的作用。

《园冶》中曾论及园地“惟山林最胜，有高有凹，有曲有深，有峻而悬，有平而坦，自成天然之趣，不烦人事之工。”“市井不可园也，如园之，必向幽偏可筑，邻虽近俗，门掩无哗。”今天的公共园林所具有的开放性和封建社会的私邸在性质上有着天壤之别，但是对天然气氛的憧憬和追求仍一如既往，没有改变。为了和山林泉水等自然景物相协调，在多数情况下应打破城市里众多园林用地上的规整感觉，重点地段强化高下对比，其他大部分地区也要尽可能作微地形处理。除了某些庄严整齐、人工气氛浓烈的建筑，广场周围可以不作或少作起伏变化外，绝大多数绿化环境中要避免给人以平板一块的印象。这不仅是美观上的要求，同时在工程上也有重要意义。

当平地上的坡度小于1%时，容易发生积水，对绿地植物有损害。当平地坡向单一无变化时，又会引起水土冲刷。新建园林中很多绿地采用“龟背形”，即中间高四面低的形式，将水排至四周道路，通过路面排水进入附近水体或雨水管线之中。这虽在立面上也有了变化，处处如此也常令游人感到单调。上海天山公园大草坪避免了这种“一处高”的做法，略呈贝壳状，中间低四周高，西侧又做了一个起伏小丘，使得5000m^{2}的空旷草坪并不给人以单调枯燥之感。草坪北端和池塘连接处并未用石砌筑驳岸，而是继续以缓坡和水面相接，水中设置步石，增添了几番情趣；道路也不用栏杆、路牙分界，以免造成草坪被“人工禁锢”的印象。这块草坪的地形就如电影院中座位的高低排，事实上也常作为露天影院使用，既满足了视觉功能上的要求又没有对自然气氛产生副作用，是一个比较成功的实例。

4. 合理安排视线

杭州花港观鱼公园东北面的柳林草坪也是经过细心斟酌孕育而成的。它位于园中主干道和里西湖之间，南有茂密的树带，东西有分散的树丛，13株柳树位于北面靠湖一侧，形成了2800m^{2}的独立空间。湖北面视野开阔，左有刘庄建筑群，右边隔着苏堤上六桥杨柳隐约可见湖心的“三潭印月”。北面保俶塔立于重山之上，秋季红叶如火欲燃，夏日清风贴水徐来，所有这些景色不是以我们通常习惯的画轴式的古典园林序列从左到右呈现出来，而是和剧场里大幕上启时，由下而上地展示布景有某些类似之处。差别仅在于剧场里观众静止，幕布上升，而园林中人在运动，景物静止。柳林草坪北低南高，向湖岸倾斜，柳林先掩后露，相互配合，收到了良好效果。草坪面积越大，坡向的变化越应灵活。

5. 改善游人观感

在大多数公园和花园里，草坪所代表的平地绿化空间所占面积最多，时刻对园林气氛产生着影响。当然，如果过分追求坡度变化而大动土方是不够经济的。1%的坡度已能够使人感觉到地面的倾斜，同时也可以满足排水的要求。如坡度达到2% ～ 3%，会给人以较为明显的印象。若原地形平整而全凭施工才能造成地形变化，设计坡度便可将其作为参照标准以兼顾美观、经济两个方面，这也是常说的微地形处理。4% ～ 7%的坡度是草坪中很常见的。南昌人民公园中部的松树草坪就是在高起的四周种植松树造成幽深的感觉。

城市中除公园外（如街道绿地、居住区绿地）地形处理还不够普遍。住宅组群中建筑“千人一面”，有时小孩会迷失方向。很多人要求种植“认门树”，事实上如果地形、小品、植物各具特色，共同组成一个丰富多彩的外部空间，解决的决不仅是以上一个问题。坡度在8% ～ 12%之间时称为缓坡。陡坡的坡度大于2%，它一般是山体即将出现的前兆。无论哪种类型的坡地都会对游人活动产生某些限制，各种工程设施也不像在平地上可以随意布置而要同等高线相平行。在坡度超过40%时常常需要设置挡土墙以免发生坍塌。通常土坡坡度不大于20%，草坪坡度也控制在25%以内。坡地虽给人们活动带来一些不便，但若加以改造利用往往使地形富于变化，这种变化可以造成运动节奏的改变，可以形成障，遮住无关景物，还可以对人的视域做出调整。人在起伏的坡地上高起的任何一端都能更方便地观赏坡底和对坡的景物。因坡底是两坡间视线最为集中的地方，所以适于布置一些活动者希望引起注目的内容，如旱冰、滑冰、健美操，或者作为儿童游戏场地，易于家长看护。

（二）较大地形起伏的安排

1. 平地

平地是指公园内坡度比较平缓的用地，这种地形在新型园林中应用较多。为了组织群众进行文体活动及游览风景，便于接纳和疏散群众，公园都必须设置一块面积较大的平地，平地过少就难于满足广大群众的活动要求。

园林中的平地大致有草地、集散广场、交通广场、建筑用地等。

在有山有水的公园中，平地可视为山体和水面之间的过渡地带，一般的作法是平地以渐变的坡度和山体山麓连接，而在临水的一面则以较缓的坡度使平地徐徐伸入水中，以造成一种“冲积平原”的景观。在这样的背山临水的平地不仅可作为集体活动和演出的场所，而且也是观景的好地方。在山多平地较少的公园，可在坡度不太陡的地段修筑土墙，削高填低，改造成平地。

平地为了排除地面水，要求具有一定坡度，一般要求5‰～5%（建筑用地基础部分除外）。为了防止水土冲刷，应注意避免做成同一坡度的坡面延续过长，而要有起有伏。裸露地面要铺种草皮或地被植物。

土地面可用做文体活动的场所，但在城市园林绿地中应力求减少裸露的土地面，尽量做到“黄土不露天”。

砂石地面有天然的岩石、卵石或沙砾，视其情况可用作活动场地或风景游憩地。

铺装地面有道路和广场，广场可用作游人交通集散、休息赏景和文体活动的场地。可用砖、片石、水泥、预制混凝土块等铺装成规则的形式，也可以结合自然环境做成不规则形式。

绿化种植地面包括草坪或在草地中植以树木花卉、花镜或营造树林、树丛、供游人游憩观赏。

2. 山地

平地和坡地之上是山地。园林中理想情况下平地占陆地面积的1/2～2/3，剩下的便是山地、丘陵。尽管山地在全园中面积不大，却几乎总是成为全园精华所在。现在人们对山的兴趣也由单一的崇拜转为更细微的欣赏。多级谷坡的复式“V”形谷，常给人以雄伟的感觉。北京十渡也属同样结构；“剑门天下险”则以窄而深的峭壁相峙使人有“难于上青天”之感，北京龙门涧与之相似；“青城天下幽”位处山间盆地，视野封而不死，内部不感局促，植被茂密，适宜探访寻幽；“峨眉天下秀”主要由植被而驰名。山与山各具特色，给人的感受也不尽相同，从名称上便可略见端倪。

（1）高起地形

岭：连续不断的群山。

峰：高而尖的山头。故有“横看成岭侧成峰”之说。

峦：小而尖（一说高而缓）者。

顶：高而平的山。

阜：起伏小、坡度缓的小山。

坨：多指小山丘。见王维所记“南坨”、“北坨”。

坡：土坡。常称低丘陵坡为“平岗小坂”。

麓：山根低矮部分。

岗：山脊。

峭壁：山体直立，陡如墙壁。

悬崖：山顶部分突出于山脚之外，较峭壁更为险峻。

（2）低矮地形

峡：两座高山相夹的中间部分。可以是水面，也可以是陆地，给人以深远、险峻的感觉。

峪或谷：两山之间的低处。

壑：较谷更宽更深的低地（图5-1-13）。

坝：两旁高地围起的很广阔的平缓凹地，西南较多。

坞：四周高中间低形成的小面积洼地。

（3）凹入地形

岫：不通的浅穴，位于山岩或水边（图5-1-14）。

洞：较岫更深，有上下曲折，可贯通山腹。

图5-1-13　壑

图5-1-14　岫

山的各种形态必将带给人不同的感受。同为突起地形，华山近千米的石壁直立而下，“百尺峡”、“擦耳崖”，仅从名字就可知其险。泰山岱顶则以其稳固的体量震慑齐鲁大地。巍峨的南天门上，道路水平延伸，大的建筑物建在低处，云海在人们脚下翻腾，山上气氛相对缓和，仿佛到了“天上人间”的仙境。极顶处的玉皇殿高度也受到限制，以免破坏平远意境。现修建了高大的电视塔，使这种意境受到了损害。但在低山上为加强地貌，弥补山势不足的缺陷，可以用高大的建筑或树木进行强调，如北京玉泉山和延安宝塔山属山前丘陵，琼华岛、虎丘、景山属平原孤丘，杭州保俶塔位于山之余脉上，都只能靠大体量建筑烘托气氛，引人驻足。即使同为山峰，雁荡、桂林各峰因尺度较小，在人印象中却是秀丽多于惊险。低地常给人以幽静之感。因为谷地窄小，两旁的山峰产生了隔绝干扰的心理感觉。长久的冲刷沉积也使土壤变得肥沃，为植物生长提供了保证。茂密的植物加强了空间的封闭性，又可吸收噪声，使周围安静，左边的小山谷会有很强烈的封闭感。

地形愈复杂，山梁愈多，给人的感受愈丰富。“扁担山”、“馒头山”就是因缺乏变化，有起无伏而显得单调。坞因四面（谷是两面）高起，可形成比幽景更为封闭的凹景。和谷一样，坞常常有较好的植被条件，园林中桃花坞、杏花坞屡见不鲜，由于与外界较为隔绝，也常成为人们内省参悟的良好场所。北海静心斋的焙茶坞和衡山方广寺皆有此意味。洞穴多以神奇幽深闻名。岫岩中水石相激发出的声音会给人以听觉上的感染。古有“移石动云根”之说，晋朝的陶渊明也曾道“云无心以出岫”，认为云是由石洞中产生的，赋予了石洞、石岫以轻灵高雅的含义。在改造和利用地形的过程中必须注意到它们各自的情调才能分别予以适当的利用安排。

（三）堆山（又叫掇山、叠山）

我国的园林是以风景为骨干的山水园而著称。“山水园”当然不只是山和水，还有树木花草、亭榭楼阁等题材构成的环境，但是山和水是骨干或者说是这个环境的基础。有了山就有了高低起伏的地势，能调节游人的视点，组织空间，造成仰视、平视、俯视的景观，能丰富园林建筑的建筑条件和园林植物的栽植条件，并增加游人的活动面积，丰富园林艺术内容。

堆山（图5-1-15）应以原来地形为依据，因势而堆叠，就低开池得土可构岗阜，但应按照园林功能要求与艺术布局适当运用，不能随便乱堆。堆山可以是独山，也可以是群山，一山有一山之形，群山有群山之势。连接重复的就称作群山。堆山忌成排比或笔架。苏轼描写庐山风景“横看成岭侧成峰，远近高低各不同。不识庐山真面目，只缘身在此山中。”就是形象地描绘了自然界山峰的主体变化。

在设计独山或群山时都应注意，凡是东西延长的山，要将较大的一面向阳，以利于栽植树木和安排主景，尤其是临水的一面应该是山的阳面。堆土山最忌堆成坟包状，它不仅造型呆板而且没有分水线和汇水线的自然特征，以致造成地面降水汇流而下，大量土方被冲刷。

图5-1-15 堆山

图5-1-16 土石相间的堆山

1.山

在园林中较高又广的山。一般不堆，只有在大面积园林中因特殊功能要求，并有土石来源的才做，它常成为整个园林构图的中心和主要景物，如上海长风公园的铁臂山，作为登高远眺之用，这种山用土或土山带石（约30%石方），即土石相间（图5-1-16），以土为主。又高又大的山，全用石工程浩大，且全是石草木不生，未免荒凉枯寂，全用土又过于平淡单调，所以堆大山，总是土石相间，在适当的地方堆些岩石，以增添山势的气魄和野趣，山麓、山腰、山顶要符合自然山景的规律作不同处理，如在山麓不适合做成矗立的山峰，即宜布置一些像自然山石崩落沿坡滚下经土掩埋和冲刷的样子，因此在堆的手法上必须“深埋浅露”才显出厚重有根，难辨真假。

2.丘陵或小山

丘陵指高度只有2～3m，外形变化较多的成组土丘。丘陵的坡度一般为1/8～1/5，地面小的可以陡一些，起坡时均应平坦些。在公园中土丘的土方量不太大，但对改变公园面貌作用显著。因此，公园中广泛运用。丘陵可做土山的余脉、主峰的配景，也可做平地的外缘，是景色的转折点。土丘可起到障景、隔景的作用，也可组织交通防止游人穿行绿地。

土丘的设计要求蜿蜒起伏、有断有续，立面高低错落，平面曲折多变，避免单调和千篇一律。在设计丘陵地的园路时，切忌将园路标高固定在同一高程上，应该随地形的起伏而起伏，使园路融会在整个变化的地形之中，但也不要使道路标高完全与地形同上同下，可略有升高或降低，以保持山形的完整。

堆叠小山不宜全用土，因土易崩塌，不可能叠成峻峭之势，而尽为馒头山了。若完全用石，不易堆叠，其效果可能更差。

小山的堆叠的方法有两种，一是外石内土的堆叠方法，既有陡峭之势，又能防止冲刷，保持稳定，这样的山形虽小，还是可取势以布山形，创造峭壁悬崖洞穴涧壑，富有山林诗意，再一种是土山带石的方法来点缀小山，是把小山田作为大山的余脉，没有奇峰峭壁和宛转洞壑，不以玲珑取胜，只就土山之势，点缀一些体形浑厚的石头，疏密相间，安顿有致。这种方式较为经济大方，现在园林中应用较少。

（四）置石（叠石）

1.置石的作用

在地形设计上，有一点我们今天仍需了解和借鉴，这就是叠山置石（图5-1-17、图5-1-18、彩图13、彩图35）。东方园林在这方面有独到之处。西方园林中也有岩石园，但主要是为展示植物（重点是花卉）的绚丽多姿而设立的。日本园林极富抽象性，以置石——山石的零星布置为主要手法摹写宇宙万物唤起人的无尽遐想。梦窗国师曾说：“山水无得失，得失在人心；诸法本无大小相，大小在人情……”。景物只是唤醒心灵的工具，无生命的静止的美格外受重视（在中国园林的重要代表私家园林中，有生命的植物也多以孤植作为点缀）。

图5-1-17　置石形式

山是否高，水是否深，在于山水能否在人们心目中得到承认，而非本身体量是否巨大。一位日本园林学者谈到对相阿弥龙安寺石庭的印象时说：“砂石就好像大海原，在大海原上充满了一些散发着芬芳的宁静小岛，令人发起无尽的遐思，使人想起宇宙天地的‘大我’。而对石庭的‘我等’，可以称作‘小我’，小我在大我的宁静之中，以大我打动小我的真心，使在人世间受到污浊的心得到佛性。此时，你心中就充满了你的心被洗涤之后的喜悦，这时你就到了禅之极地。”如果说中国园林是大规模筑山凿池以求与真正山林形似的“文人园”的话，日本园林则用极为普通貌似自然的小景来创造一块佛教净土、一个人的主观世界，因此可称为“僧侣园”。故有人评：“日本园林是自然中见人工，中国园林是人工中见自然。”

图5-1-18　叠石形式

日本园林里置石（彩图12、彩图13）体量大者不过几十厘米，但在群体控制上有一定的经验。据《作庭记》记载：“凡立石之事，逃石一二追石必有七八。又有如童辈作鹰捉鸡戏之事。”还认为大石应有向前行走的气势，小石应有随大石行走的气势。直立的石头，顶面平坦的石头，低矮的石头都被认为是弱石，在日本常要求让这些石头的石面产生联系，使全园风格有统一感。在远处设置弱而静的山石，在近处设置气势强的山石，会使庭园增加深远感。不能有三个以上的石头排在一条直线上。这些理论和中国造园法则大多不谋而合，但中国园林里的假山无论是技术手段还是造型处理上要更为复杂。

2.置石的选择

我国幅员辽阔，山多石盛。仅宋朝就记有观赏石110多种。它们各自的不同观赏特性使得使用手法也极为丰富，其中应用较多、出现时间较长的当属湖石（包括太湖石、宣石、英石、岘山石、房山石、青龙山石、宜兴石、仲宫石、灵璧石等），其余尚有30余种，如黄石、青石、木化石、珊瑚石、花岗石，以及汉白玉、石笋等。

叠石：石有其天然轮廓造型，质地粗实而纯净，是园林建筑与自然环境空间联系的一种美好的中间介质（图5-1-18）。因此，叠石早已成为我国异常可贵的园林传统艺术之二，有“无固不石”之说。叠石不同于建筑、种植等其他工程，在自然式园林中所用山石没有统一的规格与造型，设计图上只能绘出平面位置和空间轮廓，设计必须密切联系施工或到现场配合施工，才能达到设计意图。设计或施工应先观察掌握山石的特性，根据不同的地点不同的石类来叠石，我国选石有六要素。

① 质：山石质地因种类而不同，有的坚硬有的疏松，如将不同质地的山石混合叠置，不但外形杂乱，且因质地结构不同而承重要求也不同，质坚硬的承重大，质脆的易松碎。

② 色：石有许多颜色，常见的有青、白、黄、灰、红、黑等，叠石必须使色调统一，并与附近环境协调。

③ 纹：叠石时要注意石与石的纹理是否通顺、脉络相连，石表的纹理，为评价山石美的主要依据。

④ 面：石有阴阳面，应充分利用其美的一面。

⑤ 体：山石形态，体积很重要，应考虑山石的体型大小，虚实轻重合理配置。

⑥ 姿：常以“苍劲”、“古补”、“秀丽”、“丑怪”、“玲珑”、“浑厚”等描述各种石姿，根据不同环境和艺术要求选用。

3.置石的手法

园林中不是为置石而置石，由于古人出行不便才会产生“一拳代山”的念头。在厅堂院落中立以石峰了却心愿。现在很多单位的花园中空间开敞，周围现代建筑体量庞大，或是园址就在山旁仍不惜重金建起如同盆景般的假山，造成了很大浪费。西湖畔新建了一处景点，数米高的山石，两侧一面是开阔的湖水，一面是高起的路基，空间封闭不够，未能达到设计要求。这些都说明只有在人的视点低于山石且视距比不大于3的情况下，山石才可能成为人的视觉重点。当因场地条件所限，石峰高度难以满足要求时，可以将石的台基升高。四周应较封闭，以免别处高大景物将山石压低，或者游人在远处即可以小的视角窥见石峰，而先自产生平淡印象。

孤置石的背景如果杂乱或不成为一个整面（如花墙、花栏），就不会取得突出效果。碧绿的树丛、阴暗的房屋常被用作背景，苏州留园冠云峰（彩图35）就是以冠云楼作为背景的（据说园中冠云、岫云、瑞云三座名石取的是园主三位女儿的名字，之所以尽数移入园内为的是能有和女儿终日相伴的感觉。后小女早亡，园主便命人凿下瑞云峰顶端之石，骨肉亲情尽在不言中），用石有一定的喻义。中国古建筑因有台基需设台阶，台阶两旁为突出入口常均衡地布置一组山石，其中高者为蹲，下者为配。其用意在于驱鬼镇邪，如同富人门口的石狮子，市民檐下的石鼓所起的作用。

我们今天在园林中利用山石能与自然融合而又可由人随意安排的特点减少人工气氛。如墙角是两个人工面相交的地方，最感呆板，通过抱角镶隅的遮挡不仅使墙面生动，也可将山石较难看的两面加以屏蔽。建筑台阶可以用山石如意踏垛（又名涩浪）来代替，避暑山庄宫区大殿背面就是如此处理，显示出和大殿前不同的更为自然的气氛。宫区另一建筑“云山胜地”采用山石云梯直达二层，形式更为活泼（云梯一般接在靠端头的开间或者山墙上，以免破坏正立面效果）。因云梯体量大，难免四面当中有不尽如人意的地方，扬州寄啸山庄和苏州留园明瑟楼都有将云梯倚于墙面上的例子。从上面可以看出对石的观赏角度不能掉以轻心。

当置石的立面不美观时，可用树丛、墙壁或其他山石加以掩盖。以湖石为例，可见的面向要满足“瘦、漏、透、皱、丑”等条件。“瘦”是指挺拔秀丽而不臃肿；“漏”是指石上有上下贯通的洞穴；“透”是指水平方向的孔洞；“皱”是指石面上要有皱纹涡眼；“丑”是指石态宜怪不可流于常形。具备以上条件的湖石，会给人以通透、圆润、柔曲、轻巧的感觉。

江南三大名石的玉玲珑、瑞云峰、皱云峰各具特色，不愧为特置用石中之佳品。玉玲珑以透著名，瑞云峰状若祥云，以多变化的凹凸线型引人赞叹，皱云峰以瘦、皱称胜。石峰除供孤赏外，还可和其它要素进行配合。

苏州怡园坡仙琴馆立有山石（图5-1-19），仿佛正在侧身听琴，故此建筑又名石听琴室。西安有园置石于檐下，每逢雨天，石上有很多白色突起在房檐汇集的雨水冲刷之下，好像不是水在向下流动，而是许多小白鼠正向上奔跑，打破了格式化的孤赏规律，具有独特的观赏价值。

图5-1-19　坡仙琴馆的置石

除特置外，置石还有散置和群置等形式，明朝龚贤曾道：“石必一丛数块，大石间小石，然后联络。面宜一向，即不一向亦宜大小顾盼”（《画诀》）。要求“攒三聚五”，互相间保持联系。群置如北海琼华岛南坡，在较大空间里能和环境相配。既有利于排水又加强了坡度。在大型园林里为使大体量的自然地形富于险峻感，也常常要设置大石，以使土山在坡度超过自然安息角时仍可保持稳定。只有在充分吸取前人经验的前提下，才能做到“蹊径盘且长，峰峦秀而古”（《园冶·掇山》）。

4.理石的方式

我国园林中，常利用岩石构成园林景物，这种方式称理石，归纳起来可分三类。

（1）点石成景：有单点、聚点和散点。

① 单点：由于石块本身姿态突出，或玲珑或奇特（即所谓“透”、“漏”、“瘦”、“皱”、“丑”），立之可观，就特意摆在一定的地点作为局部小景或局部的构图中心来处理，这种方式叫单点，单点主要摆在正对大门的广场上和院落中，如豫园的玉玲珑。亦有布置在园门入口或路旁，山石伫立，点头引路，起点景和导游作用。

② 聚点：有时在一定情况下，几块石成组摆列一起，作为一个群体来表现，称之为“聚点”。聚点忌排列成行或对称，主要手法是看气势，关键在一个“活”字。要求石块大小不等，疏密相间、错落前后、左右呼应、高低不一、错综结合。聚点的运用范围很广，如在建筑物的角隅部分常用聚点石块来配饰叫“抱角”，在山的蹬道旁用不同的石块成组相对而

立，叫“蹲配”等。

③ 散点：散点并非零乱散点，而是若断若续，连贯而成一个整体的表现。也就是说散点的石要相互联系和呼应成为一个群体。散点的运用也很广，在山脚、山坡、山头、池畔、溪涧河流，在林下，在路旁径侧都可散点而得到意趣（彩图12、彩图13）。散点无定式，随势随形。

（2）整体构景

用多块岩石堆叠成一座立体结构的形体。此种形体常用作局部构图中心或用在屋旁、道边、池畔、墙下、坡上、山顶、树下等适当地来构景，主要是完成一定的形象，在技法上要恰到好处，不露斧琢之痕，不显人工之作。堆叠整体山石时，应做到二宜、四不可、六忌。

二宜：造型宜有朴素自然之趣，不矫揉造作，卖弄技巧；手法宜简洁，不要过于繁琐。

四不可：石不可杂；纹不可乱；块不可匀；缝不可多。

六忌：忌似香炉蜡烛；忌似笔架花瓶；忌似刀山剑树；忌似铜墙铁壁；忌似城郭堡垒；忌似鼠穴蚁蛭。

堆石形体在施工艺术造型上习用的十大手法是：挑、飘、透、跨、连、悬、垂、斗、卡、剑。

（3）配合工程设施，达到一定的艺术效果。

图5-1-20　山石与水景结合

图5-1-21　山石与建筑结合

如用作亭、台、楼、阁、廊、墙等的基础与台阶，山间小桥、石池曲桥的桥基及配置于桥身前后，使它们与周围环境相协调。

5.山石在园林中的配合应用

（1）山石与植物的结合自成山石小景：无论何种类型的山石，都必须与植物相结合。如果假山全用山石建造，石间无土，山上寸草不生，观赏效果不高。山石与竹结合，山上种植枫树都能创造出生动活泼、自然真实的美景。选择山石植物，首先要以植物的习性为依据，并综合假山的立地条件，使植物能生长良好，而不与山石互相妨碍，也要根据祖国园林的传统习惯和构图要求来选择植物。

（2）山石与水景结合（图5-1-20）：掇山与理水综合是中国园林的特点之一，如潭、瀑、泉、溪、涧都离不开山石点缀。水池的驳岸、汀步等更是以山石为材料做成，既有固坡功能作用，又有艺术效果。

（3）山石与建筑（图5-1-21）、道路结合：如许多园林建筑都可用山石砌基，尤其阁山、楼山都是与山石结合成一体；并可做步石、台阶、挡土墙。此外，还可做室外家具或器设，如石榻、石桌、石几、石凳、石栏、石碑、摩崖石刻、植物标志等，既不怕风吹日晒，雨淋夜露，又可结合造景。

（五）地形的塑造

1.山形

堆山不宜对称。自然界中不乏山体平立面对称的例子，却不应是我们效法的对象。平面上要做到缓急相济，给人以不同感受。在北方通常北坡较陡，因为山的南坡有背风向阳的小气候条件，适于大面积展示植物景观和建筑色彩。立面上要有主、次、配峰的安排。

主峰、次峰、配峰，三者不能处在同一条直线上，也不要形成直角或等边三角形关系，要远近高低错落有致。正如宋朝画家郭熙所说；“山，近看如此，远数里看又如此，远十数里看又如此，每远每异，所谓山形步步移也。山，正面如此，侧面又如此，背面又如此，每看每异，所谓山形面面看也。”作为陪衬的山（客山）要和主峰在高度上保持合适的比例。由此可见，增加山的高度和体积不是产生雄伟感的唯一途径，有时反会加大工程量。

中国园林里为使假山石具有真山的效果，常将视距安排在山高的3倍甚至2倍以内，靠视角的增大产生高耸感。大空间里4～8倍的视距仍会对山体有雄伟的印象，如果视距大于景物高度的10倍，这种印象就会消失。

北海琼华岛（图5-1-22）山高32m，白塔也有大约30m高，使岛的高度增加了1倍，即使由北岸的静心斋一带观赏，也可满足1∶10的要求。从南岸看，视距比为1∶3.5，西北端看为1∶7，使全园都在其控制之中。琼华岛的位置偏南靠近东岸，由各个角度都可得到不同的观感，做到了“步移景异”的效果，产生了高远感。山还应当使人感到平远和深远。“山有三远。自山下而仰山巅，谓之高远；自山前而窥山后，谓之深远；自近山而望远山谓之平远”（《林泉高致》）。为了达到预想效果而又不至于开挖堆砌太多的土方，常使山趾相交形成幽谷，或在主山前设置小山创造前后层次，总之要在主山前多布置层次。

图5-1-22　北海琼华岛

济南大明湖有人为了求得“一片大明”的效果，将水生植物大量去除，结果使堤岸建筑无遮无挡俱呈人前，人工气息十足（图5-1-23）。今天索道缆车占据名山，多引物议。反对者很重要的理由便是游人再难体会到山的雄险瑰奇。

图5-1-23　济南大明湖

泰山“仰望南天门，如从穴中视天矣”、“十八盘”（图5-1-24），惊险异常，后人见前人履底，“怪松虬劲，石壁接天”。如乘缆车直达南天门，使人感到山如院墙，人似蝼蚁，树若草芥，崇敬之情荡然无存。奇石“斩云剑”位于山坡之上，当云沿坡上升至此时，因海拔高而使气温降至水汽凝结点，飞云化作细雨洒落大地，此类景观若非近观则不可知其妙处。发达国家年轻人热衷于攀岩登山，在赤手空拳与山岩的较量中强壮体魄并体会山岳的美感。在我国有人曾说：“贪游名山者，须耐仄路；贪看月华者须耐深夜；贪看美人者，须耐梳头。”在古代游历山水有很大的风险，人们尚知寻求苦中之乐，今天我们更不能为避辛劳而只图走马观花。

2. 山脊线的设置

山的组合可以很复杂，但要有一气呵成之感，切不可使人觉得孤立零碎，要提纲挈领。这“纲”和“领”主要是指山脊线的设置，它的作用如同人的骨髓一样。要做到以骨贯肉，气脉相通。设计时应考虑到土方实际计算问题。按需要量开挖运来的土如不压实会多1/6～1/4，压实后会减少1/10左右。地形对小气候有一定的影响，据计算，2m高的风速是0.2m时的2倍。

一般背风处较平静，但当迎风面缓而逆风处陡时则背风面风速更快；人们坐着休息时风速应小于4m/s；行走时风速应小于12m/s；冬天北坡得到的热量比南坡少一半。地形的塑造应和游人活动类型、使用季节和时间结合考虑，而不是孤立地看。

3. 背景山的作用

山除了可以做主景以外，也可作为背景出现，如钱塘江大桥旁的欧阳海塑像就是以山为背景才显得突出，上海虹口公园鲁迅墓也用人工堆山作了陪衬。山在现代园林中类似古典园林的墙可对游览序列产生有效的控制，使各个内容不同的空间不至于相互干扰。绿地中常在道路交叉口和路旁堆山植树，避免游人穿行并组织观赏路线。在地下水位较高的地带堆山还可改善生态条件。

4. 山的高度的掌握

山的高度可因需要决定。供人登临的山，为有高大感并利于远眺应高于平地树冠线。在这个高度上可以不致使人产生“见林不见山”的感觉。当山的高度难以满足这一要求（10～30m左右）时，要尽可能不在主要欣赏面中靠山脚处种植过大的乔木，而应以低矮灌木（如有庇荫要求可采用小乔木）突出山的体量。在山顶覆以茂密的高大乔木林（根部要为小树所掩以免使山的真实高度一目了然），造成磅礴的气势。横向上也要注意用余脉延伸，用植矮树于山端等方法掩虚露实，一样可以起到加强作用。

如果反其道而行之，在某些休（疗）养院中弱化地形，就可使原有的陡峭地势不致使人望而生畏，在轻松的气氛里完成适当的锻炼。对于那些分隔空间和起障景作用的土山，通常不被登临，高度在1.5m以上能遮挡视线就足够了。建筑一般不要建在山的最高点，使山体呆板，同时建筑也失掉了山体的陪衬。建筑选址既要配合山形又要便于赏景。山与水的配合是最为常见的，水体为山解决了排水问题，动水突出了山的静穆，加强了山的视觉感受。而山的凹凸变化也赋予了水以聚散多变的不同性格，它们之间能够互补，相得益彰。

5. 洞穴

洞穴是所有地形地貌中最为奇特的一种，它们界面主要由土石构成，点缀有建筑水体。无论是景物构成，还是温度、光照等自然条件都极为独特，给人以神奇诡秘的感觉。假山有较大的安息角，比土山在空间安排上有更大的灵活性。避暑山庄文津阁作为皇家图书馆在院落大门后堆山（图5-1-25）隔绝外界喧嚣，山和阁之间有一水池以保证满足图书对消防安全的需求。当经过假山洞到达阁前回顾时，可以发现池中倒映着一弯新月，和空中的太阳形成日月交辉的奇观，山洞大多独自成景。

天然洞穴中如较为著名的喀斯特地形靠千百年积聚形成的石钟乳幻化出各种形状，引人赞叹。建筑和雕塑壁画有时也同洞穴结合，偶尔水潭潜流还会以水声暗示着自己的存在。植物常常只在洞口之外，较少对洞景产生直接影响。人工园林中苏州狮子林以假山洞穴为主，规模之大驰名江南，但章法有误，使人鼠行其中，虽错综复杂却无真山意趣。不如环秀山庄假山理法高超，堪称山石艺苑中的精华。

山洞的趣味性常常是其它地形要素难以替代的。北海琼华岛北坡的假山曲折婉转，除了自身的丰富变化外，还将封闭的建筑、开阔的山顶、陡峭的山林连在一起，这种空间的突然变化会令人感到惊奇，山洞正是实现这种突然变化的最自然的方式。

图5-1-24　泰山十八盘

图5-1-25　文津阁的院落堆山

第二节　水体水系

一、水体水系的作用

水体是园林中给人以强烈感受的因素，“水，活物也，其形欲深静，欲柔滑，欲汪洋，欲回环，欲肥腻，欲喷薄……”（宋朝郭熙《林泉高致》），它甚至能使不同的设计因素与之产生关系而形成一个整体，像白塔、佛香阁（彩图1）一样保证了总体上的统一感，江南园林常以水贯通几个院落，收到了很好的效果。只有了解水的重要性并能创造出各种不同性格的水体，才能为全园设计打下良好的基础。

我国古典园林当中，山水密不可分，叠山必须顾及理水，有了山还只是静止的景物，山得水而活，有了水能使景物生动起来，能打破空间的闭锁，还能产生倒影。

《画签》中写道：“目中有山，始可作树，意中有水，方许作山。”在设计地形时，山水应该同时考虑，除了挖方、排水等工程上的原因以外，山和水相依，彼此更可以表露出各自的特点，这是从园林艺术角度上出发最直接的用意所在。

《韩诗外传》对水的特点也曾作过概括：“夫水者，缘理而行，不遗小，似有智者；重而下，似有礼者；蹈深不疑，似有勇者；漳防而清，似知命者；历险致远，卒成不毁，似有德者。天地以成，群物以生，国家以宁，万事以平，品物以正，此智者所以乐水也。”认为水的流向、流速均根据一定的道理而无例外，如同有智慧一样；甘居于低洼之所，仿佛通晓礼义；面对高山罩深谷也毫不犹豫地前进，有勇敢的气概；时时保持清澈，能了解自己的命运所在；忍受艰辛不怕遥远，具备了高尚的品德；天地万物离开它就不能生存，它关系着国家的安宁，对事物的衡量是否公平。由远古开始，人类和水的关系就非常密切。一方面饮水对于人比食物更为重要，这要求和水保持亲近的距离。另一方面水也可以使人遭受灭顶之灾，从上古的传说中我们会感受到祖先治水的艰难经历。在和水打交道的过程中，人们对水有了更多的了解。

由《山海经》里可以看出古人已开始对我国西高东低的地形有了认识，大江大河“发源必东”，仿佛体现了水之有志，这种比德于水的倾向使后世在其影响下极为重视水景的设计。

水是园林中生命的保障，使园中充满旺盛的生机；水是净化环境的工具。

园林中水的作用，还不只这些，在功能上能湿润空气，调节气温，吸收灰尘，有利于游人的健康，还可用于灌溉和消防。

在炎热的夏季里通过水分蒸发可使空气湿润凉爽，水面低平可引清风吹到岸上，故石涛《画语录》中有："夏地树常荫，水边风最凉"之说。水和其它要素配合，可以产生更为丰富的变化，"山令人古，水令人远"。园林中只要有水，就会显示出活泼的生气。宋朝朱熹曾概括道："仁者安于义理，而厚重不迁，有似于山，故乐山。川知者安于事理，而周流无滞，有似于水，故乐水。"山和水具体形态千变万化，"厚重不迁"（静）和"周流无滞"（动）是各自最基本的特征。石涛说："非山之住水，不足以见乎周流，非水之住山，不足以见乎环抱。"道出了山水相依才能令地形变化动静相参，丰富完整。另外，水面还可以进行各种水上运动及养鱼种藕结合生产。

在空间景观效应方面（图5-2-1～图5-2-5），水体可以起到空间的扩展与引导，丰富空间层次的作用。规模较大面状的水，在环境空间中有一定的控制作用。小规模的水池或水面的水景，在环境中起着点景的作用，成为空间的视觉焦点，从而起到引导作用。水景作为视觉对象，应有丰富的视觉层次（灵活组织点、线、面式水景，可采用叠合的方式形成立体水景，构成三维空间增加层次感）。

图5-2-1　水的空间景观——光效应

图5-2-2　水的空间景观——小气候效应

图5-2-3　水的静态景观效应

图5-2-4　水的动态景观效应

图5-2-5　水声效应

二、水体水系的形态

无论中西方园林都曾在水景设计中模仿自然界里水存在的形态，这些形态可大致分为两类：

带状水体：江、河等平地上的大型水体和溪涧（图5-2-6）等山间幽闭景观。前者多处在大型风景区中；后者和地形结合紧密，在园林中出现得更为频繁。

块状水体：大者如湖海（图5-2-7），烟波浩渺，水天相接。园林里将大湖常以“海”命名，如福海、北海等，以求得“纳千顷之汪洋”的艺术效果。小者如池沼，适于山居茅舍，带给人以安宁、静穆的气氛。

图5-2-6　带状水体——溪涧

图5-2-7　块状水体——湖

此外，水的形态还有“喷、涌、射”与“落”的形态。

喷、涌、射：主要以人工喷泉（图5-2-8、彩图9）景观的形式美化城市环境，从城市广场到街道、从庭院到小区，喷泉因其所处的环境的层面性质、空间形态、地理位置的不同和观赏者的心理和行为方面的不同要求使其形式千差万别。

落：是经线的形势所构成的天然的人造的人工落水（图5-2-9）。瀑布常与水池构成一个整体。瀑布的落差和水流量大小、常常创造出极具个性特色的水景给人以清新的感受。

图5-2-8　人工喷泉

图5-2-9　落水

在城市里是不大可能将天然水系移入到园林中的。这就需要对天然水体观察提炼，求得“神似”而非“形似”，以人工水面（主要是湖面）创造近于自然水系的效果。

圆明园、避暑山庄等是分散用水的范例。私家大中型园林也常采用这类形式，有时虽水面集中，也尽可能“居偏”，以形成山环水抱的格局，反之如过于突出则显呆滞，难以和周围景物产生联系，而在中小型园林里为了在建筑空间里突出山池，水体常以聚为主。

我们以颐和园后山的水体处理为例加以说明。

（一）颐和园后山的水体

相对而言，清漪园（今颐和园）后山的地形塑造要艰苦得多。上千米长的万寿山北坡原来无水，地势平缓，草木稀疏。山南虽有较大水面却缺乏深远感，佛香阁建筑群（彩图1）宏伟壮丽却不够自然，万寿山过于孤立，变化也不够，有太露之嫌。基于以上考虑，乾隆时期对后山进行大规模整治，其中心是在靠近北墙一侧挖湖引水，挖出的土方堆在北墙以南，形成了一条类似于峡谷的游览线。这项工程不单解决了前面遇到的问题，还满足了后山排水的需要，为圆明园和附近农田输送了水源，景观上避免了北岸紧靠园外无景可赏的弊病，可说是一举数得。这类峡谷景观的再现即使在皇家园林中也是很少见的，其独特的意趣常使众多游人流连于此，理水则是这种意趣能够得以产生的关键。

后溪河（图5-2-10）北岸假山虽然是由人工堆叠而成，却并没有追求自成体系，任意安排。它的变化和南山“万寿山北麓”相结合。严格地说，其走势是由南山地貌决定的；南山凸出的地方，北山也逼向江心，中间形成如同刚被冲开的缺口；南山凹进，北山也随着后退，造成中间如同被溪水浸刷而出现的开阔水面。

不算谐趣园，后溪河千米长的游览线被五座桥梁和一处峡口分成七段，每段约长150m。桥梁的遮挡，堤岸的曲折，使这个距离以外的景色受到阻拦。在每段内部，两岸的景物则历历在目，甚至建筑细部亦可看清。由于水路视距多在百米左右，和万寿山南坡视距可达千米完全不同，视距短，人看和被看的机会都被减少了，造成了林茂人稀的效果。后山的幽静感就是这样产生的。当人们由半壁桥开始游览时，就可以望见前面缔望轩和看云起时两组建筑峙立于峡口两岸，给了人们一个醒目的标志。穿过峡口便来到桃花沟景区，它是后溪河上第一个高潮。四周建筑密度仅次于买卖街，沟内密植桃林，在青松衬托下如同《桃花源记》中描写的人间仙境。除了植物和建筑，地形上也对水的变化作了必要的强调——在南北纵深方向上以沟壑增加深远感。在前段线路上山势平缓缺乏变化，这里接近山脊，山高谷深，是后山最大的排水沟。由味闲斋之间开始逐渐变宽，在欲进入后溪河时突然变窄，形成了空间收一放一收的变化。水流变急，仿佛江河奔向大海。为了减缓水势，这一段湖面在后溪河各段中是最宽的，正好又和前面仅几米宽的峡口形成了收放对比。如果不这样做，则会使浑水冲入买卖街和半壁桥附近水面，对景观产生影响，同时不利于北岸的稳定。开阔的水面则可以让泥沙逐渐沉淀，起到净化作用，故水口上立有四角小亭，取名“澄碧”，象征水之清澈。

过通云城关继续前行就到了买卖街（图5-2-11），沿后山中轴线（大石桥）整齐地排列

图5-2-10　颐和园后溪河

图5-2-11　颐和园买卖街

着半里长的铺面房，店铺前后分别是料石砌就的驳岸和挡土墙。与前两段建筑因山选址散点布置，湖岸土山抱水，因势出人的山林气氛相比较，令人感到势闹欢快，如同在江南水市中畅游，所效仿的是人工景观（和今天有些景点内的民族文化村略有相似）。这也是出于“因地制宜”的考虑，买卖街附近多石，掘石换土工程量太大。地势险窄，即使绿化恐怕也只能是今天行道树的效果，况且由北楼门入园，洞对岸是大体量的表示民族团结的佛寺建筑形象——须弥灵境。

作为一种过渡，买卖街起到了前奏曲的作用，做到了局部服从于整体的安排。河岸上高高的石壁看似缺乏绿意，实则将山上巨大的建筑群作了遮掩，称得上是“大巧若拙”。买卖街的尽端是“寅辉”城关，旁边有一山谷是万寿山北坡东半部主要排水渠道之一。它不如桃花沟宽大幽深，却以数丈高的石壁形成绝涧，坐落于壁顶的寅辉更强化了地形的险峻，这种险峻感的形成也是靠人工切割掉原来的山脚，堆土于山上，使山更高、坡更陡。山涧直流而下也产生了和桃花沟冲刷严重的问题。要是和桃花沟作同样处理会使人感到雷同，为此设计者采用如下步骤；首先将山涧出口处作弯曲变化，使水流先向东转再经北折，冲力被卸掉一部分，不能直泻而下。其次在涧北面石岸层层向西收进，将水引入到一个中心有岛的港湾，令其绕岛而流，增加了水流路径，减慢了水的流速。过寅辉关后，景色立时变得肃静幽雅，两段水面周围青山满目，建筑只是山林的点缀。檐宁堂、花承阁，虽有对称轴线，仅是为了明确各段的节奏。花承阁多宝塔纤细秀美，对自然景物是一种补充而非控制。这里水面富于变化，即使在狭窄的北山，也设计了一段曲折的河道，河道里隐藏着一座船坞，是消夏寻幽的好去处。由此可见，后溪河东段以静取胜，为随即到来的谐趣园作铺垫。整个游览线动静交呈，按动—静—动的序列演替出多变的旋律，是皇家园林线式理水成功的代表作。

（二）其他园林中水体的处理形式

苏州畅园、壶园和北海画舫斋等处水面方正平直，采用对称式布局。

但常用对称式布局，有时又显得过于严谨。即使皇家园林在大水面的周围也往往布置曲折的水院。避暑山庄的文园狮子林，北海的静心斋、濠濮间，圆明园的福海，颐和园的后湖以及很多景点都是如此。在干旱少雨的北方水系设置尚且不忘以潆洄变化为能事，南方就更可想而知了。水的运动要有所依靠，画论中有“画岸不画水”之说，意即水面应靠堤、岛、桥、岸、树木及周围景物的倒影为其增色。南京瞻园以三个小池贯通南北，第一个位于大假山侧面，小而深邃有山林味道；第二个水面面积最大，略有亭廊点缀，开阔安静；第三个水面紧傍大体量的水棚，曲折变化增多，狭处设汀步供人穿行，较为巧媚。三者以溪水相连，和四周景物配合紧凑。为使池岸断面丰富，可见仅大池四周就有贴水石矶，水轩亭台，平缓草坡，陡崖重路，夹涧石谷等几种变化，和廊桥、汀步、小桥组合在一起避免了景色的单调。

三、世界水景的特点

（一）中国水景

东方园林基本上是写意的、直观的，重自然、重情感、重想象、重联想、重“言有尽而意无穷”、“言在此而意在彼”的韵味。中国园林水景的取象是讲和溪瀑的动水和沼泽湖海的静水两方面。中国园林的假山高大、硬朗，水域开阔，人工味较浓。

（二）西方水景

欧洲的水源也很丰富，植被更是繁茂，使用了模仿伊甸园的四条水路分割法则。后来欧洲又用大量的几何植栽来加强了这种分割，并以这种矩形分划为基础，衍生出一整套几何造园的理论，而水法的运用也日趋宏大。

西方园林基本上是写实的、理性的、客观的，重图形、重人工、重秩序、重规律，以一种天生的对理性思考的崇尚而把园林也纳入到严谨、认真、仔细的科学范畴。

主导思想是以人为自然界的中心，大自然必须按照人的思想中的秩序、规则、条理、模式来进行改造，以中轴对称规则形式体现出超越自然的人类征服力量，人造的几何规则景观超越于一切自然。

（三）伊斯兰水景

伊斯兰体系是在古巴比伦故土上发展，和其所模仿的原型有着同样的气候和地理环境，对古西亚流派的手法保存得比较完整，而其视水如金的水法处理也是其最大的特色。使用谨慎保护水流的渠道和堤岸，狭窄的溪流潺潺和低矮的喷泉点点。

（四）日本自然式水景

佛家的禅宗与中国古典园林“天人合一”的思想是构成日本园林艺术的主要方面，水域也更接近自然溪流沼泽，人工痕迹较少。日本偏于佛，以智者的形象带有出世解脱的色彩，日本在形象和抽象之间，喜欢用拟佛拟神的较为晦涩的语言。日本园林则是在荒凉孤寂的山林中体现着孤独的禅意和对短暂人生的寂寞思考。

枯山水（图5-2-12）是日本园林的精华，实质上是以砂代水、以石代岛（图5-2-13）的做法。用极少的构成要素达到极大的意蕴效果，追求禅意的枯寂美。

图5-2-12　枯山水

图5-2-13　以石代岛

四、理水

园林中人工所造的水景，多是就天然水面略加人工或依地势“就地凿水”而成。

水景按照静动状态可分为：

动水：河流、溪涧、瀑布、喷泉、壁泉等。

静水：水池、湖沼等。

水景按照自然和规则程度可分为：

自然式水景：河流、湖泊、池沼、泉源、溪涧、涌泉、瀑布等。

规则式水景：规则式水池、喷泉、壁泉等。

（一）河流

在园林中组织河流（图5-2-14、图5-2-15）时，应结合地形，不宜过分弯曲，河岸上应有缓有陡，河床有宽有窄，空间上应有开朗和闭锁。

造景设计时要注意河流两岸风景，尤其是当游人泛舟于河流之上时，要有意识地为其安排对景、夹景和借景，留出一些好的透视线。

图5-2-14　河流A

图5-2-15　河流B

（二）溪涧

自然界中，泉水通过山体断口夹在两山间的流水为涧，山间浅流为溪。一般习惯上“溪”、“涧”通用，常以水流平缓者为溪，湍急者为涧。

溪涧（图5-2-16、图5-2-17）之水景，以动水为佳，且宜湍急，上通水源，下达水体，在园林中，应选陡石之地布置溪涧，平面上要求蜿蜒曲折，竖向上要求有缓有陡，形成急流、潜流。如无锡寄畅园中的八音涧（图4-4-24），以忽断忽续、忽隐忽现、忽急忽缓、忽聚忽散的手法处理流水，水形多变，水声悦耳，有其独到之处。

图5-2-16　溪涧A

图5-2-17　溪涧B

（三）湖池

湖池有天然人工两种，园林中湖池多就天然水域，略加修饰或依地势就低凿水而成，沿岸因境设景，自成天然图画（彩图1～彩图4）。

湖池常作为园林（或一个局部）的构图中心，在我国古典园林中常在较小的水池四周围以建筑，如颐和园中的谐趣园（彩图20），苏州的拙政园（彩图26）、留园，上海的豫园等。这种布置手法，最宜组织园内互为对景，产生面面入画，有“小中见大”之妙。

湖池水位有最低最高与常水位之分，植物一般均种于最高水位以上，耐湿树种则可种在常水位以上，池周围种植物应留出透视线，使湖岸有开有合、有透有漏。

（四）瀑布

图5-2-18 瀑布

从河床横断面陡坡或悬崖处倾泻而下的水为瀑，其瀑遥望之如布垂而下，故谓之瀑布（图5-1-18）。

瀑布是水晶中最为活跃的部分，它可独立成景，形成丰富多彩的效果，在园林里很常见。瀑布可分为线瀑、挂瀑、飞瀑、叠瀑等形式（国外有人认为陡坡上形成的滑落水流也可算作瀑布，它在阳光下有动人的光感，我们这里所指的是因水在空中下落而形成的瀑布）。瀑布口的形状决定了瀑布的形态，如线瀑水口窄，帘瀑水口宽。水口平直，瀑布透明平滑；水口不整齐会使水帘变皱；水口极不规则时，水帘将出现不透明的水花。现代瀑布可以让光线照在瀑布背面，流光溢彩，引人入胜。天气干燥炎热的地方，流水应在阴影下设置；阴天较多的地区应在阳光下设置，以便于人的接近甚至进入水流。叠瀑是指水流不是直接落入池中而是经过几个短的间断叠落而下形成的瀑布，它比较自然，充满变化，最适于与假山结合模仿真实的瀑布。设计时要注意承水面不宜过多，应上密下疏，使水最后能保持足够的跌落力量。叠落过程中水流可以一般为分几股，也可以几股合为一股。如避暑山庄中的沧浪屿就是这样处理的。水池中可设石承受冲刷，使水花和声音显露出来。

大的风景区中，常有天然瀑布可以利用，但在一般园林当中，就很少有了。所以，只可以在经济条件许可，又非常必要时，可结合叠山创造人工小瀑布。人工瀑布只有在具有高水位置的情况下，或条件允许人工给水时，才能运用。

瀑布由五部分构成：上流（水源）、落水口、瀑身、瀑潭、下流。

瀑布下落的方式有直落、阶段落、线落、溅落和左右落等之分。

瀑布附近的绿化，不可阻挡瀑身，因此瀑布两侧不宜配置树形高耸和垂直的树木。在瀑身3～4倍距离内，应做空旷处理，以便游人有适当距离来欣赏瀑景，对游人有强烈吸引力的瀑布，还可以在适当地点专设观瀑亭。

（五）喷泉

地下水向地面上涌谓泉，泉水集中，流速大者可成涌泉、喷泉。

在园林中，喷泉（图5-2-19、彩图9）往往与水池相联系，布置在建筑物前、广场的中心或

图5-2-19 喷泉

闭锁空间内部，作为一个局部的构图中心，尤其在缺水之园林风景焦点上运用喷泉，则能得到较高的艺术效果。喷泉有以下水柱为中心的，也有以雕像为中心的，前者适用于广场以及游人较多之处，后者则多用于宁静地区，喷泉的水池形状大小可变化多样，但要与周围环境相协调。

喷泉的水源有天然的也有人工的，天然水源即是在高处储水池，利用天然水压使水流喷出，人工水源则是利用自来水或水泵推水。处理好喷泉的喷头是形成不同情趣喷泉水景的关键之一，喷泉出水的方式可分长流式或间歇式。近年来，随着光、电、声波和自控装置的发展，在国外有随着音乐节奏起舞的喷泉柱群和间歇喷泉。我国于1982年在北京石景山区古城公园也成功地装置了自行设计的自控花型喷泉群。

喷泉水池之植物种植，应符合功能及观赏要求，可选择慈菇、水生鸢尾、睡莲、水葱、千屈菜、荷花等。水池深度，随种植类型而异，一般不宜超过60cm，亦可用盆栽水生植物直接沉入水底。

喷泉在城市中也得到广泛应用，它的动感适于在静水中形成对比，在缺乏流水的地方和室内空间可以发挥很大的作用。

（六）壁泉

壁泉（图5-2-20）其构造分壁面、落水口、受水池三部分。壁面附近墙面凹进一些，用石料做成装饰，有浮雕及雕塑。落水口可用兽形及人物雕像或山石来装饰，如我国旧园及寺庙中，就有将壁泉落水口做成龙头式样的。其落水形式需依水量之多少来决定，水多时，可设置水幕，使成片落水，水少时成柱状落，水更少成淋落，点滴落下。目前壁泉已被运用到建筑的室内空间中，增加了室内动景，颇富生气，如广州白云山庄的“三叠泉”。

图5-2-20　壁泉

五、水景设计原则及水景维护

（一）水景设计的基本原则

1.满足功能性要求

水景的基本功能是供人观赏，因此它必须是能够给人带来美感且使人赏心悦目的，所以设计首先要满足艺术美感。

水景也有戏水、娱乐与健身的功能。随着水景在住宅小区领域的应用，人们已不仅满足于观赏要求，更需要的是亲水、戏水的感受。因此，设计中出现了各种戏水旱喷泉、涉水小溪、儿童戏水泳池及各种水力按摩池、气泡水池等，从而使景观水体与戏水娱乐健身水体合二为一，丰富了景观的使用功能。

水景还有小气候的调节功能。小溪、人工湖、各种喷泉都有降尘净化空气及调节湿度的作用，尤其是它能明显增加环境中的负氧离子浓度，使人感到心情舒畅，具有一定的保健作用。水与空气接触的表面积越大，喷射的液滴颗粒越小，空气净化效果越明显，负离子产生的也越多。设计中可以酌情考虑上述功能进行方案优化。

2.环境的整体性要求

水景是工程技术与艺术设计结合的产品，它可以是一个独立的作品。一个好的水景作品，必须要根据它所处的环境氛围、建筑功能要求进行设计，且与建筑园林设计的风格协调统一。

水景的形式有很多种，如流水、落水、静水、喷水等，而喷水又因有各式的喷头，可形成不同的喷水效果。即使是同一种形式的水景，因配置不同的动力水泵又会形成大小、高低、急缓不同的水势。因而在设计中，要先研究环境的要素，从而确定水景的形式、形态、平面及立体尺度，实现与环境相协调，形成和谐的量、度关系，构成主景、辅景、近景、远景的丰富变化。

3.技术保障可靠

水景设计分为几个专业：① 土建结构（池体及表面装饰）、② 给排水（管道阀门、喷头水泵）、③ 电气（灯光、水泵控制）、④ 水质的控制。各专业都要注意实施技术的可靠性，为统一的水景效果服务。

水景最终的效果不是单靠艺术设计就能实现的，它必须依靠每个专业具体的工程技术来保障，只有各个专业协调一致，才能达到最佳效果。

4.运行的经济性

在总体设计中，不仅要考虑最佳效果，同时也要考虑系统运行的经济性。

不同的景观水体、不同的造型、不同的水势，它所需提供的能量是不一样的，即运行经济性是不同的。通过优化组合与搭配、动与静结合、按功能分组等措施都可以降低运行费用。例如，按功能分组设计，分组运行就可以节省运行费用。平时开一些简单功能以达到必要的景观目的，运行费用很少；节假日或有庆祝活动时，再分组开动其它造景功能，这样可以实现一定的运行经济性。

（二）自然式水景的维护保养与生态建设

自然式水景的成功营造取决于各式各样、不同品种的水生植物平衡、和谐地生长。冬季来临之前清理水池边缘植物。

水深的水体比水浅的水体温度变化小，夏天水温不至于过高，冬天不至于过低或结冰。这样一方面抑制水藻的快速生长，另一方面也使微生物正常生长。

保持植物品种、数量的自然平衡和放养适当数量的鱼是保持水体自然生态平衡、避免问题产生的最理想方法。

池塘设计有浅滩或浅的边缘（水体与陆地的通道），利于青蛙、蟾蜍和其它两栖动物选择栖息地。

自然式水体应有1/5～1/3的边缘呈约20º倾斜。

水体最好有深于90cm的中央区域，这将有利于整体水温的稳定，有利于鱼类的生存。大型水体一般在中央建立岛屿（或漂浮岛），为野生动物提供一个好的栖息地。

水生植物对维持水体的生态平衡很重要，它使水质保持清洁，为鱼类提供食物和产卵场所。另外它们能吸收水中的矿物质和二氧化碳（藻类赖以生存），因此用于除藻也很有效。

图5-2-21　苏堤

六、水体中的地形和建筑

（一）堤岸

深入水域或分隔水域的岸型称之为堤或堤岸，如杭州西湖之苏堤（图5-2-21）。

堤不仅能分隔水域，强化景深，还有引导

游线和丰富水景的作用。大型园林往往用堤划分广阔的水域，在划分的水域中或筑岛、布矶，或建轩、架桥，或栽柳、植花，形成不同的主题水景。以堤划分水域应主次有序，作为水面游路不宜过曲或过长；堤应适度接近水面，使人行走其上，有凌波之感；长堤应有断有续，断处以桥相连，桥上人走，桥下船行，既便利交通，丰富堤岸。堤上植树应疏密有致，间隔而不断；堤上组景应讲求韵律节奏，以形成优美的天际线。

（二）堤岛

堤岛等水路边际要素在水景设计中占有特殊的地位。心理学上认为不同质的两部分，在边界上信息量最大。岛：四面环水的水中陆地称岛。岛可以划分水面空间打破水面的单调，对视线起抑障作用，避免湖岸秀丽风池一览无余；从岸上望湖，岛可作为环湖视点集中的焦点，登岛可以环顾四周湖中的开阔景色和湖岸上的全景。此外岛可以增加水上活动内容，岛可以吸引游人向往，活跃了湖面气氛，丰富了水面的动景。

岛可分为山岛、平岛和池岛。山岛突出水面，有垂直的线条，配以适当建筑，常成为全园的主景或眺望点，如北京北海之琼华岛（图5-1-22）。平岛给人舒适方便、平易近人的感觉，形状很多，边缘大部平缓。池岛的代表作如三潭印月，被誉为“湖中有岛，岛中有湖”的胜景。此种手法在面积上壮大了声势，在景色上丰富了变化，具有独特的效果。

岛也可分隔水面，岛在水中的位置切忌居中，忌排比，忌形状端正，无论水景面积大小和岛的类型如何，大都居于水面偏侧。岛的数量以少而精为佳，只要比例恰当，1～2个足矣，但要与岸上景物相呼应，建筑和岛的形体宁小勿大，小巧之岛便于安置。

杭州的九溪就是靠道路被溪流反复穿行，形成多重边界方使人领略到“叮叮咚咚泉，曲曲折折路”的意境。三潭印月也是水中有岛，岛中有湖，湖上又有堤桥的多层次界面综合体。

（三）园桥与汀步

园林中的桥也是这样一种边界要素。它的形式极为灵活，长者可达百余米，短者仅一步即可越过，高者可通巨舟，低者紧贴水面。采用何种形式要做到“因境而成”，大湖长堤上的桥要有和宏伟的景观相配合的尺度。十七孔桥（彩图2）、断桥都是这一类中成功的作品。桥之高低与空间感受也有关系。

园林水景中，常以桥、汀步（图5-2-22）、雕塑、石灯笼、置石以及小品来装饰水体，相互映衬，可使空间层次丰富，景色自然。

桥和汀步是园林水景中必不可少的组景要素。它不仅是路在水中的延伸，还具有联系景点、引导游览路线及增加水景空间层次的作用。桥有平桥、曲桥、拱桥、亭桥（廊桥）等形式，按水面的大小架设。小水面可置平桥、曲桥，而大水面多设拱桥、亭桥和廊桥。汀步是在较浅的静水区，或浅滩、或浅溪用天然石头，也可用混凝土仿制莲叶状设置一种“桥”，并表现出一定的韵律变化，具有自然生机、活泼之感。

图5-2-22　汀步

“登泰山而小天下”这句话说明了视点越高越适于远眺，大空间内的高大桥梁不仅可以成景，也是得景的有力保障，大水面可以行船，桥如无一定高度就会起阻碍作用。小园中不可行船，水景以近赏为主，不求“站得高，看得远”，而须低伏水面，才可使所处空间有扩大的感觉。这时荷花、金鱼均可细赏，如同漫步于清波之上。桥之低平和水边假山的高耸还可形成对比，江南园林中大都如此，上面提过的环秀山庄和瞻园大假山旁的曲桥就是例子。当两岸距离过长或周围景物较好可供观赏时常用曲桥满足需要。桥不应将水面等分，最好在水面转折处架设，可以帮助产生深远感。水浅时可设汀步，它比桥更自然随意，汀步的排列应有变化，数目不应过多，否则难以避免给人以过于整齐的印象。如果水面较宽，应使驳岸探出，相互呼应，形成视角，缩短汀步占据的水面长度。桥的立面和倒影有关，如半圆形拱桥和倒影结合会形成圆框，在地势平坦、周围景物平淡时可用拱桥丰富轮廓。

小环境中的堤桥已不再概念化，弯曲宽窄不等往往更显得活泼、流畅。堤既可将大水面分成不同风格的景区，又是便捷的通道，故宜直不宜曲。长堤为便于两侧水体沟通、行船，中间往往设桥，同时也丰富了景观（因堤为窄长地形，容易使人感到单调）。堤宜平、宜近水，不应过分追求自身变化。岛也可分隔水面，和堤一样不要居于水的中心部位。石岛应以陡险取胜，建筑常布置在最高点的东南位置上，建筑和岛的体积宁小勿大。土岛应缓，周围可密植水生植物保持野趣，令景色亲切怡人。

（四）水体中的雕塑

水体中设置雕塑，如法国凡尔赛宫苑的阿波罗泉池（彩图9）、昆明翠湖公园莲池的“荷花仙女”、南京莫愁湖的“莫愁女”（图5-2-23），以及一些小池设置的水牛、青蛙、鲤鱼等、与其周围环境协调，可发挥点景、称景的作用。此外，水体中堆筑山石，或设石灯笼（图5-2-24）以及池岸边小品，也可增强水体装饰的效果。

图5-2-23　莫愁湖“莫愁女”

图5-2-24　石灯笼

坡岸线宜圆润，不似石岛嶙峋参差。庭院中的水池内如设小岛会增添生气，还可筑巢以吸引水鸟。岛不必多，要各具特色。

杭州西湖三岛中湖心亭虽小却有醒目的主体建筑，人们远远就能看见熠熠发光的琉璃瓦。小瀛洲绿树丛中白墙灰瓦红柱，以空间变换取胜。阮公墩在1982年开发时将竹屋茅舍隐于密林之中，形成内向的“小洲、林中、人家”的主题。

有时人们在水棚内反而觉得热，这是因为人同时吸收阳光直射和水面反射阳光带来的热量，除了改进护栏外，在不影响倒影效果的情况下，可在亭边种植荷花、睡莲等植物。近水岸边种植分枝点较低的乔木，设置座椅吸引纳凉的人们以坐卧为主。

七、湖岸和池体的设计

湖岸的种类很多，可由土、草、石、沙、砖、混凝土等材料构成。草坡因有根系保护，比土坡容易保持稳定。山石岸宜低不宜高，小水面里宜曲不宜直，常在上部悬挑以水岫产生幽远的感觉，在石岸较长、人工味浓烈的地方，可以种植灌木和藤木以减少暴露在外的面积。自然斜坡和阶梯式驳岸对水位变化有较强的适应性。两岸间的宽窄可以决定水流的速度，如果创造急流就能开展划艇等体育活动。

池底的设计常常被人忽略，而它与水接触的面积很大，对水的形态有着重要影响。当用细腻光滑的材料做底面时，水流会很平静，换用粗糙的材料，如卵石，就会引起水流的碰撞产生波浪和水声。水底不平时会使水随地形起伏运动形成涟漪。池底深时，水色暗淡，景物的反射效果好。人们为了加强反射效果，常将池壁和池底漆成蓝色或黑色，如果追求清澈见底的效果，则水池应浅。水池深浅还应由水生植物的不同要求决定。

八、水的配景及水景设施

（一）植物配景

园林水体可赏、可游、可乐。水边植物配置应讲究艺术构图。我国园林中自古主张水边植以垂柳，造成柔条拂水，同时在水边种植落羽松、池杉、水杉及具有下垂气根的小叶榕等，均能起到线条构图的作用。

无论大小水面的植物配置，与水边的距离一般要求有远有近，有疏有密，切忌沿边线等距离栽植，避免单调呆板的行道树形式。但是在某些情况下，又需要造就浓密的“垂直绿障”。

驳岸的植物（图5-2-25）配置驳岸分土岸、石岸、混凝土岸等，其植物配置原则是既能使山和水融成一体，又对水面的空间景观起着主导作用。土岸边的植物配置，应结合地形、道路、岸线布局，有近有远，有疏有密，有断有续，曲曲弯弯，自然有趣。石岸线条生硬、枯燥，植物配置原则是露美、遮丑，使之柔软多变，一般配置岸边垂柳和迎春，让细长柔和的枝条下垂至水面，遮挡石岸，同时配以花灌木和藤本植物，如变色鸢尾、黄菖蒲、燕子花、地锦等来局部遮挡（忌全覆盖、不分美、丑），增加活泼气氛。

（二）石景的配置

“池上理山，园中第一胜也。若大若小，更有妙境。就水点其步石，从巅架以飞梁；洞穴潜藏，穿岩径水；峰峦缥缈，漏月招云；莫言世上无仙，斯住世之瀛壶也。”——在传统的造园艺术中堆山叠石占有十分重要的地位。石配景（图5-2-26）在园林景观设计中是独具特色的装饰品，又起到衬托与分割空间艺术的效果。

图5-2-25　驳岸植物

图5-2-26　驳岸石配景

（三）观赏鱼配景

动物是水景规划设计中的重要要素之一。因为水是生命之源，离开了水就意味着失去了动物赖以生存的物质基础。另一方面，因为动物的存在，水景变得更具有灵性，成为依水景观中的又一个闪光点。

（四）园林驳岸

园林驳岸是在园林水体边缘与陆地交界处，为稳定岸壁、保护河岸不被冲刷或水淹所设置的构筑物，同时也属于园林水景的一部分。园林驳岸必须结合水体所在景区风格、地形地貌、地制条件、材料特性、种植设计、施工方法、技术经济要求来选择其结构形式。

大型水体或规则水体常采用整形式直驳岸，用砖、混凝土、石料等砌筑成整形岸壁。小型水体或园林中水位稳定的水体常采用自然式山石驳岸，以作成岩、矶、崖、岫等形状。

（五）园林护坡

园林中的河湖岸边，有时为了顺其自然，不做驳岸，而是改成斜坡伸入水中，这就要求就地取材，采用各种材料做成护坡。草皮护坡的坡度就土质而定，一般控制在30°以下。

九、水景附近的道路

水景附近的交通要求是既能使游人到达，不致可望而不可即，但又不能令人过于疲劳。

（一）沿水道路

沿水体周边一般设有道路，使游人在水边可接近水面，但为使景色有所变化，道路的设置不能完全与水面平行，而应若即若离，有隐有现，有远有近，以达到“步移景异”的效果。如道路遇到码头、眺望点及沿岸建筑时，要作适当结合处理。

（二）越水通道

常用的是桥与堤。筑堤工程量大，要慎重，常见的堤大多是直堤，很少建曲堤。堤不宜太长，以免使人枯燥乏味，如果觉得水面太大，为使水面与主景有一定比例，可筑堤分隔，使之变小。堤上造桥，可以使堤有所变化。堤的位置不能居中，以使堤分隔后水面有主次之分，堤上种植乔木，还能体现堤划分空间的显著效果。

十、水景的材料及细部设置

（一）防水材料及细部

所有地面连接处及管道穿过处应做止水环、抹灰、贴瓷砖或甲环氧涂料刷水池或使用人造橡胶涂层都需另外做防水。

在结构上或容易膨胀的土壤上设水池，由于担心渗漏，对防水保护要求特别高。另外屋顶花园常常要考虑材料的重量，通常使用连续的防水薄膜、玻璃纤维或金属外壳。

（二）出、排水口细部

水池附近的地表水不应排入池内，坡度要向外将水排到水质保留区，但大型水景池边应至少有600mm表面坡向池内，使溅溢出的水流回水池中。

（三）喷水口细部构造

喷灌包括升降式喷头、喷水式喷头、滴灌器和根部吸收给水管。

（四）瀑布、落水细部构造

中国式的山石瀑布，一般瀑布口宽1～3m，可以用一块仔细打磨的石板、砼板作溢水口。

下水池：瀑布跌落到下水面，会产生水声和水溅。如果有意识地加以利用，可产生更好的效果。如在落水处放块“受水”会增加水溅；放个水车，会有动态。把瀑布的墙面内凹，暗面可衬托水色，可以聚声、反射，也可以减少瀑布水流与墙面之间产生的负压。中国古典小说诗词中的水帘洞、桃花洞就是创造一种人和瀑布、山水紧密相联的范例，让人产生“桃花尽日随流水，洞在清溪何处边”的疑问，引人探索，又有弦外之音。为了防止水溅，一般是下水池的宽度要大于瀑布高度的2/3。为了水体循环，瀑布的进水口宜选择在最下面水池的远端。从规划上考虑，要为水系的循环创造条件，做到“流水不腐”的要求。

十一、水的维护及管理

（一）水质

景观水质首先要求清澈无色无异味。水景观如果没有良好的水质作保证，就谈不上美感。为此，在夏季日照正常的地区，一般7～15天需换水清理一次。其原因一是尘土飘落导致浊度升高，更重要的是因为藻类滋生使浊度与色度影响观感，以至达到感官难以接受的程度。研究表明，当水中总磷浓度超过0.015mg/L，氮浓度超过0.3mg/L时，藻类便会大量繁殖，从而成为水质恶化的首要原因。

设备定期检测：在设计水景时充分考虑水源的设置、给水和排水设施的合理性，安排给水及其设施定时进行清洁、净化工作。

清扫水景中的净水设备一般采用过滤器。可以在水池中和水池外使用机械过滤器和生物型过滤器防水保温一体材料——硬泡聚氨酯。

（二）景观防水材料

防水涂料：混凝土永凝液、JS复合防水涂料；

防水卷材：SBS弹性体改性沥青防水卷材、APP改性沥青防水卷材、三元乙丙橡胶防水卷材。

第三节　园林建筑

园林建筑是园林绿地中的重要组成部分，从园林中所占面积来看，园林建筑是无法与山、水、植物相提并论的。它之所以成为“点睛之笔”，能够吸引大量游览者，就在于它具有其他要素无法替代的、最适合于人活动的内部空间，是自然景色的必要补充。尤其在中国，自然景观和人文景观相互依存、缺一不可，建筑便理所当然地成为后者的寄寓之所和前者的有力烘托。中国园林建筑形式之多样，色彩之别致，分隔之灵活，内涵之丰富在世界上少有可比肩者。

由于建筑种类很多，有的是使用功能上不可缺少的，像构筑物道路、桥梁、驳岸、挡土墙、水电煤气设施等；也有为游人服务所必需的，如大门、茶室、小卖部、灯、厕所和桌椅凳、指路牌、宣传牌、垃圾箱等；还有为游人休息观赏用的建筑，如亭、廊、水榭、花架以及我国古典园林建筑中传统的形式，如舫、榭、厅、堂、楼、阁、馆、轩、塔等。

馆、轩、斋、室等这类建筑在使用功能上，自明、清以后已无一定的制度，常常是一座建筑物落成以后经文人雅士在建筑匾额上的题字而任意称呼。很多名称的含义已经发生了变化，含义也并不像从前那样明确。因此，在称谓上已常常混用，在使用功能上区别也不严格，在其中情画、会客、起居、宴饮均无不可；再如斋、轩、馆、室都可用来称呼一些次要的建筑。我们要避免被眼花缭乱的建筑名称和式样所困扰，从而影响到对于建筑——环境这个主要关系的把握。

馆、轩、斋、室是园林中数量最多的建筑物，在个体造型、布局方式、建筑与环境的结合上，都表现出比厅堂更多的灵活性。有时布局极为开敞，以建筑个体形式深入到自然环境之中，成为风景画面的重要点缀；也有时与厅堂主体建筑一起组成建筑群组；还有时独立地组成一个环境幽僻的庭院空间。在建筑的体量上，它们处于厅堂与亭榭之间，属于中等大小的建筑物，体型变化也较灵活多样，因此对园林空间的组织、园林景观面貌起着重要的作用。其中，馆、轩也属厅堂类型，但尺度较小、布置于次要地位。斋、室、房等则一般是附属于厅堂的辅助性用房，布置上与主体建筑相配合。

中国园林建筑形式之多主要由环境需要所决定。以《园冶》为例对传统建筑的种类作一下简单介绍（图5-3-1）。

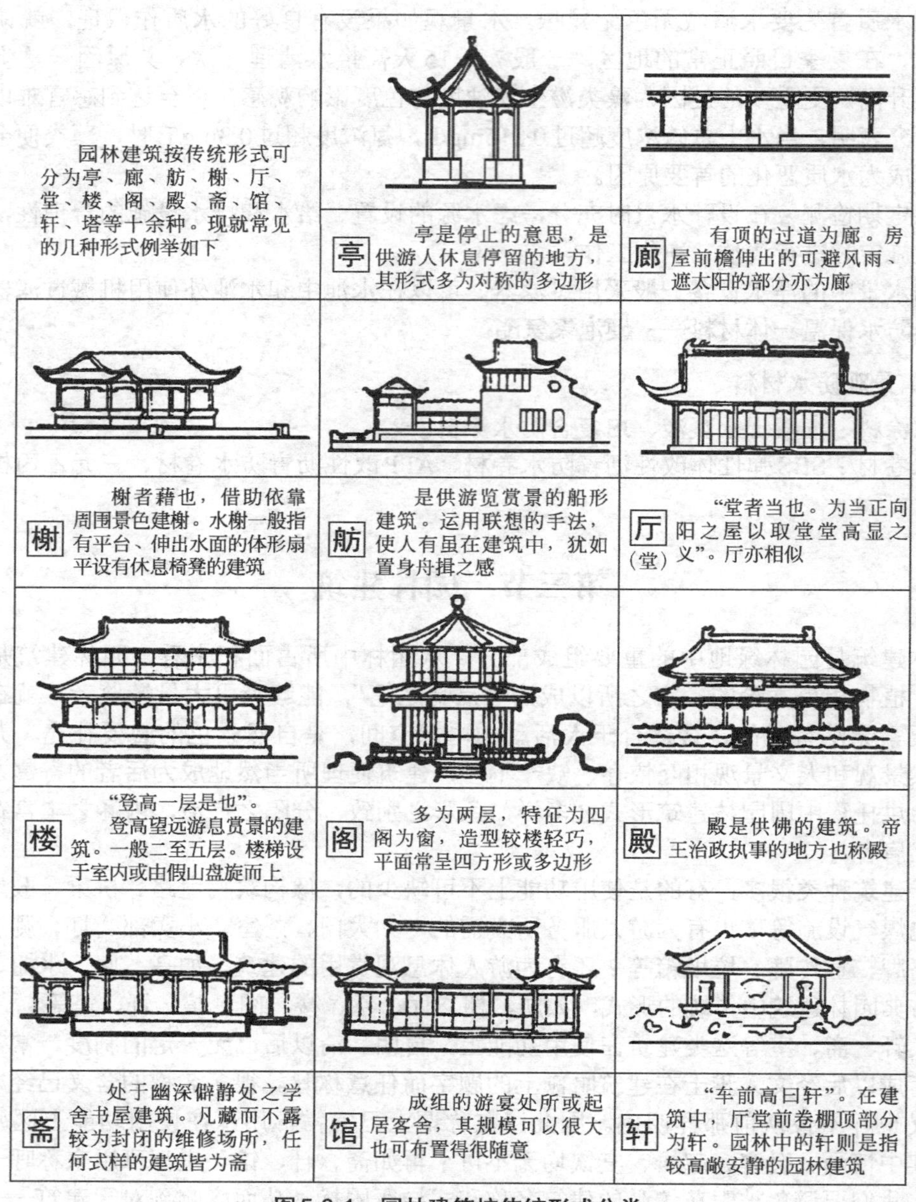

图5-3-1　园林建筑按传统形式分类

中国园林建筑的式样并不很多，从屋顶上区分常见的有硬山、悬山、歇山、庑殿和攒尖五种（图5-3-2）。

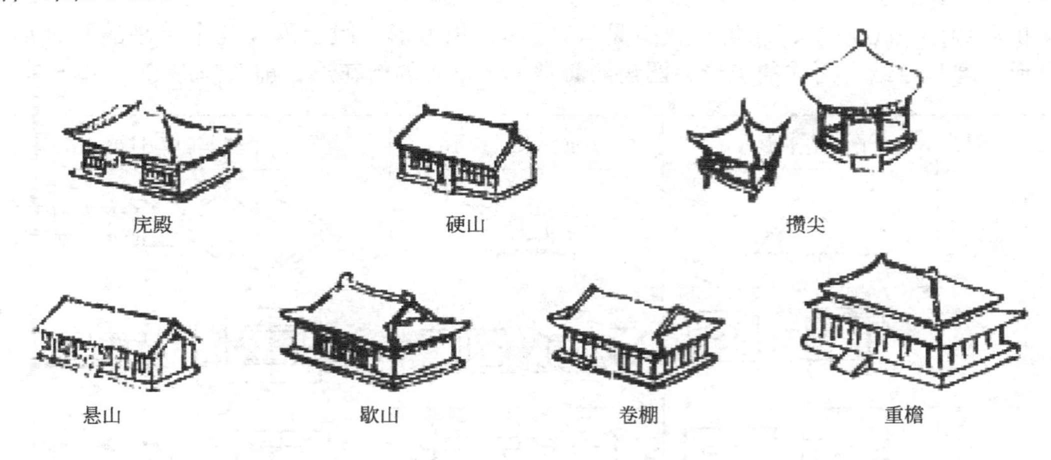

图5-3-2　园林建筑屋顶形式

屋顶和平面及屋顶自身的组合变化使建筑的形式得到极大丰富。它们之间不存在孰优孰劣的问题，只有在一定的环境当中才有高下之分。大尺度山水环境中的寺庙园林，主体建筑若不采用歇山重檐将不足以营造庄严肃穆的气氛，而窄小的私家园林里轻巧的攒尖山亭一样以清幽带给人美的感受。如果它们互换位置，不仅谁也不能使景观增色，反会落下败笔，故《园冶》中有“宜亭斯亭，宜榭斯榭”之句。由于亭的分布较广，外形变化也很多，绝大多数园林建筑都采用亭的形式（或可用亭来替代），这使我们有可能以亭为例，初步把握园林建筑的一般规律。

园林建筑设计总的要求还是城市建设“适用、经济、在可能条件下美观”的原则，但是不同类型的园林绿地，要根据其性质、用途、投资，在制订总体规划时妥善安排各项建筑项目。园林建筑毕竟不同于一般的建筑，在满足各项功能要求的同时，也要考虑园林艺术构图和组织游览路线的需要。

一、亭

“亭者，停也。人所停集也。”——亭是供人们停留聚集的地方。“随意合宜则制”，即可以随自己的意思，并适应地形建造。说明其适应范围极广，是园林里应用最多的建筑形式。

图5-3-3　桥亭

亭是供人们休息、赏景的地方，又是园中一景，一般四面透空，多数为斜屋面，现在的亭，已引伸为精巧的小型建筑物，如门口的售票亭，小卖部的售货亭，食堂前的茶水亭，水体上的桥亭（图5-3-3）等。这些亭一般均就实际需要来规划平面、立面，多数屋顶是平的。

（一）亭的形式

1.从平面上分

正多边形（七角亭、九角亭较少见）、圆形、长方形、组合形（几个单亭的复合形式）和特形（圆和方结合而成的圭形、四角的海棠形、五角的梅花形、扁八角形等）（图5-3-4）。

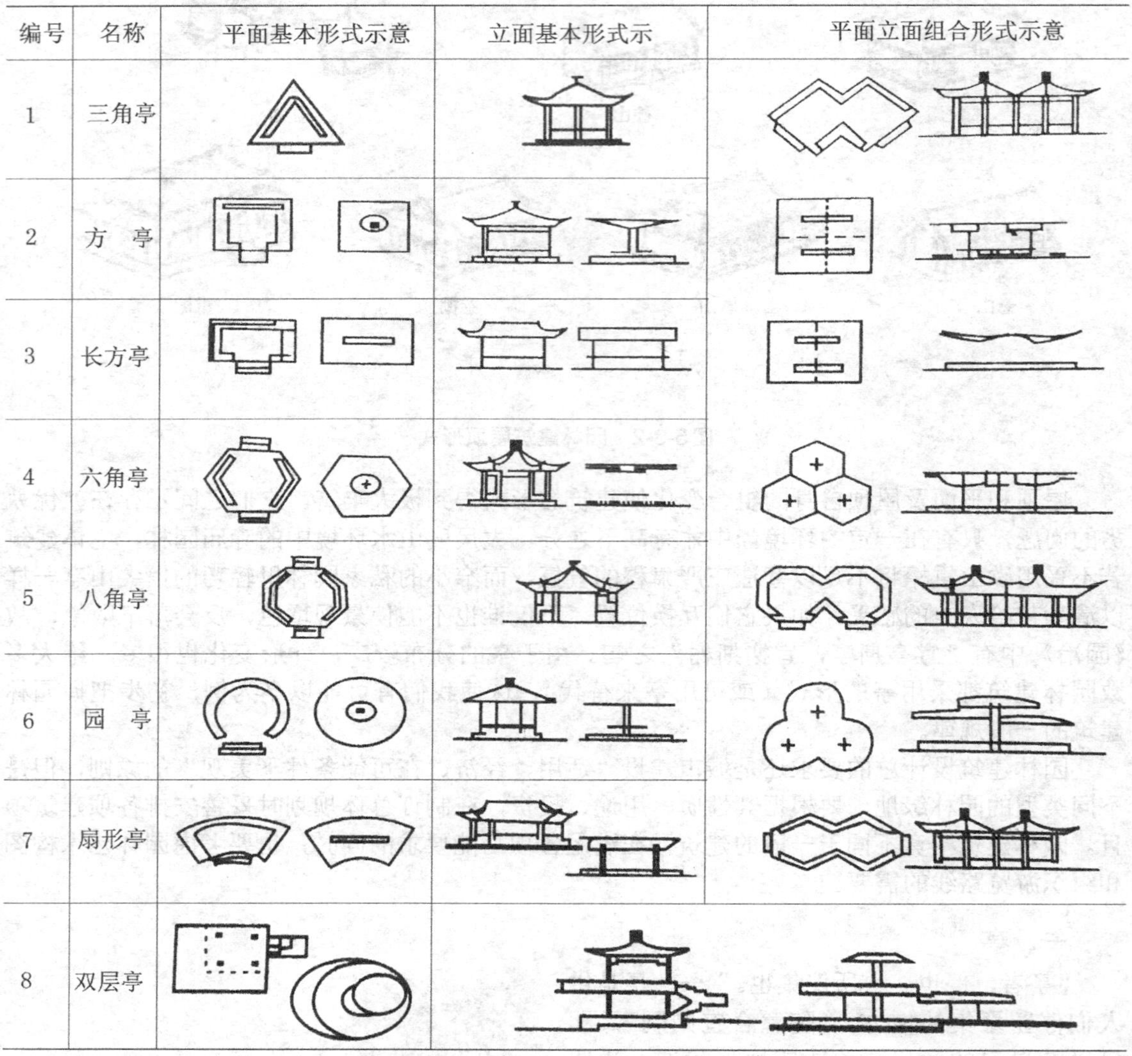

编号	名称	平面基本形式示意	立面基本形式示	平面立面组合形式示意
1	三角亭			
2	方　亭			
3	长方亭			
4	六角亭			
5	八角亭			
6	园　亭			
7	扇形亭			
8	双层亭			

图5-3-4　亭的各种形式举例

2.从立面上

分攒尖顶（正多边形、海棠形、梅花形的亭子常采用）和有脊顶（长方形和某些特形平面的亭子上常见）两种形式。

这两种亭子均有重檐形式。现代园林里平顶亭得到大量应用。基本上各种平面形式的亭子均可使用。此外还有折板形、圆形等立面式样。

亭的不同形式可给人以不同感受：三角攒尖活泼轻巧；正多边形体态端庄；重檐亭稳健持重；特形亭新奇精巧；长方亭视野开阔，正面成景效果好；扇面亭观赏面扩大且便于转折。它们各有所长，可以相互补充。

（二）亭的位置

园亭位置的选择要考虑两方面的因素：其一，亭是供人游憩的，要能遮阳避雨，要有良好的观赏条件，因此，亭子要造在观赏风景的地方；其二，亭建成后，又成为园林风景的重要组成部分，所以亭的设计要和周围环境相协调，并且往往起到画龙点睛的作用。

据《园冶》记载："亭安有式，基立无凭"，指亭之安置各有定式，选地立基，并无准则，要由周围环境决定。建筑不求喧宾夺主而要和谐的突出自然景色，和景物融为一体。费尔巴哈曾说："东方人见到了统一而忽略了差异，西方人则见到差异而遗忘了统一。"从中国古代哲学上的天人合一到园林中"虽由人作，宛自天开"，都说明了这一点。古典园林里对自然景物的烘托和资借在今天看来仍很有意义。

园林中可在山间、水畔或平地设亭。以园亭所处位置不同可分成：

1. 山亭

设于山顶山脊很易形成构图中心，并留出透视线，眺望周围环境风景（彩图24）。园林处在闹市区，周围实在无景可赏的，山又不大，游人又多，亭可设在山腰，以供休息和观赏。在高大山的中途为休息需要亭设于半山，应选凸处，不致遮掩前景，也是引导游人的标志。

成都青城山步雨桥亭地处山麓。山麓设亭的基本点在于引导游人，若想让人过岩石后左行过桥，须克服此处景色单调沉闷的缺点，使空间在桥头一端产生趣味，故设置了正多边形的步雨桥亭作为桥的对景，并用长方形的翠光亭屏隔空间，虹桥、岩石也各守一边，使"真气不外泄"，改变了视野狭长的感受。当游人走来时，先闻泉声，次见危崖，绕岩而转时，翠光亭的一角隐约露出，但见楠木为柱，树皮为顶，吸引人前去探其究竟，直至步雨桥亭、虹桥一一出现，两者轴线重合，产生了新的方向感。桥对面的山道若隐若现，给人指示了前方的路线。两亭的造型也很合适。俗语说，青城天下幽。青城之幽是由山谷和林木造就的，在狭长的地带形成这样一个舒展的空间，有助于在下一段山道行进时不致乏味，亭和茂盛的巨树相接，彼此限定并突出了对方，使人们对于青城山奇特的植物景观产生了难忘的印象，不能不急于探幽寻胜。从造型上看，翠光亭之长起到了以主要观赏面吸引游人并屏蔽视线的作用。攒尖的步雨桥亭独立性更强一些，和虹桥一起统领全局，手法简洁自然。

山腰设亭功能性较强，要求可供人歇脚消汗，同时要求比麓亭有更好的眺望条件，如，北京植物园内山腰的拙山亭（图5-3-5）、颐和园万寿山南坡的"意迟云在"就是典型代表。为了便于驻足赏景，对原地形作了改造，形成平台。这里由于地势升高，堤岛对水面的遮挡已不很明显，可以极目远眺云水相接之处。亭名取自"云在意俱迟"之句（即人的反应不知云的变化快），流云静水给人以动静交呈的感受。现在台下树木过高，应该留出透景线，保持原有的意境。

图5-3-5 北京植物园内山腰的拙山亭

在相等的投影面积上，坡地和天空有较大的接触面，立面也更有变化，悬挑形式常常用以强调上述特征。

山顶设亭作用更大，以至于一提到在山上建亭，人们总会想到将亭子设在山的顶部或脊部。在平缓的山上设亭能起到助长山势的作用，此类亭多采用攒尖顶。

避暑山庄始建时在西部山区靠近湖洲区、平原区的山上设"锤峰落照"（图5-3-6），因磬锤峰在其东部，故做成东西长的卷棚歇山形式，给人一种平稳感，和湖水的情调相协调，西、北面有山景，南可望宫殿区，做到了“适兴平芜眺远，壮观乔岳瞻遥”。

山顶设亭可对四周景物起到控制作用。三座亭，“锤峰落照”（图5-3-6）单独对湖洲区产生影响，“北枕双峰（双峰指黑山、金山）”（图5-3-7）、“南山积雪”（图5-3-8）两个成组对谷原区进行控制。这样除了西边小部分山地以外，主要活动区都被纳入了这面控制网（随着“四面云山”亭的建立，这部分山地也进入了控制范围）。

近年来，平顶亭在园林里广为应用，广州白云山晓望亭（图5-3-9）就是一例。它没有照搬古典亭式，而是以长方形前接以半圆形敞厅的做法，从平立面上创造出开阔的视野和运动感。黄埔某岗亭和晓望亭相似，但更为通透，仅用一柱支撑，亭后设置花架和背景山林产生协调气氛。

图5-3-6　锤峰落照

图5-3-7　北枕双峰

图5-3-8　南山积雪

图5-3-9　白云山晓望亭

2.水亭

亭与水面结合，若水面较小，最好相互渗透。亭立于池水之中，接近水面，体型宜小如沧浪亭（彩图3）、荷花四面亭（彩图7）、水亭（图5-3-10）等。较大水面，常在桥上建亭，结合划分空间，丰富湖岸景色，并可保护桥体结构，桥上建亭带有交通作用，要注意周围环境。江南园林中运用得较为成功的是留园亭舫（彩图6）。

水亭一般宜三面或四面为水包围并低贴水面。今天许多园林里仍有流杯亭，可分为国字渠、凤字渠、南虎北龙等式样，成为庭园和园林中小局部的一种点缀。水面开阔处设亭应注意得景及成景条件，这时亭既可观景也是各个外部景点的借景对象。颐和园知春亭（图5-3-11）为游人欣赏万寿山南坡提供了良好的视角，两岛相连，使人感到变化丰富。人若上小岛，视角还可以进一步调整，是得景的良好场所，亭子体量适中（此时如太小，和旁边的城关显得不适应，且玉澜堂南部建筑较稀，应适当加以强调），以十六根柱子四四一组构成重檐四角亭。如果将其置于西端小岛上会显得西沉东轻，亭大岛小而失去均衡。

图5-3-10　水亭

图5-3-11　颐和园的知春亭

桥亭在园林中也是屡见不鲜的。颐和园西堤和杭州西湖苏堤上的桥亭（图5-3-12）形式各异，如同链环连接西、南两岸，分隔了水面层次，起到锦上添花的作用。

在扬州“借取西湖半点，堪夸其瘦”的瘦西湖，堤岛横于水中使其更“瘦”。五亭桥（彩图28～彩图30）据说和瘦西湖白塔一样是盐商仿北海的五龙亭及白塔而修建的，目的是使乾隆有宾至如归之感。横跨在湖的两岸，因环境不够大，五个亭子集中布置，为避免体积太大，桥两头做成渐低的引桥，同时也烘托出主体部分的高大。五亭桥下部开出15个桥洞，据说晚间湖面上群月荡漾，溢彩流光，称得上一举两得，成为扬州市的象征（彩图30）。

3.平地亭

平地设亭在园林里也极为常见，多位于道路中的重点部位（如广场、交叉口、转折点、风景序列的入口等），或者在道路一侧与其它素材构成独立小景，如日本茶庭中的亭（彩图15）。平地建亭往往更需要花费精力，细细推敲才能做好。在缺乏山水地形的时候更应当开阔思路，善于联想。平地建亭视点低，要避免平淡、闭塞，要结合周围环境造成一定景观效果。这就要开辟风景线，线上有对景，若有背风向阳清静处更理想。平地建亭不要在通车干道上，多设在路一侧或路口。此外，园墙之中，廊间重点或尽端转角等地也可用亭来点缀，如颐和园长廊每一节段设一亭，破除长廊的单调成为停留的重点。围墙之边设半亭，可作为出入口的标志。

平地建筑也要注意适当地改造原有地形使之与建筑更有机地结合在一起，或直接将山石、水池延入室内，如在墙上设置壁泉，将柱子做成假山和树干形状，或以自然石墙将柱包于墙体之中，在屋顶开洞引入光线，使屋面的藤蔓可飘垂于室内，室内的乔木亦能穿出到屋外，总之尽一切手段弥补自然气氛的不足，如仙梅亭（图5-3-13）。平地建亭游人容易到达，可使用的时间也比较长，这些是山亭、湖亭因所处环境限制而不易做到的。平地亭常可作为晚间文娱活动的重要场所。

图5-3-12　西湖桥亭

图5-3-13　岳阳楼之仙梅亭

（三）亭的设计要求

每个亭都应有特点，不能千篇一律，观此知彼。一般亭子只是休息、点景用，体量上不论平面、立面都不宜过大过高，而宜小巧玲珑。一般亭子，直径3.5～4m就够大了，小的3m，大的也不宜超过5m。要根据实际情况确定结构、装修，注意经济和施工效果。按中国传统方法建亭，就是结构改用混凝土，造价也在万元以上，若用钢丝网粉刷可以数千元，而用竹建亭则更省。

亭子的色彩，要根据风俗、气候与爱好。如南方多用黑褐等较暗的色彩，北方封建帝王多用鲜艳色彩。在建筑物不多的园林中还是淡雅色调为上。

亭的平面，单体的有三角形、正方形、长方形、正六角形、长六角形、正八角形、圆形、扇形、梅花形、十字形等，基本上都是规则几何形体的周边。组合的有双方形、双圆形、双六角形或三座组合的，五座组合的，也有与其他建筑在一起的半面亭。平面的布局，一种是终点式的一个入口，一种是穿过式的两个入口。

亭子的立面，可以按柱高和面阔的比例来确定。方亭柱高等于面阔的8/10；六角亭等于15/10；八角亭等于16/10或稍低于此数。中国园林亭子常用的屋顶形式以攒尖（四角、六角、八角、圆形）为主，其次多为卷棚歇山式及平顶，并有单檐和重檐之分。

二、台

台是中国园林中经常采用的一种建筑形式，它是一种露天的、表面比较平整的、开放性的建筑物。台的上面可以没有屋宇，提供人们在上面休息、眺望、娱乐之用。台的上面也可以建造屋宇使台与建筑结合成为一个统一的整体，进而台就成为建筑物的一个巨大的基座，使建筑更为高耸、壮丽，如唐大明宫中的含元殿（图5-3-14）。

图5-3-14　坐落在高台上的含元殿

我国古代的文献上对于台的解释有：据《尔雅》记载："观四方而高曰台。"《释名》记载："台者，持也。言筑土坚高能自胜持也。"《园冶》一书进一步谈到了园林中的台："或掇石而高上平者；或木架高而版平无屋者；或楼阁前出一步而敞者，俱为台。”谈到了台在园林中常见的几种形式：有叠石构筑的高台；有用木架支撑的平台；也有伸展在楼阁前部的开敞的露台等。

我国古代的木构建筑都可分为三个部分：“下分”——台基部分；“中分”——柱、梁部分；“上分”——屋顶部分。台基可以是高度很矮的砖石基座，也可以是线角变化很多的须弥座；而台一般比较高大。我国古代的宫廷园囿中筑高台之风很盛行，在台上进行祭祀、礼拜、观赏、娱乐等活动，如灵台、神明台、通天台、通灵台、凉风台、望鹤台、鱼池台等，用途很广泛。古时台上的建筑，称为“台榭”。总之，是为了追求一种居高凌空超凡脱俗的空间气氛，获得在平地上少有的那么一种境界。为显帝王至高无上，古代的宫殿也就常建在高台之上，有的高台形成了一组建筑的共同基座，如唐大明宫中的含元殿，就坐落在高达十余米的“口”字形砖台上，表现了中国封建社会昌盛时期雄伟壮丽的建筑风格（图5-3-14）。后来许多寺庙也采用这种办法，把庙宇建筑在高台之上，山地的寺庙则分层建于高台之上。另外，古代还有观象台、烽火台，是一种供观察、瞭望用的高台。中国园林中为了各种使用目的，对台的运用非常灵活、多样。现代，不仅为了游览观赏而筑台，有时为了观赏表演、节日的演出活动也筑起各种形式的台。按照台所处的环境以及造型上的特点，大体可分为以下几种。

（一）山顶高处的天台

为了登高远望，增加崇高的气氛，在许多风景名胜区的高山山顶上常建有高台，上面建造庙宇或亭阁等，如峨眉山绝顶的金顶殿就坐落在三层叠落的高台之上。又如九华山的天台峰项（图5-3-15），在悬崖陡壁之上，以天然岩石就自然山势筑起高台，上建殿阁及捧日亭，入口处又有万阶陡峭石级像天梯一样直泻而下，旁有“一览众山小”岩刻。从石级仰望高台禅林，其势如大上行宫。九华街西面老爷岭上的肉身宝殿，也以高台建于山巅，正前有八十一步石阶直逼殿前，还有天桥横跨石阶之上，循级而上，不给人以任何停息的机会而直入殿堂，面对高大佛像，建筑空间构图上所造成的宗教膜拜效果极其强烈。

图5-3-15　九华山天台

（二）山坡地带的叠落台

山腰地带的建筑群，常以叠落平台形式作为建筑的基座，也作为建筑与山势之间的过渡，形式变化多样，如颐和园中的佛香阁（彩图1），就是建在山坡上高达20m的高大石台，它把建筑物从建筑群中高高举起，形成了极大的艺术表现力，高台之上有宽敞的面积，安排有高阁与园廊，给游人一览山湖景色。其他经常采用的手法是一种分层叠落的平台，如避暑山庄山区中的梨花伴月，颐和园中的画中游，以及许多风景区中的寺观建筑群等，以台的分层叠落来适应位于不同高度上建筑物的错落变化与过渡，处理得好常能获得生动变化的艺术效果。

（三）悬岩峭壁处的挑台

许多风景区中，为了观赏风景、日出等自然景象，常在高山的悬岩峭壁建有挑出的平台，以增加观赏的视野，也增加惊险的感觉。这种挑台，有的是以现代钢筋混凝土材料建造的，有的是以就地石材铺设的，还有的就是利用天然挑出的巨大岩石，稍加整理而成，更有自然的意趣。例如，在安徽马鞍山采石矶，嵌于葱郁陡峭的绝壁间，有一突兀于江干，十分

图5-3-16　捉月台

险峻的“捉月台”（图5-3-16），传说李白醉酒即从此台跳江捉月，也是名景。

（四）水面上的飘台

临水建台意在观赏水景，获得开敞、清凉的感受，因此我国园林中常在水边筑台。台的基址可以三面突出于水中，也可以完全深入水面，以小桥与岸相连。为了使台与水结合紧密，一般使台面比水面略高，有时把台面用柱墩从下部支起，使水流深入台底，台面与水面之间形成一道深的阴影，造成台面飘浮于水面之上的感觉。用现代钢筋混凝土构筑，容易达到这样的效果。现在有些新建的园林，为满足青少年游园活动与节假日演出活动的需要，结合水榭在水面上建起宽敞的平台，台上演出，观众可席地坐在岸边草地上观赏，很有情趣，也适应了现代生活的需要。

（五）屋宇前的月台

这在殿堂等建筑中运用较多，特别是皇家园林中的主要殿堂前常建有宽敞的月台，上面陈设着铜制的兽、缸、鼎等，成为建筑与庭园之间的过渡。

坛是一种在平地上垒起来的高台，多为三层，是封建社会中一种祭祀礼拜用的建筑物。人们对许多自然现象不好解释，对自己的命运把握不住，就把心寄托在对自然的崇拜上。天、地、日、月、火、山川、风雨等都是崇拜的对象，如北京的天坛（彩图25）、地坛、日坛、月坛。这些坛庙建筑今天都已成了历史的陈迹，但它们的建筑艺术仍为广大群众所欣赏。如北京天坛的阏丘是一座三层汉白玉石砌的圆形带栏杆的石坛，台面逐层向上收缩，越向上越有接近天空的感觉，登上顶层，头顶蓝天，脚下青石一片，仿佛真有置身太虚之中的感觉。建筑体形圆浑，整体性很强。按古代“天圆地方”之说，高台四周建筑短墙、石坊，形成严整的空间气氛，反映了我国古代工匠的智慧与建筑艺术的较高水平。

三、塔

塔是我国传统建筑中很有特色的一种建筑类型。它的种类繁多，式样别致，造型与众不同，现存的实物数量也相当大。它们遍布祖国各地，有的本身就是园林中的主景，有的成为一座城市的重要标志，还有的成为风景区的重要点缀，常给人以突出深刻的印象。虽然许多塔本身在性质上属于宗教性的建筑物，但是，它们在风景景观上所起到的作用，已远远突破了宗教性质的局限，而起到了美化人们生活环境的效果。

在世界各国的建筑发展史中，大概都有“塔”这类比较高耸的建筑类型，像意大利的比萨斜塔、欧洲中世纪那些教堂的塔楼、法国巴黎的埃菲尔铁塔、西亚清真寺中那些细高的尖塔、印度佛教的窣堵坡等，它们尽管建筑于世界各个地区，运用的是不同的建筑材料，功能上也不尽相同，形象上的差异很大，但都以“塔”来称呼。它们是各种文化历史的重要见证与象征，当然也就成为吸引出界各地旅游者观赏的重要对象。

在我国悠久的古代建筑史上，塔仅是个后起之秀。大约在公元一世纪，塔随着佛教一起从印度传入我国。这种外来文化一经与中国汉民族为主体的文化传统相结合，很快就被吸收、融合、改造，而创造出具有中国风格的新形象。印度的圆形佛塔与中国的木结构内的亭、台、楼、阁等传统建筑形式相结合，就产生了新的结构形象，形成了自己的、新的艺术风格。目前，在我国土地上现存的塔，已知的最少在两千座以上。其中大部分是砖石结构，多建于唐、宋辽、金、元这一时期，明代以后逐渐减少。

（一）塔的建筑类型

塔的平面，早期多为正方形，后发展成六角形、八角形、十二边形、圆形、十字形等；材料有木塔、砖塔、砖木混合塔、石塔、铜塔、铁塔、琉璃塔等。按其建筑造型，大致可分为下述几种类型：楼阁式塔、密檐式塔、喇嘛教式塔、金刚宝座式塔、单层的塔等。

1. 楼阁式塔

楼阁式塔是我国塔早期的主要形式。最初为木结构，后来采用砖石结构或砖木混合结构，但形式上仍仿木构的形象。中国早期的木塔，现已不存，我们只能从敦煌的壁画里、云冈石窟的浮雕中，粗略地看到一些简单化了的艺术形象。但从日本奈良法隆寺五重塔那种类型及日本现存的一些飞鸟、白凤时代的木塔上，可以看到我国南北胡时代木塔的生动形象。著名的山西应县木塔（图5-3-17），是现存的唯一木构的辽代古塔，也是全国现存木构建筑中最高的一座。它的平面呈八角形，高万层，加上四个夹层，实际高九层，总高67m。轮廓富有节奏，给人以庄重、飘洒的优美感受。

砖石与砖木混合结构的楼阁式塔数量很多，平面为方形、八角形、六角形等，层数一般为奇数：七层、九层、十一层。塔的内部呈筒状，没有木楼梯和木楼板，每层都砌出柱、额、门、窗。外因是木构的围廊，每层都作平坐和栏杆，可供登临远眺，顶上有塔刹。

2. 密檐式塔

密檐式塔多是砖石结构，一般首层塔身很高，以上各层聚变低矮，各层檐紧密相接，各层之间不设门窗，外层愈往上收缩愈急，形成很有弹性的外轮廓曲线。这种塔一般不用柱、梁、斗拱等表面装饰，而以它们的轮廓线取得艺术效果，例如云南大理的千寻塔等（图5-3-18）。

图5-3-17　山西应县木塔

图5-3-18　云南大理的千寻塔

3. 喇嘛教式塔

喇嘛教式塔又叫西藏式的瓶形塔，与原来印度作为坟墓的窣堵坡很相似。塔的下面有一个高大的基座，上面建有一个鼓着肚子的半圆形塔身和一圈圈向上收缩的细长脖子的塔顶，最上面以圆盘和小铜塔等作为塔刹来结束。塔的全身刷成白色，因此，通常称之为“白塔”。如建于1271年的北京妙应寺的白塔，是我国这种塔中最早的一座，它是由尼泊尔工匠设计的。北海公园中的白塔（图5-3-19）等，都是这座塔的传承，这是各民族文化交流和外族文化对汉民族文化的贡献。

4. 金刚宝座塔

金刚宝座塔是从印度传进来的一种塔型。其形象多为在一个长方形的石高台上建五座小塔，中央的塔较大，四角上的塔较小，互相结合、衬托，造型丰富、生动。如北京西郊的真觉寺金刚宝座塔（图5-3-20），创建于明永乐时期，是这类塔现存最早的一座。它的宝座为四方形，南北略长，下面为须弥座，上面分为五层，作水平分划，各层都到满佛宪、佛像，精致、优美。宝座之上，分建五个小塔，全为青白石砌筑的密格式塔，中央一塔较高，形成集中向上的构图。整座宝塔就如同一件巨大的雕刻艺术品，有很高的艺术价值。

图5-3-19　北海公园白塔

图5-3-20　北京碧云寺的金刚宝座塔

5. 单层塔

单层塔最早见于南北朝的石窟中，山东神通寺的四门塔（图5-3-21）就是我国现存最早的实例。多为石造方形、六角形、八角形及圆形等，常作为墓塔。

云南景洪县曼巨龙后山上的飞龙白塔（图5-3-22），是种单层塔的组合体。塔群有大小九塔组成，一座母塔在中心，四周呈莲花瓣形分列着八座子塔，宛如玉笋破土而出，因而又称“笋塔”。塔座上设有佛龛，内供佛像。洁白的塔身，金色的塔尖，在蔚蓝天空的衬托下，越发显得秀丽和谐，给人以深刻的印象。

图5-3-21　神通寺四门塔

图5-3-22　云南的飞龙白塔

（二）塔的景观作用

塔本身是供奉佛“舍利”的，是早期佛寺中的一个主要建筑物，位于寺的中心部位，佛侣们围绕着它拜佛念经。后来随着供奉佛像的佛殿建筑的兴起，逐渐降低了塔的重要性，才把它建造到寺庙的前头、后头或在边旁另辟一个塔院来建塔。在山丘地带的佛寺，则常把塔建在寺外地势较高的位置上，给朝山进香的善男信女们指引方向，所以也叫招引塔。

随着历史时代的进展，塔的概念和作用已大大超出了佛教用以收藏佛经、佛像的狭小范围。在北方，有的地方建塔，以代替瞭望台，作为一种军事设施。在南方，中国本土的道教等为振兴地方的文风，或为弥补山水名胜之不足，而修建了一些“风水塔”，虽然也采取了佛塔的形式，但已与佛教无关了。还有的江南滨海与江岸城市，建高塔起一种导航作用。还有些塔仅起点缀风景、增添山的形势的作用。在我国各地几乎可以随处看到高耸云霄的高塔，它们有的矗立于城市之中，有的兀立在高山之上，有的守卫在江河岸畔，也有的靠在古寺旁边，它们点缀着祖国的锦绣山河，不少古塔还可以供人登临眺望，成为游人喜爱的游览景点。

1.城市中的主景

如同古希腊的神庙和中世纪那些高耸的基督教教堂曾经对欧洲的城市面貌产生过重大影响一样，佛寺和佛塔对于中国古代城市的精神生活和城市的面貌也都产生过重大的作用。在我国古代城市中，那些帝王宫殿、贵族府陈、行政官署等，对广大人民来说都是警卫森严的禁地。除此之外，就是整片比较低矮的民居，城市的轮廓线是相当单调的。有了佛教建筑之后，宏大的殿堂、宽敞的庭院成了人们焚香、拜佛、聚会、交际的一种公共性质的场所，同时还提供了可以登临佛塔去眺望整个城市景色的条件。高高的佛塔在很大的地区范围内都可以看到它高耸的形象，听到它屋角上随风摇动的铃声，它丰富了整个城市的主体轮廓线，丰富了城市的生活。因此，它也就往往成为一个城市或地区的象征，成了人们记忆中乡土特征。即使到今天，许多佛塔仍然巍然屹立在一些古老的历史文化名城之中，对整个城市的面貌仍起着重要的影响，有些则已成为城市中的主景，如西安的大雁塔（图5-3-23）、泉州开元寺的双塔（图5-3-24）、广州六榕寺的花塔（图5-3-25）、开封的铁塔（图5-3-26）等。

图5-3-23 西安大雁塔

图5-3-24 泉州开元寺的双塔

图5-3-25 广州六榕寺的花塔

图5-3-26 开封的铁塔

图5-3-27　延安宝塔

至于延安凤凰山上屹立着的一座宝塔（图5-3-27），人们都已习惯把它看成是这一革命圣地的象征，已赋予了它新的含义。

2.园林艺术构图的中心

塔由于其高而且造型丰富，便易形成一个园林艺术构图的中心或重点。当然，作为园林构图的中心，都在其特定的背景下，逐步演变的过程。如今人们主要从园林艺术的角度去欣赏它们的价值，例如，北京北海公园琼华岛山顶上的白塔（图5-3-19），处于全园的中心地位，在高大塔座的托举下，它那洁白墩胖的塔身和高耸向上的塔顶就形成既丰富又稳重的金字塔式的构图效果，与岛的外形轮廓非常统一、协调，在四周水面的映衬下，它很自然地成为醒目的、集中向上的艺术构图中心。由白塔所构成的风景线，不仅控制了北海整座园林，还成为中海、什刹海及城市内很大一个区域的景观对象。

松江的方塔园（图5-3-28），是围绕着保留下来的末代兴圣教寺古塔新开辟的一座园林。塔高九级，平面方形，砖木结构，总高48.5m，造型秀美，轻快飘洒，玲珑多姿，具有南方塔轻盈、精美的性格。因此，园林布局与空间处理上突出重点，以方塔作为园林艺术构图的中心，借鉴我国传统造园的丰富经验，并汲取现代风景建筑空间处理的一些手法，作了有益的尝试与探索。

其他如北京玉泉山的玉峰塔（彩图20）、无锡梅园中的念劬塔（图5-3-29），都成为具有控制全园景观作用的重点建筑物。

图5-3-28　松江的方塔园

图5-3-29　无锡梅园念劬塔

还有些塔，虽然并不建在园林之内，可是它们均以借景形式成为园林景观上的重要构成因素，如北京颐和园中借景玉泉山的玉峰塔（彩图20），无锡畅园借景锡山的龙光塔（彩图4）等，都是众所周知的著名实例。这些塔的存在，都曾成为当时这些园林在总体规划布局上考虑的重要因素。

3.风景区的重要点缀

“天下名山僧占多”，随着宗教性的寺现在风景区中的兴建，也把佛塔这种建筑类型带入了我国的名山大川。本已十分优美的风景区，有了这些寺塔的点缀更是锦上添花，更加秀丽幽雅，具有文化气息，如拙政园远借白塔寺（彩图26）。

我国风景区中的寺塔很多，著名的有镇江金山江天寺慈寿塔（图5-3-30）和杭州六和塔（图5-3-31）。

图5-3-30　镇江金山江天寺慈寿塔

图5-3-31　杭州六和塔

镇江金山江天寺慈寿塔，建于金山山峰的北端，八面七级，各层环以走廊，可凭栏远眺大江与焦、固二山，江天一览，气象万千。金山的建筑，依山傍水而造，以屋包山，亭台楼阁，层层相接，殿宇厅堂，幢幢相衔，构成碧丹辉映、绚丽精巧的建筑群体。慈寿塔位于中央主轴一侧，形成不对称均衡的构图关系，使建筑群的总体效果更为生动（图5-3-30）。

杭州六和塔，位于钱塘江边月轮山上，砖木结构，塔高59.89m，八面七级，外观十三层（图5-3-31）。外形由底层向上远层收分，形成墩实、持重的体态。各层出挑的外廊，作水平的划分，明暗间隔，尺度合宜。登塔临槛，江干景色，尽收眼底。郭沫若登塔赋诗，有“六和登上最高处，岸帻披襟一壮观”之句。

4.海滨、江岸上导航的标志

在北方，有的地方建塔是代替瞻望台，作为一种军事设施。而在南方，古代船舶常以自然景物或建筑物作为航标，因此，常在海滨及江岸的高处建塔，用以起导航的作用。

古代的泉州，是我国与海外交往的重要城市，唐代，它已是我国的四大商业港之一，同广州港并驾齐驱。元朝，泉州的海外交通进入了空前繁荣的黄金时代，它与埃及的亚历山大港并称为“世界最大的贸易港”。随着海运的繁盛，在沿岸高处兴建了一些石塔，作为出入港的航标，如耸立在泉州宝盖山上关锁塔（图5-3-32）、石湖海滨的六胜塔（图5-3-33）等，这些塔至今仍在发挥它们导航的作用，同时也是自然景色的极好点缀。

图5-3-32　泉州宝盖山上关锁塔

图5-3-33　泉州石湖海滨的六胜塔

四、楼、阁

楼阁是园林内的高层建筑物，它们不仅体量一般较大，而且造型丰富，变化多样，有广泛的使用功能，是园林内的重要点景建筑。

《说文》曰："楼，重屋也。"古代的楼房是许多单座的房子叠落起来的。《尔雅》曰："狭而修曲曰'楼'。"即楼是长条形的，平面上可以有曲折的变化。《释名》曰："牖户之间有射孔，楼然也。"这是说的箭楼，是防御性建筑物。以上说明中国古代楼的形式是多种多样的。

"阁"是内干阑（即以树干为栏的木阁楼，曰"干阑"，亦作"干栏"）建筑演变而来的，古代关于阁的记载比较多而且早，一般是指底层空着或作次要用途，而上层作主要用途的单体建筑，供贮藏或观览之用。"而一般的阁却带有平坐，这平坐也可以说是楼与阁主要区别之所在"。后来把贮藏书画用的楼房也叫阁，如宁波的天一阁；把供佛的多层殿堂也称为阁，如独乐寺的观音阁、颐和园的佛香阁（彩图1）等。

楼与阁在型制上不易明确区分，而且后来人们也时常将"楼阁"二字连用，因此，有人认为"楼与阁无大区别，在最早也可能是一个东西，它们全是干阑建筑同类"。

园林中的楼在平面上一般呈狭长形，面阔三、五间不等，也可形体很长，曲折延伸。立面为二层或二层以上的建筑物，由于它体量较大、形象突出，因此，在建筑群中既可以丰富立体轮廓，也能扩大观赏视野。

园林中的阁与楼相似，也是一种多层建筑。造型上高耸凌空，较楼更为完整、丰富、轻盈，集中向上。平面上常作方形或正多边形。据《园冶》记载："阁者，四阿开四牖"。一般的形式是攒尖屋顶，四周开窗，每层设周围廊，有挑出的平座等。位置上"阁皆四敞也，宜于山侧，坦而可上，便以登眺，何必梯之"，一般选择显要的地势建造。

（一）著名楼阁

在我国历史上著名的楼阁很多，如著名佛香阁（彩图1）及并称为江南的三大名楼的武昌黄鹤楼、湖南的岳阳楼、南昌滕王阁。它们是杰出的创作，既丰富了我国的建筑艺术，又点缀了我国的锦绣山河。有些楼阁虽现已不存，但许多诗人、画家为我们留下了不少诗篇和绘画，使我们能揣摩到它们的一些具体形象和意境。

1. 黄鹤楼

黄鹤楼，位于武昌大江之滨。南北朝萧子显所撰的《南齐书》即有记载："黄鹤楼在黄鹤矶上，仙人子安乘黄鹤过此。"自唐代崔颢写了《黄鹤楼》一诗而名声大振。唐代阎陌瑾在《黄鹤楼记》中曾称；它"耸构巍峨，高标巃嵸，上倚河汉，下临江流；重檐翼馆，四闼霞敞，坐窥井邑，俯拍云烟，亦荆吴形胜之最也。"宋代的陆游在《入蜀记》中也称它为"天下绝景"。从宋代流传下来的一幅界画中可以看出，建筑俯临大江，景界开阔，建筑造型有主有从，丰富舒展，是自然环境中的优美点缀。以后历代屡毁屡建，建筑的形象也颇差异。同治年间的黄鹤楼，高达三层，攒尖顶，在正方形平面的四边各突出一开间的抱厦。建筑造型比较琐碎，体型上缺乏主次呼应，水平远不如前（图5-3-34）。

图5-3-34　今日的黄鹤楼

2. 岳阳楼

岳阳楼位于湖南岳阳西门城楼上。濒临洞庭湖，初建于唐代，以后一千多年几经兴废，图5-3-35为元代夏永绘的岳阳楼。现在的高楼建于清光绪年间，为三层三檐的木结构，黄色琉璃瓦盔顶，气势雄伟而飘洒。它的两侧有三醉亭和仙梅亭，湖边还有“怀甫亭”是为纪念杜甫而筑。群体造型严谨中有变化。宋代范仲淹曾写了有名的《岳阳楼记》。

图5-3-35　元·夏永绘的岳阳楼图

3.滕王阁

滕王阁位于南昌市西的赣江之滨，背城面水，也是一座在历史负有盛名的古建筑。它创建于唐初，至今已有一千三百多年历史。自唐代王勃写下了千古传诵的名篇——《滕王阁序》而名闻古今。经历代多次重修重建，1926年最后毁于兵火。图5-3-36为元代夏永所绘滕王阁。

4.大观楼

昆明的大观楼（图5-3-37），以开阔明丽的风光和著名的长联而闻名。它建于滇池北岸，隔水与太华山相望。始建于清康熙年间，后毁于兵火，同治八年（1869年）重建。平面为正方形，高三层，每层都有挑出深远的层檐，下大上小，向上收分。顶部为黄琉璃攒尖顶，下部坐落在一宽敞的平台上，四周绕以汉白玉石栏，造型稳重、端庄、飘逸。南部临水，在水面与绿树的衬托下，更觉明丽醒目。登楼远望，远山如黛，池水溟濛深远，视界十分开阔。它的四周还有一些低矮的亭台廊馆，衬托着主体。

图5-3-36　元·夏永所绘滕王阁图

图5-3-37　大观楼

5.飞云楼

山西万荣县的飞云楼（图5-3-38），建于明代中期，是我国现存古代楼阁中最精美者之一，在建筑技术和艺术上都达到了很高水平。整座楼比例匀称，在稳重端庄中带着玲珑飘洒的意味，它将屋顶艺术与结构技术巧妙地融合为一个整体，既有统一的柱网和构架，又有多变的外形。它建于一个方形的石台上，底层平面为正方形，宽深各为五间，外观三层，中有平台两层，实际有五层。二层每面凸出抱厦三间，三层改为凸出垂莲柱式抱厦一间，顶部为十字歇山屋顶。楼层曲折，平座挑飞，造型极富变化。每当天高云淡，有朵朵白云从楼外掠过，看上去好像从楼中飞出，故名飞云楼。

6.崇丽阁

成都望江公园崇丽阁，取晋代文学家左思《蜀都赋》中的名句：“既丽且崇，实号成都”

之意而名。阁为木构，高三十多米，上下四层，上两层八方，下两层四方，坐落于石栏围绕的石基座上。登阁凭栏，澄江如练，川西平原，绿野平畴，尽入眼底（图5-3-39）。

图5-3-38　飞云楼

图5-3-39　成都望江公园崇丽阁

（二）楼阁的布局形式

楼阁在园林中的布局，大体可归纳为以下几种方式。

1.独立设置于园林内的显要地位，成为园林中的重要景点

这样的实例很多，如武汉东湖公园中的行吟阁（图5-3-40）、台湾高雄莲花潭的春秋阁（图5-3-41）等。它们有的建在山顶，有的建在临水岸边，还有的建在水中，都可登高远望。由于独立设置，因此，在造型上都平地拔高而起，十分突出、完整，成为控制园林风景线的重要点景建筑。

图5-3-40　武汉东湖的行吟阁

图5-3-41　台湾高雄莲花潭中的春秋阁

武汉东湖的行吟阁、成都望江公园崇丽阁都是建于临近水边平地上的高阁。行吟阁在形式上仿大观楼，建于四面环水的小岛上，为纪念我国伟大诗人屈原。平面正方形，高三层，四角攒尖顶，高22.5m，钢筋混凝土筑，仿木构形式。造型端庄俏丽，登高可览东湖及南岸山麓景色，意境开阔。它秀丽的体型轮廓也大大丰富了东湖西岸的风景线，是东湖内的著名景点。

台湾高雄莲花潭中的春秋阁，左右成双地分立潭中，莲花谭在高雄市北部，面积六七十公顷，这里曾是清初凤山县治的学宫伴池，因植莲而得名。春时青波荡漾，夏日菱叶如茵，潭畔垂柳依人。建造为两个八角、四层檐、攒尖顶的阁，造型丰富生动，颇具民族特色，莲池潭的景色更是锦上添花，游人络绎不绝。

北京陶然亭公园中的云绘楼（图5-3-42）建于清乾隆年间，1954年从中南海东岸迁移至陶然亭公园。建筑群由三个部分组成：两层的楼、三层的阁和两个双层方攒尖顶的组合亭，以短廊将它们联系成一个整体。平面上和体型上都参差错落，透视效果生动。通过拱桥与对岸的慈悲庵隔水相望，成为公园内的著名风景点。

图5-3-42　云绘楼

2.位于建筑群体的中轴线上，成为园林艺术构图的中心

采用这种布局方式的楼阁，通常位于一组性质上属于比较庄重的建筑群（如宗教性建筑或纪念性建筑群等）中心偏后部，前面安排有一进进规整庭院所组成的空间层次，楼阁成为整个建筑群空间序列的高潮及构图的中心。

北京颐和园的佛香阁（彩图1）位于前山中央建筑群的高处，在陡斜的山坡上建起高达20m的巨大石台作为阁的基座。阁的总高达40m，在我国现存的古代木结构建筑中，它的高度仅次于山西的应县木塔而位居第二。阁的平面呈八角形、三层、重檐攒尖顶，底层有挑出的宽敞的裙廊，二、三层设周围廊，但自下而上每层外廊的宽度逐层缩小，使建筑的外形轮廓形成逐渐向上收缩的金字塔式构图，体态墩实、丰满，巍然耸立，气宇轩昂，成为前山前湖景区艺术构图的中心。位于佛香阁西部山坡上的“画中游”是一组小园林建筑群的中心建筑，是座两层、小八角形、重格攒尖顶的很典丽的阁。它下部的立枝支承于起伏的岩石之上，长短不一，适应地形的变化，类似于干阑式结构。顺后部岩洞内的石阶而上可登至阁的上层，但见湖光山色交映生辉，堤岛妖娆，楼台金碧，西眺玉泉，园外青山，真有置身画中之感。它的西侧有爬山游廊接引亭、楼，在各种各样的形体的组合中，使它获得了突出的艺术效果，成为小园林构图的中心，是我国园林建筑中的优秀实例。

3.位于园林的边侧部位或后部，丰富园林景观

在江南的一些规模较小的古典园林及北方皇家园林中的小园林中，楼阁的位置多在小园的边侧部位，以保证中部园林空间的完整，同时也便于因借外景和俯览全园景色。小园林中楼阁的尺度处理应考虑到与园林整体空间的协调统一，如苏州留园中的远翠阁、沧浪亭的看山楼、上海豫园中的快楼、广东东莞市可园的可楼、北京颐和园谐趣园中的瞩新楼、北海静心斋中的叠翠楼、北京香山见心斋中的畅风楼等，都是运用这种布局手法的实例。

图5-3-43　苏州沧浪亭的看山楼

苏州沧浪亭的看山楼（图5-3-43），取虞某诗：“有客归谋酒，无音卧看山”之意而名。此楼地处全园的最南端，高达三层，底层为黄石大假山叠砌而成的“印心石屋”，上两层为木结构，三层向后部收缩成一楼阁，翼角成月牙形向上兜起很高，非常轻巧、生动，是苏州园林中别致的楼台。登楼可远眺苏州南部灵岩、天平诸峰，形胜优越。

图5-3-44　成都望江公园的吟诗楼

成都望江公园的吟诗楼（图5-3-44），位于崇丽阁东侧锦江之畔，楼高二层，不仅平面不对称布置，楼层上也高差起伏，以求变化。建筑形象空透、轻巧，极富四川建筑地方性格。楼西假山依傍，竹林丛丛，可循石阶上下。假山下是流杯池，水渠蜿蜒，向南流经清怨室。

园林内临水的楼阁，一般造型比较丰富，体量与水面大小相称，避免呆滞死板的处理。北方的园林中也常在临水的建筑群中，顺着湖岸的边缘地带建起一楼，突破低矮平房平淡的体型轮廓，以丰富水面上的景观效果。

在园林山地上建楼，常就山势的起伏变化和地形上的高差，组织错落变化的体型，因而常能取得极为生动的艺术形象。如风景区中的一些楼阁及一些寺观建筑，均因山就势，运用多种设计手法取得与环境的协调。

（三）楼阁的建筑艺术

我国的楼阁具有多种多样的使用功能与丰富多彩的造型，许多风景区中的寺观及皇家园林中的佛堂，既是一种宗教性质的建筑物，同时又是一种风景园林建筑，它们对景观的构成起着重要的作用。

1. 古代楼阁

颐和园的佛香阁（彩图1）以及清漪园时期的昙花阁，既是园林内的佛堂，布局上又处于重要地位，成为园林建筑艺术处理的重点，对园林景观的构成起着重要的作用。

我国古代城墙上都建有城楼、角楼、箭楼作为进出的关口，是一种防御性建筑物。万里长城上就布置着数以百计的雄关要隘，每座关城上都有城楼与关楼。今天它们虽然在防卫上的功能消失了，但在文物上的价值以及景观上的作用仍放射着特有的光彩，吸引无数中外游人去观赏。比较著名的实例如：长城最东端的山海关城楼，长城最西端的嘉峪关城楼。

在我国北方的一些皇家园林中，在景区的分界处，也常建有尺度较小的城关，两侧并无城墙，一般均独立设置，作为一种入口的标志，给人一种过了这座城关就要进入另一个景区的印象。在造型上也不如古城上的那些城楼庄重，由于处于园林环境中而较为活泼、亲切。

北京的古城楼（图5-3-45）也很有特色，形式也十分多样，它不仅在城墙上建有城楼，还在城门外的瓮城上建有箭楼，在城墙的四角建有角楼。紫禁城上的城楼与角楼是故宫这个壮丽、雄伟、和谐群体中的一个杰作，是整体中的有机的一部分。紫禁城的四角，矗立着四个绮丽的角楼，它的结构非常复杂，被称为九梁十八柱，是在一个正方形平面的四个方向各突出一个重檐歇山顶的抱厦，顶部以正十字脊形屋顶作结束，十字脊的正中又饰以宝顶，下部环绕汉白玉石栏杆基座，造型美观、生动，与北海塔、景山亭遥相呼应，为城市增添了美景。

浙江宁波的天一阁（图5-3-46），是明朝时兵部右侍朗范钦所理的藏书楼，是我国最早的私人图书馆。藏书按为二层硬山建筑，楼下六间，楼上除楼梯间外为一大通间。庭前凿池蓄水，意在消防。庭园面积不大，仅半亩左右，然而山重水复，池边依墙半亭与山上方亭呼应，构图自然，书楼的功能与庭园的意趣相得益彰。后来，清代乾隆为珍藏《四库全书》而修建文渊、文源、文津、文溯、文澜、文汇、文棕七阁，都参照天一阁建造，但都因所在环境的不同而各有特色。

图5-3-45　北京的古城楼

图5-3-46　浙江宁波的天一阁

我国过去的一些城镇中及寺庙前的广场上，以及一些会馆的庭院里常建有戏楼，一般为两层，下层较矮，上层演戏。有些私家园林内也设有戏楼，但尺度较小，有的以亭代替。园林中建戏楼最大的还要算北方的皇家园林。清代宫廷和园林中供演出的戏台很多，大体可分为两种形式：一种是只有一层或两层演出台面的小戏台，台面不大，宽和深各为一开间的方形，通常设在室内或四合院庭院南部中央与南房后墙相接，也有建在水池中的。这种小戏台一般只供说唱一类小戏或杂耍之用，和一般民间戏楼构造差不多。另一种是有三层演出台面的大戏台，即所谓“崇台三层”。这种戏台不仅舞台的面积大，层数多，而且还设有地下层，在演出个别场面时，三层台面上都有演员，无论从规模和结构形式上都远远超出了过去戏台的范围，是戏台形式上的一种变革。

建戏楼的地点，一般仍在四合院庭院的南部，舞台向院内三面凸出，可以从北、东、西三面观演。这种大戏楼在清代共有四座：故宫宁寿宫的畅杏阁，园明园同乐园的清音阁，避暑山庄福寿园的清音阁和颐和园德和园的大戏台。其中德和园大戏台是规模最大的一座，它建造虽晚，基本上沿用了前三座戏楼的形式。

德和园大戏楼（图5-3-47）总高22m，底层舞台宽17m、三开间，深17m，三开间，大小相当于九个普通的台面。第二层结构柱与首层柱对齐，但台面略小。第三层结构校向后收缩，层高也略降低，台面也更小些。

戏楼的三层台面均可演出，每层各有本层的上下场门，但主要的表演区在首层中央，只是在个别戏的个别场面在二层和三层台面上才有表演活动。由于仰视造成的视线遮挡，二、三层用得上的表演区只是靠近台口的很狭小的一块地方。首层平台的后部利用空间作成夹层，称为“仙楼”，楼下是上下场门，楼上作为乐队伴奏的地方，设小楼梯上下联系。在舞台正中，天花板上挖了七个“天井”，地板上安了六块活动地板称为“地井”、“天井”、“地井”都可通向后台。舞台天花板中央部位向上抬升，地板下设有水缸，都有聚音作用，增强了表演时的声学效果。紧贴大戏台的南面还有一座高二层的楼房，相当于现代剧场的后台。两者结合体态丰富、高耸，

图5-3-47　德和园大戏楼

对园林内的建筑艺术起着重要的影响。

2. 现代楼阁

新中国成立后，楼阁的形式广泛地运用于新园林建筑创作之中。由于新材料与新结构技术的应用，建筑的造型与空间组合方式都更加丰富而有变化。在建筑的功能上，广泛适应于茶室、游赏、接待、展览等多种用途。有许多较为成功的实例，如桂林七星岩公园月牙楼的设计（图5-3-48），它背依月牙山，面对由花桥入口后的广场，正面开阔，为适应餐厅、冷饮、小卖部、接待等多种不同功能的需要，以楼、亭、廊等不同形式互相穿插组合，各种形式建筑体量的大小、高矮有机搭配，立面造型虚实对比，屋顶错落变化，给人以生动、别致的感受。以山石叠成通达二层的室外石阶，形似自然山石的延伸。首层廊首选用毛石砌筑，利用天然岩洞作为冷饮散座。建筑与环境融为一体，使人感到亲切、自然。

武夷山天游观的条楼（图5-3-49），位于天游降的绝顶处。楼高二层，建于一个巨大的石基座上，造型较多汲取了传统风格，并采用了当地挑廊、垂帘柱、屋脊装饰等设计手法，形成优美、生动、典雅的形象。

图5-3-48 桂林七星岩公园月牙楼

图5-3-49 武夷山天游观的条楼

五、榭

据《园冶》记载："榭者，藉也。藉景而成者也。或水边，或花畔，制亦随态。"榭是凭借着周围景色而构成的，它的结构依照自然环境的不同可以有各种形式。不过，古代人们把隐在花间的一些建筑也称之为"榭"，而在今天一般多指水榭。

（一）榭的特点与形式

从宋画以及明、清园林现存的实例中，所看到的中国过去水榭的基本形式是：在水边架起一个平台，平台一半伸入水中，一半架于岸边，平台四周以低平的栏杆相围绕，然后在平台上建起一个木构的单体建筑物，建筑的平面形式通常为长方形，其临水一侧特别开敞，有时建筑物的四面都立着落地门窗，显得空透、畅达，屋顶常用卷棚歇山式样，檐角低平轻巧，檐下玲珑的挂落、柱间微微弯曲的鹅颈靠椅和门窗、栏杆等都是一整套协调的木作做法，显示出匠师的智慧及其对自然的感情。这种建筑形式的水榭，成为当时人们在水边一个重要休息场所。

根据园林的分类，榭可分为以下几种。

1. 南方园林中的榭

在南方的私家园林中，由于水池面积一般较小，因此水榭的尺度也不大，形体为取得与水面的协调，以水平线条为主。建筑物一半或全部跨入水中，下部以石梁柱结构支撑，或用湖石砌筑，总让水深入底部。临水一侧开放，或设栏杆，或设鹅颈靠椅。屋顶多为歇山顶式，四角起翘轻盈纤细。建筑装饰比较精致、素洁。苏州拙政园的“芙蓉榭”（图5-3-50）、网师园的水榭“濯缨水阁”（图5-3-51）等都是一些比较典型的实例。

图5-3-50 苏州拙政园的“芙蓉榭”

图5-3-51 网师园的水榭“濯缨水阁”

在江南园林中，还有一些水榭做得非常简朴，它们以一般树干作木桩支于水中，上面扣着草顶，完全是一派江南水乡情调。

2.岭南园林中的榭

在岭南园林中，由于气候炎热，水面较多，因此创造了一些以水景为主的“水厅”形式，所建“水厅”、“船厅”之类的临水建筑，多位于水旁或完全跨入水中，其平面布局与立面造型都求轻快舒畅，与水面贴近，有时可做成两层，也是水榭的一种形式。

3.北方园林中的榭

榭这种形式被借鉴、运用到北方皇家园林中后，除仍保留着它的基本形式外，又增加了宫室建筑的色彩，建筑风格比较浑厚持重，尺度也相应加大。比较典型的实例有：北京颐和园中谐趣园的“洗秋”和“饮绿”（图5-3-52）。

图5-3-52 谐趣园“洗秋”、“饮绿”

“洗秋”和“饮绿”是谐趣园内两座水榭。“洗秋”的平面为面阔三间的长方形，卷棚歇山顶，它的中轴线正对着谐趣园的入口宫门。“饮绿”的平面为正方形，位于水池拐角的突出部位，它的歇山顶变换了一个角度，转入面向“涵远堂”方向。这两座建筑之间以短廊连成一个整体，体型上富有变化。红柱、灰顶，略施彩画，反映了皇家园林的建筑格调。

4.现代园林中的榭

1949年后新建的一些水榭，有的功能上比较简单，仅供游人坐憩游赏，体型也比较简洁；有的在功能上比较多样，如作为休息室、茶室、接待室、游船码头等，体型上一般比较复杂；还有的把水榭的平台扩大成为供节日演出用的舞台，在平面布局上更加多变。

广州华南植物园水榭（图5-3-53），一半濒水，一半倚岸，层层宽敞的平台跌落、漂浮于水面上。建筑层高较矮，造型呈扁平状贴伏岸边，显得轻快、通达、舒展，与岸边竖向挺拔、浓郁的热带植物形成鲜明的对比。建筑物通向主要水面，视野宽广。水榭作为接待室使用，除布置有主要休息厅外，还安排了一些附属的小房间，以敞厅、矮墙将它们组织成一个整体，空间上变化较多。

图5-3-53 广州华南植物园水榭

（二）榭与园林整体空间

造园即造景，园林建筑在造型艺术方面的要求，不仅应使其本身比例良好、造型美观，而且还应使建筑物在体量、风格、装修等方面都能与它所在的园林空间的整体环境相协调和统一。在处理上，要恰当、要自然，不要“不及”，更不要“太过”。近几年，新建的一些水榭容易出现的毛病是“过分”。这种过分，首先是在体量上有时做得过大，与所在水面大小空间环境的大小不相适应，超过了环境所允许的建筑体量上的限度，把所在的水面相对来说给“比”小了。其次，在“藏”与“漏”的关系上，过分暴露，水榭与山石、绿化结合不够，显得一览无遗。在装饰上，也往往作“过”了头，不是恰到好处，而是繁琐堆砌。在风格上，有时南、北不分，互相抄袭、套用，缺少“乡土建筑”的地方特色。这些都与我国园林建筑的优良传统相违背。

1949年后由于大量群众游园活动的要求，而非少数文人雅士在水榭中品茗赏景的要求所能相比了，因此，把水榭的规模适当加大，做得宽敞一些，有足够的活动空间是完全必要的，但不能因此而不顾及建筑在园林空间环境中所应具有的“身份”和恰当的“形象”，损害园林的整体性。

广州兰圃公园水榭茶室（图5-3-54）兼作外宾接待室，曲折的兰花小径把游人引入位于水榭后部的入口，经过一间矮小的门厅进入三开间的接待厅，厅内用富有地方特色的刻花玻璃隔断将空间作了划分，面向水池伸出一个不大的平台。水面不大，相对说来建筑的体量已不算小，但由于位置上偏在水池的一个角落，四周又满植花木，建筑物大部分被掩映于绿树丛中，露出的部分隐约可见，与环境相互融合。

图5-3-54 广州兰圃公园水榭茶室

六、舫

舫是按照船的造型在湖中（偶尔也有在湖边临水处）修建的建筑物，又名“不系舟”。舫是依照船的造型在园林湖泊中建造起来的一种船形建筑物，供人们在内游玩饮宴、观赏水景，身临其中有乘船荡漾于水上的感觉。舫的前半部多三面临水，船首一侧常设有平桥与岸相连，仿跳板之意。通常下部船体用石，上部船舱多用木构，近年来，新建舫也常用钢筋混凝土结构。虽然像船但不能动，所以亦名“不系舟”。

舫为水上建筑的一种特别形式，我国园林上比较有名的舫有颐和园的清晏舫（彩图32）、拙政园香洲（图5-3-55）、狮子林船舫（图5-3-56）等。

图5-3-55　拙政园香洲

图5-3-56　狮子林船舫

根据园林的分类，舫可分为以下几种。

（一）南方园林中的舫

我国江南地区，气候温和，湖泊罗布，河港纵横，自古以来以船舶为重要的交通工具。过去还有一种画舫，专供富人家在水面上荡漾游玩之用，画舫上装饰华丽，还绘有彩画等。江南园林，造园又多以水为中心，因此，园主人自然希望能创造出一种类似舟舫的建筑形象，使得水面虽小，划不了船，却能令人似有置身于舟楫中的感受。这样，“舫”这种园林建筑类型就诞生了，它是从我国人民的现实生活中模拟提炼出来的。

舫的基本形式与真船相似，宽约丈余，船舫一般分为前、中、后三个部分，中间最矮，后部最高，一般做成两层，类似楼阁的形象，四面开窗，以便远眺。船头做成敞棚，供赏景谈话之用。中舱是主要的休息、宴客场所，舱的两侧做成通长的长窗，以便坐着观赏时有宽广的视野。尾舱下实上虚，形成对比，屋顶一般做成船篷式样或两坡顶，首尾舱顶则为歇山式样，轻盈舒展，在水面上形成生动的造型，成为园林中重要的景点。

（二）北方园林中的舫

北方园林中的舫是从南方引进的。清乾隆六次南巡，对江南园林非常欣赏，希望在北方皇家园林中也创造出江南水乡的风致，因此，除在颐和园中模仿江南建造了“水街”外，还在湖面上建筑石舫，以满足“雪棹烟蓬何碍冻，春风秋月不惊澜”的意趣。著名的如颐和园石舫“清宴舫”（彩图32），全长36m，船体用巨大石块雕塑而成，上部的舱楼原本是木构的船舱式样，分前、中、后舱，局部为楼层。它的位置选得很妙，从昆明湖上看过去，很像正从后湖开过，1860年被英法联军烧毁后，重新修建，为后湖景区的展开起着预示的作用。

（三）现代园林中的舫

新中国成立后园林中新造的舫虽不多，但形式上都作了不少革新和创造。如广州泮溪酒家在荔枝湾湖中建了一个船厅——“荔湾舫”（图5-3-57），取舫的意思、船的造型，供休息饮茶之用。船体特别宽敞，船舱用轻钢架支承，四周钢窗大玻璃，显得轻快、新颖。进入船舱后略下几步，从座位上向外眺望，视线正贴近水面。入夜，船上灯火通明，格外诱人，

图5-3-57　荔湾舫

还有和平公园的船舫（图5-3-58）。

图5-3-58　和平公园的舫

七、廊

“廊者，庑（堂前所接卷棚）出一步也，宜曲且长则胜”。廊是庑前散步的建筑物，要建得弯曲而且长。“或蟠山腰，或穷水际，通花渡壑，蜿蜒无尽。”或绕山腰，或沿水边，通过花丛，渡过溪壑，随意曲折，仿佛没有尽头。廊主要用作园林中联系的手段，有很强的“粘接能力”。

廊最初是作为建筑间的连接体而出现的。中国没有西方圣彼得大教堂那种激动人心的单体建筑，但西方也没有故宫那样气度恢弘的群体组合，而这种组合在很大程度上依靠廊来“穿针引线”。它是中国传统建筑的特色之一，如谐趣园长廊（图5-3-59、图5-3-60）。

图5-3-59　谐趣园长廊

图5-3-60　颐和园平地长廊

廊有单廊与复廊之分。单廊曲折幽深，若在庭中，可观赏两边景物。若在庭边，可观赏一边景物，另一边通常设有碑石，可以欣赏书法字画，领略历史文化。复廊是两条单廊的复合，于中间分隔墙上开设众多花窗，两边可对视成景，既移步换形增添景色，又扩大了园林的空间。苏州沧浪亭（彩图3）的复廊最负盛名。

（一）廊的作用

廊本来是附于建筑的前后左右的出廊，是室内室外过渡的空间，也是连接建筑之间的有顶建筑物，供人在内行走，可起导游作用，也可停留休息赏景，廊同时也是划分空间，组成景区的重要手段，本身也可成为园中之景。

廊在现今园林中的应用，已有所发展创造，由于现今园林服务对象改变，范围扩大，尺度不同过去，要用廊单纯作为整个公园的导游、划分景区、联系各组建筑已不适合。

现代廊：一是作为公园中长形的休息、赏景建筑；二是和亭台楼阁组成建筑群的一部分。在功能上也有所发展，除了休息、赏景、遮阳、避雨、导游、组织划分空间之外，还常设有宣传、小卖部、摄影等内容在其中。

（二）廊的形式

廊的经营位置与形式见图5-3-61所示。

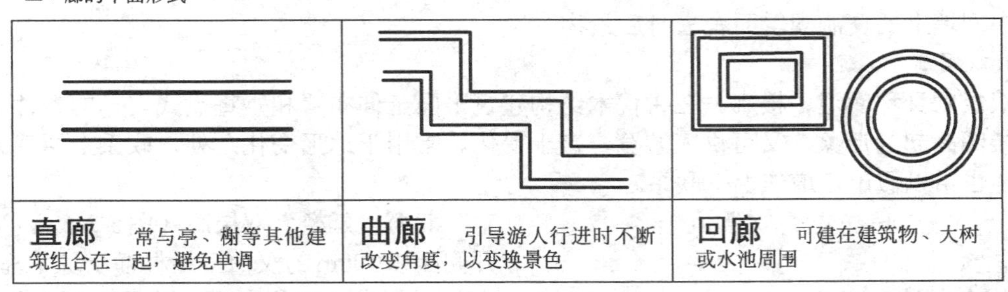

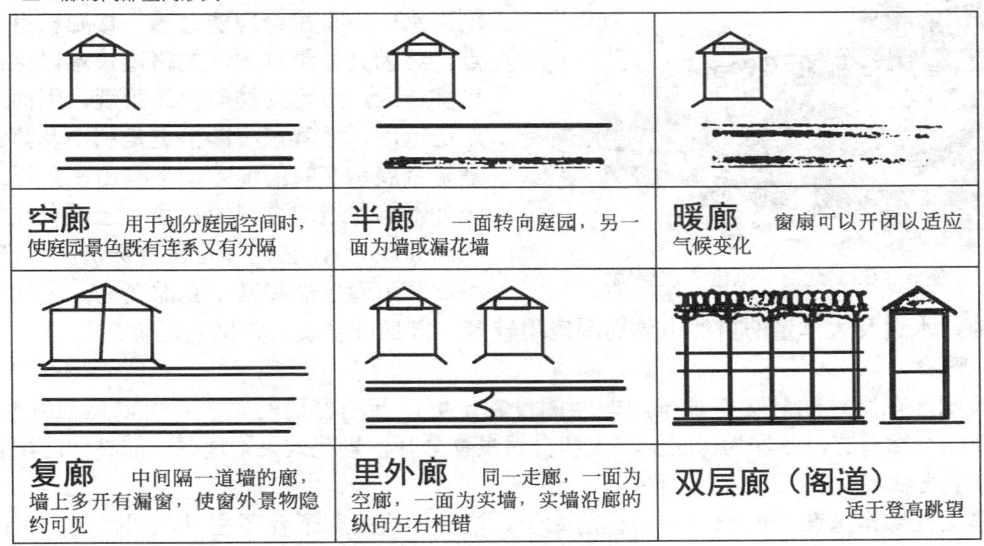

图5-3-61 廊的几种传统形式

1.双面空廊（双面画廊）

双面空廊指有柱无墙、两边透空的廊。在园林中应用最广，它可以使一边的景物成为另一边景物的远景。

在建筑之间按一定的设计意图联系起来的直廊、折廊、回廊、抄手廊等多采用双面空廊的形式。不论在风景层次深远的大空间中，或在曲折灵巧的小空间中均可运用。廊的两边景色的主题可相应不同，但当人们顺着廊子这条导游路线行进时，必须有景可观。

北京颐和园的长廊（图5-3-60）是这类廊子中一个极具代表性出的实例。它东起“邀月门”，西至“石丈亭”，共273间，全长728m，是我国园林中最长的廊子。整个长廊北依万寿山，南临昆明湖，穿花透树，曲折蜿蜒，把万寿山前山的十几组建筑群在水平方向上联系起来，增加了景色的空间层次和整体感，成为串联交通的纽带。

2.单面空廊（单面半廊）

单面空廊又称半廊，一面开敞透空，一面沿墙设各式漏窗门洞。单面空廊常起到墙面美化、增添景物层次的作用。江南园林因园常紧挨住宅而设，使用较多。

另外，当两边景观质量有较大差别或一侧需要封闭时，亦可用单面空廊加以分割，视情况而决定是否在墙面一侧设置漏窗。

3.复廊

复廊可以看成是两座半廊的对称排列。廊中设有漏窗墙，两面都可通行。它的作用是可兼顾两边景观，同时还可以延长游览路线。当两边景物不宜同时出现时，就可以利用复廊引人向中间墙上的窗洞观看而舍去身后景物。

4.双层廊

双层廊又称阁道、楼廊。在古代木结构建筑平面延伸布置和垂直点式安排的条件下，它既有楼阁高起的形象，又可供人游览，富于变化。常用于地形变化之处，联系上层建筑，古典园林也常以假山通道作上下联系。

图5-3-62　北海“延楼”双层廊

北海“延楼”双层廊（图5-3-62）以60个开间配以300m的汉白玉栏杆横于琼华岛北麓，由北岸望去，它和白塔、琼岛一起立于天际，倒影水中，有雄奇瑰丽之感。楼廊虽有以上优点，终因其体量过大，线路过长难以保证处处可赏佳景，反容易妨碍自然景观，因而未得以广泛运用，尤其在小园里更是利不及弊。北海是皇帝展示气魄的地方，寄啸山庄则以之屏蔽园外影响并造成合理的视角（园内有戏台，宜在高处观看），它们都是在特殊情况下产生的，不如爬山廊自然和富于立面变化。现代公园里在平地、水边及大体量的自然山体周围应用较多，自身可以成景并供人远眺。

5.暖廊

暖廊，在廊柱间装花格窗扇，即两侧设置了可以开闭窗扇的廊子，可以适应气候变化。平时不如空廊通透，冬季为保暖又将人和自然景物分开，景观效果不理想，园林中应用较少。

6.单支柱廊

单支柱廊指只在中间设一排列柱的廊子。这种形式的廊子轻巧空灵，现代公园里应用较多，可以按照人的需要设计。除了上述形式外还有里外廊（廊的两侧由透空面和实墙体构成，一边为空，另一边必为实，每隔一段就有空实变化）等形式。

（三）廊的位置

1.山地廊

很多山地建筑组群内都设有廊，较为成功的有无锡锡惠公园的“垂虹”和北京颐和园内的“排云殿”、“画中游”等。

以北海“濠濮间”为例（图5-3-63），这是一处以幽谷静水引人怀古深思的地方，故四周用土山围合，廊由景区西南角开始进入，起到了引导作用。在到达山顶开始下行时，廊和山体及其他建筑作为遮挡物使人快到尽头方可察觉清流绿岫构成的景致，爬山廊的曲折婉转还可以强调山势，丰富山地空间构图。

2. 平地廊

小空间中（如江南私家园林）常将廊沿界墙设置以腾出中腹组织自然景物。大空间中廊常作为划分景区的手段之一，如北海画舫斋。廊在具体使用上形式变化很丰富，画舫斋古柯庭内的一段曲廊既是庭院边界又起到引导作用。当人们由水庭进入古柯庭时可见到前面第一个目标——“绿意廊”（图5-3-64），但沿廊前进不久后由于半廊反曲，使之在视线内消失。与此同时左边的古槐（古柯）和体量较大的“古柯庭”被置于脑后直至来到绿意廊前转过身才发觉这里是观赏古木和建筑的最佳视角，从而体会到设计者的高超手法。

图5-3-63　北海“濠濮间”

图5-3-64　画舫斋的“绿意廊”

3. 水廊

水廊设计时应该注意廊底板和水面靠近，廊体不应自始至终笔直而没有变化，尽可能使柱间距拉大以避免给人以厚重印象。廊还能以廊桥的形式跨越水面。苏州拙政园“小飞虹”（图5-3-65）向上拱起，有轻盈飘动之感，既深化了“小沧浪”前的层次，本身也成为观赏的对象。

图5-3-65　拙政园“小飞虹”

在何种地形条件下，廊都可以发挥自己的独到作用，它是一种既不同于建筑的“实”，又有异于自然的“虚”的半虚半实的建筑，和其它任何一方都比较容易取得协调。如果将整个园林比作“面”，将其他建筑看作“点”，廊就在它们的中间起着连接的作用。有人说：“廊给黑白色的园林空间增添了灰调子，使之更富于表现力”。我们今天仍然可由前人对廊的运用而得出很多有益的启迪。

（四）廊的设计

从总体上说，廊自由开朗的平面布局，活泼多变的体型，易于表达园林建筑的气氛和性格，使人感到新颖、舒畅。长廊的曲折，可使游览距离延长，对景妙生，包含着化直为曲、化整为零、化大为小的匠心，但要曲之有理，曲而有度，不是为曲折而曲折，使人走冤枉路。

廊是长形观景建筑物，因此游览路线上的动观效果，成为主要因素，是廊设计成败的关键。廊的各种组成要素，墙、门、洞等是根据廊外的各种自然景观，通过廊内游览观赏路线来布置安排的，以形成廊的对景、框景，空间的动与静、延伸与穿插，道路的曲折迂回。

廊从空间上分析，可以讲是“间”的重复，要充分注意这种特点，有规律的重复，有组织的变化，形成韵律、产生美感。

廊从立面上分析，突出表现了“虚实”的对比变化，从总体上说是以虚为主，这主要是功能上的要求，廊作为休息赏景建筑，需要开阔的视野。廊又是景色的一部分，需要和自然空间互相延伸，融化于自然环境之中。在细部处理上，也常用虚实对比的手法，如罩、漏、窗、博古架、栏杆、挂落等多为空心构件，似隔非隔，隔而不挡，以丰富整体立面形象。

廊在做法上，要注意下面几点。

① 为开阔视野四面观景，立面多选用开敞式的造型，以轻巧玲珑为主。在功能上需要私密的部分，常常借加大檐口出挑，形成阴影。为了开敞视线，亦有用漏明墙处理。

② 在细部处理上，可设挂落于廊檐，下设置高1m左右之栏，某些可在廊柱之间设0.5～0.8m高的矮墙，上覆水磨砖板，以供休憩，或用水磨石椅面和美人靠背与之相匹配。

③ 廊的吊顶：传统式的复廊、厅堂四周的围廊，结顶常采用吊顶的做法。现今园中之廊，一般已不做吊顶，即使采用吊顶，装饰亦以简洁为宜。

八、厅、堂

厅、堂：“堂者，当也。为当正向阳之屋，以取堂堂高显之义。”堂应当是居中向阳之屋，取其“堂堂高大开敞”之意，常用作主体建筑之名，给人以开朗、阳刚之感。

厅堂是园林中的主体建筑。在江南的园林中，厅堂是园主人进行会客、治事、礼仪等活动的主要场所，它们的位置一般都居于园林中最重要的地位，既与生活起居部分之间有便捷的联系，又有良好的观景条件与朝向，建筑的体型也较高大，常常成为园林建筑的主体与构图的中心。

根据园林的分类，厅堂可分为以下几种。

（一）南方园林中的厅堂

南方传统的厅堂较高而深，正中明间较大，次间较小，前部有敞轩或回廊；在主要观景方向，安装着连续的槅扇（即落地的长窗）；明间的中部都有一个宽敞的室内空间，以利于人的活动与家具的布置，有时周围以灵活的隔断和落地门罩等进行空间分隔。其装修质量一般，建筑复杂而华丽。它的梁架用长方形扁木料者谓之“厅”，用圆木料者谓之“堂”。

江南私家园林中，均在大门之后的正中设有茶厅，亦称轿厅，是供停轿、备茶的地方。茶厅之后是大厅，供款待宾朋及婚丧礼仪之用，是全宅中室内空间最高大，装修最精美的建筑物。大厅之后为楼厅，供家人生活起居之用。在住宅的侧院偏僻安静处还常设置书厅及花厅，是主人的书房及家人起居及会客处。厅堂的前面布置天井或小庭院，点缀山池花木。江南的私家园林是住宅部分的进一步延伸，厅堂被运用到范围较大的园林空间中，除仍保留着它们一般的使用性质及结构特点外，在类型上更加丰富，在布局上也有变化。

按其使用性质，厅堂一般分为：一般厅堂、花厅、荷花厅等。按建筑形式，又分为四面厅、鸳鸯厅等。但有些厅常兼作各种用途而不能明确区分。

1.一般厅堂

江南园林中厅堂一般布置于居住与园林之间的交界部位，并与两者都有紧密的联系，朝向好，观赏条件也佳。它面阔三、五开间，前后开敞或四面开敞，以利观景与通风。厅堂的正面一般对着园林中的主要景物，经常采取厅堂—水池—山亭的格局，景象开阔，设宽敞的平台作为室内外空间的过渡。例如，无锡寄畅园的嘉树堂（图5-3-66）、广东“余荫山房”的深柳堂等（图5-3-67）。

图5-3-66　无锡寄畅园的嘉树堂

图5-3-67　广东“余荫山房”的深柳堂

2. 花厅（堂）

有的厅堂布置于附属的小庭院中，位置多接近住宅，庭院点缀山石花木形成有特色的小园林气氛，构成安静、幽深的环境，供生活起居兼作会客之用，也称作花厅。

苏州拙政园的玉兰堂（图5-3-68），南部是住宅，北部是园林，厅前为四方形较封闭庭院，为植高大玉兰树，沿南墙筑湖石花台，植以竹林、牡丹，配以石峰，以白墙作衬，十分清幽淡雅。

留园中的五峰仙馆（图5-3-69），是座面阔五间的大厅，它的前后都布置有独立的庭园，前庭主景为湖石假山，上掇五峰，由室内观望山势起伏，气势连绵，在白墙衬托下好似立体画卷。后院似曲廊环绕，兼隔有漏窗花墙，适当点缀山石花木小景。通过西部的“清风池馆”与园林主体取得联系扬州瘦西湖金山东麓的“月观”花厅，布局上十分精心，它既带有一个满植桂花的独立小院，又以敞开的正面对着湖景，隔水与四桥烟雨楼（彩图5）相望，成为古代文人墨客赏月吟诗的好地方，每当皓月当空，月影波光，相映成趣。厅内郑板桥的一副对联：“月来满地水，云起一天山”正点出了它的意境。

图5-3-68　玉兰堂

图5-3-69　留园五峰仙馆

3. 四面厅（堂）

当厅堂完全融汇在园林之中时，就产生了一种四面开敞的建筑形式——四面厅。坐在厅中，可观赏到四周360°范围内的景色，是全景画面的效果。四面厅由于四面脱空地布置于园林的中心部位，因此，建筑的体量与造型对于园林景观的组织起着重要的作用。

苏州拙政园的远香堂（图5-3-70），它的正面是园林的主要空间，向北是隔水相望的雪香云蔚亭；向西北透过水面为荷风四面亭和见山楼；东北面为待霜亭；正东为梧竹幽居，视线深远；西南是以曲廊联系的小飞虹（图5-3-64）水庭空间；东面是绣绮亭、枇杷亭等一组建筑空间；南面是起着照壁障景作用的水池假山小园。面面有景，旋转观看，好像是一幅中国山水画的长卷。

4.鸳鸯厅（堂）

鸳鸯厅在建筑形式上有所不同，它的脊柱落地，脊柱间的隔扇、门罩等把空间分为前后两个部分，梁架一面用扁料，一面用圆料，好似两进厅堂合并而成，因此进深很大，平面形状比较方整。常供冬夏两用，南部宜于冬春，北部宜于夏秋。

苏州留园的林泉耆硕之馆、狮子林的燕春堂等都采用这种形式。拙政园的三十六鸳鸯馆是西园中的主体建筑。前后两厅结合而成，中间隔以银杏木雕刻的玻璃屏风：北厅为三十六鸳鸯馆，馆北临荷池，池中有鸳鸯戏水，取《真率笔记》:“霍光园中凿大池，植五色睡莲，养鸳鸯三十六，望之烂若被锦”之意而名。厅的四角建四个耳室，供阅主在厅堂内宴客时作奴仆待命和戏曲艺术化装之用，构造及体型上都很别致。

南京瞻园的静妙堂（图5-3-71）是座面阔三间的鸳鸯厅。布置于园的中心偏南部，将园分为南、北两个片区，堂北设宽敞平台，经过草坪、水池与假山相对应；堂南接水榭隔水与南假山相对峙；东与曲廊相通联系花厅、亭榭、入口；曲部跨过小溪上的平板有山道可攀西部山冈；它既是园内的中心，又是主要的观景点。

图5-3-70　拙政园远香堂

图5-3-71　瞻园静妙堂

5.荷花厅、船厅

把厅堂临水建造，使其一面临水或前后两面或三面临水，如荷花厅、船厅等。厅堂的临水一侧一般作得特别开敞，有时还以挑向水面的平台作为建筑与水面的过渡。南京莫愁湖公园的赏荷厅（图5-2-23）是前后两面临水的厅堂，位于水庭的北部，与南部的光华亭入口取轴线对称关系，水庭中冒莫愁女塑像，由赏荷厅北部大空窗可借景莫愁湖中的湖心亭，气氛幽雅、空透敞达。

（二）岭南园林中的厅堂

岭南庭院喜欢设“船厅”，它兼具厅堂、楼阁的多种功能。广东顺德大良清晖园中的船厅，是全园建筑配置的中心。船厅、南楼、惜阴书屋、真砚斋等建筑，古朴淡雅，彼此用曲廊衔接，古树穿插其间，船厅造形仿照昔日珠江上的“紫洞艇”，十分别致。由船厅后舱的南楼登小梯，经迂回的露天平台可达船厅二楼的前舱，凭栏眺望，莲池水榭，蔓草修竹，令人心旷神怡。

（三）北方园林中的厅堂

北方皇家园林中的“堂”，是帝后在园内生活起居、游赏休憩性的建筑物，形式上要比“殿”灵活得多。它的布局方式有两种：一种是以厅堂居中，两旁配以次要用房组成封闭的院落，供帝后在园内生活起居之用，如颐和园的乐寿堂、玉澜堂、益寿堂，避暑山庄的莹心堂，乾隆花园中的遂初堂等；另一种是以开敞的方式进行布局，厅堂居于中心地位，周围配置着亭廊、山石、花木组成不对称的构图，厅堂内有良好的观景条件，供帝后游园时在内休憩观赏，如颐和园中的知春堂（图5-3-72）、畅观堂（图5-3-73）等。

图5-3-72　知春堂

图5-3-73　畅观堂

九、馆

“馆”，从食从官。原为官人的游宴处或客舍。据《说文》记载：“馆，客舍也”，《园冶》记载：“散寄之居，曰‘馆’，可以通别居者。”

根据园林的分类，馆可分为以下几种。

（一）南方园林中的馆

江南园林中的“馆”，并不是客舍性质的建筑，一般是一种休憩会客的场所。建筑尺度较小，布置方式也多种多样，常与居住部分的主要厅堂有一定联系。

苏州拙政园枇杷园的玲珑馆（图5-3-74）建于一个与居住部分相毗连而又相对独立的小庭园中，在交通上入园后可便捷地到达，同时，又自成一局，形成一个清幽、安静的环境。留园的清风池馆紧贴水面，面阔仅有一跨，类似敞轩，在性质上仅是五峰仙馆（图5-3-75）向园林方向延伸的一个辅助用房而已。沧浪亭的翠玲珑小馆别具一格，它把建筑分为三段，

图5-3-74　玲珑馆与竹

图5-3-75　五峰仙馆

一横、一竖、一横地曲折形布置，使整座建筑处于竹丛之中，它取意于宋代诗人苏舜钦的咏竹诗“秋色入林红黯淡，月光穿竹翠玲珑。”竹是沧浪亭园林中的传统植物，位于馆内，透过四面室窗，但见凤尾摇曳，如入诗境。

（二）北方园林中的馆

在北方的皇家园林中，“馆”常作为一组建筑群的称呼，如颐和园中的听鹂馆（图5-3-76）、宜芸馆（图5-3-77）等。听鹂馆原是清代帝后欣赏戏曲和音乐的地方。其庭院中还设有一座表演用的小戏台，现在已改为宴饮用的餐馆。宜芸馆原是清帝后妃游园时的休息处，重建后改为光绪帝之后的住所，位置居于玉澜堂之后，成为其内宅。

图5-3-76　颐和园听鹂馆

图5-3-77　颐和园宜芸馆

十、轩

“车前高曰轩，后低曰轾”。轩用于建筑一般指厅堂前廊卷棚顶的部分。据《园冶》记载：“轩式类车，取轩轩欲举之意，宜置高敞，以助胜则称”。在园林中，轩一般指地处高旷、环境幽静的建筑物。

根据园林的分类，轩可分为以下几种。

（一）南方园林中的轩

苏州留园的“闻木樨香轩”（图5-3-78）是个三跨的敞轩，位于园内西部山冈的最高处背墙面水，西侧有曲廊相通，地势高敞，视野开阔，是园林内的主要观景点之一。武汉东湖西岸的听涛轩（图5-3-79），四周环围苍松翠竹，气氛清幽雅静。登临其上，一览湖山，风光无限，狂飙之际，碧波汹涌，宛若松涛，因以轩名。

图5-3-78　闻木樨香轩

图5-3-79　武汉东湖西岸的听涛轩

苏州拙政园的绮玉轩（图5-3-80），留园的“绿荫”，网师园的“竹外一枝轩”，上海豫园的“两宜轩”等，都是一种临水的敞轩，临水一侧完全开敞，仅在柱间设鹅颈靠椅供人凭依坐憩，形式与性质上都与水谢相近，但一般不像“榭”那样伸入水中。

比外，还有许多轩式建筑采取小庭园形式，形成清幽、恬静的环境气氛，这也是中国园林中特有的组成部分。

比较典型的实例有：留园的“揖峰轩”（图5-3-81），南方园林中小庭园，都以一个轩馆式建筑作为主体，周围环绕游廊与花墙，庭园空间一般不大，比较小巧、精致，以静观近赏为主。园内花木的不同品种和山石的特征，常形成该庭园的主要特色。揖峰轩的庭园内以石为主、花木为辅，轩前湖石花台，上置石峰，按宋朱熹《游百丈山记》：“前揖庐山一峰独秀”，而命轩名。

图5-3-80　拙政园绮玉轩

图5-3-81　留园揖峰轩

（二）北方园林中的轩

北方皇家园林中的轩，一般都布置于高旷、幽静的地方，本身就是一处独立的有特色的小园林。如颐和园谐趣园北部山冈上的霁清轩、后山西部的倚望轩、嘉荫轩、构虚轩、清可轩等，避暑山庄山区中的山近轩、有真意轩等，全部是因山就势，取不对称布局形式的小园林。它们都与亭、廊等结合组成错落变化的庭园空间。由于地势高敞，既宜近观，又可远眺，具有轩昂高举的气势。

颐和园前山山腰高处的福荫轩，地势高敞、幽静，朝南可俯览昆明湖与南湖岛、西堤景色，建筑平面似书卷形，平顶两端以曲廊与石洞相接，是清代晚期之作，造型上极具特色。

十一、斋

“斋”是斋戒的意思，在宗教上指和尚、道士、居士的斋室。“斋”字用到一般的建筑上（图5-3-82、图5-3-83），燕居之室曰斋，学舍书屋也叫斋。据《园冶》记载：“斋较堂，唯气藏而致敛，有使人肃然斋敬之义。盖藏修密处之地，故式不宜敞显”。

图5-3-82　网师园集虚斋

图5-3-83　北海静心斋

根据园林的分类，斋可分为以下几种。

（一）南方园林中的斋

园林中的“斋”，一般处于静谧、较封闭的小庭院中。网师园中的“集虚斋”（图5-3-82）取庄子“唯道集虚，虚者，心斋也”之意，是个修身养性的地方。斋外为“竹外一枝轩”，临水而筑，轻巧、明敞，凭栏可览全园景色，栏前竹梅盘曲，低枝拂水，相映成趣。轩与斋之间夹一小院，内值几竿修篁，令斋室更为宁静。

据《园冶》记载：“书房之基，立于园林者。无拘内外，择偏僻处，随便通园，令游人莫知有此”。常熟燕园的书屋位于园林的中部，兼具会客的花厅性质，由于园林本身较小，它成为园内重点建筑物，把园林分为南、北两个小园，各以湖石与黄石假山作为主景，在书斋内前后两面都可得到景致，“自然幽雅，深得山林之趣”。

（二）北方园林中的斋

在北方的皇家园林中以“斋”命名的园林建筑，一般是一个小的园林建筑群，里面建筑的内容与形式比较多样，如北海公园的静心斋（图5-3-83）。

十二、室

“室”与“房”，多为辅助性用房，配置于厅堂的边沿，但也有一些很有趣的处理。如怡园的“碧梧栖凤”是座一开间的小室，位于独立的庭院内，有云墙与外界分隔，东至藕香榭，西通面壁亭，庭院内植梧桐树，小室的北部还附带着一个三米左右进深的小天井。小台上植有凤尾竹，取白居易“栖凤安于梧，潜鱼乐于藻”的诗意而名。室内朝庭院整个开放，小天井似成室内盆景，环境幽闲舒适，富有诗意。扬州瘦西湖小金山南麓的琴室与江苏镇江焦山的别峰庵西跨院著名清代书画家郑板桥的读书处，都位于僻静的小庭院中，虽是“小筑”，片山“斗室”，规模不大，也要“予胸中所蕴奇”，把不凡的构思充分体现出来。郑板桥在这三间斋室中的题字：“室雅何需大，花香不在多”，正点出了人们所追求的精神所在。

十三、公园出入口

（一）公园出入口种类

公园出入口常有主要、次要及专用三种。主要出入口即公园的大门。正门，是多数游人出入的地方，门内外要留有足够的缓冲场地，以集散人流，表现出大门的面貌。公园较大时，常根据游人来向设置次要出入口。当公园有专门对外活动内容时，如游泳、影剧等，也往往设立专用的次要出入口。专用出入口指公园内部使用的出入口，如为职工、运输垃圾饲料等使用，可选择较偏僻的地方设置。

（二）公园出入口的组成

根据公园大小及活动内容多少的不同，设施也不同，较大公园设施多些，小公园少些。规模较大，设备齐全的可由以下各部分组成：管理房（包括值班、治安等）、售票房、验票房、人流入口（包括人流集散广场），车流入口（包括汽车及自行车停车场）、童车出租房、小卖部、电话间、宣传牌、广告牌、留言牌等。

（三）公园出入口的设计

（1）大门是公园的序言，除了要求管理方便，入园合乎顺序外，还要形象明确，特点突出，使人易寻找，给人印象深刻（彩图33）。公园大门的设计，应从功能需要出发，创造出反映使用特点的形象。

入口广场也不应是烈日曝晒的铺装地面，而应像园林中的花砖庭院，数丛翠竹伸向园外，或是绿荫如盖，中间有立体花坛或以喷泉、雕塑美化，甚至可以用水池为园界（在南方）。所以入口建筑不在于高、大，而在于精、巧，富于园林特色，要使人身临其境，引人入胜，同时也装扮了城市面貌。

（2）规划大门的手法，封闭或开敞不可偏爱，入口如康庄大道在游人量特大的公园尚可考虑。若公园本来不大，入门就一览无余，也就没有引人入胜了。公园范围小，封闭式可在迂回曲折中以小见大，延长游览路线。但也不是绝对的，只要手法得当，哪一种方法都能各展所长。

（3）公园大门形式，可分对称与不对称二种。从形式和习惯上考虑，对称的形式构图严谨，根据气候变化，可调节使用，过去的园林大门多用对称形式。不对称的形式活泼美观，易于形成特点，可避免因构图形式而产生的不利和浪费，中小公园和植物园常采用。

十四、花架

花架是园林中以绿化材料作顶的廊，可以供人歇足、赏景，在园林布景中如长廊，可以划分、组织空间，又可创造为攀援植物生长的空间环境。花架把植物生长和供群众游憩两种工能结合一起，是园林中最接近于自然的建筑物（图5-3-84）。

图5-3-84　花架

如果把花架与亭、廊、榭等建筑物结合起来，可以把绿化材料引伸到室内，把建筑物融化在自然环境的意境中。设计花架还应考虑植物材料爬满花架前后的景色变化。

设计花架，必须对配置的植物有所了解，以便创造适宜植物生长的条件，同时要尽可能根据不同植物的特点来配置花架。

各类花架设计不宜太高，不宜过粗，不宜过繁，不宜过短，要做到轻巧、简单。花架高度，从花架顶至地，一般有2.5～2.8m即可，太高了就显得空旷而不亲切，花架开间不能太大，一般为3～4m，太大了构件就显得笨重粗糙。花架四周不宜闭塞，除少数作对景墙面外，一般均宜开畅通透。花架的类型和设置地点，常见的有如下几种：

① 地形高低前后起伏错落变化，花架随之变化；

② 角隅花架，着重于扩大空间感；

③ 环绕花坛、水池、湖石为中心的单挑花架；

④ 花甬道、花廊；

⑤ 供攀援用的花瓶、花墙；

⑥ 和亭、廊、大门、展览馆、小卖部等结合使用的花架；

⑦ 水边花架；

花架常用的材料有竹、木、混凝土等。

十五、园门、景墙、景窗

（一）园门

园门有指示导游和点缀装饰的作用。一个好的园门往往给人以“引人入胜”、“别有洞天”的感觉。这里的园门主要是指小游园的入口标志性建筑或公园中园中园入口的标志性建筑。这类园门，造型轻巧别致，活泼多样，在空间体量、形体组合、细部构造、材料与色彩选用方面应与环境相协调。其门洞形式各异，一般有几何形（图5-3-85）和仿生形。

（二）景墙

景墙在园林中有分隔空间、组织游览路线、衬托景物、遮蔽视线、装饰美化的效果。常见形式有云墙、梯形墙、白粉墙、水花墙、漏明墙、虎皮墙、竹筒墙等。在江南古典园林中，构造园墙的材料多为白粉墙，它与灰黑色瓦顶、栗褐色门窗柱在色彩上形成对比，同时粉墙衬托着湖石、竹或花木，使之相映生辉。景墙常与漏窗、洞门、空窗等结合，形成各种明暗虚实的对比。在不宜开洞的墙上可设置盲窗（如北京颐和园园中园——扬仁风的景墙、苏州网师园的景墙）以打破其单调感，也可在墙上提诗作画，或植大树使树木光影上墙，以丰富墙面景观。在现代园林中景墙运用则少一些，但在景墙设计中常常所用古典要素，尽显朴素雅致（图5-3-86）。

图5-3-85　几何形园门

图5-3-86　现代园林景观中古典景墙

（三）景窗

景窗一般有空窗和漏窗两种形式。空窗是指不装窗扇和漏花的窗洞，是为了采光和作景框用。其后常设置石峰、竹丛、芭蕉之类，通过空窗可形成一幅幅绝妙的图画，使游人在游赏中不断获得新的画面感受。空窗还有使空间相互渗透、增加景深的作用，其形式有很多，如长方形、六角形、圆形、瓶形、扇形等。漏窗是在窗洞中设有半通透的花格，隔窗看景，具有若隐若现的效果。漏窗本身就可成景，形式多样的窗框与样式繁多的花格形成灵活多样、妙趣横生的各种窗景（彩图20）。

十六、园桥

园林绿地中的桥梁，不仅可以联系交通、跨越河道、组织导游，而且分隔水面，一座造型美观的园桥，也往往自成一景。因此园桥的选址和造型好坏，往往直接影响园林布局的艺术效果，如颐和园十七孔桥（彩图2）、五桥亭的昼夜变化景色（彩图28～彩图30）。

园桥的分类，按建筑材料分，有石桥、木桥、钢筋混凝土桥；按结构来分，有梁式与拱式，单跨与多跨，其中拱桥又有单曲与双曲拱桥；按建筑形式分，有类似拱桥作用的点式桥（汀步），有贴近水面的平桥，起伏带孔的拱桥，曲折变化的曲桥；在古典园林中还可见到桥上架屋的亭桥与廊桥等，图5-3-87为一些园桥的常见形式。

园林的桥梁，既具有园林道路的特征，又具有园林建筑的特征，贴临水面的平桥、曲桥可以看作是跨越水面园林道路的变态。带有亭廊的桥，可以看作架在水面上的园林建筑。而桥面较高，可供通行游船的各类拱桥则既具有园桥建筑特征，又具有园林道路的特征。

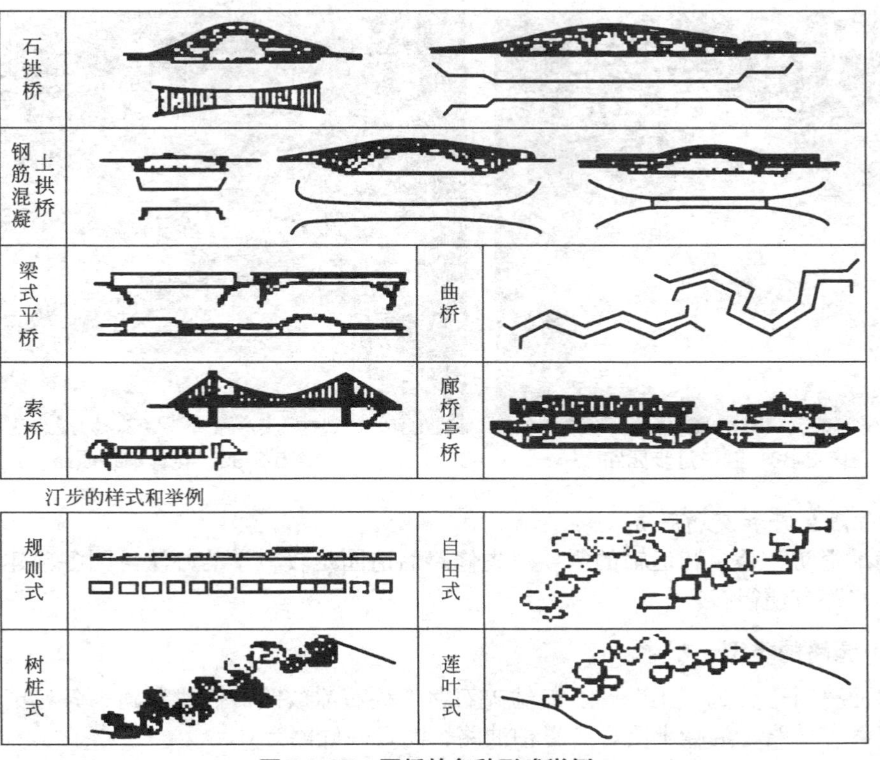

图5-3-87　园桥的各种形式举例

在园桥规划设计中，一定要密切配合周围环境的艺术效果，否则会比例失调、装修不当而变成纯交通公路桥。在小水面上布置园桥，可采用两种手法：一是小水宜聚，为使水面不致被桥划破，可选贴临水面的平桥，并偏居水面一侧；另一种是为了使水面有不尽之窟，增加景色层次，延长游览时间，采用平曲桥跨越两侧，使观赏角度不断有所变化。这种手法，是突出道路的导游特征、削弱它的建筑特征而取得的艺术效果。

另外还有类似桥作用的点式桥，又称汀步，也是园林中常见的，常做在浅水上，如溪涧、滩等，游人步平石而过，别有风趣。这种汀步应保证游人安全，石墩不宜过小，距离不宜过远。

十七、园路

园路是园林绿地中的一项重要设施，它的质量好坏，对游人的游览情绪和绿地清洁的维护，有很大影响，在设计时应予以足够重视（彩图21）。

（一）园路的作用

1.导游

把园林的各组成部分连成一个整体，通过园路引导，将园中主要景色，逐一展现在游人眼前，使人能从较好的位置去欣赏景致，如圆形汀步园路（图5-3-88）、花样铺装园路（图5-3-89）。因此，设计时必须考虑节日游园活动，人流集散要求。通路还常为园林分区的界限，尤其是植物园，按道路游览观赏分区很清楚。

2.欣赏作用

园路本身是园景的组成部分之一，它可以影响园林的风格和形式。通过园路的平面布置，起伏变化和材料及色彩图纹等来体现园林艺术的奇巧。

图5-3-88　圆形汀步园路

图5-3-89　花样铺装园路

3. 为管理生产和交通服务

要满足消防、杀虫和运输的需要。先修路后造园是较科学的办法，因各项建筑材料都要运输，先修路方便得多。

（二）园路的类型

按路面材料可分为：土草路、泥结碎石路、块石冰纹路砖石拼花路、条石铺装路、水泥预制块路、方砖路、混凝土路、沥青柏油路、沥青砂砼路等。

（三）园路的设计

园路的设计示意如图5-3-90所示。

图5-3-90　园路设计示意图

（1）平面设计

① 道路的宽度：车行道以车宽计算，人行道以人肩宽计算。单行车道不得小于3.5m，双行车道不得小于5.5～6m（解放牌汽车宽2.47m）。人行道宽度一般以人肩宽0.75m计算，单人行道可0.8～1.0m，三人游步道可以2～2.5m。

② 转弯半径，曲线加宽：由于汽车转弯时，前轮转弯半径比后轮转弯半径要大，因此弯路内侧要加宽。转弯半径越大，行车越舒适安全。一般小车转弯半径至少6m，大卡车最

少半径为9m，若带一个斗则要12m。

③ 自然式园林中的园路：拐弯曲线不能完全相等。连续弯不要太多，道路交叉口不要距离在20m以内，分叉角度不要太小。

（2）竖向设计

① 要求在保证路基稳定情况下，尽量利用原有地形以减少土方量，园内外道路要有良好衔接，能排除地面积水。

② 应有3% ～ 8%的纵坡，1.5% ～ 3.5%的横坡。

③ 游步道超过12°（20%）时为了便于行走，可设台阶，台阶不宜连续使用过多，如地形允许，经过一、二十级有一段平坦道路，使游人恢复体力和有喘息的机会。台阶宽度应与路面相同，每级增高12 ～ 17cm，踏步宽30 ～ 38cm为宜。为防止台阶积水、结冰，每一踏步应有1% ～ 2%的下方倾斜，以利排水。为了方便小孩童车或其他非机动车通行，在踏步旁也可再设斜坡道。

④ 道路超高：道路转弯时为平衡车辆离心力，须把外侧加高，一般情况不超过4%。

（四）各类园路的优缺点

1. 水泥混凝土路面

水泥路随温度变化，会热胀冷缩。因此将水泥路面分成小块，留伸缩缝，每3 ～ 6m留一条，缝宽1.5 ～ 2cm，内浇沥青。水泥路面做好后不能马上使用，浇水养护期28天。路面旁可做泥土路肩铺草皮或预制混凝土平侧面，宽30cm，保护路面。混凝土路面优点是易于干燥、坚固耐久、使用期长、养护简单、表面平整、不积灰尘、排水流畅、施工速度快，缺点是造价高、反掘修补不易、没有园林特色、反射阳光刺目。

2. 泥结碎石浇柏油路

泥结碎石浇柏油路是柔性路面，下层铺4cm直径碎石，压实后再浇泥浆，面层用1cm柏油处理，这样可以避免起灰和石子松散。

优点是铺筑简便，反光少，造价也低，路面有弹性，修复容易；缺点是表面粗糙，不易清洁，经常要养护，夏天柏油易解，不耐水浸。

3. 石板路

用天然产的薄石板片，一般厚40 ～ 80mm，形状不规则，表面不平整（可处理），缝嵌水泥。

优点是比较自然，并有天然色彩，适用于高低宽窄、弯曲多变的人行道。缺点是高低不平，不能在主要道路上使用。

4. 预制水泥板路

用预制现成的水泥板铺筑，常用的大规格为板厚80mm×500mm，小规格厚50mm×200mm，有9格的16格的两种，其余形状变化很多，如长方形、六角形等。为了增加美观还可配成不同颜色。

此种路铺筑简单，形状变化多，翻拆便当，适于新填土路或临时路。

5. 卵石路

老式卵石路是将卵石侧立排紧，做好后再用灰浆灌实。现在为了施工方便，可在水泥路上撒嵌卵石，也有预制成卵石水泥板的。此种做法也只适用于园中人行小路。

6. 砖铺路面

新公园中较少，大部分是在古典园林中修补时使用。铺筑形式有平铺、侧铺等，可以拼凑成各种图案。还有砖与卵石结合的方法，一般是中间一行砖，两边各一行卵石铺的路，砖铺路也只适用于人行小路。

7.级配砂石、双渣、三渣路（大石、小石、砂石、石灰渣、矿渣、煤渣）

这是低级路，可以利用废料，价格便宜，铺时下粗上细。缺点是尘土飞扬，不易保持。临时道路和游人极少且土壤排水良好情况下可用。

十八、园林的桌、椅、凳及园灯

园椅、园凳、园桌是为游人歇足、赏景、游乐所用的，经常布置在小路边、池塘边、树荫下、建筑物附近等。要求风景好，可安静休息，夏能遮阳，冬能避风。

如座椅围绕大树，既可遮阳，又可保护大树，增添园林景色。又如利用挡土墙压顶做凳面，用栏杆做靠背，在游人拥挤的街头绿地，能起很大作用，又节约了造价。还有小卖冷饮前布置地坪，能给顾客很大方便。餐厅茶室地坪放些固定桌椅，可增加容人量。还可以和花台、园灯、雕塑、假山石、泉池等结合设计，既有实用价值，又美化环境。园椅、园凳、园桌的设计要求，概括说是坐靠舒适、造型美观、构造简单、使用牢固（图5-3-91、图5-3-92）。

图5-3-91　圆形座椅

图5-3-92　树下座椅

园灯（图5-3-93～图5-3-96）既有夜间照明的功能，也有美化点缀环境的作用，近年来不断增加了许多造型新颖美观的灯具图（图5-3-97）。灯具的选用应与绿地环境的风格特色协调，做到风格一致，大小、数量适度，摆放位置适宜。

图5-3-93　路灯

图5-3-94　草坪灯

图5-3-95　小品灯

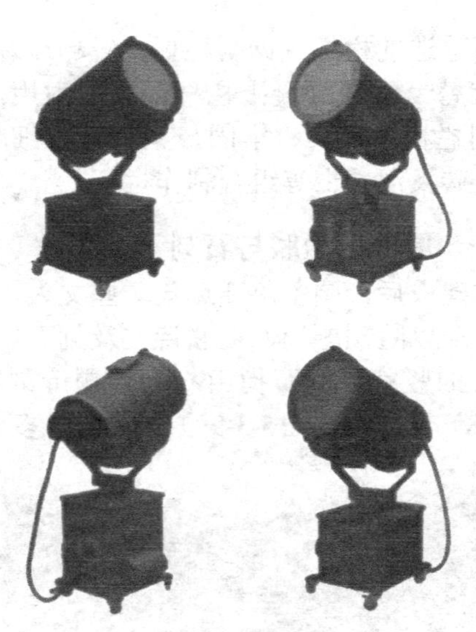

图5-3-96　射灯

图5-3-97　景观灯夜景

十九、园林栏杆

栏杆在绿地中起隔离作用，同时又使绿地边缘整齐，图案也有装饰意义，因此处理好隔离和美化的关系，是设计成败的关键。

栏杆的设计，要求美观大方，节约材料，牢固易制，能防坐防爬。其中栏轩的图案和用材造价关系密切，是艺术构思和实用、经济的统一。

栏杆在绿地中不宜普遍设置，尤其小块绿地，要在高度上多加注意，在能不设置的地方尽量不设，如浅水池、平桥、小路两侧、山坡等，尤其是堆叠假山后再设置栏杆，形同虚设，甚不美观。能用自然的办法隔离空间时，少用栏杆，多用绿篱、水面、地形变化、山石等隔离。

一般花台、小水池、草地边缘的栏杆，具有明确边界的作用，高度可在0.2～0.3m。街头绿地、广场，往往把座凳和栏杆结合起来，座凳高在0.4m左右，栏杆总高可0.8m。一般绿地建筑物，参观场所的围护栏杆，总高在0.85～0.9m。栏杆的格栅间距0.15m，已有较好的防护作用。有危险须保证安全的地方，栏杆高度在人的重心线1.1～1.2m，栏杆格栅间距0.13m，防止小孩头部伸过。铁栏杆应用防锈漆打底，用调和漆罩面，色彩要和环境协调，并不易弄脏。栏杆设计，应有栏杆设置地段总平面图，标出栏杆长度、开门地位。栏杆的立、剖面图应标明栏杆施工尺寸及用料，同一地段宜使用一种式样的栏杆。

制造栏杆的材料，有木、石、砖、钢筋混凝土和钢材等。木栏杆一般用于室内，室外宜用砖、石建造的栏杆。钢制栏杆，轻巧玲珑，但易于生锈，防护较麻烦，每年要刷油漆，可用铸铁代替。钢筋混凝土栏杆，坚固耐用，且可预制装饰性花纹，装配方便，维护管理简单。石制栏杆，坚实、牢固，又可精雕细刻，增强艺术性，但造价较昂贵。此外，还可用钢、木、砖及混凝土等组合制作栏杆。

二十、匾额、楹联与石刻

园林建成后，园主总要邀集一些文人，根据园主的立意和园林的景象，给园林和建筑物命名，并配以匾额题词、楹联诗文及刻石。匾额是指悬置于门振之上的题字牌，楹联是指门两侧柱上的竖牌，刻石指山石上的题诗刻字。园林中的匾额（本书第4章图4-4-33）、楹联（图5-3-98）及刻石（图5-3-99）的内容，多数直接引用前人已有的现成诗句，或略作变通图。

图5-3-98　楹联

图5-3-99　石刻

二十一、宣传牌、宣传廊

宣传牌、宣传廊是在园林中对游客进行政治思想教育、普及科学知识与技术的园林设施。它具有形式灵活多样、体型轻巧玲珑、占地少、造价低廉和美化环境等特点，适于各类园林绿地中布置。

1. 设置地点与位置

为了获得较好的宣传效果，这类设施多放置在游人停留较多之处。此外，还可与挡土墙、围墙结合，或与花坛、花台相结合，宣传牌宜立于人流必经之处，但又不可妨碍行人来往，故须设在人流路线之外，牌前应留有一定空地，作为观众参观展品的空间。

2. 宣传廊的主要组成部分

支架、板框、檐口、灯光设备。

二十二、园林厕所

在大型绿地和风景名胜区内设置厕所（图5-3-100、图5-3-101），一般来讲，应该作特殊风景建筑类型处理。但是，最好在整个园林或风景区有统一的外观特征，易于辨认。在选址上回避在主要风景线上，或轴线、对景等位置，离主要游览路线一定距离，设置路标以小路连接，要巧借周围自然景物，如石、树木、竹林或攀援植物，以掩蔽和装点。在外观处理上，既不要过分讲究，又不要过分简陋，使之始于风景环境之中，而又置于景观之外，既不使游人视线停留，又不破坏景观整体性。

茶室、阅览室等服务建筑的厕所或接待外宾用厕所，可分开设置，或提高卫生标准。

公园厕所定额，根据公园大小及游人量，可略有多少。一般公园可按6～8m^2/hm^2的建筑面积，游人多的可提高到18～22m^2/hm^2。每处厕所的面积可掌握在40m^2左右。如游人中男女数量相同，则厕所中男女蹲位比例数为2∶3。

园林厕所入口处应有男女厕的明显标志，外宾招待用厕所要用人头像象征。一般入口外设1.8m高墙作屏风，遮挡视线。

图5-3-100　园林厕所1

图5-3-101　园林厕所2

第四节　园林植物

园林植物是风景园林构成的四大基本要素之一，在风景园林规划设计中，具有最为核心、最为重要的主导作用。英国造园家B.Clauston曾指出“园林设计归根结底是植物材料的设计，其目的就是改善人类的生态环境，其他内容只能在一个有植物的环境中发挥作用”。可见，没有园林植物，也就不能称之为园林和绿地，也就没有了风景园林。

具有自净能力及自动调节能力的城市生态绿地，被称为“城市之肺”，它构成城市生态系统中唯一执行自然“纳污吐新”负反馈机制的子系统；是优化环境保证系统稳定性的必要组成；是城市生物多样性保护的重要基地；是实现城市可持续发展的一项重要基础设施。而园林植物则是生态园林和生态绿地系统中发挥生态功能和效益的关键所在。

一、园林植物的功能与作用

（一）园林植物的生态功能

1.*防护作用*

（1）保持水土、涵养水源

在园林工作中，为了涵养水源、保持水土，应选植树冠厚大、郁闭度强、截留雨量能力强、耐阴性强而生长稳定和能形成富于吸水性落叶层的树种。根系深广也是选择的条件之一，因为根系广、侧根多，可加强固土固石的作用，根系深则有利于水分渗入土壤的下层。按照上述的标准，一般常选用柳、槭、胡桃、枫杨、水杉、云杉、冷杉、圆柏等乔木和榛、夹竹桃、胡枝子、紫穗槐等灌木。在土石易于流失塌陷的冲沟处，宜选择根系发达，萌蘖性强、生长迅速而又不易生病虫害的树种，如乔木中之旱柳、山杨、青杨、侧柏、白檀等，及灌木中的杞柳、沙棘、胡枝子、紫穗槐等，以及南蛇藤、紫藤、葛藤、蛇葡萄等。许多草本植物由于具有发达的根系，也可用作护坡，保持水土。

草坪地被建植成后，作为人类生活环境的一个组成部分，作用于环境，再服务于人类，或者直接为人类服务。

许多城市的建成区70%～90%的地面属于各种建筑物、道路等不透水地面覆盖，将天空降的雨雪绝大多数水分迅速汇集，通过地下水道注入江河流走，导致淡水严重匮乏，这是市区、较郊区和乡村环境恶劣的根本原因。草坪和地被植物的须根（根系）和表土紧密结合覆盖地面，不让黄土见天，对于保持水土、涵养水源是有效方法。在总降雨量为340mm时，土壤冲刷量农田为345g/m^2，草地为9.3g/m^2（仅为农田的2.6%）；狗牙根草地比玉米地的保土能力大300倍，保水能力大近1000倍。

（2）防风固沙

当风遇到树林时，受到树林的阻力作用，在树林的迎风面和背风面均可降低风速，但以背风面降低的效果最为显著，所以在为了防风的目的而设置防风林带时，应将被防护区设在林带背面。防风林带的方向应与主风方向垂直。一般种植防风林带多采用三种种植结构，即紧密不易透风的结构、疏透结构和通风结构。根据中国科学院林业土壤研究所于1973年观察测定得知，疏透结构和通风结构的确防护距离要比紧密结构的大，减弱风速的效率也较好。紧密结构的林带因形成不透风的墙，造成回流，所以防护范围反而小了。

为了防风固沙而种植防护林带时，在选择树种时应注意选择抗风力强、生长快且生长期长而寿命亦长的树种，最好是最能适应当地气候土壤条件的乡土树种，其树冠最好呈尖塔形或柱形而叶片较小的树种。在东北和华北的防风树常用杨、刺槐、柳、榆、桑、白蜡、紫穗槐、桂香柳、枸杞、丝棉木、柽柳等。在南方可用马尾松、黑松、蔓荆、黄荆、芫花、枫杨、合欢、白檀、圆柏、榉、乌桕、柳、欧美杨、苦楝、泡桐、樟树、枫香、台湾相思、木麻黄、假槟榔等。

（3）其他防护作用

园林植物对防震、防火、减轻放射性污染等有重要作用。

① 防震、防火　园林绿地在发生地震时可作为人们的避难场所。许多植物枝叶含有大量水分，一旦发生火灾，可以阻止、隔离火势蔓延。如珊瑚树，即使叶片全都烤焦，也不产生火焰。

在地震较多地区的城市以及木结构建筑较多的居民区，为了防止地震引起的火灾蔓延，可以用不易燃烧的植物作隔离带，既起到美化作用又有防火作用。

对防火植物，日本曾作过许多研究，防火效果好的树种有：银杏、苏铁、青冈栎、栲属、榕、珊瑚树、槲树、棕榈、桃叶珊瑚、女贞、红楠、山茶、油茶、罗汉松、蚊母、厚皮香、柃木、夹竹桃、八角金盘、海桐、冬青、枸骨、大叶黄杨、槲栎、栓皮栎、臭椿、槐树、楮、麻栎、苦木等。总之以树干有厚木栓层和富含水分的树种比较抗燃烧。

② 减轻放射性污染　绿化植物能过滤、吸收和阻隔放射性物质，减低光辐射的传播和冲击波的杀伤力，并对军事设施等起隐蔽作用。

美国近年发现酸木树具有很强的吸收放射污染的能力，如种于污染源的周围，可以减少放射性污染的危害。此外，用栎属树木种植成一定结构的林带，也有一定的阻隔放射性物质辐射的作用，它们可起到一定程度的过滤和吸收作用。一般来说，落叶阔叶树林所具有的净化放射性污染的能力与速度要比常绿针叶林大得多。在亚热带多风雪地区可以用树林形成防雪林带以保护公路、铁路和居民区。

③ 防止灾害的安全岛　飞机场跑道草坪、高速公路旁紧急刹车草坪，都具有安全岛的功能。城市草坪是空旷地面，距高层建筑物和钢架广告牌远。例如1923年日本关东大地震，震中心级8.3级，地震又引起大火，东京、横滨等城市死亡达5万人。由于成群的人流疏散到后东、上野、日比谷等公园草坪上，许多人得以幸免遭灾，故草坪被誉为城市的安全岛。

④ 其他　在热带海洋地区的浅海泥滩红树可以减轻海潮对堤岸的冲击。

在沿海地区亦可种植防海潮风的林带以防止盐风侵袭陆地。

(4) 监测大气污染

指示植物是指对环境中的一个因素或几个因素的综合作用具有指示作用的植物或植物群落被称为指示植物。许多植物对大气中有毒物质具有较强抗性和吸毒净化能力，这些植物对园林绿化都有很大作用。但是一些对有毒物质没有抗性和解毒作用的“敏感”植物在园林绿化中也很有作用，这些植物对一些有害气体反应特别敏感，表现受害症状。我们可以利用它们对大气中有毒物质的敏感性作为监测手段以确保人民能生活在合乎健康标准的环境中。

① 对二氧化硫的监测　监测植物有：地衣、紫花苜蓿、菠菜、胡萝卜、凤仙花、翠菊、四季秋海棠、天竺葵、锦葵、含羞草、茉莉花、杏、山荆子、紫丁香、月季、枫杨、白蜡、连翘、杜仲、雪松、红松、油松、杉。

② 对氟及氟化氢的监测　氟（F）是淡黄色气体，有恶臭，在空气中迅速变为HF；后者易溶于水变成氢氟酸。

监测植物有：唐菖蒲、玉簪、郁金香、大蒜、锦葵、地黄、万年青、萱草、草莓、翠菊、榆叶梅、葡萄、杜鹃、樱桃、杏、李、桃、月季、复叶槭、雪松。

③ 对氯及氯化氢的监测　氯（Cl_2）是黄绿色气体，有臭味，比空气重。HCl可溶于水成强酸，氯气有全身吸收性中毒作用。

监测植物有：波斯菊、金盏菊、凤仙花、天竺葵、蛇目菊、硫华菊、锦葵、四季秋海棠、福禄考、一串红、石榴、竹、复叶槭、桃、苹果、柳、落叶松、油松。

④ 光化学气体　光化学烟雾中占90%的是臭氧。

监测植物有：美国的试验表明浓度为0.01mg/kg时，经1～5h烟草会受害，而菠菜、莴苣、西红柿、兰花、秋海棠、矮牵牛、蔷薇、丁香等均敏感易显黄褐色斑点。又据日本的试验，浓度为0.25mg/kg时，牡丹、木兰、垂柳、三裂悬钩子等均有受害症状。此外，早熟禾和美国五针松、银槭、梓树、皂荚、葡萄等也很敏感。

⑤ 其他有毒物质　对汞的监测可用女贞；对氨的监测可用向日葵；对乙烯的监测可用棉花。

(5) 植物散发气味举例

在自然界中某些植物或其某一部位能散发不同的气味，毒素等物质，能防病去虫，进行植物配植时，考虑这样一些植物，可以给其他植物或人提供良好的生存空间。

① 洋葱和胡萝卜混种，各自发出的气味可彼此驱逐害虫，都能提高产量。

② 大豆与蓖麻混种，大豆的害虫金龟子会被蓖麻的气味驱走。

③ 棉花与大蒜间种，大蒜分泌的大蒜素，可降低棉花蚜虫的繁殖。

④ 甘蓝与大蒜间种，大蒜素可驱逐危害甘蓝的害虫白蝶。

⑤ 在塑料棚内的黄瓜垄里撒上天竺葵种子，可驱逐害虫。

⑥ 在窗台上放一盆天竺葵，它的香气可驱逐许多虫子，防止众多花卉遭受虫害。

⑦ 苦楝的果实和树皮里含有多种活性物质。根里还含有糅酸、安息香酸、树脂等。这些都是有毒物质，具有特殊的气味，能麻醉害虫的头部神经及口器中的味觉神经，使虫体某些酶的分泌迅速失去平衡，生物电冲逐渐减弱，味觉急剧丧失，从而达到杀虫的目的。

⑧ 马醉木的叶、茎、树皮有剧毒，将其叶、茎、树皮浸出液配成液体，可防除蚜虫、壁虱以及一般软体害虫。

⑨ 苦参为豆科小灌木。其根、茎、叶中含苦参碱，动物和昆虫不敢食，其浸出液可来杀虫。苦参耐干旱瘠薄土壤。根系发达具有根瘤菌，是广泛用于水土保持绿化的灌木树种。

⑩ 青桐的叶很少受虫危害，树下土壤也不滋生金龟子、蝼蛄等害虫。四川农民习惯采青桐叶放在粪坑里，防止苍蝇的繁殖。

科学家们期望通过基因工程的生物技术，培育出能通过某些化学分泌物抗、驱杂草的植物新品种。

（以上具体内容可详见《风景园林生态应用设计》第二篇第七章第三节）

2.改善环境

（1）净化空气

在树林中或公园里花草树木多的地方，空气新鲜，有利于人体的健康。植物对改善空气质量的作用主要表现在以下几方面。

① 吸收二氧化碳，放出氧气

园林植物是“造氧工厂”。植物通过光合作用吸收二氧化碳，放出氧气，又通过呼吸作用吸收氧气和排出二氧化碳，但是，光合作用所吸收的二氧化碳要比呼吸作用排出的二氧化碳多20倍，因此，总的是消耗了空气中的二氧化碳，增加了空气中的氧气含量。在生态平衡中，人类的活动与植物的生长保持着生态平衡的关系。

一个成年人每小时呼出的二氧化碳约为38g，而生长良好的草坪，在进行光合作用时，每平方米每小时可吸收二氧化碳1.5g，所以在光合作用下，25m^{2}草坪就可以将一个人呼出的二氧化碳吸收。而树木吸收二氧化碳的能力比草地强得多。

园林植物具有吸收二氧化碳，释放氧气，维持碳氧平衡的特殊作用，这是任何先进科学手段不能代替的。

② 分泌杀菌素，减少空气中的含菌量

城市中人口众多，空气中悬浮着大量细菌，城镇中闹市区空气里的细菌数比公园绿地中多7倍以上。园林植物可以减少空气中的细菌数量，这一方面是由于有园林植物的覆盖，使绿地上空的灰尘相应减少，因而也减少了附在其上的细菌及病原菌，另一方面，由于许多植物能分泌一种杀菌素，而且有杀菌能力。

城市中有绿化的区域与没有绿化的街道相比，每立方米空气中的含菌量要减少85%以上。据研究测定可知，公共场所的空气含菌量最高，街道次之，公园、机关又次之，城郊植物园最低，相差可达几倍至25倍。

园林植物具有杀菌作用。一方面，大片绿化植物可以阻挡气流，吸附尘埃，空气中附着于尘埃的微生物随之减少；另一方面，很多植物能分泌可杀灭细菌和病毒、真菌的挥发性物质（丁香酚、天竺葵油、柠檬油、肉桂油等），如桉树、肉桂、柠檬等树木体内含有芳香油，它们具有杀菌力。桦木、梧桐、冷杉、毛白杨、臭椿、核桃、白蜡等都有很好的杀菌能力。

植物的挥发性物质除了有杀菌作用外，对昆虫亦有一定影响，且植物的一些芳香性挥发物质尚可使人们有精神愉快的效果。如梅科、唇形科、芸香科。

具有杀灭细菌、真菌和原生物能力的主要树种有：侧柏、柏木、圆柏、欧洲松、铅笔桧、杉松、雪松、柳杉、黄栌、盐肤木、锦熟黄杨、尖叶冬青、大叶黄杨、桂香柳、胡桃、黑胡桃、月桂、欧洲七叶树、合欢、树锦鸡儿、金链花、刺槐、槐、紫薇、广玉兰、木槿、楝、大叶桉、蓝桉、柠檬桉、茉莉、女贞、日本女贞、洋丁香、悬铃木、石榴、枣、水逊子、石楠、狭叶火刺、麻叶绣球、枸桔、银白杨、钻天杨、垂柳、栾树、臭椿、四蕊柽柳及一些蔷薇属植物。

③ 吸收有毒气体

园林植物是最大的“空气净化器”。由于环境污染，空气中各种有害气体增多，空气中的有害气体主要有二氧化硫、氯气、氟化氢、氨、汞、铅蒸汽等。其中以二氧化硫的数量最多，分布最广，危害最大。在煤、石油等的燃烧过程中都要排出二氧化硫，所以工业城市的上空，二氧化硫的含量通常是较高的，因而二氧化硫被称为大气污染的“元凶”。园林植物具有吸收解毒或富集二氧化硫、氟化氢、氯气和致癌物质安息香吡啉等有害气体于体内从而减少空气中的毒物量，并具有吸收和抵抗光化学烟雾污染物的能力。

a.SO_2

SO_2被叶片吸收后，在叶内形成亚硫酸和毒性极强的亚硫酸根离子，后者能被植物本身氧化转变为毒性小30倍的硫酸根离子，因此达到解毒作用而不受害或受害减轻。不同树种吸收SO_2的能力是不同的，一般的松林每天可从1m^3空气中吸收2mg SO_2；每公顷柳杉林每年可吸收720kg SO_2；每公顷垂柳在生长季节每月可吸收1kg SO_2。

据测定，当二氧化硫通过树林时，随着距离增加气体浓度有明显降低，特别是当二氧化硫浓度突然升高时，浓度降低更为明显。

研究表明，臭椿吸取二氧化硫的能力特别强，超过一般树木的20倍，另外夹竹桃、罗汉松、大叶黄杨、槐树、龙柏、银杏、珊瑚树、女贞、梧桐、泡桐、紫穗槐、构树、桑树、喜树、紫薇、石榴、菊花、棕榈、牵牛花、广玉兰、毛白杨等植物都有极强的吸收二氧化硫的能力。

树木对二氧化硫的吸收具有选择性。针叶树的吸收量与阔叶树相比较低。树木对二氧化硫的吸收量高的树种有：加拿大杨、水榆、新疆杨、卫矛、臭椿、玫瑰、水曲柳、雪柳、丁香、山楂、花曲柳；吸硫量中等的有：刺槐、枣树、稠李、杉松冷杉、白桦、皂角、旱柳、赤杨、山梨、枫杨、暴马丁香；吸硫量低的有：连翘、元宝槭、樟子松、白皮松、茶条槭、银杏。

b. Cl_2

根据吸毒力较强而抗性亦较强的标准来筛选，银柳、赤杨、花曲柳、都是净化Cl_2的较好树种；此外，银桦、悬铃木、柽柳、女贞、君迁子等均有较强的吸Cl_2能力；构树、合欢、紫荆、木槿等则具有较强的抗氯和吸氯能力。

研究表明：一般叶片光滑，小枝无毛的树种吸氯量高，如紫椴、山楂、白桦、暴马丁香等；而叶片具蜡层、表皮毛的树种吸氯量较少，如银杏、桂香柳等。树木的吸氯量与科属间也表现有一定的相关。蔷薇科植物表现比较明显，如山杏、山楂、山梨、山桃、水榆等虽然对氯的抗性差异明显，但对氯的吸收力都表现很强。

吸氯量高的树种有：紫椴、卫矛、山桃、暴马丁香、山梨、水榆、山楂、山杏、白桦、榆树、糖槭、花曲柳；吸氯量中等树种有：连翘、糠椴、枣树、枫杨、文冠果、落叶松、桂香柳、皂角；吸氯量低的树种有：桧柏、赤杨、黄檗、丁香、油松、茶条槭、稠李、银杏、杉松冷杉、日本赤松、旱柳、云杉、水曲柳、辽东栎、麻栎。

c. 氟及氟化氢

氟化氢对人体的毒害作用比二氧化硫大20倍，但不少树种都有较强的吸氟化氢能力。据国外报道柑橘类可吸收较多的氟化物而不受害。而女贞、泡桐、刺槐、大叶黄杨等有较强的吸氟能力，其中女贞的吸氟能力比一般树木高100倍以上；梧桐、大叶黄杨、桦树、垂柳等均有不同程度的吸氟化氢能力。

树木通过叶片具有很强的吸收和积累大气中的氟污染物的能力，并随植物种类的不同而具有明显差异。

吸氟量高的树种有：枣树、榆树、山杏、白桦、桑树、杉松冷杉；吸氟量中等树种有：毛樱桃、紫丁香、元宝槭、卫矛、华山松、云杉、白皮松、茶条槭、皂角、雪柳、臭椿、落叶松、紫椴、旱柳；吸氟量低树种有：侧柏、红松、山桃、桧柏、新疆杨、加拿大杨、刺槐、银杏、稠李、暴马丁香、樟子松、油松。

d. 铅、镉等重金属

植物的叶片是植物吸收空气中有害气体的主要器官，因此植物的净化效应与植物叶片的面积总和（叶面积和叶量）及叶片着叶期长短成正相关。

吸铅量高的树种有：桑树、黄金树、榆树、旱柳、梓树；吸铅量中等树种有：枫杨、皂角、美青杨、刺槐、稠李、花曲柳;吸铅量低树种有：卫矛、银杏、榆叶梅、山刺梅、紫丁香、锦鸡儿、枸杞、臭椿、柳叶绣线菊、东北赤杨、红瑞木、水蜡、朝鲜黄杨。

吸镉量高的树种有：美青杨、桑树、旱树、榆树、梓树、刺槐；吸镉量中等树种有：稠李、枫杨、皂角、黄金树、东北赤杨、花曲柳、枸杞、桃叶卫矛、柳叶绣线菊、山刺梅、紫丁香、锦鸡儿、榆叶梅；吸镉量低树种有：银杏、臭椿、红瑞木、水蜡、朝鲜黄杨。

e.其他有毒物质

喜树、梓树、接骨木等树种具有吸苯能力；樟树、悬铃木、连翘等具有良好的吸臭氧能力；夹竹桃、棕榈、桑树等能在蒸汽的环境下生长良好，不受危害；而大叶黄杨、女贞、悬铃木、榆树、石榴等在铅蒸汽条件下都未有受害症状。因此，在产生有害气体的污染源附近，选择与其相应的具有吸收和抗性强的树种进行绿化，对于防止污染、净化空气是十分有益的。

f.吸滞粉尘和烟尘

园林绿地是天然的“除尘器”。

一般言之，树冠大而浓密、叶面多毛或粗糙以及分泌有油脂或黏液者均有较强的滞尘力。

树木的滞尘能力与树冠高低、总的叶片面积、叶片大小、叶的着生角度、表面粗糙程度等条件有关，植物个体之间滞尘能力有很大的差异按滞尘能力大小归类，较强的有旱柳、榆树、桑树、加拿大杨；一般的有刺槐、山桃、花曲柳、枫杨、皂角；较弱的为美青杨、桃叶卫矛、臭椿。

另外，据研究，刺楸、朴树、重阳木、悬铃木、女贞、泡桐等树种对防尘的效果较好。树木对粉尘的阻滞作用在不同季节也有所不同。植物吸滞粉尘的能力与叶量多少成正比。即冬季植物落叶后，其吸滞粉尘的能力不如夏季。据测定：在树木落叶期间，其枝干、树皮能滞留空气中18%～20%的粉尘。所以园林植物被称为“空气的绿色过滤器”。

此外，草坪也有明显减尘作用，它可减少重复扬尘污染。在有草坪的足球场上，其空气中的含尘量仅为裸露足球场上含尘量的1/6～1/3。

草坪植物滞尘能力的大小依据种类不同而有很大的差异，滞尘量随着草叶的叶面积的增大而增加。

绿色草坪植物对灰尘和粉尘的阻挡、过滤和吸收作用更大，有的甚至超过大多数树木的滞尘能力。

以上可见，园林植物个体间滞尘能力差异很大，单位绿地面积上的滞尘量主要决定于单位绿地面积上的绿量，以乔木为主的复层结构绿地能够最有效地增加单位绿地面积上的绿量，从而提高绿地的滞尘效果。据北京园林所研究，不同结构绿地的降尘作用，以乔灌草型减尘率最高，灌草型次之，草坪较差。

一般叶片积尘多、不影响生长，易被大风、大雨和人工大水冲刷干净，便于重新恢复滞尘能力的植物，是较为理想的滞尘植物。

（2）改善城市小气候

① 调节温度，减少辐射

影响城市小气候最突出的有物体表面温度、气温和太阳辐射，而气温对人体的影响是最主要的。

一般人感觉最舒适的气温为18～20℃，相对湿度以30%～60%为宜。在夏季，人在树荫下和在阳光直射下的感觉，差异是很大的。这种温度感觉的差异不仅仅是3～5℃气温的差异，而主要是太阳辐射温度决定的。茂盛的树冠能挡住50%～90%的太阳辐射，经测定，夏季树荫下与阳光直射的辐射温度可相差30～40℃之多。不同树种遮阳降低气温的效果也不同。树冠能阻拦阳光而减少辐射热。由于树冠大小不同，叶片的疏密度、质地等的不同，所以不同树种的遮阳能力亦不同。遮阳力愈强，降低辐射热的效果愈显著。行道树中，以银杏、刺槐、悬铃木与枫杨的遮阳降温效果最好，垂柳、槐、旱柳、梧桐较差。

从降温的绿化效能来看，树木减少辐射热的作用要比降低气温的作用大得多。生活的经验，使我们知道，在夏季即使气温不太高时，人们亦会由于辐射热而眩晕，因此以树木绿化来改善室外环境，尤其是在街道、广场等行人较多处是很有意义的。

在冬季落叶后，由于树枝、树干的受热面积比无树地区的受热面积大，同时由于无树地区的空气流动大、散热快，所以在树木较多的小环境中，其气温要比空旷处高。总的说来，树木对小环境起到冬暖夏凉的作用。当然，树木在冬季的增温效果是远远不如夏季的降温效果具有实践意义的。

② 调节湿度

人一般感觉最舒适的相对湿度为30%～60%。园林植物可通过叶片蒸发大量水分。夏季森林中的空气湿度要比城市高38%，公园中的空气湿度比城市高27%。秋季树木落叶前，树木逐渐停止生长，但蒸腾作用仍在进行，绿地中空气湿度仍比非绿化地带高。冬季绿地里的风速小，蒸发的水分不易扩散，绿地的相对湿度也比非绿化区高10%～20%。另外，行道树也能提高相对湿度10%～20%。因此，舒适、凉爽的气候环境与植物调节湿度的作用是分不开的。

③ 通风防风

城市带状绿化，如城市道路与滨水绿地是城市气流的绿色通道，特别是带状绿地与该地夏季主导风向一致的情况下，可将城市郊区的气流趁风势引入城市中心地区，为炎夏城市的通风创造良好的条件。而冬季，大片树林可以减低风速，发挥防风作用，因此在垂直冬季的寒风方向种植防风林带，可以减少风沙，改善气候。

由于城市建成区集中了大量的水泥建筑和路面，在夏季太阳辐射下温度很高，加上城市人口密度大，工厂企业及生活所需的燃烧造成气温升高。如果城市郊区有大片绿色森林，其郊区的凉空气就会不断向城市建成区流动，这样通过热空气上升，新鲜的凉空气不断进入建成区，调节了气温，改善了通风条件。

树木成林，可以降低风速，发挥防风作用。植物降低风速的程度，主要决定于植物体形的大小，树叶的茂盛程度。乔木防风能力比灌木强，灌木又大于草木，阔叶树比针叶树强，常绿阔叶树又比落叶阔叶树强。用以固沙为主要目的的防沙林带，则紧密结构者为有效。另外，防风林的方向、位置不同还可以加速和促进气流运动或使风向得到改变。

（3）净化水体

城市和郊区的水体常受到工厂废水及居民生活污水的污染而影响环境卫生和人们的身体健康。而植物有一定的净化污水的能力。研究证明，树木可以吸收水中的溶解质，减少水中的细菌数量。如在通过30～40m宽的林带后，一升水中所含的细菌数量比不经过林带的减少1/2。

许多植物能吸收水中的毒质而在体内富集起来，富集的程度，可比水中毒质的浓度高几十倍至几千倍，因此水中的毒质降低，使得到净化。而在低浓度条件下，植物在吸收毒质后，有些植物可在体内将毒质分解，并转化成无毒物质。

最理想的是植物吸收毒质后转化和分解为无毒物质，例如水葱、灯心草等可吸收水或土中的单元酚、苯酚、氰类物质使之转化为酚糖苷、CO_2、天冬氨酸等而失去毒性。

许多水生植物和沼生植物对净化城市的污水有明显的作用。每平方米土地上生长的芦苇一年内可积聚6kg的污染物，还可以消除水中的大肠杆菌。在种有芦苇的水池中，水中的悬浮物要减少30%，氯化物减少90%，有机氮减少60%，磷酸盐减少20%，氨减少60%，总硬度减少33%。水葱可吸收污水池中有机化合物。水葫芦能从污水里吸取银、金、铅等金属物质。

（4）降低光照强度

城市中公园绿地中的光线与街道、建筑间的光线是有差别的。阳光照射到树林上时，有20%～25%被叶面反射，有35%～75%为树冠所吸收，有5%～40%的透过树冠投射到林下。因此林中的光线较暗。又由于植物所吸收的光波段主要是红橙光和蓝紫光，而反射的部分，主要是绿色光，所以从光质上来讲，林中及草坪上的光线具有大量绿色波段的光。这种绿光要比街道广场铺装路面的光线柔和得多，对眼睛保健有良好作用，而就夏季而言，绿色光能使人在精神上觉得爽快和宁静。

（5）降低噪声

园林植物是天然的"消声器"。园林植物的树冠和茎叶对声波有散射的作用，同时树叶表面的气孔和粗糙的毛，就像多孔纤维吸音板，能把噪声吸收。因此具有隔音、消声的功能。不同类型的绿化布置型式，不同的树种和绿化结构以及不同树高，不同郁闭度的成片成带的绿地，有不同程度的减弱噪声的效果。

一般认为疏松的树木群比成行的树木更能防止噪声；分枝低、树冠低的乔木比分枝高、树冠高的乔木减低噪声的作用大；在行道树之间栽上灌木，其防噪声效果比单纯一行乔木为好；重叠排列的、大而健壮的、具有坚硬叶子的树种，在其着叶季节对减小噪声非常有效；一系列狭窄的林带要比一个宽林带效果好。在街道、广场、公共娱乐场所与工厂周围，建造不同规格与结构的林带，是防止噪声的重要措施。

消减噪声能力强的树种有：美青杨、白榆、桑树、加拿大杨、旱柳、复叶槭、梓树、日本落叶松、桧柏、刺槐、油松、桂香柳、紫丁香、山桃、东北赤杨、黄金树、榆树绿篱、桧柏绿篱。

（6）净化土壤

植物的地下根系能吸收大量有害物质而具有净化土壤的能力。有的植物根系分泌物能使进入土壤的大肠杆菌死亡；有植物根系分布的土壤，好气性细菌比没有根系分布的土壤多几百倍至几千倍，故能促使土壤中有机物迅速无机化，因此，既净化了土壤，又增加了肥力。并且研究证明，含有好气细菌的土壤，有吸收空气中一氧化碳的能力。

（以上具体内容详见《风景园林生态应用设计》第二篇第七章第三节）。

（二）园林植物的美化功能

园林中没有园林植物就不能称为真正的园林。园林植物种类繁多，每个树种都有自己独具的形态、色彩、风韵、芳香等美的特色。这些特色又能随季节及年龄的变化而有所丰富和发展。例如春季梢头嫩绿、花团锦簇，夏季绿叶成荫、浓荫覆地，秋季果实累累、色香俱备，冬则白雪挂枝、银装素裹，一年之中，四季各有不同的风姿与妙趣。

园林植物美（观赏特性），可分为单体美与群体美，关于群体美及美的运用问题见本书以后章节。关于单体美，主要着重于形体姿态、色彩光泽、韵味联想、芳香以及自然衍生美。对于园林植物而言，可以展示其不同的株形，不同的叶色叶形，不同的花色花形以及不同的果色果形，还有一些树木的干皮、刺毛和根也很有观赏价值。一般说来，园林树木观赏期最长的是株形和叶色，而花卉则是花色，将不同形状、叶色的树木或不同色彩的花卉经过妥善的安排和配植，可以产生韵律感、层次感等种种艺术组景的效果。

不同种类植物的美化功能又有所不同。草本植物具有花色艳丽、装饰效果强等特点，在园林绿地中常用来布置花坛、花境、花台、花丛等，人工创造优美的工作和休息环境；木本植物则在一年四季表现出不同的景色，它的根、茎、叶、花、果、树姿均具有无比的魅力。观赏植物主要功能与作用是能唤起人的美感。观赏植物的美在于其色、香、姿、韵，这简单的四个字包含着观赏植物极为丰富多彩的内涵。

园林植物群体美化功能又体现在四方面。

1. 色彩美

色彩是观赏植物极为重要的组成部分。有些色彩能使人兴奋，有的色彩能使人感觉平静，而有的色彩能使人感到愉快和舒畅。人们看到一种花卉的色彩时，往往会联想到与其有关的一些事物，影响人的情感和情绪。观赏植物的色彩美主要表现在花的色彩、叶的色彩和枝干色彩上。花的色彩是极其丰富而又富于变化的，不仅不同的花卉种类具有不同色彩，就是同一花卉种类的不同品种其花色也足以构成一个万紫千红的世界；观赏植物的叶色变化多样，叶色丰富；观赏植物枝干色彩主要有白色枝干、金黄色枝干、绿色枝干等。

2. 形态美

观赏植物形态的多样性是任何其他经济作物不能相比的。它们千姿百态，给人以强烈的美感。吊兰，其叶似兰，叶色青翠，别具飞动飘逸之美；文竹，叶色碧绿，纤秀文雅；松树挺拔；竹类刚直潇洒。观赏植物形态的多样性主要表现在：枝干形态有圆柱形、尖塔形、圆锥形等；花形是观赏植物中较为丰富的观赏部分，有的花形似仙鹤，有的花形似荷包，有的花形似兔耳等；叶形，形态千变万化，大的如巴西棕高达二十多米，小的叶片仅几毫米，七叶树的叶子为掌形，羊蹄甲的叶子为蹄形等；果实，形态各异、色彩差别较大，如红果的石榴、柿子等，黄果的银杏、佛手等。

3. 香味美

花卉的香气可以刺激人的嗅觉，给人以一种无形的美感。不同种类的观赏植物的花香味也不同。如茉莉花的馨香、兰花的幽香、梅花的暗香等。有些花如玫瑰、茉莉、玉兰、桂花等还能制成饮料和食品，给人别具一格的味觉美。

4. 意境美

人们在欣赏花卉时常进行移情和联想，将花卉情感化和性格化，这是自然美以外的范畴。荷花，清白纯洁，出淤泥而不染；柳树象征依依不舍、绵绵不断的情感；玫瑰象征着崇高的爱情；松竹梅被人们称为岁寒三友，用来比喻人类的顽强精神和坚忍不拔的性格。观赏植物的意境美是相当丰富的，而且会随着社会的发展不断增加新的内容。

（三）园林植物的生产功能

园林植物的生产功能是指大多数的园林植物均具有生产物质财富、创造经济价值的作用。植物的全株或其一部分，如叶、根、茎、花、果、种子以及其所分泌乳胶、汁液等，许多是可以入药、食用或做工业原料用，其中许多甚至属于国家经济建设或出口贸易的重要物资，它们在生产上的作用是显而易见的；另一方面，由于运用某些园林植物提高了某些园林的质量，因而增加了游人量，增加了经济收入，并使游人在精神上得到休息，这亦是一种生产功能，不过它常为人们所忽略罢了，从园林建设的目的性和实质上来看，这方面的生产功能却是比前者更为重要的。

而生产功能的发挥必须从属于园林绿地依其类型性质而负有的园林使命，绝不允许片面的只强调生产功能而损害园林所应有的主要任务和作用。这就是在发挥园林树木物质生产功能时所必须掌握的原则和特点。园林树木的生产功能是多种多样的，在具体实施中必须因地制宜、深入细致地进行考虑。

例如国际市场上1kg玫瑰香精油要比黄金昂贵得多，即使如此，也不可能设想在公园中大量种植玫瑰而在花朵初开时又全部采光去提炼香精油，对于用材类树种如杨树，入药的杜仲树皮，也不可能设想城市公园中应当承担生产木材和药材的任务。但是，在很多情况下，在园林中通过合理的措施，生产一些产品还是可能的，尤其是在面积较大的自然风景旅游区中，生产途径还是很广阔的。西方的罐装食品中，有的增加一片月桂叶子，价格就提高很多，而月桂树在我国南方是生长得很好的，有的地区可以将茶树作为绿篱栽培，结合采摘、修剪可以制成该园的特产。有的园林树种不需特殊的精细管理却能结出较丰盛的果实，例如山楂、柿子、海棠等，果实可以树上存留很久，既有观赏效果又有生产收益，其他如山果类、小果类树种增多可适当应用。此外，还可利用植物材料制作一些有纪念性的手工艺品。总之，园林绿地的主要任务是美化和改善生活居住和工作与游憩的环境，园林树木物质生产功能的发挥必须从属于园林主要任务的要求。

（四）园林植物的使用功能

1.教育功能

（1）科普旅游

在城市中，园林植物可能是让人们感到最与自然贴近的物质，由此在孩子们脑海里冒出的各种问题。为什么有些树不落叶？为什么树叶变红了？树上的鸟是什么鸟？等等，都有可能进一步激发孩子们对人与其他生物，人与自然的思考，激发他们热爱自然，热爱生活。

例如森林是野外避暑旅游的胜地，很多旅游胜地如：黄山，其植物也十分吸引人。随着社会的发展和人类的进步，野外旅游事业发展很快。而森林常远离城市，环境幽静，空气清新，冬暖夏凉，气候宜人，还有优美奇特的名花古木，引人入胜的自然景色，使人心旷神怡，消除疲劳，是人们旅游、疗养、休息、保健的场所。

（2）教育

广大的园林和风景名胜区，具有优美的自然山水，园林景观和众多的名胜古迹，体现着祖国的壮丽风貌和我国古代物质文明、精神文明的民族特征，具有艺术魅力的活的实物教材，除了使人们获得美的享受外，更能开阔眼界，增加知识才干，有益于磨炼人们的意志和增加道德观念。

2.心灵功能

优美的绿色环境可以调节人们的精神状态，陶冶情操。优美清新、整洁、宁静、充满生机的园林绿化空间，使人们精力充沛，感情丰富，心灵纯洁，充满希望，从而激发了人们为幸福去探索、去追求、去奋斗，更激发了人们爱家乡、爱祖国的热情。

3.生理功能

处在优美的绿色环境中的人们，人的脉搏次数下降，呼吸平缓，皮肤温度降低，众所周知，绿色是眼睛的保护色，使疲劳的眼睛容易恢复。如果绿色在人的视野中占25%时，可使人的精神和心理最舒适，产生良好的生理效率。

4.服务功能

服务功能是园林绿化的本质属性。为社会提供优良的生态环境，为人们提供美好的生活环境和游览、休息、文化活动的场所，始终是园林绿化事业的根本任务。

（五）园林植物的艺术功能

在园林中，植物以其姿态、色彩、气味等供游人欣赏，或赏心悦目，或柳丝拂面，或芳香扑鼻。在游览过程中人们通过视觉、触觉、嗅觉可获得对大自然的审美享受。植物的园林艺术功能有不同于其他园林构成要素的独特的时空表现艺术功能。

1.隐蔽园墙，拓展空间

沿园界墙种植乔、灌木或攀缘植物，以植物的自然生态体形代替、装饰砖、石、灰、土构筑起来的呆滞的背景，即《园冶》所说的“园墙隐约于萝间”，不但在观赏上显得自然活泼，而且高低掩映的植物还可造成含蓄莫测的景深幻觉，从而扩大了园林的空间感。如北京颐和园通过西堤的桃、柳，遮挡住园墙的界限，使有限变无限，园外远景和园内近景浑然一体，从而扩大了空间，丰富园林的景色，构成了一幅山外有山、景外有景、远近相衬、层次分明的壮丽画卷。

2.分隔联系，含蓄景深

植物还可以起到组织空间的作用。在不宜采用建筑手段划分空间的情况下，以自然的植物材料，如乔、灌木高低搭配或竹丛进行空间分隔，甚至可以达到完全隔断视线的效果。在多数情况下，利用植物取得似隔非隔的效果，相邻景观互相渗透，或以更为疏朗的配植，使景观含蓄，增加景深层次。如上海植物园盆景园，利用法国冬青自然绿篱分隔空间，形成园中有院的结构。相反，全园被分隔成若干景区的山水、建筑景观，可以通过普遍的植物配置加强彼此的联系，使人工与自然要素统一到绿色的氛围之中。

3.装点山水，衬托建筑

堆山、叠石之间以及各类水型的岸畔或水面，常有自然植被或植物的配植美化。在景观构图上，特别重要景观的主要观赏景面，更需要树木花草配置。在这里，植物往往是构图的关键，它起到补充和强化山水气息的功能。亭、廊、轩、榭等建筑的内外空间，也依靠植物的衬托产生与自然的关系。园林建筑设计，在体形和空间上，应该考虑与植物的构图关系。不仅庭院空间如此，建筑的主要观赏景观也离不开植物配置。

4.渲染色彩，突出季相

在园林设计中，植物不但是“绿化”的元素，而且也是万紫千红的渲染手段。再现大自然的园林景观，要求它同大自然的现象一样具备四季的变化，表现季相的更替，这正是植物所特有的作用。花果树木春华秋实，绿叶成荫花满枝，季相更替不已。一般落叶树的形、色，随季节而变化：春发嫩绿，夏被浓荫，秋叶胜似春花，冬季则有苦木寒林的画意。

如杭州“花港观鱼”的牡丹、芍药；“曲院风荷”的荷花；“平湖秋月”的桂花等，都有力地烘托了景点的气氛。

5.散发芬芳，招蜂引蝶

园林艺术空间的感染力是由多方面的因素形成的，其中不只是造型、色彩的作用，还有音响和气味的效果。对于游人来说，体验一个园林作品，是由几种感觉器官综合接受的，它既有视觉、触觉、听觉，也有嗅觉。园林艺术的嗅觉效果，主要是由植物来起作用的，如苏州拙政园“远香堂”，每当夏日荷风扑面之时，清香满堂。留园“闻木樨香轩”，因其遍植桂花，开花时异香袭人。草木的芬芳使园中空气更觉清新爽人；一些花木以其干、叶、花、果作为观赏，同时它们也散布馨香，并招蜂引蝶。

（六）园林植物的文化功能

人类长久以来所创造的有关植物方面的所有物质财富和精神财富的总和，简称植物文化，通常也专指精神财富方面。其内涵极其丰富，凡是有关植物的文字资料、口头流传的资料、诗词歌赋、绘画、戏曲、电影、电视、音乐、雕塑、插花、民俗、民风、园林、建筑、花展、画展以及有关的经济文化活动，统称植物文化。

中国的植物文化与茶文化、酒文化等一样，源远流长，博大精深，是中国传统文化的重要组成部分。中国的植物文化正是以含蓄的文化内涵，集自然山川之灵秀，寓人间万象之精华，形成了中国古老而独特的审美观点和审美情趣；几千年来，受儒家、道家、佛家“三家”哲学思想的熏陶，对中国传统文化的形成和影响极深。儒、道、佛作为中国历史上三大教派，各以不同的哲学思想影响着中国文化，同时，三者又相互融合，共同作用于中国文化的发展。儒、道、佛“三家”思想反映在插花、赏花中的审美观点、审美情趣上，是讲究花的形（线条自然优美）、色（淡雅）、香（幽远清香）、德（品格高尚），认为花的“形”以自然疏朗的线条为美，因此插花大多离不开木本枝条的线条造型；花的“色”以清新淡雅为美；花的“香”以幽远清香为美；花的“德”以格高韵胜为美。这正与儒、道、佛“三家”的哲学思想相符合。

在我国，作为园林中物质性建构的花木早已突破传统意义上的功能，被文人墨客想象化、人格化，赋予了丰富的感情和深刻的内涵，具有象征寓意，从而使人们从欣赏植物的形态美转到品味植物的意境美，满足了人们多方面、多层次的生理、心理需求。它与社会的文化、历史的发展及风俗等都密不可分，它是一个国家文化的历史沉淀。园林观赏植物正是有了这种深厚的底蕴，才具有如此近而不浮、远而不尽的无穷无尽的意境美，它是先人留给我们的一笔宝贵的文化遗产和精神财富。

1. 比德传统

大自然的山水花木、鸟兽鱼虫等之所以能引起欣赏者的美感，就在于它们的外在形态、生态上的科学生理性质，以及神态上所表现出的内在意蕴，都与人的本质、本质力量发生同构、对位与共振，也就是说有与人好的本质、本质力量相似的形态、性质、精神的花木可以与审美主体的人（君子）比德，亦即从山水花木欣赏中可以体会到某种人格美。

古代一些文人士大夫们，在经营园林观赏植物及其景观中，总是以具有一定内涵的植物为首选花木。例如，在园林观赏植物中，广泛被园林采用的首推松柏。另外，“疏影横斜水清浅”的梅花、“挺拔虚心有节”的竹子、“出淤泥而不染”的荷花、“秀雅清新，暗香远播”的深谷幽兰等都是理想的比德植物。在“以儒化民”的文化氛围中，文人们会根据各自的素养、水平，对植物做不同的欣赏，可以欣赏它们的刚直美、高洁美，也可以领略它们的雅逸美、潇洒美，但总的都是在寻找植物的某种内在特性，赋予文化的内涵，构成赏景、赏花与文化相关联的特有的传统审美方式。

2. 闲情美

对古典园林观赏植物景观，园主常根据自身之爱好，选取适合于观赏、吟诵的植物，配置在园林中适当的位置，依照植物时序季相的变化，可以邀约知心好友，欣赏吟咏。

例如，在中国文人的眼中，梅花是一种具有“标格清逸”精神属性美的花木。宋代范成大说它“梅以韵胜，以格高”；徐致中赞美它“要知此花清绝处，端知醉面读《离骚》”等等。正由于梅花具有雅逸美的精神属性，因此最受文人雅士的喜爱。

荷花，“可以嗅清香而折醒，可以玩芳华而自逸”，是颇具雅逸精神美的花木。宋代于石《西湖荷花》一诗中，写月夜赏荷的意境美，“亭亭翠盖拥群仙，轻风微颤凌波步；酒晕潮红浅渥唇，肤如凝脂腰束素……”

竹子，又是一种具有雅逸精神美的植物，素为中国古代文人所看重。苏轼《于潜僧绿筠轩》中对竹子的雅逸美说到了极致：“宁可食无肉，不可居无竹。无肉令人瘦，无竹令人俗……”将有竹与无竹提高到雅与俗之分，可以说是苏轼对竹子雅逸精神的最大挖掘，并被以后所有文人所公认。

3.崇尚自然，追求天趣

古代，儒、道、佛三家都讲“天人合一”，认为人对自然要采取顺应、尊崇的态度，人要与自然建立起一种亲密和谐的关系，特别是道家极力推崇天地自然之美，这种思想反映在园林观赏植物应用上就是崇尚自然、追求天趣的本色美，不仅植物材料来源自然，而且不加修剪来展示植物色、香、姿等自然面貌。如“接天莲叶无穷碧，映日荷花别样红”和“吾家满山种秋色，黄金为地香为国”表现的是荷花和菊花的色彩美；“蓬莱宫中花鸟使，绿衣倒挂扶瞰”表现的是梅花的俯态美；“半粒能含万斛香，一枝解夺千姝丽”是展示桂花的香味美；“庭院皆植松，每闻其响，必欣然为乐”，南朝齐梁陶弘景爱听松，这是松的音响美；“云破月来花弄影”，这是植物的光影美。

4.田园美

“寓善于美”的传统古典审美观，使得一些鲜果时蔬也成了古典园林中的一道美景，同时，采收时可以用以招待亲友或家人，也不失一种田园情趣。《上林赋》中就提到了39种植物，这说明在上林苑中果树也是装点园景和采食鲜果的兼用造园材料。有一些果树不仅形实兼丽，而且还具有丰富的文化内涵，《语林》中说：“梅李至冬而花，春得而食。”《世说新语》记述望梅生津止渴的故事，都给梅李等增添了丰富的审美内涵。

在有限的空间里，仅仅配置上这些颇具文化内涵的植物是远远不够的，所以古代文人常常借助一定的表现手法以创造出无限的言外之意和弦外之音。

二、植物配置的造景功能

园林植物是影响园林艺术美的主要因素。作为生命体，园林植物本身具有形态、色彩与风韵之美，受朝暮、阴晴、风雪、雨雾等自然条件和四季气候交替变化的影响呈现出不同的景观。合理配置园林植物可以构建多样的空间形式，表现时序美景，美化山石及建筑，影响景观构图及布局的统一性和多样性。园林随着时间推移而发生形态变化，使人们的生活环境极其丰富多彩和绚丽，传达给人以美的享受。

在风景园林建设中，植物是主要的景观构成要素之一，不仅能净化空气、绿化大地、保护生态环境，同时在创造园林景观、丰富园林空间方面也发挥着愈来愈重要的作用，可以说用植物创造景观将是未来园林发展的方向。

（一）植物造园是现代社会发展的趋势

纵观我国园林发展的历史，从秦汉的宫苑到明清时期中国园林风格的形成，每一个阶段都离不开自然景物的创造和利用。古代的“图腾”，就是一种人类对自然膜礼崇拜的宗教活动。为了显示人的力量，大量的人工创造物体，就成为人类征服自然的象征。人工造物胜于自然，在古代是极为流行的趋向。当时的造园家也受到这种影响，处处体现“人工美”，因此，无论是帝王的御苑，还是文人的私宅，都修建大量的人工建筑，并以其辉煌华丽来显示身份的高贵。苏州拙政园、留园以建筑为主体，成为私家园林的典型模式。但即使在这种以人工建筑为主宰的园林中，仍讲究“虽由人作，宛自天开”的自然情趣，树木花卉仍以其独特的风韵占有一定的比例。古人认为：“庭园中无松，是无意画龙而不点睛也。”庭园中很讲究植物的配置，“栽梅绕屋”、“移竹当窗”，这也是人类向往自然的天性的表露。

随着社会经济的发展，城市人口迅速膨胀，用地紧张，高耸的建筑，密集的楼林，将城市居民与大自然隔离开了，并阻挡了郊外新鲜空气的流通，因而产生“热岛效应”。另一方面，工厂烟尘的排放，车辆、机械的轰鸣等，既污染了城市空气，又阻碍了居民的嗅觉、视觉和听觉，进而使城市空间境域内的生态失调，城市环境质量下降，这就使得现代人们越来越渴望回到郁郁葱葱、鸟语花香的绿色世界之中。

这种返朴归真的趋势也影响到风景园林设计的指导思想，要求设计师们能顺应这种心理趋势，遵循以“自然美”为指导思想，以植物造园为主，来改善生态环境。英国造园家克劳斯顿（B.Clauston）提出：“园林设计归根结底是植物材料的设计，其目的就是改善人类的生态环境，其他的内容只能在一个有植物的环境中发挥作用。”这正是国外风景园林设计师所遵循的设计思想。西方国家园林也正朝着植物造园这个方向发展。澳大利亚首都堪培拉是闻名世界的“花园城市”。德国慕尼黑市，有公园1134处，公园内绿草茵茵，鸟语花香，秀丽的景色吸引着众人。在英国，17～18世纪期间，英国政府以种种名目派人到世界各地收集植物种类，极大地丰富了英国园林植物材料，为英国园林中的植物造园打下了坚实的基础。英国公园中常有各种特色的专类园，以植物命名的有蔷薇园、杜鹃园、禾草园、槭树园、松柏园、竹园等。

近年来，我国的园林绿地建设比较注重植物景观的设计，强调植物的合理配置，为提高环境的生态效益、实现大地园林化做出了不懈的努力。但有些地方，园林绿地的规划建设还没有突破传统古建园林的模式，热衷于搞仿古建筑和假山叠石，忽视绿色植物的功能作用。不可否认，中国传统园林是世界造园史上的艺术瑰宝，我们应当继承和发扬优秀的传统艺术。但是，随着时代的进步，环境问题已成为当代人类社会面临的一个重大热门课题。

以生态学为指导，以植物为主体，建立一个完善的、多功能的、良性循环的生态系统是当今世界保护环境的必然趋势。植物不仅在保护生态环境方面发挥着重要作用，而且在创造优美的风景园林景观方面也是必不可少的。

（二）植物造景

园林植物形态各异，有圆锥形、卵状圆锥形、卵圆形、伞形、圆球形等。园林植物的叶色也多种多样，紫、红、橙、黄、深绿、淡绿等。在植物绿色的基调上，由不同色彩的花木组成绚丽多彩的画面。可以说世界上没有任何物体可以像植物这样生机勃勃、千变万化。“万竹引清风”，“秋风动桂枝”，利用植物材料，可以创造富有生命活力的风景园林景观。

1.园林植物能表现时空变化

园林空间是包括时间在内的四维空间。这个空间是随着时间的变化而相应地发生变化，这主要表现在植物的季相演变方面。春季繁花似锦、夏季绿树成荫、秋季硕果累累、冬季枝干苍劲，这种盛宏荣枯的生命规律为创造四季演变的时序景观提供了条件，由此产生了“春风又绿江南岸”、“霜叶红于二月花”的时间特定景观。

根据植物的季相变化，把具有不同季相的植物进行搭配种植，使得同一地点在不同时期具备不同的景观变化。例如，春季观花、夏季观叶、秋季观果、冬季观枝，给人以不同的时令感受。随着植物的生长，植物个体也相应变化，由稀疏的枝叶到茂密的树冠，对园林景观产生了重要影响。根据植物的季相变化，把不同花期的植物搭配种植，使得同一地点的某一时期，产生某种特有景观，给人的感受是不同的。而植物与山水建筑的配合，也因植物的季相变化而表现出不同的画面效果，这比一个亭子竖在那里，永远是一种样子要好看得多。

2.利用园林植物创造观赏景观

植物材料是造园要素之一。这是由园林植物独特的形态、色彩、风韵之美所决定的。风景园林中栽植的孤立木，往往因其浓冠密覆，或花繁叶茂而格外引人注目。如银杏、银桦、白杨等主干通直、气势轩昂，松树虬曲苍劲。这些树往往作为孤立木栽植，构成园林主景。不同的园林植物形态各异、变化万千，既可以孤植来展示植物的个体之美，又能按照一定的构图方式进行配置以表现植物的群体之美，还可以根据各自的生态习性进行合理的安排，巧妙搭配，营造出乔、灌、草、藤相结合的群落景观。

几棵树按一定的构图方式配置形成树丛，这种形式既能表现树木的群体美，又表现树木个体美，整体上有高低远近的层次变化，能形成较大的观赏面。更多的树木组合如群植，则可以构成群体效果。如“万壑松风”、“梨花伴月”、“曲水荷香”等都是人们喜闻乐见的风景点。选一种有花有果可赏的树木，造成一片小型群植，即通常所说的单纯林，如中国传统喜好的竹林、梅林、松林，在园林中颇受欢迎。还可以利用树木秋季变色造“秋色林”景观，如枫香、乌桕、银杏、槭树、黄栌、重阳木等都可以形成“霜叶红于二月花”的景观。春天到梅花山看梅花，秋天到栖霞山看红叶，成为人们外出观光的主要内容。这种形式在园林绿地中既可以成为构图主景，又能作为屏障，掩盖某些不美观的地方。值得注意的是，多种树种的配植必须主次分明，疏落有致，由一种或两种为主，突出主题。如在开阔的草坪上，几株树木高高耸立，构成观赏中心。

色彩缤纷的草本花卉按照一定的构图方式，组成美丽的图案画面，就是通常所说的花坛。它是利用花卉植物的色彩来吸引众人。一般在城市广场中心，大门口和建筑前的广场上常以各式各样的花坛作为主景，有较强的景观效果。如玄武湖公园道路中间的花坛，以及近年来出现的立体花坛，一年四季花开不断，色彩绚丽，受到人们的欢迎，同时对城市景观具有锦上添花的作用。

3.利用植物创造空间

公共空间领域的营造是人类整体生存环境营造的核心。园林植物以其特有的形态、习性、色彩多样性在对空间的界定（如成片的草坪和地被植物供人们玩耍和运动，有以矮灌木界定空间或暗示空间的边界），在不同功能空间的连接、独立构成或与其他设计要素共同构成空间的设计中发挥着不可或缺的功能。

园林植物就其本身而言就是空间中的一个三维实体，是风景园林景观空间结构的主要成分。植物就像建筑、山石、水体一样，具有构成空间、分隔空间、引起空间变化等功能。中国画讲究“疏能走马，密不透风”，植物配置也如同此理，根据需要可以将绿地划分为各种空间。一般地说，植物布局应疏密错落，在有景可借的地方，树要栽得稀疏，树冠要高于或低于视线以保持透视线。对视线杂乱的地方则要用致密的树加以遮挡。如玄武湖翠洲有一块草坪，四周用雪松、海桐封闭，形成较封闭的安静休息区（图5-4-1）。植物的生命活力使空间环境充满生机活力和美感，植物造景可以通过人们视点、视线、视境的改变而产生“步移景异”的空间景观变化。一般来说，园林植物构成的景观空间可以分为开敞空间、半开敞空间、封闭空间、动态空间。

图5-4-1　雪松围合的安静休息区

动态空间也称为流动空间，具有空间的开敞性和视觉的导向性，界面组织具有连续性和节奏性，空间构成形式丰富多样，使视线从一点转向另一点，引导人们从“动”的角度观察周围事物，将人们带到一个由空间和时间相结合的“第四空间”。

园林景观中的动态空间包括随植物季相变化和植物生长动态变化的空间。植物随着时间的推移和季节的变化，自身经历了生理变化过程，形成了叶容、花貌、色彩、芳香、枝干、姿态等一系列色彩上和形象上的变化，极大地丰富了园林景观的空间构成，也为人们提供了各种各样可选择的空间类型。例如，落叶树在春夏季节形成覆盖空间，秋冬季来临，转变为半开敞空间，更开敞的空间满足了人们在树下活动、晒阳的需要。

园林植物处于变动的时间流之中，也在变化着自己的风貌。其中变化最大的就是植物的形姿，从而影响了一系列的空间变化序列。比如苏州留园中的“可亭”两边有两株银杏，原来矗立在土山包上形成的是垂直空间，但植物经过几百年的生长历史，树干越发高挺，树冠越发茂盛，渐渐转变成了一个覆盖空间，两棵银杏互相呼应地庇荫着娇小的可亭，与可亭在尺度上形成了强烈的对比。

4. 利用植物改造地形

风景园林中地形的高低起伏，往往使人产生新奇感，同时也增强了空间的变化。利用植物能强调地形的高低起伏。高大的乔灌木种于地形较高处，能加强高耸的感觉，种于凹处使地形平缓（图5-4-2）。

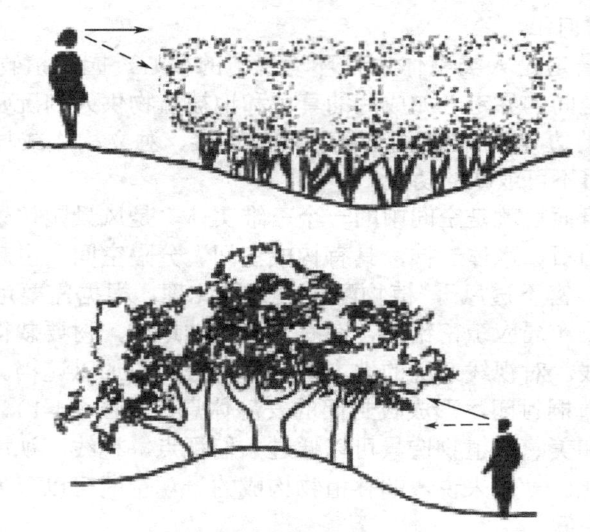

图5-4-2　利用植物改造地形

风景园林中有时要强调地形的起伏变化，常采用挖土堆山的方法，此举要耗费大量的人力、物力和财力，若用植物来弥补地形的变化不足，则可达到事半功倍的目的。如南京市情侣园（原名药物园），地形平坦，地形起伏变化不大，为了强调地形变化，在略为突起的地面上栽植雪松，摆放山石，修筑小径，构成浓荫蔽日，极具山林的情趣，增加了地形的起伏变化。

5. 植物能够起到衬托作用

植物的枝条呈现一种自然的曲线，风景园林中往往利用它的质感以及自然曲线，来衬托人工硬质材料构成的规则式建筑形体，这种对比更加突出两种材料的质感。如建筑前的基础栽植（图5-4-3）、墙脚种植、墙壁绿化等形式。现代风景园林中往往以常绿树作雕塑的背景，通过色彩对比来强调某一特定的空间，加强人们对这一景点的印象。如厦门植物园浅色的建筑掩映在浓绿的树林丛中，显得格外醒目、突出。建筑物旁的植物通常选用具有一定姿态、色彩、芳香的树种。一般体型较大，立面庄严，视线开阔的建筑物附近，要选于高枝粗，树冠开展的树种；在结构细致、玲珑、精美的建筑物四周，要选栽一些叶小枝纤，树冠致密的树种。

图5-4-3　建筑前的基础栽植

植物与山石相配，要表现起伏峥嵘，野趣横生的自然景色，一般选用乔灌木错综搭配，树种可以多一些，树木姿态要好，能欣赏山石和花木的姿态之美。

5.利用植物进行意境的创作

中国植物栽培历史悠久，文化灿烂，在很多诗、词、歌、赋中都留下了歌咏植物的优美篇章，并为各种植物材料赋予了许多人格化的内容。人们欣赏植物的形态美升华到了欣赏植物的意境美。

植物不仅能令人赏心悦目，还可以进行意境的创作。利用园林植物进行意境创作，是中国古典园林的典型造景风格，也是宝贵的文化遗产。在园林景观创造中，可以借助植物抒发情怀，寓情于景，情景交融。例如，松（图5-4-4、图5-4-5）以其苍劲挺拔、虬曲古朴的形态，来比拟人的坚贞不屈、永葆青春的意志；梅花不畏寒冷，傲雪怒放，“遥知不是雪，为有暗香来”；竹则“未曾出土先有节，纵凌云处也虚心”。在园林植物景观营造中，这种意境常常被固化，意境高雅而鲜明。在园林植物景观营造中，这种意境常常被固化，意境高雅而鲜明。园林绿地可以借鉴植物的这一特点，创造有特色的观赏效果，用植物造景产生诗情画意的艺术境界。

图5-4-4　苍劲挺拔的松

图5-4-5　虬曲古朴的松

7.利用园林植物形成地域景观

由于各地气候条件的差异以及植物生态习性的不同，使植物的分布呈现出一定的地域特性，如热带雨林景观、常绿阔叶林植物景观、暖温带针阔叶混交林景观等就具有不同的特色。园林植物的应用还可以减少不同地区中硬质景观给绿地带来的趋同性。在漫长的植物栽培和应用观赏过程中，具有地方特色的植物景观与当地的文化融为一体，甚至有些植物材料逐渐演化为一个国家或地区的象征。运用具有地方特色的园林植物材料营造植物景观，对于弘扬地方文化、陶冶人们的情操具有重要意义。

第六章

园林植物种植设计

第一节　园林植物种植设计的基本原则

园林植物是风景园林的灵魂，植物种植设计的水平高低直接影响到园林的景观效果，因此，在植物种植设计时要考虑多方面因素，真正体现园林植物的生态功能、造景功能。一般来讲，园林植物的种植设计应遵循以下几个基本原则。

一、符合绿地的性质和功能要求

园林植物种植设计，首先要从园林绿地的性质和主要功能出发。不同的园林绿地有不同的功能要求，植物的配置应考虑到绿地的功能，起到强化和衬托的作用。园林绿地功能很多，具体到某一绿地，总有其具体的主要功能。街道绿地的主要功能是庇荫，在达到庇荫效果的同时，也要考虑组织交通和市容美化的问题；综合性公园，要有集体活动的广场或大草坪，以及遮阳的乔木、成片的灌木和密林、疏林等；医院庭园则应注意环境卫生的防护和噪声隔离，在医院周围可种植密林，同时在病房、诊治处周边应多植花木供休息观赏；工厂绿化的主要功能是防护，所以，工厂的厂前区、办公室周围应以美化环境为主，而远离车间的休息绿地则主要是供作休息之用等。因此，对于不同的绿地，进行植物选择与设计时应首先要考虑其性质，尽可能满足绿地的功能要求。

二、考虑园林艺术的需要

园林绿地不仅有实用功能，而且能形成不同的景观，给人以视觉、听觉、嗅觉上的美感，属于艺术美的范畴，在植物配置上也要符合艺术美的规律，合理地进行搭配，最大限度地发挥园林植物“美”的魅力。如香港海洋公园一景中，水、雾、植物组成一幅动态画面。

（一）总体艺术布局上要协调

规则式园林植物种植多对植、列植，而在自然式园林绿地中则采用不对称的自然式种植，以充分表现植物材料的自然姿态。根据局部环境和在总体布置中的要求，采用不同的种植形式。大门、主要道路、整形广场、大型建筑附近多采用规则式种植，而在自然山水、草坪及不对称的小型建筑物附近则采用自然式种植。

从构图上考虑，常绿大乔木应在中间为背景，落叶乔木稍靠外侧，小乔木、大灌木依次布置在外面的边缘。

（二）考虑四季景色的变化

植物是有生命的风景园林构成要素，随着时间的推移，其形态不断发生变化，从幼小的树苗长成参天大树，历经数十年甚至上百年。在一年之中，随着季节的变化而呈现出不同的季相特点，从而引起园林景观的变化。因此，在植物配置时既要注意保持景观的相对稳定性，又要利用其季相变化的特点，创造四季有景可赏的园林景观（图6-1-1）。

图6-1-1　园林植物的四季景观

为了达到植物配置的设计要求，在树种选择上就要充分考虑其今后可能形成的景观效果，园林植物的景色随季节变化而变化，可分区分段配置，使每个分区或地段突出一个季节植物景观主题，在统一中求变化。但在重点地区，四季游人集中的地方，应使四季皆有景可赏，即使一季景观为主的地段也应点缀些其他季节的植物，否则这一季过后，会显得极为单调。

（三）全面考虑植物在观形、赏色、闻味、听声上的效果

人们欣赏植物景色是多方面的，而万能的园林植物是极少的，或者说是没有的。如果要发挥每种园林植物的特点，则应根据园林植物本身的特点进行设计。园林植物的观赏特性千差万别，给人的感受亦有区别。配置时可利用植物的姿态、色彩、芳香、声响方面的观赏特性，根据功能需求，合理布置，构成观形、赏色、闻香、听声的景观，如龙柏、雪松、银杏等植物，形体整齐、耸立，以观形为主；鹅掌楸主要观赏其叶形；樱花、梅花、红枫等以赏其色为主；桃花、紫荆主要是春天赏色；白兰、桂花、含笑等是闻其香，桂花主要是秋天闻香；“万壑松风”、“雨打芭蕉”等主要是听其声；而成片的松树形成“松涛”。有些植物是多功能的，如月季花从春至秋，花开不断，既可观色赏形，又可闻香，但在北方的冬季来临时剪去枝条堆土防寒，观赏性降低，倘若在其背后衬以常绿树的话，则可以补其冬季之枯燥。

利用植物的观赏特性，创造园林意境，是我国古典园林中常用的传统手法。如把松、竹、梅喻为“岁寒三友”，把梅、兰、竹、菊比为“四君子”，这都是运用园林植物的姿态、气质、特性给人的不同感受而产生的比拟联想，即将植物人格化，从而在有限的园林空间中创造出无限的意境。如扬州个园，是因竹之叶形似“个”字而得名。园中遍植竹子，以示主人虚心有节、刚直不阿的品格。如苏州拙政园内种植海棠、白玉兰、桂花等以寓“金玉满堂春富贵”之意。

（四）配置植物要从总体着眼

在平面上要注意种植的疏密和轮廓线，在竖向上要注意树冠线，树林中要组织透视线，要重视植物的景观层次以及远近观赏效果。远观是看整体和大片的效果，如大片秋叶；近看是欣赏单株树型，如花、果、叶等的姿态。更主要的还是要考虑庭院种植方式的配置，切忌苗圃式的种植。配置植物要处理好与建筑、山、水、道路之间的关系。植物的个体选择，也要先看总体，如体形、高矮、大小、轮廓，又要看枝、叶、花、果等。

三、选择适合的植物种类，满足植物生态要求

按照园林绿地的功能和艺术要求来选择植物种类。例如行道树在满足主要功能庇荫的同时，要求选择树干高、容易成活、生长快、适应城市环境、耐修剪、耐烟尘的树种；而绿篱要求选择上下枝叶茂密，耐修剪能组成屏障的树种；种在山上的植物要求耐干旱，并要衬托山景；水边绿化应选择耐水湿的植物，与水景协调；纪念性园林中，绿化应选择具象征纪念对象性格的树种和纪念人所喜爱的树种等。

各种园林植物在生长发育过程中，对光照、温度、水分、空气等环境因子都有不同的要求。在植物配置时，首先要满足植物的生态要求，使植物正常生长，并保持一定的稳定性，这就是通常所讲的适地适树。即根据立地条件选择合适的树种，或者通过引种驯化或改变立地生长条件，达到适地适树的目的，使种植植物的生态习性和栽植地点的生态条件基本上能得到统一；另一方面就是为植物正常生长创造合适的生态条件，只有这样才能使植物成活和正常生长。多数园林植物专家认为："进行城市园林绿化既要追求美观和保证生物多样性，还要遵循适地适树的原则。尤其在引进一个新的品种时，一定要进行引种实验。只有适合当地气候、土壤环境，才能大量种植。"因为一种植物如果不适合在这个地区生长，即使付出再大的努力，也不可能达到原生环境的生存状态。可以说，适地适树就如同一条自然规律。利用其能改善局部小气候这一特点，使具有不同生态要求的植物可以各得其所。喜阳者靠南，好荫者在北，怕日灼者居东，以整个树群作为保护的依托。

选择植物应以当地乡土植物为主，为了丰富种类，可适当采用引种驯化成功的外地优良植物种类，或能够创造满足外地植物生态条件的环境。这些引入栽培的外来树种，是因为具有某些优点而被引入的，所以选择经过长期考验的外来树种是不应被忽视的。如悬铃木、雪松等树种，经过长时间"考验和锻炼"，已为我国风景园林事业作出了巨大贡献。

四、种植密度和搭配

（一）密度

植物种植的密度是否合适直接影响绿化功能的发挥。在平面上要有合理的种植密度，使植物有足够的营养空间和生长空间，从而形成较为稳定的群体结构。从长远考虑，应根据成年树木树冠大小来决定种植距离。如想在短期就取得好的绿化效果，种植距离可近些，适当加大密度。一般常用速生树和长寿树相配植的办法来解决远近期过渡的问题。但树种搭配必须合适，要满足各种树木的生态要求，否则达不到理想的效果。

（二）配置

在竖向设计上也要考虑植物的生物特性，注意将喜光与耐阴、速生与慢生、深根性与浅根性、常绿树与落叶树、乔木与灌木、观叶树与观花树以及树木、花卉、草坪、地被等不同类型的植物合理的搭配，在满足植物生态条件下创造稳定的植物景观。如香港海洋公园内高大的散尾葵与低矮、耐阴的合果芋、彩叶草相配置，形成一种稳定的热带植物景观。在植物

种植设计时应根据不同目的和具体条件，确定树木花草之间的合适比例，如纪念性园林常绿树比例较大。

植物种植设计应该注意植物间的相互和谐，要逐渐过渡，避免生硬。还要考虑保留与利用原有树木，尤其是古树名木，可在原有树木基础上搭配其他的植物。

（三）规模设置

每株树要能被人看到，故树群规模不宜过大，长度和宽度不要超过50m，并有转折变化。长宽比不要大于3倍，否则容易造成长而窄的林带感。为保持整体视觉效果的完整，道路不宜穿过树群。

（四）林相分布

树木要以混交为主并展示出多种层次上的不同种类的植物所特有的观赏特性。林木茂密郁闭，种植规模更大，具有森林景观的大面积绿地叫做树林。郁闭度大于0.7的称为密林，小于0.7的称为疏林。密林可分为混交密林和单纯密林两种。混交密林组合要以规模取胜，不必过分强调精巧并应减少人工雕琢的痕迹；要以小块状和点状混交及复层混交为主，并确定重点树种；密林在外部应有一定的空旷地带以保证游人可在林高3倍以外的距离进行欣赏，在内部靠近路边的地方不应过多种植灌木以防止造成封闭压抑的感觉，使人们在路边即可欣赏到幽深的密林景观；单纯密林应选用长势健旺并有较高观赏价值的乔木，只有在岩石陡坡上才可以用灌木来构成密林以造成高山灌丛的效果。疏林是风景园林中最受人们欢迎的种植方式，应以某种落叶乔木疏散地种植在草地上；树形应开展疏朗；各部分如叶、花、干等要有特点，安全卫生；灌木不宜在疏林草地主空间内出现。

五、植物所创造的空间

（一）乔木

乔木的特征是高大，一些高层建筑小区的立体空间需要高大的乔木来衬托。如杉树的特征就是笔直高大，可长高到30m左右。春天有嫩绿的新叶，夏天有茂盛的绿荫，秋天是满树的红叶，冬天的裸枝呈圆锥形，高大挺拔富有特色。对于建筑中有西晒的墙壁，如果种植树叶密集的乔木可以遮挡西晒的阳光，起到防晒隔热的作用，降低室内温度，减少能源消耗。如雪松、竹林、水杉、夹竹桃等枝叶丰满的树种。

乔木的巨大体积使其对园林的形象和空间的安排有极大的影响力，其他植物难以与之相提并论。乔木在种植设计上能够起到骨架的作用，一般应优先予以考虑。乔木可以在人们上方造成封闭空间，而这正是六个方向上最为重要的界面。乔木可以遮挡视线、划分空间。小乔木的密集排列栽植可形成绿篱墙的效果，围合不同的空间，同时也可以起到一定的私密作用。

乔木还可以在垂直面上形成封闭，造成边界感，但这种边界往往是模糊的，人们还可以看到“界线”另一侧的景物。特别是在树冠较低，形成阴暗前景的时候会起到“洞窗”的作用，突出它后面的明亮景物。当两个空间需要分开而又不必完全封死时，就可以利用乔木的这种性质加以使用。

大乔木由于容易超出事先考虑的范围并压制其它较弱的要素，在面积不大的设计里应慎重使用。在高大的建筑和开阔的地形上，大乔木对空间的组织起着不可替代的作用。

（二）灌木

灌木有常绿树和落叶树，品种繁多，树姿、花形、花色丰富多彩。灌木一般生长比较缓慢，大多数接近人的尺度，围绕在人们身边有融入自然的亲切感，在植物景观中被广泛使用。灌木的特性是可以增添栽植的层次感、装饰建筑的墙角、墙根、弥补乔木树干单一的不足。常绿的中灌木一般用来做绿篱，起到空间划分、分隔植物带及装饰路牙的作用。

灌木的树姿形态没有乔木那么丰富，但也有自身的特色。有的是枝条修长的蔓生下垂式植物，如常青蔓、雪柳、金雀花、迎春花、云南黄馨等。还有枝条长而上扬的灌木，如金边黄杨、小叶黄杨、紫叶小檗等。灌木中还有一些耐修剪的植物，如海桐、金边女贞、红花檵木等，这些耐修剪的植物装饰几何形态空间具有很大的优势，适合几何式花园，也适合整齐的绿篱配置设计。可修剪成球体的灌木大小不一、色彩不同，具有活泼的滚动感，在公园绿地上起到点缀作用。高低不一的灌木绿篱可形成植物阶梯状色带，层次分明，具有独特的装饰性，适合于街道、公园、滨江大道等场地。

灌木还应当包括尖塔形和椭圆形树冠的常绿乔木。因为它们所起的严密分割空间的作用是相同的。如果借用建筑的说法，乔木对空间的分隔像“敞廊”一样比较通透的话，灌木的分隔便与墙的作用基本相当。这也决定了它对于噪声之类的干扰源有较强的防护性能。灌木生长快，大苗移栽容易，便于早日达到设计效果。作为隔景使用的树种枝条开张角度宜小不宜大，以常绿树为好。灌木还可以作为花卉、地被的背景，其本身因有较高的观赏价值也常布置在路边，以利于游人欣赏。大小不同的常绿灌木和落叶灌木可以构成丰富多彩的景观画面，与乔木组合可增强立面的层次感，弥补乔木树干下的单调和不足，丰富树干下的空间，使得整体植物空间更加多姿多彩，提高植物景观的观赏价值。

（三）地被

高度通常在30cm以内。本身观赏价值有限，主要用于烘托环境气氛。它和乔木一样虽不能完全遮断视线却可以对空间的边界有暗示、强调的作用，只不过一个由上而下，另一个由下而上地进行着这种“启发”。地被和水体有类似的地方，即它们都可以让视线通过而不能供人穿行。乔木对远观效果影响最大，灌木则宜于近赏，但在直接接近的过程中会使不利的视角出现。

地被植物还可用于联系和统一较大体量的植物，特别是当它们互相之间差异过大的时候。就如同乔木行道树在巨大的建筑物之间所起的作用一样，矮小的灌木也是如此。

与建筑图案式的美丽相比，植物给人的往往是不为人所重视的自然氛围。如今，提高绿地质量已成为全社会的共识，从结构上看，乔木、灌木、草本多层绿化正在成为人们的追求目标。这中间也有走向另一个极端的倾向，植物过密，种类过多，难以形成明确的空间。用不同配置的乔木、灌木和绿篱来分隔空间可组织成不同的空间形式，如闭锁空间（图6-1-2）、半开敞空间（图6-1-3）和开敞空间（图6-1-4）。

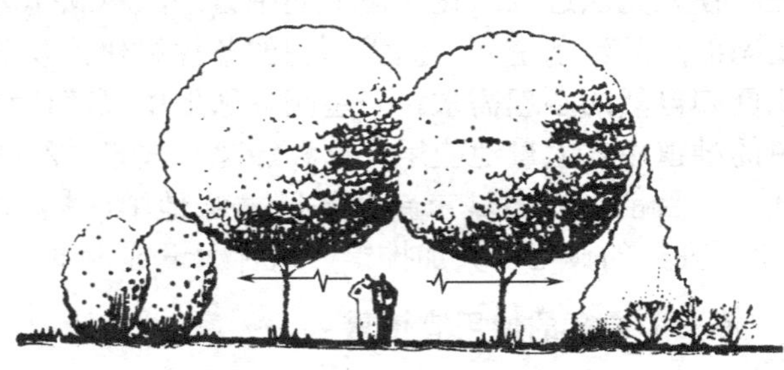

图6-1-2 闭锁空间

图6-1-3 半开敞空间

图6-1-4 开敞空间

六、植物种植设计应注意事项

（一）大乔木应无条件保留

据统计，1949年以来很多城市植树成活率不足15%，除去技术原因造成的死亡外，很多是由于有意识的砍伐——各项建设与绿化交叉施工而毁树造成的，这其间受害最大的是大乔木。大乔木具有十分重要的生态、景观、经济、人文和科研价值，是其他园林植物所无法替代的。大乔木具有很高的生态价值，在不同的植物材料中大乔木的绿量和生态效益最高。据测定，一株大乔木的绿量，相当于50～70m^2草坪的绿量。

大乔木在夏日可以遮挡骄阳、冬季阻挡寒风，能够有效地改善区域小气候。景观方面，大乔木作为园林绿地景观的骨架，一般生长健壮，树姿优美，形成一道亮丽的风景，对园林空间的组织起着不可替代的作用。而当大乔木达到一定的树龄，成为古树名木后，其历史意义、人文意义和研究意义就更加重要，不仅成为历史的见证、蕴涵着丰富的文化内涵、为名胜古迹增添佳景、为研究古气候、古地理提供宝贵资料，并且对于当地园林树种规划有极高的参考价值。所以，当大乔木生长已达到设计效果时，应将其视为周围建筑社区和人们生活的一部分，应无条件地进行保留，不得随意移植和破坏。

（二）严控大量铺设单一草坪

一些园林景观设计者为了达到绿化面积的标准，同时也为了取得很好的视觉效果，广植草坪。但盲目大量铺设单一草坪，过分强调草坪视觉效果，无法形成乔、灌、草、藤本植物组成的植物群落和生态循环系统，削弱了园林绿地的生态效益。据相关研究表明，1hm^2树木每年可吸收二氧化碳16t，二氧化硫300kg，产生氧气12t，滞尘量可达10.9t，蓄水量1500m^3，蒸发水分4500～7500t。在夏季，茂密的森林往往比空旷地气温低3～5℃，冬季则高2～40℃。1棵大树昼夜的调温效果相当于10台空调机工作20h。由此可见，树木的生态效能要远远大于草坪，这种重草轻树和重观赏效果、轻生态实效的做法是不可取的。

盲目大量铺设单一草坪，虽能丰富人的视觉效果，但却大量占用了园林绿地的铺装面积，使人无法进入绿化环境空间中去。园林绿化环境本身是为游人提供一个环境优美、和谐生态的户外活动空间，但大面积的草坪绿化景观既没有满足游人的这种需求，也无法满足人们回归自然的心理需求。一些园林绿地中以草代木现象严重，大草坪＋草花或大草坪＋点景树的种植模式大量地应用，这种绿化形式导致绿化结构过于单一，植物复合群落的生态效能低下。目前，许多城市新建的园林绿地中，把草坪多、林木少看作是“洋化”、“设计新”、“水平高”的典范，大加推崇，这种大量铺设单一草坪的设计是不可取的，需要严控。

（三）绿篱的使用宜慎重

园林绿地中对绿篱的使用有着悠久的历史，绿篱在今天室外的空间组织上仍发挥着重要作用。矮绿篱多作为模纹花坛，高度很低，能使中层植物的景观效果得到充分表现。高绿篱可以高达三四米，具有整齐而灵活配置形式的特点，能够充分体现出由室内空间到室外空间的过渡变化。园林植物群落景观常用绿篱、花卉和地被植物的多种搭配作为前景；中景为造型美观、富有观赏特色的乔木；背景是高大树群。

由此可见，绿篱在植物群落景观中具有重要的作用，是精细配植的需要。绿篱具有范围与围护；分隔空间和屏障视线；作为规则式园林的区划线；作为花境、喷泉、雕像的背景；美化挡土墙等一系列的重要作用。

但如今许多园林绿地中大多数的绿篱仅起防护作用，配置形式也较为单一，并没有充分发挥绿篱应有的景观功能和生态功能，因此在园林植物种植设计中应充分发挥绿篱的作用，凸显其特色。

（四）适当使用灌木

灌木以其色彩变化丰富、见效快而大量应用，特别是在提倡乔木、灌木、草本搭配时更应注意不要产生副作用。常常可以见到高没人膝的杂草中乔木长势衰弱，灌木却不受控制地生长，占据着游人应享用的地盘，堵塞着人们的视线。只有当需要封闭空间（如在坐椅背后）或重点观赏时，灌木的作用才能充分得以体现。某些小乔木在使用时也会产生类似问题，如龙爪槐常成行成列地栽种在宽阔的道路上，低矮窄小的树冠不能提供遮阳反而有一种空间压抑感，使人匆匆而过，难以停下来细细观赏。

植物的高水平配植有一定难度，不能机械地照搬一些构图方法，只能使用一些塑造手段，大致地创造出不十分确定的空间，这种空间常不作为主景出现，给人的影响多是潜移默化的。材料上不要为使用而使用，使用的目的是为了使材料的特长得以充分发挥。

植物在风景园林中的作用还有很多。而我国历史上对树木的生态功能和群体美认识不足。江南园林在孤植、丛植上虽也有很多经验积累，但于当今风景园林的使用方式差别较大。特别是在植物空间的塑造方面尚处于探索之中，绝大多数作品还并不成熟。这急需在对植物的认识和培育上尽快取得进展，勇于创新，才能使我国今后的风景园林面貌有大的改善。

（五）建设时结合使用不同规格的苗木

园林植物应用，如果能直接使用大苗，固然可以很快达到顶期的效果，但这就牵涉到苗木的费用问题。而种植小规格的苗木，既降低了单位面积的绿地造价，还在较长时间内节约维护资金，既能形成一定的景观，又能考虑长远的发展。因此如果不是要求在短期内立刻见效，并且不是资金充足的话，选用大苗和小苗相结合的方式，短期内也能形成一定的景观，又能考虑长短期的结合。

第二节　园林植物种植设计的基本形式与类型

一、园林植物种植设计的基本形式

园林种植设计的基本形式有三种，即规则式、自然式和混合式。

（一）规则式

规则式又称整形式、几何式、图案式等，是指园林植物成行成列等距离排列种植，或做有规则的简单重复，多使用绿篱、整形树、模纹景观及整形草坪等。花坛布置以图案式为主，花坛多为几何形，或组成大规模的花坛群；草坪平整而具有直线或几何曲线型边缘等。通常运用于规则式或混合式布局的园林环境中，具有整齐、严谨、庄重和人工美的艺术特色。

规则式又分规则对称式和规则不对称式两种。规则对称式指植物景观的布置具有明显的对称轴线或对称中心，树木形态一致，或人工整形，花卉布置采用规则图案。规则对称式种植常用于纪念性园林、大型建筑物环境、广场等规则式园林绿地中，具有庄严、雄伟、整齐、肃穆的艺术效果，有时也显得压抑和呆板。规则不对称设计没有明显的对称轴线和对称中心，景观布置虽有规律，但也有一定变化，常用于街头绿地、庭园等。

（二）自然式

自然式又称风景式、不规则式，是指植物景观的布置没有明显的轴线，各种植物的分布自由变化，没有一定的规律性。树木种植无固定的株行距，形态大小不一，充分发挥树木自然生长的姿态，不求人工造型；充分考虑植物的生态习性，植物种类丰富多样，以自然界植物生态群落为蓝本，创造生动活泼、清幽典雅的自然植被景观。如自然式丛林、疏林草地、自然式花境等。自然式种植设计常用于自然式的园林环境中，如自然式庭园、综合性公园安静休息区、自然式小游园、居住区绿地等。

（三）混合式

混合式是规则式与自然式相结合的形式，通常指群体植物景观（群落景观）。混合式植物造景就是吸取规则式和自然式的优点，既有整洁清新、色彩明快的整体效果，又有丰富多彩、变化无穷的自然景色；既有自然美，又具人工美。

二、园林植物种植设计的类型

（一）根据园林植物应用类型分类

1.树木种植设计

树木种植设计是指对各种园林树木（包括乔木、灌木及木质藤本植物等）景观进行设计。具体按景现形态与组合方式又分为孤植树、对植树、树列、树丛、树群、树林、柏篱及整形树等景观设计。

2.草花种植设计

草花种植设计是指对各种草本花卉进行造景设计，着重表现园林草花的群体色彩美、图案装饰美，并具有烘托园林气氛、创造花卉特色景观等作用。具体设计造景类型有花坛、花境、花台、花池、花丛、模纹花坛、花箱、花钵以及其他装饰花卉景观等。

3.藻类与苔藓植物设计

利用藻类植物和苔藓进行园林造景设计，具有朴素、自然和幽深宁静的艺术境界，多用于林下或阴湿环境中。如贯众、凤尾蕨、肾蕨、波斯顿蕨、翠云草、铁线蕨等。

（二）按植物生境分类

园林种植设计按植物生境不同，分为陆地种植设计、水体种植设计两大类。

1.陆地种植设计

园林陆地环境植物种植，内容极其丰富，一般园林中大部分的植物景观属这一类。陆地生境地形有山地、坡地和平地三种，山地宜用乔木造林，坡地多种植灌木丛、树木地被或草坡地等，平地宜做花坛、草坪、花境、树丛、树林等各类植物造景。

2.水体种植设计

水体种植设计是对园林中的湖泊、溪流、河沼、池塘以及人工水池等水体环境进行植物造景设计。水生植物虽没有陆生植物种类丰富，但也颇具特色，历来被造园家所重视。水生植物造景可以打破水面的平静和单调，增添水面情趣，丰富园林水体景观内容。

水生植物根据生活习性和生长特性不同，可分为沼生植物、浮叶水生植物和漂浮植物三类。

第三节　乔灌木的种植设计

一、乔灌木的使用特性

乔木和灌木都是直立的木本植物，在园林绿化综合功能中作用显著，居于主导地位，在园林绿地中所占比重较大，是园林植物种植中最基本和最重要的组成部分，是园林绿化的骨架。

乔木和灌木之间有显著差别。乔木树冠高大，寿命较长，树冠占据的空间大，而树干占据的空间小，因此妨碍人们在树下的活动；乔木的形体、姿态富有变化，枝叶的分布比较空透，在改善小气候和环境卫生方面有显著作用，特别是有很好的遮阳效果；在造景上乔木也是多种多样、丰富多彩的，从郁郁葱葱的林海，优美的树丛，到千姿百态的孤立树，都能形成美丽的风景画面。在风景园林中乔木既可以成为主景，也可以组织空间和分离空间，还可以起到增加空间层次和屏障视线的作用。因乔木有高大的树冠和庞大的根系，故一般要求种植地点有较大的空间和较深厚的土壤。

灌木树冠矮小，多呈丛生状，寿命较短，树冠虽然占据空间不大，但正是人们活动的空间范围，较乔木对人的活动影响还大。枝叶浓密丰满，常具有鲜艳美丽的花朵和果实，形体和姿态也有很多变化；在防尘、防风沙、护坡和防止水土流失方面有显著作用，并可做地面掩护的伪装；在造景方面，可以增加树木在高低层次方面的变化，可作为乔木的陪衬。也可以突出表现灌木在花、果、叶观赏上的效果；灌木也可用以组织灌木和分隔较小的空间，阻拦较低的视线；灌木尤其是耐阴的灌木与大乔木、小乔木和地被植物配合起来成为主体绿化的重要组成部分。灌木由于树冠小，根系有限，因此对种植地点的空间要求不大，土层也不需要很厚。

二、乔木灌木种植的类型

园林植物的种植形式，称作配置方式。树木的配置，是以乔木和灌木为主，配置成具有各种功能的树木群落，分规则式配植和自然式配植两种，具体形式有：对植、行植、孤植、丛植、双植、群植、片植等，这些形式各有其特点和适用范围。选枝叶茂密、树形美观、规格一致的树种，配置成整齐对称的几何图形的配置方式，即为规则式配置。

（一）孤植

在一个开旷的空间，如一片草地，一个水面附近，远离其他景物，种植一株姿态优美的乔木或灌木，称为孤植。孤植树（Specimen Plants）应具备的条件是具有一定姿态的树形，如挺拔雄伟、端庄、展枝优雅（图6-3-1）、线条宜人（图6-3-2）等；或具有美丽的花朵与果实。“Specimen”意为标本或样品，喻示群体中形象突出的个体，即优异的树才能成为孤植之用。

图6-3-1　展枝优雅的孤植树

孤植是将树木以独立形态展示出来的种植形式，此树又称孤立树、孤植树，不论其功能是庇荫与观赏相结合，或者主要为观赏，都要求有突出的个体美。可以是一株或2～3株同种树木紧密种在一起。它既可单纯为突出构图服务，也可兼顾庇荫要求。不同于树丛树群对群体美的追求，孤植表现的是个体美。或是体形巨大，或是轮廓变化丰富，或是花艳香浓，亦或以上特点兼而有之的树木，都可作为孤植树。若要满足庇荫要求，还应树冠开展，无根蘖及毒副作用。主要为构图服务的孤植树在4倍树高的范围里要尽量避免被其它景物挡住透视线，可种在大草坪、水边等开阔地带的自然重心（而非几何中心）上，便于和环境呼应。在小空间内树的体量不宜过大，如假山上的孤赏树宜古宜盘，不应过于挺拔高耸。在园小而又想植大树时，可布置在角落或其他可以

图6-3-2　线条宜人的孤植树

拉大视距之处，这时不必苛求在别的方向上也有良好视点。孤植树还可用作强调手段，在桥头水湾、亭廊院落里出现。孤植树之“孤”表现在给人的感受上，有时在特定的条件下，也可以是两株到三株，紧密栽植，组成一个单元。但必须是同一树种，株距不超过1.5m，远看起来和单株栽植的效果相同，在较大的空间内加强视觉效果。

孤立树下不得配置灌木。孤立树的主要功能是构图艺术上的需要，作为局部空旷地段的主景，当然同时也可以蔽荫。孤立树作为主景是用以反映自然界个体植株充分生长发育的景观，外观上要挺拔繁茂，雄伟壮观。孤立树应选择具备以下几个基本条件的树木：

① 植株的形体美而较大，枝叶茂密，树冠开阔而分蘖少，或是具有其他特殊观赏价值的树木，如树形富于变化的黑松，树干特殊的白皮松，开花繁茂、色彩鲜艳的玉兰。具有浓郁芳香的白兰和桂花，以及叶色特殊的枫香、鸡爪槭等；

② 生长健壮，寿命很长，能经受住重大自然灾害，宜多选用当地乡土树种中久经考验的高大树种；

③ 树木不含毒素，无污染性且花果不易脱落，以免伤害游人，或妨碍游人的活动等。

孤立树在园林种植树木的比例中虽然很小，却有相当重要的作用。孤植树种植的地点，要求比较开阔，不仅要保证树冠有足够的生长空间，而且要有比较合适的观赏视距和观赏点，使人们有足够的活动地和适宜的欣赏位置。最好还要有像天空、水面、草地等色彩既单纯又有丰富变化的景物环境作背景衬托，以突出孤植树在形体、姿态、色彩方面的特色。庇荫及观赏的孤立树，其具体位置的确定，取决于它与周围环境在布局整体上的统一，最好是布置在开朗的大草地之中，但一般不宜种植在草地的几何中心，而应偏于一端，安置在构图的自然重心上，与草地周围的景物取得均衡与呼应的效果；孤植树也可以配置在开朗的河边、湖畔，以明朗的水色做前景，游人可以在树冠的庇荫下欣赏远景或活动，下斜的枝干也自然地成为各种角度的框景。孤植树还适宜配置在可以透视辽阔远景的高地上、山冈上，一方面可以供游人在树下纳凉、眺望，另一方面也可以使高地或山冈的天际线丰富起来；孤植树还可做为自然式园林的交点树、诱导树种植在自然式园路或涧道的转折处，假山蹬道口及园林局部的入口部分，诱导游人进入另一景区，最好在较深暗的密林作为背景的条件下，利用色彩鲜艳的或红叶树等具有特别吸引力的树种，引人入胜；孤立树还可配置在公园前广场的边缘、人流少的地方，以及园林建筑组成的院落中，小型游憩建筑物正面，铺装的场地上。

孤立树作为园林构图的一部分，不是孤立的，必须与周围环境和景物相协调，统一于整个园林构图之中，可与周围景物互为配景。如果在开朗宽广的草地（图6-3-3）、高地、山冈上或大水面的旁边栽种孤立树，所选树种必须特别巨大，才能与广阔的草地、山冈、水面取得均衡，这些孤立树的色彩要与作为背景的天空、水面、草地有差异，才能使孤立树在姿态体形、色彩上突出，例如用香樟、白皮松、乌桕、银杏、枫香等都很适宜。

图6-3-3　宽广草地上的孤植树

中心植是孤植的特殊方式，即将树木种在广场、花坛的中心，成为主景。可种植树形整齐、轮廓严正、生长缓慢、四季常青的园林树木，常用的有桧柏、云杉等。

在小型的林中草地，就小水面的水滨以及小的院落之中种植孤立树，其体形必须小巧玲珑，可以应用在体形轮廓上、线条上特别优美，色彩艳丽的树种，如五针松、日本赤松、红叶李、紫叶桐和鸡爪槭及其各品种等。

山水园中的孤立树，必须与透漏生奇的山石调和，树姿应盘曲苍古。适合的树种有日本赤松、五针松、梅花、黑松、紫薇等。此外有的孤植树下可以配以自然巨石，供休息用。

建造园林，必须利用当地的成年大树作为孤植树，如果绿地中已有上百年或数十年的大树，必须使整个公园的构图与这种有利的原有条件结合起来，利用原有大树，可以提早数十年实现园林艺术效果，是因地制宜、巧于因借的设计方法。如果没有大树可以利用。则利用原有中年树（10～20年生的珍贵树）为孤立树也是有利的。建设园林，使用孤立树，最好选用超级大苗，吊装栽植，利于早日实现艺术效果。

华中及其以北地区适宜作为孤立树的种类，除上面提到的以外，还有雪松、金钱松、马尾松、油松、华山松、日本金松、柏木、铁冬青、南洋杉、美国红杉、广玉兰、白玉兰、樟树、七叶树、喜树、珊瑚树、薄壳山核桃、悬铃木、桑、榆、槐、枫杨、垂枝桦、大叶榉、垂丝海棠、碧桃、樱花、垂枝樱花、合欢、榕树、木棉、无患子等。成丛的花灌木也有孤植树的效果，如3～5株在一起，枝叶繁密，花朵丰茂，远望如同一座花山，亦可称之为孤植树。适合孤植的花灌木还有笑靥花、菱叶绣球、金丝桃等。

（二）对植

对植是指用两株或两丛树按照一定的轴线关系，以相互呼应之势种植在构图中轴线的两侧，以主体景物中轴线为基线取得景观的均衡关系，这种种植方式称为对植。主要用于强调公园、建筑、道路、广场的入口，同时结合庇荫、休息功能，在空间构图上是作为配景用的，适于布置在草坪、路旁，应在姿态、大小方面有一定的差异，或一仰一俯，或一斜一直，一高一低，以显得生动自然。其栽植距离最大不超过两棵植株成年期树冠半径之和；最小没有太多的限制。对植包括对称种植和非对称种植两种形式。

1. 对称种植

在规则式种植构图中常用，一般是指中轴线两侧种植的树木在数量、品种、体型大小、规格上都要求相称一致，依主体景物的中轴线作对称布置，两树的连线与轴线垂直并被轴线等分，常用在房屋和建筑物前，以及公园、广场的入口处和道路两旁。街道上的行道树，是这种栽植方式的延续和发展。选用的树种，要求形态整齐、大小一致。规则式种植中，一般采用树冠整齐的树种，而一些树冠过于扭曲的树种则需使用得当。种植的位置既要不妨碍出入的交通和其他活动，又要保证树木有足够的生长空间。一般乔木距建筑物墙面要5m以上，小乔木和灌木可酌情减少，但不能太近，至少要2m以上。

常用的乔木有桧柏、龙柏、油松、银杏、槐、悬铃木、樟、雪松、女贞、龙爪槐、桂花、大王椰子、假槟榔等。常用的灌木有黄杨、木槿、火棘、千层柏、九里香等。

2. 非对称种植

非对称对植是指只强调一种均衡的协调关系，要求树种统一，体型大小和姿态各异，当采用同一树种时，其规格、树形反而要求不一致；与中轴线的垂直距离，左右均衡互相呼应，规格大的要近些，规格小的要远些，且两树穴连线不得与中轴线垂直，形成的景观生动活泼。在自然式种植中，对植是不对称的，但左右仍是均衡的，多用于自然式园林进出口两侧、桥头、蹬道的石阶两旁、河道的进口两

图6-3-4　对植1

边、闭锁空间的进口、建筑物的门口，都需要有自然式的进口栽植和诱导栽植（图6-3-4）。自然式对植最简单的形式是以主体景物中轴线为支点取得均衡关系，分布在构图中轴线的两侧，必须采用同一树种，但大小和姿态必须不同，动势要向中轴线集中，与中轴线的垂直距离，大树要近，小树要远，两树栽植点连成直线，不得与中轴线呈直角相交。

自然式对称是采用二株不同的树木（树丛），在体形、大小上均有差异，种植在不是对称等距，而是以主体景物的中轴线为支点取得均衡的位置，以表现树木自然的变化。规格大的树木距轴线近，规格较小的树木距轴线远，树姿动势向轴线集中。自然式对称变化较大，形成景观比较生动活泼，对植树的选择不太严格，无论是乔木、灌木，只要树形整齐美观均可采用。

自然式对植也可以采用株数不相同，树种相同的树种配植，如左侧是1株大树，右侧为同一种的2株小树，也可以两边是相似而不相同的树种或两种树丛，树丛的树种也必须近似。双方既要避免呆板的对称形式，但又必须对应。两株或两个树丛还可以对植在道路两旁构成夹景，利用树木分枝状态或适当加以培育，构成相依或交冠的自然景象（图6-3-5）。

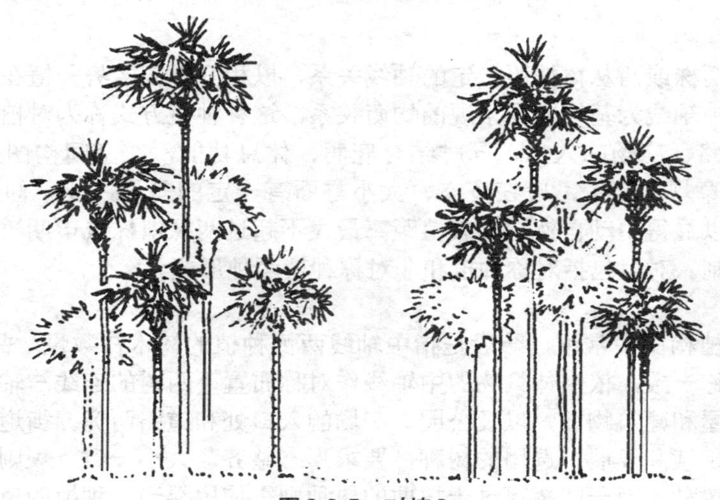

图6-3-5　对植2

简单的对植是将同样种类的树在轴线两侧一边1株等距离栽植。也可以一边1株大树，另一边以1株距轴线稍远的小树或2株小树来与之相配。它们要使轴线两侧达到均衡（当对植的树木多于3株时，可以使用不同的种类）。对植时，变化是相对的，统一是绝对的。这种形式不同于孤植和丛植，一般不作主景而只是在入口、桥头等重要地段起强调作用，行道树也可看作是对植的延续。

对植树附近根据需要还可配置山石花草，对植的树木在体形大小、高矮、姿态、色彩等方面应与主景和环境协调一致。

（三）行列栽植

行列式栽植系指乔灌木按一定的株行距成行成排的种植（彩图23），或在行内株距有变化。行列栽植形成的景观比较整齐、单纯、气势。它是规则式园林绿地中如道路广场、工矿区、居住区、办公大楼绿化中应用最多的基本栽植形式。在自然式绿地中也可布置比较整形的局部，多用在行道树、林带、河边与绿篱的树木栽植。行列栽植具有施工管理方便的优点。

行列式栽植宜选用树冠体形比较整齐的树种，如圆形、卵圆形、倒卵形、椭圆形、塔形、圆柱形（图6-3-6）等，而不选枝叶稀疏、树冠不整形的树种。

行列栽植的株行距，取决于树种的特点、苗木规格和园林主要用途，如景观、活动等。行植株距与行距的大小，应视树的种类和所需要遮阳的郁闭程度而定。一般大乔木株行距为5～8m，中、小乔木为3～5m，大灌木为2～3m，小灌木为1～2m，过密就成了绿篱。行植成绿篱者，可单行也可双行种植，株距一般为30～50cm，行距为30～50cm。较常选用的树种，乔木有油松、桧柏、湿地松、银杏、水杉、悬铃木、毛白杨、臭椿、白蜡、栾树、合欢、日本樱花、垂柳、加杨、七叶树、马褂木、槐树等；灌木有黄刺玫、蔷薇、木槿、丁香、贴梗海棠、棣棠、红瑞木、小叶黄杨、大叶黄杨等。绿篱一般多选用常绿的桧柏、侧柏、女贞、小叶黄杨等树种，也可选用落叶灌木，如木槿、蔷薇、小叶女贞、黄刺玫等分蘖性强，耐修剪的树种。

当行植的线形由直线变为一个圆形时，可称之为环植。环植可以是沿一个圆环栽植，也可以是多重环上的栽植。

行列栽植在设计时，要处理好与其他因素的矛盾。行列栽植多用于建筑、道路、上下管线较多的地段，要实地调查，与有关方面研究、配合、解决矛盾，而在景观上又能协调。行列栽植与道路配合，可起夹景效果（图6-3-7）。行列式栽植的基本形式有以下两种。

图6-3-6　圆柱形树种的行列栽植

图6-3-7　行列式栽植形成夹景效果

1. 等行等距

从平面上看是成正方形或品字形的种植点。多用于规则式园林绿地中（图6-3-8）。

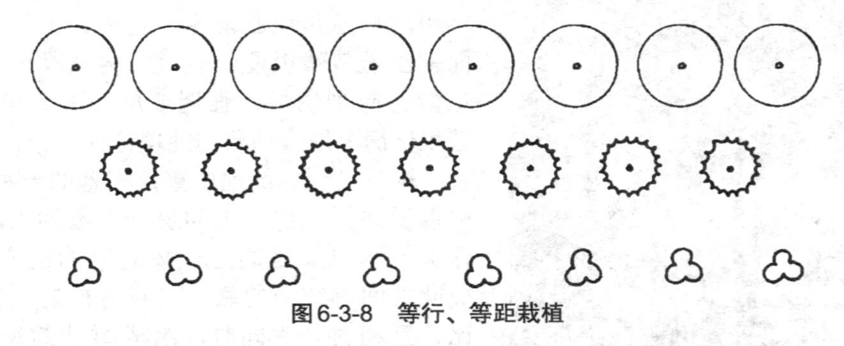

图6-3-8　等行、等距栽植

2. 等行不等距

行距相等，行内的株距有疏密变化，平面上看是成不等边的三角形或四角形。可用于规则式或自然式园林局部，如路边、广场边、水边、建筑边等。株距有疏密不同，比严格的等行等距有变化，也常用于从规则式栽植到自然式栽植的过渡（图6-3-9）。

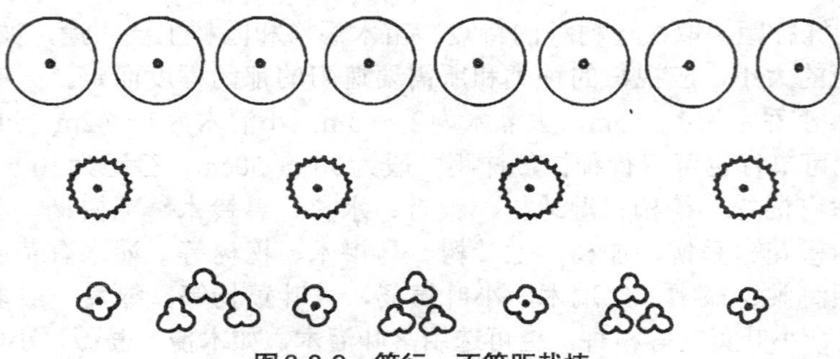

图6-3-9　等行、不等距栽植

（四）丛植

丛植是指数目在2～10株之间，由具有较为独特的个体美的乔木所组成的以表现群体美感为主的种植形式，是城市绿地内植物作为主要景观布置时很常见的形式，多布置在庭园绿地中的路边（图6-3-10）、草坪上，或建筑物前庭某个中心。

图6-3-10　庭院绿地路边的丛植

一种植物成丛种植，要求姿态各异，相互趋承；几种植物组合丛植，则有许多种搭配，如常绿树与落叶树，观花树与观叶树，乔木与灌木，喜阴树与喜阳树，针叶树与阔叶树等，有十分宽广的选择范围和灵活多样的艺术效果。丛植采用的树木，不像孤植树要求的那样出众，但是互相搭配起来比孤植更有吸引力。

配置树丛的地面，可以是自然植被或是草地、草花地，也可配置山石（图6-3-11）或台地。一般要求在构图重心上安排并且不被道路分隔，种植点的高程要尽量高于四周，以使形象突出。庇荫用的树丛不但必须满足以上条件，还要尽可能选用同一种类、有较强遮阳能力的树种，同时下层不种或少种灌木，以便多安置休息设施。仅供欣赏用的树丛可以和灌木、花卉、山石相结合，四面留出透景线以便于观赏。树丛既可以作为主景也能够起到诱导、强调或屏障其它景物的作用，这里仅简单地作抽象的纯理论构图分析。

图6-3-11　配置山石的丛植

树丛是园林绿地中重点布置的一种种植类型，它以反映树木群体美的综合形象为主，但这种群体美的形象又是通过个体之间的组合来体现的，彼此之间有统一的联系又有各自的变化，互相对比、互相衬托，同时，组成树丛的每一株树木，也要能在统一的构图之中表现其个体美，所以选择作为组成树丛的单株树木的条件与孤植树相似，必须挑选在庇荫、树姿、色彩、芳香等方面有特殊价值的树木。

树丛可以分为单纯树丛及混交树丛两类。树丛在功能上除作为组成园林空间构图的骨架外，还具有庇荫、诱导作用，既可作主景，也可作配景。庇荫的树丛最好采用单纯树丛形式，一般不用灌木或少用灌木配植，通常以树冠开展的高大乔木为宜。而作为构图艺术上主景、诱导、配景用的树丛，则多采用乔灌木混交树丛。

图6-3-12　树石小景

树丛作为主景时，宜用针阔叶混植的树丛，观赏效果特别好，可配置在大草坪中央、水边、河旁、岛上或土丘山冈上，作为主景的焦点。在中国古典山水园中，树丛与岩石组合常设置在粉墙的前方，走廊或房屋的角隅，组成具有一定画题的树石小景（图6-3-12）。

作为诱导用的树丛多布置在进口、路叉和弯曲道路的部分，把风景游览道路固定成曲线，诱导游人按设计安排的路线欣赏丰富多彩的风景园林景色，另外也可以用作小路分歧的标志或遮蔽小路的前景，达到峰回路转又一景的效果。

树丛设计必须以当地的自然条件和总的设计意图为依据，用的树种少但要选得准，充分掌握植株个体的生物学特性及个体之间的相互影响，使植株在生长空间、光照、遮风、温度、湿度和根系生长发育方面，都得到适合的条件，这样才能保持树丛稳定，达到理想效果。

（1）2株配合

树木配植构图上必须符合多样统一的原理，要既有调和又有对比，因此2株树的组合，首先必须有其通相；同时又有其殊像，才能使二者有变化又有统一。两树应是同一种类或外形极为相似者，但在树姿和体量上应有差别（图6-3-13）。有俯仰、曲直、高下等方面的对比。间距要小于两树半径之和，如超过这个距离，就不易取得呼应，而会像行道树一样彼此有孤立感。

凡差别太大的2种不同树木，如1株棕榈和1株马尾松或1株塔柏1株龙爪槐配植在一起，其一，因对比太强，失掉均衡；其二，因二者间无通相之处，形成极不协调的观感，使人感到不适，效果不好。因此2株结合的树丛最好采用同一种，但如果2株相同的树木，大小、体型、高低完全相同，配植在一起时，则又过分呆板，所以凡采用2株同种树木配置，最好在姿态上、动势上、大小上有显著差异，才能使树丛生动活泼起来。明朝画家龚贤说得好："二株一丛，必一俯一仰，一欹一直，一向左一向右，一有根一无根，一平头一锐头，二根一高一下"。又说："二树一丛，分枝不宜相似，即十树五树一丛，亦不得相似"。以上说明2株相同树木，配植在一起，在动势、姿态与体量上，均须有差异、对比，才能生动活泼。

图6-3-13　2株树丛的配合

2株的树丛，其栽植的距离不能与2树冠直径的1/2相等，必须靠近，其距离要比小树冠小得多，这样才能成为一个整体，如果栽植距离大于成年树的树冠，那就变成2株独树而不是一个树丛。不同种的树木，如果在外观上十分类似，可考虑配植在一起，如桂花与女贞为同科不同属的植物。但外观相似，又同为常绿阔叶乔木，配植在一起感到十分调和，不过在配植时最好把桂花放在重要位置，女贞作为陪衬，如果不易区分，则降低了桂花景观。同一个种下的变种和品种，差异更小，一般的也可以一起配植，如红梅与绿萼梅相配，就很调和。但是，即便是同一种的不同变种，如果外观上差异太大，仍然不适合配植在一起，如龙爪柳与馒头柳同为旱柳变种，但由于外形相差太大，配在一起就会不调和。

（2）3株树丛的配合

3株配合中，如果是2个不同树种，最好同为常绿树或同为落叶树，同为乔木或同为灌木。三株配合最多只能用2个不同树种，忌用3个不同树种（如果外观不易分辨不在此限）。

明朝画家龚贤说："古云：三树一丛，第一株为主树，第二第三树为客树"，"三树一丛，则二株宜近。一株宜远，以示别也。近者曲而俯，远者宜直而仰。""三株不宜结，亦不宜散，散则无情，结是病"。

3株配植，树木的大小，姿态都要有对比和差异，配植时要使种植点的连线呈不等边三角形，切忌呈等边三角形。栽植时，3株忌在一直线上，也忌等边三角形栽植，3株的距离都要不相等，其中最大1株和最小1株要靠近一些，成一小组，中等的1株要远离一些，成另一小组，但2个小组在动势上要呼应，构图才不致分割（图6-3-14）。

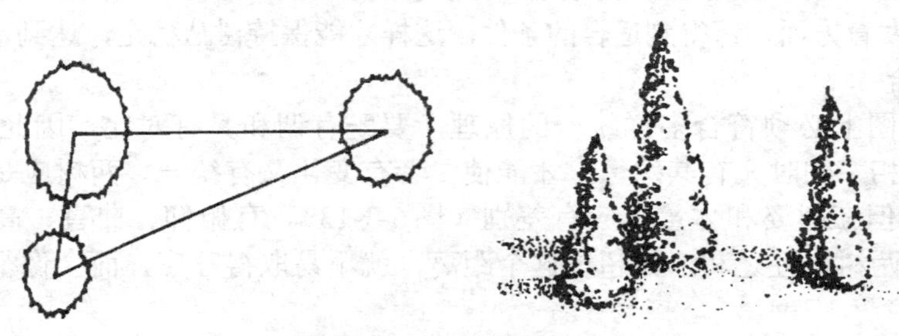

图6-3-14　3株树丛的配合

3株由2个不同树种组成的树丛，2个树种大小相差不太大，其中第一号与第二号为一树种，第三为另一树种组成，第一组由最大的桂花和最小的紫薇组成，第二组为1株桂花，这样第一组与第二组有共同性也有差异性，达到有变化而又能统一。

（3）4株树丛的配合

通相：完全用1个树种，或最多只能应用2种不同的树种，而且必须同为乔木或同为灌木，如果应用3种以上的树种或大小悬殊的乔木灌木，就不容易调和，如外观极相似的树木，就可以超过2种以上。所以，原则上4株的组合原则上不要乔灌木合用。

殊相：树种上完全可以相同，在体形上、姿态上、大小上、距离上、高矮上求不同，栽植点标高也可变化。

4株树组合的树丛，不能种在一条直线上，要分组栽植，要使之成为不等边的三角或四角形。最大的和最小的树要同在一组，另一组的树木大小要在这两者之间。按树丛外形可分为两种基本类型，一种是不等边的三角形，一种是不等边不等角的四边形，详见四株树丛的配合平面图（图6-3-15）。

树丛分组栽植，但不能两两组合，也不要任何3株成一直线，可分为2组或3组。分为2组，即3株较近1株远离；分为3组即2株一组，另1株稍远，再1株远离。

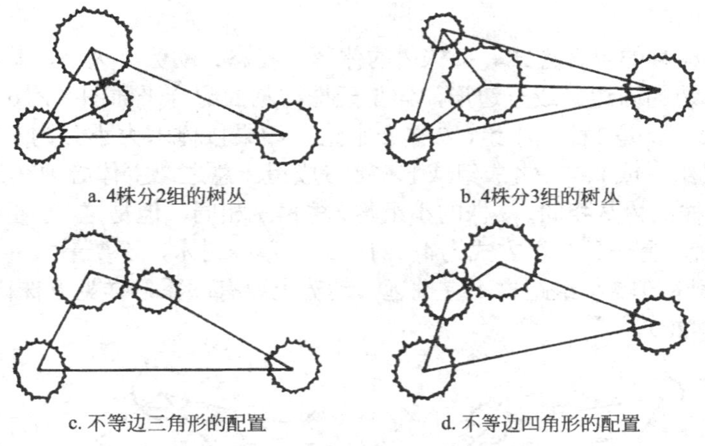

图6-3-15　4株树丛的配合平面图

树种相同时，在树木大小排列上，最大的1株要在集体的一组中，远离的可用大小排列在第二、三位的1株，详见四株树丛的配合透视图（图6-3-16、图6-3-17）。

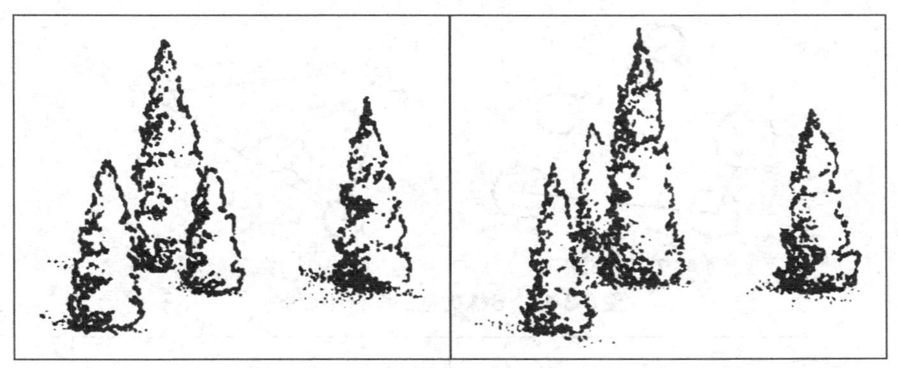

图6-3-16　4株树丛的配合透视图1

图6-3-17　4株树丛的配合透视图2

当树种不同时，其中3株为一种，1株为另一种，这另一种的1株不能最大，也不能最小，这一株不能单独成一个小组，必须与其它一种组成一个3株的混交树丛，在这一组中，这一株应与另一株靠拢，并居于中间，不要靠边，当然应考虑庇荫的问题。由3株桂花1株紫薇组成的树丛可组成此配置。

（4）5株树丛的配合

5株同为一个树种的组合方式，每株树的体形、姿态、动势、大小、栽植距离都应不同。5株树丛要呈不等边的四边形或五边形，详见五株树丛的配合平面图（图6-3-18）。最理想的分组方式为3 ：2，就是3株一小组，2株一小组。如果按树木大小分为5个号，3株的小组应该是1、2、4成组，或1、3、4成组或1、3、5成组。总之，主体必须在3株一组中。组合原则3株小组与3株的树丛相间，2株的小组与2株树丛相同，但是这2小组必须各有动势，2组动势要取得均衡。另一种分组方式为4 ：1，其中单株树木，不要最大的，也不要最小的，最好是2、3号树种，但2小组距离不宜过远，动势上要有联系，详见五株树丛的配合透视图（图6-3-19、图6-3-20）。

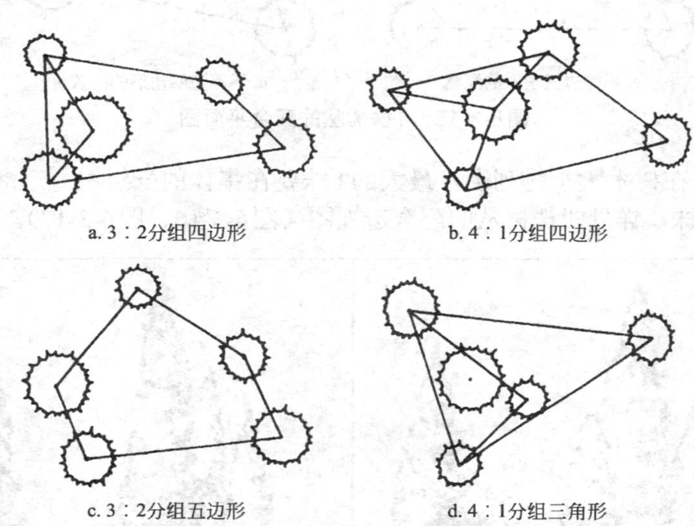

a. 3：2分组四边形　　b. 4：1分组四边形

c. 3：2分组五边形　　d. 4：1分组三角形

图6-3-18　5株树丛的配合平面图

图6-3-19　5株树丛的配合透视图1

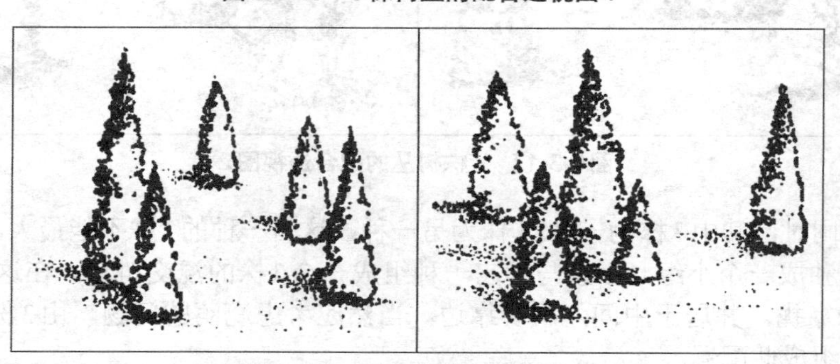

图6-3-20　5株树丛的配合透视图2

5株树丛由两个树种组成，一个树种为3株，另一个树种为2株合适，如果一个树种为1株，另一个树种为4株就不合适。如3株桂花配2株槭树效果较好，容易均衡，若4株黑松配1株丁香，就很不协调。

5株由两个树种组成的树丛，配置上，可分为1株和4株两个单元，也可分为2株和3株的两个单元。当树丛分为1 ∶ 4两个单元时，3株树种应分置两个单元中，2株的一个树种应置一个单元中，不可把2株的分为两个单元，如要把2株一个树种分为两个单元，其中一株应该配置在另一树种的包围之中。当树丛分为3 ∶ 2两个单元时，不能3株的一种种在同一单元。而另一个种的2株种在同一单元。

几株树木丛植应尽可能在各自的姿态、高低、大小、距离上不相雷同。种类最好不超过2种。

（5）6株以上的树木配植

6株时按4 ∶ 2(如6树不同为乔木或灌木时，亦可3 ∶ 3）分组。7株时以5 ∶ 2或4 ∶ 3划分单元，6～7株树丛中，树种应限制在4种以内。8株（5 ∶ 3、2 ∶ 6分组）和9株（3 ∶ 6、5 ∶ 4、7 ∶ 2分组）树丛使用的种类也不要超过4种。在分出2组后各组还可以按照上述规律分为更小的单元，以进一步变化。

树木的配植，株数越多就越复杂，但分析起来，孤植树是一个基本，2株丛植也是一个基本，3株是由2株和1株组成，4株又由3株和1株组成，5株则由1株4株或2株3株组成，理解了5株的配植道理，则6、7、8、9株均同理类推（彩图22）。据《芥子园画谱》记载："5株既熟，则千株万株可以类推，交搭巧妙，在此转关"。其基本关键，仍在调和中要求对比差异，差异太大时又要求调和，所以株数愈少，树种愈不能多用，株数慢慢增多时，树种可以慢慢增多，但树丛的配合，在10～15株以内时，外形相差太大的树种，最好不要超过5种以上，如外形十分类似的树木，可以增多种类。

（五）群植

以一两种乔木为主体，与数种乔木和灌木搭配，组成较大面积的树木群体，称为群植或树群（彩图24）。组成树群的单株树木数量一般在20～30株以上。树群所表现的，主要为群体美，树群也像孤立树和树丛一样，是构图上的主景之一。因此树群应该布置在有足够距离的开敞场地上，例如靠近林缘的大草坪上，宽广的林中空地，水中的小岛屿上（彩图34），宽广水面的水滨（图6-3-21），小山山坡上，土丘上等。树群主要立面的前方，至少在树群高度的4倍、树群宽度的1.5倍距离上，要留出空地，以便游人欣赏。

树群规模不宜太大，在构图上要四周空旷，树群组成的每株树木，在群体的外貌上都要起到一定作用，树群的组合方式，最好采用郁闭式，成层地结合。树群内通常不允许游人进入，游人也不便进入，因而不利于作庇荫休息之用，但是树群的北面，树冠开展的林缘部分，仍然可供庇荫休息之用。树群常用作树丛的衬景，或在草坪和整个绿地的边缘种植。树种的选择和株行距可不拘格局，但立面的色调、层次要求丰富多彩，树冠线要求清晰而富于变化。

图6-3-21 水滨旁的群植

树群可以分为单纯树群和混交树群两

图6-3-22　单纯树群

类。单纯树群由一种树木组成（图6-3-22），可以应用宿根性花卉作为地被植物。

树群的主要形式仍是混交树群。混交树群分为五个部分，即乔木层、亚乔木层、大灌木层、小灌木层及多年生草本植被五个组成部分。其中每一层都要显露出来，其显露部分应该是该植物观赏特征突出的部分。乔木层选用的树种，树冠的姿态要特别丰富，使整个树群的天际线富于变化，亚乔木层选用的树种，最好开花繁茂，或者具有美丽的叶色，灌木应以花木为主，草本覆盖植物，应该以多年生野生性花卉为主，树群下的土面不能暴露。树群组合的基本原则，高度采光的乔木层应该分布在中央，亚乔木在其四周，大灌木、小灌木在外缘，这样不致互相遮掩，但其各个方向的断面，不能像金字塔那样机械，树群的某些外缘可以配置一两个树丛及几株孤立木，详见混交树群的平面图与透视图（图6-3-23、图6-3-24）。

图6-3-23　混交树群平面图

图6-3-24　混交树群透视图

树群内植物的栽植距离要有疏密变化，构成不等边三角形，切忌成行、成排、成带地栽植，常绿、落叶、观叶、观花的树木混交的组合，不可用带状混交，又因面积不大，不可用片状块状混交，应该用复层混交及小块混交与点状混交相结合的方式。

树群内，树木的组合必须很好地结合生态条件，作为第一层乔木应该是阳性树，第二层亚乔木可以是半阴性的，种植在乔木庇荫下及北面的灌木可以是半阴性和阴性的。喜暖的植物应该配置在树群的南方和东南方。树群的外貌要高低起伏有变化，且注意四季的季相变化和美观。

（六）林带

自然式的林带就是带状的树群，一般短轴为1，长轴为4以上。林带在风景园林中用途很广，可屏障视线、分隔园林空间、作背景、庇荫，还可防风防尘防噪声等。

自然式林带内树木栽植不能成行成排，各树木之间的栽植距离也要各不相等，天际线要起伏变化，外缘要曲折。林带也以乔木、亚乔木、大灌木、小灌木、多年生花卉组成。

林带属于连续风景的构图，构图的鉴赏是随游人前进而演进的，所以林带构图中要有主调、基调和配调；要有变化和节奏，主调要随季节交替而交替。当林带分布在河滨两岸道路两侧时，应成为复式构图，左右的林带不要求对称，但要考虑对应效果。林带可以是单纯林也可以混交，均视其功能和效果之要求而定。乔木与灌木、落叶与常绿混交种植，在林带的功能上也能较好的起到防尘隔音效果。

防护林带的树木配植，可根据其要求，进行树种选择和搭配，种植形式均采用成行成排的形式。

（七）林植（树林）

林植系由单一或多种树木在较大范围内栽植成林的方式。凡成片、成块大量栽植乔灌木，构成林地或森林景观的称为林植或树林。林植多用于大面积公园安静区、风景游览区或休、疗养区及卫生防护林带。城市近郊或远郊的风景游览区，往往是利用原有森林的自然景色、名胜古迹和其它风景资源，增设必要的休息、游览设施而形成的。在工作、学习、生活环境中运用林植，主要是形成环境绿化的基础，用多量的树木在较大范围内建立总体的绿貌，或为了防护和某些特定功能，集中成片、成带地构成树林，因此一般不强调单株配置上的艺术性。一般城市公园和环境绿化因限于用地，只能通过林植构成一般树林和林带。树林可分密林和疏林两种。

1. 密林

树木采取密植的方式，植株间距小于成龄树冠的幅度，成长后树冠形成一个整体，郁闭度在0.7～1.0。密林树种可以采用单一树种，也可采用多种树种混交。

（1）单纯密林

由于应用同一树种，因而所形成的树冠整体在立面上呈水平分布，没有上下层次的变化。在起伏地形上，这种局面可以有所改变。为丰富景观，在密林的外缘可作一些疏植。单纯密林应选用最富于观赏价值而生长健壮的地方树种，如白皮松、马尾松、油松、桂花、毛竹、枫香等。

（2）混交密林

即由多种树木采取块状、带状或点状混交的方式形成密林。这种混交可以是规律式的，也可以是自然式的。以观赏为主要功能的混交密林，大都采取自然式，并多数为大小不等的块状混交，在林缘适当结合一些点状混交。在混交树木类型上，常绿树与落叶树的结合比纯常绿树或纯落叶树具有更好的季相效果和层次感，二者之间也互有衬托。密林混交林具有多层结构，如林带结构。大面积混交密林多采用片状或带状混交，小面积混交密林多采用小片状或点状混交，常绿树与落叶树混交。在乔木林中适当混交一些灌木，使林冠整体得到部分垂直郁闭和层次结构的调节。在灌木林中适当结合一些小乔木，整个林冠线也就有了起伏变化。但须注意的是，林植在树种上不宜过于复杂。在构景上，林植木又不同于丛植和群植，它主要以林冠的全貌，尤其是以立面轮廓和大面积色彩景观来形成特色。

2. 疏林

树木采取疏朗栽植的方式，植株间距超过成龄树冠的幅度，一般在10m以上，甚至20～30m，疏林的郁闭度在0.4～0.7。在疏林中适当开辟道路，增设休息设施，可供人们游憩。由于采取疏植，林间除具有树荫外，并透过一定面积的阳光，适于树下草本植物的生长，因而疏林多与草地结合，成为“疏林草地”，夏天可庇荫，冬天有阳光，草坪空地供游憩、活动，林内景色变化多姿，深受广大群众喜爱。疏林的树种应有较高的观赏价值，生长健壮，树冠疏朗开展，落叶树居多，四季有景可观，如合欢、白桦、银白杨、银杏、枫香及一些花灌木。在园林风景区中，以树木为主体来造景的树林，如梅花、竹子、松树、山桃、杏等都能产生一景。在疏林中的林水疏密相间，有断有续、自由错落，一般多仿自然形式布置。

在环境绿化中，林植多运用于较大面积的空地和游览地段。境域边缘地带和某些需要隐蔽隔离的地段的林植，则并不过于要求景观上的效果。在工业区与居住区之间的卫生防护地带，要营造防护林。这种防护林属于规则式林植，采取连续成带的方法。所选用的树种，对污染物质均应具有一定的抗性和吸收、滞留能力。

林带结构有透风、半透风、不透风三种。透风式每单元林带以5～10行乔木构成，外侧再增加一行灌木；半透风式由树冠茂密的大乔木带及外侧小乔木、灌木各一行组成；不透风式除外侧列植小乔木和灌木外，内部各行均以阴性灌木与树冠茂密的大乔木间栽。根据气流作用于不同林带类型的变化规律，消除有害气体、烟尘，林带结构采用透风、半透风式的次序，以利于污染物质进入林带内部，被树木吸收过滤。如为降低噪声设置的林带，则以不透风式结构为主。

除防护林外，在综合运用孤植、列植、丛植、群植、林植等类型的境域内，相邻类型的组合中，应用一两个共同树种，则可起到彼此呼应、谐调和联系为一个整体的作用。

在现代风景园林建设中，树群和树林的重要性日益为人们所认识。因为无论多么高超的设计者，也难以保证完全地将图纸上的树丛复制到现实中，在种植中体现出自然气息是最为重要的。树群和树林规模远比树丛要大，树木的环境功能开始呈现出来，作为一个整体，设计者对其进行塑造的把握性也更大了。

（八）绿篱及绿墙

凡是由灌木或小乔木以近距离的株行距密植，栽成单行或双行，紧密结构的规则式种植形式，称为绿篱或绿墙。

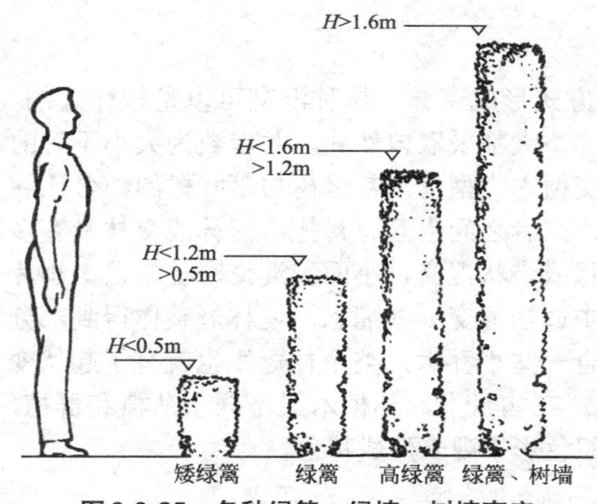

图6-3-25　各种绿篱、绿墙、树墙高度

1.绿篱及绿墙的类型

（1）根据高度的不同，可以分为绿墙、高绿篱、绿篱和矮绿篱四种（图6-3-25）。

① 绿墙或树墙　高度在一般人眼高度（约160cm）以上，阻挡人们视线能透过的属于绿墙或树墙，绿墙既可以布置在室内也可以布置在室外。

② 高绿篱　高度在160cm以下，120cm以上，人的视线可以通过，但其高度一般人不能跳跃而过的绿篱，称为高绿篱（图6-3-26）。

③ 绿篱　高度在120cm以下，50cm以上，人们要比较费事才能跨越而过的绿篱，称为中绿篱或绿篱。这是一般园林中最常用的绿篱类型（图6-3-27）。

④ 矮绿篱　高度在50cm以下，人们可以毫不费力而跨过的绿篱，称为矮绿篱。

（2）根据功能要求与观赏要求不同，可分为常绿绿篱、花篱、观果篱、刺篱、落叶篱、蔓篱与编篱等。

① 常绿篱　由常绿树组成，为园林中最常用的绿篱。常用的主要树种有：桧柏、侧柏、罗汉松、大叶黄杨、海桐、女贞、小蜡、冬青、波缘冬青、锦熟黄杨、雀舌黄杨、月桂、珊瑚树、蚊母、观音竹、茶树、常春藤等。其中桧柏、侧柏、罗汉松、女贞、冬青、月桂、珊瑚树、蚊母树等树种，均可作为绿墙的材料。

图6-3-26　高绿篱

图6-3-27　绿篱

② 花篱　花篱由观花树木组成（图6-3-28），为园林中比较精美的绿篱与绿墙。常用的主要树种有常绿芳香花木的桂花、栀子花；常绿或半常绿花木的六月雪、金丝桃、迎春、黄馨；落叶花木的木槿、锦带花、溲疏、郁李、珍珠花、麻叶绣球、日本绣线菊等。其中，桂花可做绿墙用；常绿芳香花木用在芳香园中作为花篱，尤具特色。许多绿篱植物在果实长成时，可以观赏，别具风格。如紫珠、枸骨、火棘。其中枸骨可作绿墙材料。观果篱以不加严重的规则整形修剪为宜，如果修剪过重，则结果减少，影响观赏效果。

③ 刺篱　花椒、黄刺梅、胡颓子等。其中枸桔在山东、河南作绿墙有“铁篱寨”之称。

④ 落叶篱　由一般落叶树组成，东北、华北地区常用。主要树种有榆树、丝绵木、紫穗槐、雪柳等。

⑤ 蔓篱　在园林中或一般机关住宅，为了能够迅速达到防范或区划空间的作用，又由于一时得不到高大的树苗，则常常先建立竹篱，木栅围墙或铅丝网篱，同时栽植藤本植物，攀缘于篱栅之上，另有特色（图6-3-29）。

图6-3-28　花篱

图6-3-29　蔓篱

⑥ 编篱　为了增加绿篱的防范作用，避免游人或动物穿行，有时把绿篱植物的枝条编结起来，作为网状或格状形式。常用的植物有木槿、杞柳、紫穗槐。

2.绿篱的作用与功能

（1）范围与围护作用

在园林绿地中，常以绿篱作防范的边界，可用刺篱、高篱或绿篱内加铁刺丝，不让人们任意通行。可以用绿篱组织游人的游览路线，按照所指的范围参观游览，不希望游人通过的，可用绿篱围起来，起导游作用。绿篱还可以单独作为机关、学校、医院、宿舍、居民区等单位的围墙，也可以和砖墙、竹篱、栅栏、铁刺丝等结合起来形成围墙，这种绿篱高度一般在120cm以上。

（2）分隔空间和屏障视线

园林中面积有限，又需安排多种活动用地时，为减少互相干扰，常用绿篱或绿墙进行分区和屏障视线，分隔不同功能的空间。在各类绿地及绿化地带中，通常习惯于应用高绿篱作为屏障和分割空间层次，或用它分割不同功能的空间，这种绿篱最好用常绿树组成高于视线的绿墙。如把儿童游戏场或露天剧场及运动场等与安静休息区分隔开来，减少互相干扰。在自然式布局中，有局部规则式的空间，也可用绿墙隔离，使强烈对比、风格不同的布局形式得到缓和。公园的游乐场地周围、学校教学楼、图书馆和球场之间、工厂的生产区和生活区之间、医院病房区周围都可配置高绿篱，以阻隔视线、隔绝噪音、减少区域之间相互干扰。

（3）作为规则式园林的区划线

以中篱作分界线，以矮篱作为花境的边缘、花坛和观赏草坪的图案花纹（彩图16、图6-3-30、图6-3-31）。一般装饰性矮篱选用的植物材料有黄杨、波缘冬青、九里香、大叶黄杨、桧柏、日本花柏等，其中以雀舌黄杨最为理想，因其生长缓慢，别名千年矮，纹样不易走样，比较持久，也可用常春藤组成粗放的纹样。

图6-3-30 用矮篱形式制作的模纹花坛

图6-3-31 英国汉普顿王宫的模纹花坛

（4）作为花境、喷泉、雕像的背景

园林中常用常绿树修剪成各种形式的绿墙，作为喷泉和雕像的背景，其高度一般要与喷泉和雕像的高度相称，色彩以选用没有反光的暗绿色树种为宜，作为花境背景的绿篱，一般均为常绿的高篱及中篱。

（5）美化挡土墙

在各种绿地中，在不同高程的两块高地之间的挡土墙，为避免立面上的枯燥，常在挡土墙的前方栽植绿篱，把挡土墙的立面美化起来。

3.绿篱的种植密度

绿篱的种植密度根据使用目的、不同树种、苗木规格和种植地带的宽度而定。矮篱和一般绿篱，株距可采用30～50cm，行距为40～60cm，双行式绿篱成三角形交叉排列。绿墙的株距可采用1～1.5m，行距1.5～2.0m。绿篱的起点和终点应作尽端处理，从侧面看来比较厚实美观。

第四节　花卉的种植设计

花卉种类繁多，色彩鲜艳，繁殖较容易，生育周期短。因此，花卉是园林绿地中经常用作重点装饰和色彩构图的植物材料。在绿树成荫的园林中和城市的林荫路上，布置艳丽多姿的露地草花，可使园林和街景更加丰富多彩。露地花卉，除供人们欣赏其单株的艳丽色彩、浓郁的香气和婀娜多姿的形态之外，还可以群体栽植，组成变幻无穷的图案和多种艺术造型。这种群体栽植形式，可分为花坛、花境、花丛、花池和花台等。常用作强调出入口的装饰，广场的构图中心，公共建筑物附近的陪衬和道路两旁及拐角、树林边缘的点缀。在烘托气氛、丰富景色方面有独特的效果，也常配合重大节日使用。花卉是一种费钱、费工的种植材料，寿命比较短，观赏期很有限，而且养护管理要求精细，所以在使用时一定要从实际出发，根据人力、物力适当应用。多选用费工少、寿命长、管理粗放的花卉种类，如球根花卉和宿根花卉等。

一、花坛

花坛是一种古老的花卉应用形式。花坛是在植床内对观赏花卉作规则式种植的植物配植方式及其花卉群体的总称。随着时代的发展和东西方文化的交流，花坛的形式也日渐丰富，由最初的平面地床或沉床（花坛植床稍低于地面）花坛拓展出斜面、立体及活动式等多种类型。

花坛富有装饰性，可以成为局部构图的主景，也可以作为衬景，它的比重虽小，但在绿化、美化中却起着“画龙点睛”的作用。花坛是在具有一定几何形轮廓的植床内种植各种不同色彩的观赏植物，而构成一幅具有华丽纹样或鲜艳色彩的图案画，所以花坛是用活的植物构成的表示群体美的图案装饰。花坛内种植的观赏花卉一般都有两种以上，以它们的花或叶的不同色彩构成美丽的图案。也有只种一种花卉，以突出其色彩之美的，但必须有其他植物（如草地）相比较。

花坛具有浓厚的人工风味，属于另一种艺术风格，在园林绿地中往往起到画龙点睛的作用，应用十分普遍。花坛是以活的植物组合而成的装饰性图案，其装饰性是花卉群体在平面上色彩的对比所构成的。花卉植物个体的线条、体形、姿态以及其花叶颜色之美，都不是花坛所要表现的主题。

花坛大多布置在道路交叉点、广场、庭园、大门前的重点地区，主要在规则式（或称整形式）布置中应用，有单独或连续带状及成群组合等类型。外形多样，内部花卉所组成的纹样，多采用对称的图案。花坛要求经常保持鲜艳的色彩和整齐的轮廓，因此，多选用植株低矮、生长整齐、花期集中、株丛紧密而花色艳丽（或观叶）的种类，一般还要求便于经常更换及移栽布置，故常选用一、二年生花卉。花坛的种类可以按照花坛形状、位置、应用的植物材料、作用等进行划分。

（一）花坛的分类及特点

1.按花坛形状分类

按花坛的几何形体可分为长方形花坛（图6-4-1）、圆形花坛（图6-4-2）、三角形花坛（图6-4-3）、菱形花坛（图6-4-4）等，这是最简单的分类法。

图6-4-1　长方形花坛

图6-4-2　圆形花坛

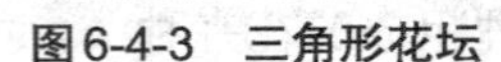

图6-4-3　三角形花坛

图6-4-4　菱形花坛

2.按种植材料分类

（1）一、二年生草花花坛

一、二年生草花花期集中，生长整齐，色彩艳丽，用种子繁殖，短期内能获得大量花苗。南方地区1年能更换4～6次，北方也能做到三季有花，色彩的更换为绿地增添了景色。缺点是费工、费材料。一般在主要景点应用，如建筑前、主干道两侧（图6-4-5）、主要路口、生活区主要出入口处和小游园内等。

（2）宿根花卉花坛

宿根花卉栽植后不需要年年更换，入冬后地上部分枯萎，翌年春天又能萌发而继续开花，所以人力、物力都较节省。缺点是1年只开1次花，大部分时间只有绿叶，秋后进入休眠或半休眠后茎叶枯黄。所以宿根花卉花坛不适于在主要景点布置，可在生产区应用。

（3）球根花卉花坛

球根花卉品种多，大多花大色艳，花期较长。如矮秆大花美人蕉（图6-4-6），初夏开花，花后剪去残花，加强肥水管理，仍能开花，花期可延续到10月。但球根花卉入冬后枝叶枯萎，有的还须将球根挖起，存入室内越冬，翌年再行种植。

图6-4-5　道路旁的草花花坛

图6-4-6　大花美人蕉花坛

（4）五色草花坛

五色草又名红绿草或法国苋，是一种植株矮小、紧凑、耐修剪的观叶花卉。叶有绿、黄、红、白等色彩，入秋后，叶色较鲜。可将其种成图案、文字或其他动植物形象，如孩童游戏的五色草立体花坛（彩图36）、“囍”字五色草立体花坛（彩图37）。五色草种植后只需隔20～30天修剪一次，就能保持花纹清晰，整齐美观，直到初霜来临。但五色草花坛的色彩不够明快，母株需在20℃以上的温室过冬。

（5）木本花卉花坛

比较典型的如月季花坛，月季花色香兼备，花容秀美，千姿百色，深受群众喜爱。适于花坛栽种的有丰花月季。这一类月季分枝多，株形较矮、梗长、花团锦簇，而且耐寒、耐热，尤适于道路边花坛栽种。微型月季类株型矮小、分枝繁出，花多，也可作为花坛材料。

月季在华东地区5月上旬为盛花期，如加强管理花期可延续到7月初，7～8月因高温酷暑，月季处于半休眠状态，随着气温的下降，10月上旬为第二次盛花期。管理得当，花期延续到初霜。12月进入休眠状态。月季栽培中修剪和肥水管理是关键，北方地区还应注意防寒越冬。用于花坛栽植的木本花卉还有杜鹃和栀子等，这两种花卉适于在疏荫下的花坛栽植，1年开花1次，其余时间为观叶。

3.按用途和特色分类

（1）混合式花坛

为了保持花坛一年四季都有色彩，又要省工省料，可以把不同类型的花卉，根据栽植地环境及需要进行不同的组合，这就叫混合式花坛。一般的组合方式有：一、二年生草花与宿根花卉混合配置；一、二年生草花与五色草混合配置；一、二年生草花与球根花卉混合配置；一、二年生草花与木本花卉混合配置；宿根花卉与木本花卉混合配置；球根花卉与木本花卉混合配置。还可把花卉、山石按盆景形式进行组合，把植床及花坛边缘做成浅盆状，这种混合花坛又叫盆景式花坛（图6-4-7）。

（2）基础花坛

为装饰建筑物、大树和山石、宣传栏等而设置在其基部的花坛（彩图35、图6-4-8）。这类花坛的色彩、形式、大小等必须与主体协调。

图6-4-7　盆景式花坛

图6-4-8　基础花坛

（3）道路花坛

为组织交通和美化环境而在道路的分车带、安全岛等处设置花坛。其立地条件较差，以远赏为主，种植材料应选择适应性较强、色彩鲜艳的种类（图6-4-9）。

（4）节日花坛

节日花坛的布置在内容和色彩上应与一般花坛有所不同。如“国庆”花坛，一般应把喜庆的红色作为基调，布置上力求热烈欢快。在主要地方可用各种花卉在固定的、有一定形状的骨架上栽种出各种立体的艺术造型，如花篮、亭子、花瓶、动物形象等。栽植材料要株型紧凑、矮小、花小而密，一般常用的材料有万寿菊、一串红等（图6-4-10）。

图6-4-9　道路花坛

图6-4-10　万寿菊、一串红组成的节日花坛

（5）雕塑花坛

以各种内容的雕塑为主体而设置的花坛（图6-4-11、图6-4-12）。花坛的种植要与主体相协调。如在英雄人物雕塑和儿童雕塑下种植的花卉就应有区别，前者的布置要显得庄重、严肃，后者却要活泼、欢快，给人以生机勃勃的感觉。

图6-4-11　雕塑花坛一

图6-4-12　雕塑花坛二

（6）钟表花坛

利用各种花卉制作具有钟表形象的花坛（图6-4-13）。主要材料可用五色草，但指针等机械零件需用金属制成，而且花坛下要设置能控制指针正确转动的装置，所以设置钟表花坛的地区应有电源，还需要与机械师配合。也可用电子石英钟机芯，这种花坛造价较高，重要地段可采用。

（7）移动花坛

用盆花拼摆的花坛。在铺装地面较多的工矿企业单位，为了用花卉美化环境或为节日增添气氛，可采用拆装式花坛筐，组合拼摆成花坛（图6-4-14）。

4.按花坛的组合形式分类

（1）独立花坛

单个独立设置在广场中心、岔路口、建筑物前的花坛。独立花坛是作为园林局部构图的一个主体而独立存在，一般都处于绿地的中心地位，具有几何形轮廓。通常布置在道路交叉

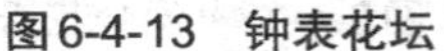

图6-4-13　钟表花坛

图6-4-14　移动花坛

口（图6-4-15）、建筑广场中央（图6-4-16），由花架或树墙组织起来的绿化空间的中央。独立花坛的大小和形状一般需根据所处环境决定，面积不宜过大。如广场中央的花坛，其面积不应超过广场面积的1/3，因为花坛内没有通路，游人不能进入，如果面积太大，远处的花卉就模糊不清，失去了艺术的感染力。建筑物前花坛外部的轮廓线应与建筑物边线或相邻的路边线取得一致。独立花坛的平面外形总是对称的几何形，有的是单面对称的，有的是多面对称的。它的短轴与长轴的比例，不能大于1∶3。独立花坛可以设置在平地上，也可以设置在斜坡。

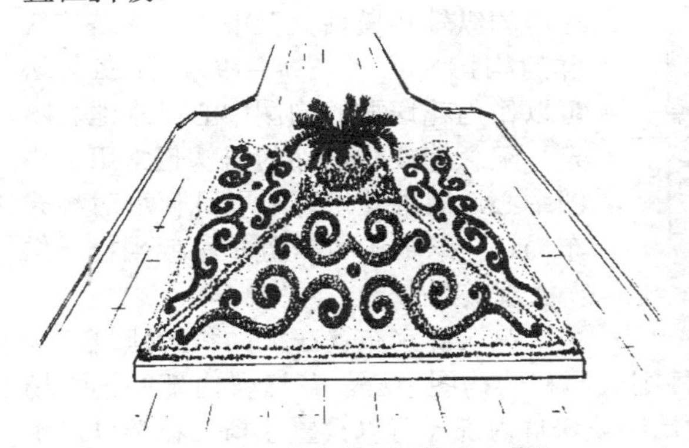

图6-4-15　道路交叉口的独立花坛

图6-4-16　建筑广场中央的独立花坛

独立花坛因其表现的内容主题及材料的不同，可以分为以下几个形式。

① 花丛花坛

是以观花草本花卉花朵盛开时，花卉本身华丽的群体为表现主题（图6-4-17）。选用的花卉必须是开花繁茂，在花朵盛开时，达到见花不见叶的效果，图案纹样在花坛中居于从属地位。可由同种花卉不同品系或不同花色的群体组成，也可由花色不同的多种花卉的群体组成。

② 模纹花坛

又称为“嵌镶花坛”、“毛毯花坛”，其表现主题是应用各种不同色彩的观叶植物和花叶兼美的植物来组成华丽的图案纹样（彩图16），最宜居高临下观赏，亦有做成立体造型的，如瓶饰、花篮、大象等。

③ 混合花坛

是花丛式花坛与模纹式花坛的混合，兼有华丽的色彩和精美的图案（图6-4-18）。有时盛花花坛和模纹花坛可以同时在一个花坛内使用。

图6-4-17　花丛花坛

图6-4-18　混合花坛

独立花坛可以有各种各样的表现主题。其中心点往往有特殊的处理方法，有时用形态规整或人工修剪的乔灌木，有时用立体花饰，有时也用雕塑为中心等。

（2）花坛群

在面积较大的地方设置花坛时，可以采用把多个独立花坛组成协调的不可分割的整体，即许多个花坛组成一个不可分割的构图整体，这一整体称为花坛群，其排列组合是规则的。在形式上可以相同也可以不同，但在构图及景观上具有统一性，多设置在较大的广场、草坪或大型的交通环岛上。单面对称的花坛群，是许多花坛对称排列在中轴线的两侧，这种花坛群的纵轴和横轴交叉中心，就是花坛群的构图中心（图6-4-19）。独立花坛可以作为花坛群的构图中心，水池、喷泉、纪念碑或装饰性的雕塑也常用于构图中心，周围花坛都采取几何形对称式布局。花坛群中可设置小路或坐椅，供游人观赏花卉。

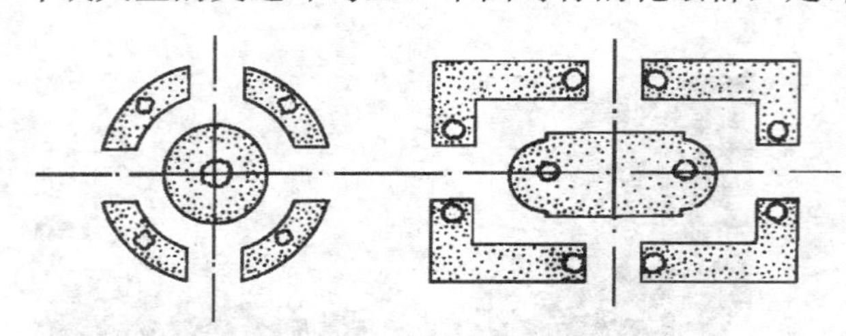

图6-4-19　组合花坛示意图

花坛群宜布置在大面积的建筑广场中央（图6-4-20），大型公共建筑的前方或是规则式园林的构图中心。花坛群内部的铺装场地及道路，是允许游人进入活动的，大规模的铺装花坛群内部还可以设置座椅、花架以供游人休息。

（3）花坛群组

由许多花坛群组合成一个不可分割的构图整体，称为花坛群组。花坛群组常设于城市的大型建筑广场上，或设于大规模整齐的规则园林里，它的构图中心大多用水池、大型喷泉、雕塑或纪念性建筑物（图6-4-21）。

图6-4-20　花坛群

图6-4-21　花坛群组

（4）带状花坛

宽度在1m以上，长度比宽度大3倍以上的长形花坛，一般指长短轴之比大于4∶1的长形花坛称为带状花坛。其代表形式详见带状花坛示意图（图6-4-22）。在连续风景构图中，带状花坛可作为主体来运用，也可作为观赏花坛的镶边，边防两侧、建筑物墙基的装饰。也可在路边设简单的带状花坛，起装点的作用。

常设置于人行道两侧（图4-3-18）、建筑墙垣、广场边界、草地边缘（图6-4-23），既用来装饰，又用以限定边界与区域。带状花坛可以是单色、纹样和标题的，但在一般情况下，总是连续布局，分段重复的。

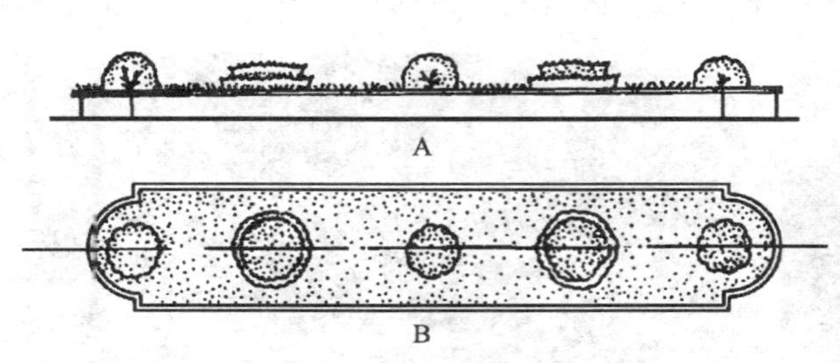

图6-4-22 带状花坛示意图

图6-4-23 草地边缘的带状花坛

（5）连续花坛群

由许多独立花坛或带状花坛呈直线排列成一行组成一个有节奏的不可分割的构图整体，这种花坛群称为连续花坛群。其代表形式详见连续花坛群示意图（图6-4-24）。常布置于道路或游乐休息的林荫路和纵长广场的长轴线上，多用水池、喷泉、雕塑等来强调连续景观的起始与终结。在宽阔雄伟的石阶坡道的中央也可设置连续花坛群。在带状地带设立花坛时，由于交通、地势、美观等缘故，不可能把带状花坛设计为过大的长宽比或无限长。一般分段设立长短不一的花坛，可能有圆形（图6-4-25）、正方形、长方形、菱形、多边形。这许多个各自分设的花坛成直线或规则弧线排列成一线，组成有规则的整体时，就称为连续花坛。同样，这些分设的单个花坛可以是单色，具有自身的纹样、标题等，但务必有演变或推进规律可循。一般用形状或主题不一样的二三种单个花坛来交替推进或演变。在节奏上，有反复推进和交替推进两种方式。

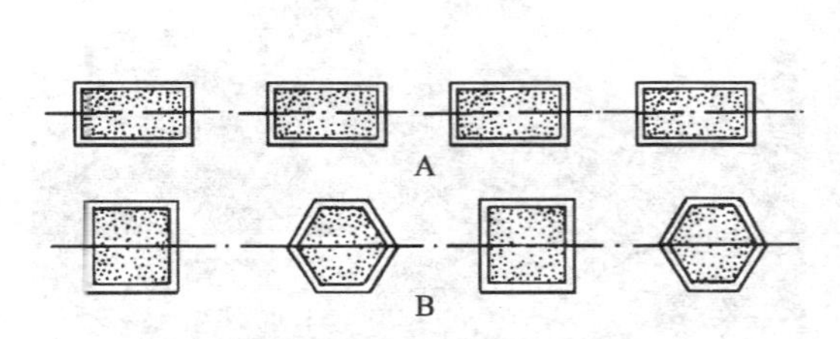

图6-4-24 连续花坛群示意图

图6-4-25 圆形连续花坛群

连续花坛除在林荫道和广场周边或草地边缘布置外，还设置在两侧有台阶的斜坡中央，其各个花坛可以是斜面的，也可以是各自标高不等的阶梯状。

（6）连续花坛组群

由多个花坛群成直线排列，排成一行或数行，或由数行连续的花坛群排列起来组成一个沿直线方向演进、具有节奏、不可分割的构图整体的花坛组群，称为连续花坛组群。连续花坛组群常结合连续喷泉群、连续水池群、连续雕塑群等，进行统一设计。

5.按花坛的主题分类

花坛在设计过程中因不同的景观需要，在坛内种植和选用的植物种类及其配置各不相同，所表现的主题与观赏意义各异、管理措施有别。一般根据其主题意义与植物配置，可将花坛分为如下几类。

（1）花丛式花坛

又称之为盛花花坛。以欣赏花卉本身或群体的华丽色彩为主题的花坛称为花丛式花坛。花丛式花坛一般应选用高矮一致、开花整齐繁茂、花期较长的草本花卉植物，所采用的花卉可是同一品种（图6-4-26），也可用几个品种有机地组合在一起构成简单的图案（图6-4-27）。

图6-4-26　同一品种的花丛式花坛

图6-4-27　不同品种的花丛式花坛

（2）图案式花坛

又称之为模纹花坛或毛毡花坛，是利用不同色彩的观叶或花、叶兼美的植物，组成华丽的图案、纹样或文字等主题的花坛（图6-4-28、图6-4-29）。它通常需利用修剪措施以保证纹样的清晰。它的优点在于观赏期长，因此，图案式花坛的材料应选用生长期长、生长缓慢、枝叶茂盛、耐修剪的植物。

图6-4-28　蝴蝶纹样的图案式花坛

图6-4-29　文字主题的图案式花坛

（3）立体花坛

立体花坛是图案式花坛的立体发展或称立体构型。它是以竹木或钢筋为骨架的泥制造型，在其表面种植五彩草而形成的一种立体装饰物。它是植草与造型的结合，形同雕塑，观赏效果很好。用立体花坛表现生活情趣，如耕作劳动场景为主题的立体花坛（图6-4-30）。

将立体花坛设计为各种动物或其他景观形象（彩图18、彩图19），如凤凰形象（图6-4-31）、蝴蝶形象（图6-4-32）、亭形（图6-4-33）、塔形（图6-4-34）、蘑菇形象（图6-4-35）、企鹅形象（彩图38）等，给园林景观增添了野趣。

图6-4-30　耕作劳动场景立体花坛

图6-4-31　凤凰形象立体花坛

图6-4-32　蝴蝶形象的五色草花坛

图6-4-33　亭形立体花坛

图6-4-34　塔形立体花坛

图6-4-35　蘑菇形象立体花坛

立体花坛与流水喷泉相结合形成独特的园林水景，如与喷泉结合的双鱼形立体花坛（彩图39）、与湖水结合的跳跃鱼群立体花坛（彩图40）、与流水结合的手型立体花坛（图6-4-36）、与喷泉结合的茶壶型立体花坛（图6-4-37）。

图6-4-36　与流水结合的手型立体花坛

图6-4-37　与喷泉结合的茶壶型立体花坛

（4）草皮花坛

用草皮和花卉配合布置形成的花坛。常以草皮为主，花卉仅作点缀，多用于草皮边沿或草皮的中心，可分为自然式草皮花坛（图6-4-38）和规则式草皮花坛（图6-4-39）。

图6-4-38　自然式草皮花坛

图6-4-39　规则式草皮花坛

（5）混合花坛

混合花坛是由草皮、草花、木本植物和假山石等材料所构成，可分为以植物为主景的混合花坛（图6-4-40）和以山石为主景的混合花坛（图6-4-41）。若花坛在建造时高出地面

图6-4-40　以植物为主景的混合花坛

图6-4-41　以山石为主景的混合花坛

40～100cm则要在空心台座中填土，再在其中栽上观赏植物时，也可称之为花台。花台距地面较高，缩短了与人的距离，便于观赏植物的形姿、花色，闻其花香，并领略花台本身的造型之美。花台种植观赏木本植物，种植床与地表高程相当而又围砌了边沿时，我们也将这种花坛称之为花池。

（二）花坛的作用

从景观的角度考虑，花坛具有美化环境的作用。从实用的角度考虑，花坛则具有组织交通、划分空间的功能。

1.美化环境

花坛是用有生命的植物构成的装饰图案，它所表现出来的是一种有活力的美，是城市环境美化的一种较好方式。在由高楼大厦所构筑的灰色空间里，设置色彩鲜艳的花坛，可以打破建筑物所造成的沉闷感，给人们带来蓬勃生机。在公园、风景名胜区、游览地布置花坛，不仅美化环境，还可构成景点。花坛设置在建筑墙基、喷泉、水池、雕塑、广告牌等的边缘或四周，可使主体醒目突出，富有生气。在剧院、商场、图书馆、广场等公共场合设置花坛，可以很好地装饰环境。若设计成有主题思想的花坛，还能起到宣传的作用。北京天安门企盼奥运花坛，正是利用花坛这一生动的表达形式表达了国人对奥运的渴望。

2.组织交通

交通环岛，开阔的广场，草坪均可设置花坛，可用来分隔空间和组织游览路线。如在公园入口处的中央空地上设置的花坛，既装点了环境，又可以疏导游客。

（三）花坛设计的一般原则

1.主题原则

主题是造景思想的体现，是景观的神之所在。特别是作为主景设计的花坛从各个方都应该充分体现其主题功能和目的，即文化、保健、美化、教育等多方面功能。而作为建筑物陪衬则应与相应的主题统一、协调，不论是形状、大小、色彩等都不应喧宾夺主。

2.美学原则

美是花坛设计的关键。花坛的设计主要在于表现美。因此花坛的设计在其组成的各个部分从形式、色彩、风格等方面都要遵循美学原则。特别是花坛的色彩布置，既要有协调，又要有对比。对于花坛群的设计要有统一，又要有变化，才能起到花坛的装饰效果，从尺度上更要重视人的感觉，充分体现花坛的功能和目的。

3.文化性原则

植物景观本身就是一种文化体现，花坛的植物搭配也不例外，它同样可以给人以文化享受。特别是木本花坛、混合花坛，其永久性的欣赏作用，渗透的是文化素养，情操的培养，其主观意兴、技巧趣味和文学趣味是不可忽视的，没有一定的文化素质难以达到较高的景观效果。

4.花坛布置与环境相协调的原则

优美的植物景观与周围的环境是相辅相成的。在整个园林构图之中，花坛作为其中构图要素中的一个重要组成部分，应与整个园林植物景观，建筑格调相一致、相协调，才可能得到相得益彰的效果，主景花坛应丰富多彩，在各方面都要突出，配景花坛则应简单朴素。同时花坛形状、大小、高低、色彩等都应与园林空间环境相协调。

5.花坛植物选择因花坛类型和观赏特点而异的原则

花丛式花坛是以色彩构图为主，宜用开花繁茂、花期一致、花期较长、花株高度一致的花卉。模纹花坛以图案为主，应选择株型低矮、分枝密、耐修剪、叶色鲜明的植物。

（四）花坛设计的要点

1. 花坛布置的形式和环境的统一

花坛是风景园林中布置的景物之一，其形状、大小、高低等应与环境有一定的统一性，其布置必须从属于整个空间的安排。如在自然式布局中不适合用花坛，即使要用也应采用自然式花坛，忌用数个形式不同的花坛，与环境不协调。作为主景的花坛，在各方面都要突出一些，可以丰富多彩。构图中心为装饰性喷泉或群雕等，花坛就是配角，图案和色彩都要居于从属地位，布置简单，以充分发挥陪衬主体景物的作用，不能喧宾夺主。布置在广场上的花坛，其面积要与广场面积成一定比例，平面轮廓也要和广场的外形统一协调，一般情况下，所要装饰的地域是圆形的，花坛也宜圆形或正方形、多边形；地域是方形的，花坛也宜用方形或菱形的。并应注意交通功能上的要求，不妨碍人流交通和行车拐弯的需要。

花坛的面积和所处地域面积的比例关系，一般不大于1/3，也不小于1/15。确切数字还要受环境的功能因素所影响，如地处交通要道，游人密度大，就小些，反之就大些。

2. 花坛要强调对比

花坛在园林绿地中的主要功能就是装饰、美化。其装饰性，一是平面上的几何图形的装饰性；二是绚丽色彩的装饰性。因此，要从这两方面效果去考虑花坛各个因素的取舍。比如在空旷草坪中设一独立花坛，主要是色彩装饰，这就显然不能再在其中栽植绿色植物，而要选择与草绿色有一定对比度的色彩，才能实现设置该花坛的目的。

在纹样花坛内部各色彩因素的选择时，在族群花坛中各单色花坛的配置时，更要注意对比，否则，就没有花坛的装饰性存在。

色彩由色相、色度、色调、亮度四个因素所构成。色相有黑、白、紫、青、红、橙、黄、绿等。色度有饱和、纯色与不饱和、非纯色之分。色调对同一色相而言，有明色调、暗色调、灰色调之分。亮度，指色相的亮度，随着阳光的强弱对人的视觉有不同的敏感度，在白天，亮度顺序为：绿—黄—橙—青—红—紫，绿色亮度最强，这也说明绿色在城市中的美化作用为何如此强烈。黄昏时，色相亮度的顺序为：青—绿—蓝—黄—橙—紫。

在植物色彩的配置中，色相的亮度最为重要。俗话说“红花还要绿叶扶”，就朴素地指明色相、亮度对比、陪衬的重要。在纹样花坛中，显然要把亮度差别大的搭配在一起，如绿—红，黄—紫，黄—红，绿—青，黄—紫类的搭配，而不能绿—黄，红—紫，橙—青或青—红之类的搭配。这样搭配，就不可能产生对比效果，纹样也就似是而非，模糊不清了。

3. 要符合视觉原理

要符合视觉原理人的视线与身体垂直线所成夹角不同时，视线距离变化很大，从视物清晰到看不清色彩的情况有一个范围。透视分析示意图（图6-4-42）表示，当人眼高度为1.6m时，不同的夹角有不同的视距线长。比如夹角为70° 时，视线长为4.68m，是人眼高度的2.92倍；当夹角为80° 时，视线长为9.21m，是人眼高度的5.76倍；而当夹角只有20° 时，视线长为1.7m，只为身高的1.06倍。正常人的视力为1.5时，其清楚辨字距离（即视线长）是3.0m，而能看清花朵颜色的距离一般是4.5m。

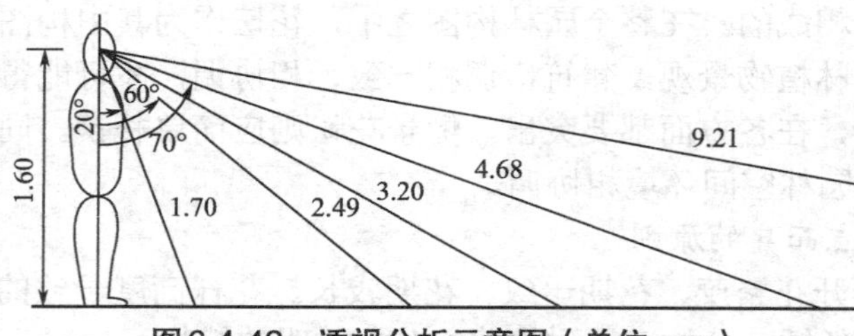

图6-4-42　透视分析示意图（单位：m）

当人的视线与身体夹角在70° 时，即视线距为4.7m时，尚能有清晰的分辨力，超过这一角度外的花色纹样就会模糊不清。这里也有由于透视关系引起互相遮掩的缘故透视遮挡分析示意图（图6-4-43）表示，前靠人体的纹样植株A因视线斜倾而遮住了B纹。其原因是由于花坛纹样从宏观看是面，而从微观看却是一枝枝、一朵朵独立的植物枝叶花朵，它们参差不齐，即如果是纹样花坛，其面积就不宜太大，其短轴不要超过9m。如果游人围绕花坛边转一周，能清晰看清两侧和中心部分的所有纹样图案，在一侧时能清晰看清所处一侧的一半，到另一侧又能看清另一半。图案简单的花坛，也可以使中间部分简单粗犷些，边缘4.5m范围内的图案则精细一些。

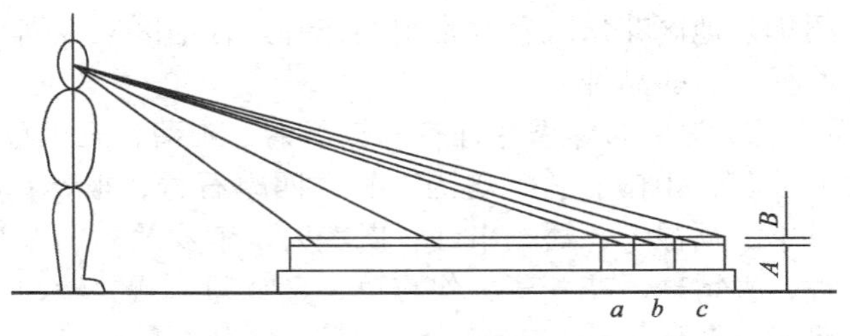

图6-4-43　透视遮挡分析示意图（单位：m）

为了清晰见到真正不变形的平面图案或纹样，除了高处俯视以外，对直立的游人而言，最佳的办法是把纹样花坛设置在斜面上，斜面的倾斜角越大，图形变形就越小。如倾斜角成60°，花坛上缘高1.2m以内时，对一般高度的人而言，就有不变形的清晰纹样。但是，种植土和植物都有重量，当倾斜时，会有下滑和坠落的危险，所以，在实际操作中，一般将倾斜角设定为30°就可以了。

以此出发，要充分利用城市中那些逐级下降的台地最低层地面，在那些过度倾斜有坡面上，要尽可能地设置花坛，既可以俯视，也有斜面的景观效果。

基于同一道理，常把独立花坛的中点抬高，四边降低，把植株修剪或摆设为馒头形，以取得各个观赏面有良好视角的效果。当然，也有把花坛处理为主观赏面一面倾斜的。但如果把花坛处理成四周高，中间低，就不符合视觉原理了。

4.要符合地理、季节条件和养护管理方面的要求

花坛要有优美的装饰效果，不能离开地理位置的条件。在温带、寒温带不可能做到花坛的四季美观。在亚热带的华南地区还有可能谨慎选择出某些花卉，实现一年四季保持美观，成为永久性花坛。

一般而言，如果要保持一个花坛四季不失其效用，就要做出一年内不同季节的配植轮替计划，这个计划必须包括每一期的施工图，以及花卉的育苗计划。

花坛要表现的一个主要方面是平面的图形美，因此不能太高，太高就会看不清楚。但为了避免游人践踏，并有利于床内排水，花坛的种植床一般应高出地面10cm左右。为使植床内高出地面的泥土不致流散而污染地面或草坪，也为种植床有明显的轮廓线，因此要用边缘石将植床加以定界。边缘石离外地坪的高度一般为15cm左右，大型花坛，可以高达30cm。种植床内土面应低于边缘石顶面3cm。边缘石的厚度一般在10～20cm内选择，主要依据花坛面积大小而定，比例要适度，也要顾及建筑材料的性质，边缘石可以是不同建筑材料的，任由选择。但有一点却要注意，就是与花坛功能的表现要一致，花坛为美化而设，其边缘石就应该素雅清淡一些，否则就可能喧宾夺主。

种植床内的土层厚度，视其所配植的花卉品种而定，一般花卉20～30cm即可，多年生花卉及灌木花卉要有40cm左右。土壤不可含过多的建筑垃圾，以免使花坛日后保养困难。那些经常轮换花卉的花坛，可直接利用盆花来布置。这样，既能够机动灵活地随时轮换，也比较节省劳力、开支和时间，效果也比较好，因为这些盆花不存在伤根和再恢复的不雅状态。

（五）花坛植物的选择及应用

1.花坛常用材料

为使花坛做到在南方地区四季有花，北方地区三季有花，就必须按季节进行更换。现介绍华东地区花坛配置时常用的花卉，各地区应根据当地自然条件及花坛所处环境的污染情况选择合适的品种。

① 常见的春季花卉有　金盏菊、雏菊、三色堇、瓜叶菊、旱金莲、矮牵牛、四季樱草、天竺葵、中国石竹、美国石竹、四季石竹、报春花、金鱼草、四季海棠、蓬蒿菊、桂竹香、月季、福禄考、矮一串红、虞美人、紫罗兰、羽衣甘蓝、红叶甜菜、美女樱、松叶菊、郁金香、香雪球、花菱草、勿忘草、金鸡菊、矮雪轮、芍药、马络葵、白头翁、二月蓝、红花酢浆草、春杜鹃等。

② 常见的夏季花卉有　百日草、凤仙花、万寿菊、半支莲、一串红、一串白、一串紫、大丽花、鸡冠花、美人蕉、地肤、紫茉莉、翠菊、孔雀草、千日红、美女樱、藿香蓟、天人菊、小丽花、矢车菊、矮牵牛、波斯菊、硫华菊、金光菊、八仙花、矮向日葵、福禄考、蛇目菊、彩叶草、五色草、天冬草、雁来红、百合、玉簪、长春花、荷兰菊、葱兰、凤尾兰、夏杜鹃、三角花、硬骨凌霄等。

③ 常见的秋季花卉有　菊花、一串红、月季、美人蕉、孔雀草、鸡冠花、藿香蓟、万寿菊、翠菊、百日草、半支莲、雁来红、五色草、大丽花、彩叶草、长春花、波斯菊、矮向日葵、荷兰菊、扶桑、硬骨凌霄、凤尾毛兰、三角花、红花酢浆草、一串白、一串紫、千日红、硫华菊、雁来红、鹤顶凤仙、鸭跖草、银边翠、地肤、天冬草、美女樱、葱兰等。

④ 常见的冬季花卉有　葱兰、羽衣甘蓝、红叶甜菜、金盏菊、雏菊、三色堇等。

⑤ 花坛中心常用材料有　棕榈、苏铁、散尾葵、大叶刺葵、大叶黄杨球、海桐球、橡皮树、瓜子黄杨、龙柏球、一叶兰、南洋杉、蒲葵、雀舌黄杨、龙舌兰、凤尾兰等。这些材料中有的原产热带、亚热带温暖地区，在寒冷季节不能露地越冬，可考虑用盆栽，秋后入温室越冬，翌年再用。

2. 花坛植物选择

花坛植物的选择是因花坛类型和观赏时期而异，花丛式花坛是以色彩构图为主，故宜应用一、二年生草本花卉，也可运用一些球根花卉，很少运用木本植物和观叶植物。在观花花卉中要求开花繁茂、花期一致、花序高矮规格一致、花期较长等特点。

花丛花坛是以开花时整体的效果为主，表现出不同的种或品种的花卉群体美及其相互配合所显示的绚丽色彩与优美外貌。在一个花坛内，不在于种类繁多，而要图样简洁，轮廓鲜明，体形有对比，才能获得良好的效果。宜选用花色鲜明艳丽，花朵繁茂，在盛开时几乎看不到枝叶又能良好覆盖花坛土面的花卉。常用的有三色堇、金盏菊、金鱼草、紫罗兰、福禄考、石竹类、百日草、一串红、万寿菊、孔雀草、美女樱、凤尾鸡冠、翠菊、藿香蓟及菊花等。早春花丛花坛也可用球根花卉如水仙类、郁金香、风信子等与植株低矮而枝叶繁茂美观的二年生花卉如三色堇、雏菊、勿忘草、花亚麻等相互衬托，或者与高出主要观赏植物的球根花卉，而高出部分为轻盈的着生于大花序上的小花种类，如霞草、高雪轮、蛇目菊、山桃草等形成独特的观赏效果。但不论何种配植方式，都应注意陪衬种类要单一，花色要协调。

多数花坛要求经常保鲜并保持整齐的轮廓，多选用植株低矮、生长整齐、花期集中、株型紧凑而花色艳丽（或观叶）的种类。一般还要求便于经常更换及移栽布置，故常选用一、二年生花卉。一般作为陪衬，种类要单一，花色要协调。模纹花坛主要展现植物群体形成的华丽纹样，要求图案精美细致且稳定，可供长期的观赏。因此植物的高度和形状对模纹花坛纹样表现有密切的关系，是选择材料的重要依据。

花坛中心宜选用较高大而整齐的花卉材料，如美人蕉、扫帚草、毛地黄、高金鱼草等，也有用树木的，如苏铁、蒲葵、海枣、凤尾兰、雪松、云杉及修剪的球形黄杨、龙柏等。花坛的边缘也常用矮小的灌木绿篱或常绿草本作镶边栽植。如雀舌黄杨、紫叶小蘖、葱兰、沿阶草等。

植株的高度与形状，与花坛纹样与图案的表现效果有密切关系。模纹花坛以表现图案为主，最好是用生长缓慢的多年生观叶草本植物，也可以少量运用生长缓慢的木本观叶植物。如低矮紧密而株丛较小的花卉，适合于表现花坛平面图案的变化，可以显示出较细致的花纹，故可用于毛毡（模纹）花坛的布置。如五色苋类、白草、香雪球、蜂室花、三色堇、雏菊、半支莲、半边莲及矮翠菊等。也有运用草坪或彩色石子等镶嵌来配合布置的。根据采用花卉的不同，可表现宽仅10～20cm的花纹图案，植株高度可控制在7～20cm。作为毛毯花坛的植物，还要求生长矮小、萌蘖性强、分枝密、叶子小，生长高度可控制在10cm左右。有些花卉虽然生长高大，但可利用其扦插苗或播种小苗就可观赏的特性，也用于毛毡花坛，如孔雀草、矮一串红、矮万寿菊、荷兰菊、彩叶草及四季秋海棠等。不同纹样要选用色彩上有显著差别的植物，以求图案明晰，最常用的是各种五色苋和矮生黄杨。

（六）花坛植物的花期控制

各种花卉均有一定的开花期，而且开花时间较短，对于特殊需要的盛花花坛或活动花坛，有时需要延长花卉的花期，或在其需要的时间开花。这就要改变开花季节或时间，通常所采取的技术措施有如下几种：

① 分期播种、陆续开花，如瓜叶菊；

② 昼夜颠倒、夜花昼开，如昙花；

③ 低温处理延长开花时间；

④ 强迫休眠促使一年两花，如牡丹、丁香等；

⑤ 冬季加温促成栽培花卉开花，如茉莉、唐菖蒲、郁金香；

⑥ 利用光照处理提早、延迟花期，如菊花；

⑦ 药物刺激提早花卉开放的时间。

（七）花坛栽植床的要求

为了突出地表轮廓变化和避免游人践踏，花坛栽植床一般都高于地面7～10cm。为便于排水，可以把花坛中心堆高形成四面坡，一般以50%的坡度为宜。种植土厚度视植物种类而异，种植一年生花卉为20～30cm，多年生花卉及灌木为40cm。为防止花坛内土壤因冲刷流出而污染路面，花坛边缘常用一些建筑材料围边，如用砖、卵石、大理石等，可因地制宜，就地取材，形式要简单，色彩要朴素。以突出花卉的色彩美，一般高度为10～15cm，厚度为10cm左右。此外，还可以利用盆栽的花卉来布置花坛，优点是比较灵活，不受场地限制。

（八）种类花坛的设计

1.盛花花坛设计

（1）植物选择

以观花草本为主，可以是一、二年生花卉。另外可适当选用少量常绿及观花小灌木作辅助材料。一、二年生花卉为组成花坛的主要材料，其种类繁多、色彩丰富、成本较低。球根花卉也是盛花花坛的优良材料，开花整齐，但造价较高。花坛中的花卉应该达到只见花不见叶的效果，花期较长且一致，至少保持一个季节的观赏期。植物材料要移植容易、缓苗较快。不同种花卉群体配置时，要考虑到花色、质感、株形、株高等特性的和谐。

（2）色彩设计

盛花花坛表现的主题是花卉群体的色彩美，因此在色彩设计上要精心选择不同花色的花卉巧妙搭配。盛花花坛常用的配色方法有：

① 对比色应用

这种配色活泼而明快，红—绿，橙—蓝，黄—紫等。

② 暖色调应用

以暖色调花卉搭配，这种配色鲜艳、热烈。如果色彩亮度不够时，可加白色予以调剂。

③ 同色调应用

适用于小面积的花坛及花坛组，起装饰作用，一般不作主景。如单纯由四季秋海棠形成的红色的花坛非常醒目。

④ 多色系应用

这是最常用的一种花坛布置形式，最能够表现出花卉烂漫的色彩美。如用几种颜色的花卉巧妙组合在一起，会形成华美锦缎般流光溢彩的景观效果。不同色彩的夜景效果是不一样的，其中黄色是最明亮的花色，在灯光下最醒目。

色彩设计中要注意几点：配色不宜过多，以免杂乱；要围绕其所表达的主题以及环境的协调统一；注意色彩对人的视觉的影响。

（3）图案设计

这是指将花坛的内外部设计为一定几何图形或几何图形的组合。花坛大小要适度，一般观赏轴线以8～10m为宜，图案十分简单的花坛，面积可以稍放大，内部图案要简洁明了，不宜在有限的面积上设计过分繁琐的图案。

2.模纹花坛设计

模纹花坛是应用各种不同色彩的观叶植物或花叶均美的植物，组成华丽精致的图案纹样。模纹花坛要求图案清晰，有较长的稳定性。

（1）植物选择

植物的高度和形状与模纹花坛的纹样表现有密切关系。低矮、细密的植物才能形成精美的图案。因而对用作模纹花坛的植物材料有一定的要求：生长缓慢、植株矮小、分枝紧密、叶子细小、萌蘖性强、耐修剪、耐移植、扦插易成活、易栽培、缓苗快等。如果是观花植物，要求花小而繁多。

常见的用作模纹花坛的植物有：矮黄杨、小叶红、红绿草、尖叶红叶苋、白草、四季秋海棠、半边莲等。

（2）色彩设计

模纹花坛的色彩设计应服从于图案，用植物色彩突出纹样，使之清晰而精美，用色块来组成不同形状。

（3）图案设计

因为模纹式花坛内部的纹样繁杂华丽，所以植床的外形轮廓应相对简单，以着重体现其内部的美。为了较清楚地表现图案，纹样要有一定宽度，依具体的图案而定。模纹花坛内部图案可选择的内容很多，典型的有：

① 文字花坛

包括各种宣传口号、庆祝节日、大规模展览会的名称等，如北京街头，用小叶红、小叶绿等组成精美的“国庆”花坛。

② 肖像花坛

历朝历代的名人肖像、国徽、国旗等，都可用作花坛的题材，但设计时必须严格符合比例尺寸，不能任意改动。这种花坛多布置在庄严的场所。

③ 象征图案花坛

具有一定的象征意义，图案可以是具体的，如动物、花草、乐器等，也可以是抽象的，图案可以任意设计。

④ 有实用价值的计时花坛

包括日晷花坛、时钟花坛及日历花坛等。日晷花坛是在公园的空旷草地或广场上，用模纹花坛植物组织出12h图案的底盘，在底盘的南方竖立一支倾斜的指针。在晴朗的日子，指针的投影可从早上7:00到下午17:00指出正确时间。日晷花坛不能设在斜坡上，而要设在平地；时钟花坛是用模纹花坛植物材料种植出12h的底盘，在花坛的中央下方安放一个电动的时钟，把指针露在花坛的外边。时钟花坛最好设置在斜面上，易于观看。日历花坛是在模纹花坛上用植物材料制成“年”、“月”或“星期”等字样。中间留出空位，用其他材料制成具体数字填于空位，每日更换。日历花坛最好也安置在斜坡上。

3. 立体花坛设计

立体花坛设置的地点，可以是广场的一角、道路交叉口、门厅入口等处，不同的环境中的立体花坛的设计应有所侧重。

① 立体花坛作主景建造时，必须与主要建筑物或广场的风格与形式取得一致，在大小上比例协调。花坛的轴线与建筑物的轴线要协同，不能各自为政。立体花坛要醒目、突出，给人耳目一新的感觉。可通过色彩或造型来表现，色彩上要与背景颜色有所区别。

② 如果立体花坛有基座的话，需要遮蔽，以求立面造型简练。在色彩上的使用上以冷色或近似植物的色彩为宜，如白、灰等色，突出花坛上的植物。为了安装施工方便，也可使用下面装有轮子的可移动的基座。

立体花坛既可以是模纹花坛，也可以是盛花花坛，或者是二者的结合。在选择植物材料时，可参考模纹花坛和盛花花坛的植物材料选择。

二、花境

花境也叫境界花坛，是园林绿地中位于地块边缘、种植花卉灌木、以多年生花卉为主的狭长带状自然式花卉布置的一种较特殊的种植形式。它是模拟林缘地带各种野生花卉交错生长状态，创造“源于自然，高于自然”的植物景观。

图6-4-44　花境

它是根据自然风景中林缘野生花卉自然散布生长的规律，加以艺术提炼而应用于风景园林，人为地把多年生宿根、球根花卉及一、二年生草花组织在一起，采用自然式块状混交的形式以树丛、树群、绿篱、矮墙或建筑物作背景的（边缘位置）带状自然式花卉布置，它有固定的植床，其长向边线是平行的直线或曲线。但是，其植床内种植的花卉（包括花灌木）以多年生为主，其布置是自然式的，花卉品种可以是单一的，也可以是混交的。花境的边缘，依环境的不同，可以是自然曲线，也可以采用直线，而各种花卉配植是采取自然斑块状混交，表现花卉群体的自然景观。它是园林中从规则式构图到自然式构图的一种过渡的半自然式种植形式，在环境绿化中较为普遍。它所表现的是花卉自然组合的群落美，所以构图不是平面的几何图案，而是植物群落的自然景观（图6-4-44、图6-4-45）。

图6-4-45　别墅区小花园的花境

（一）花境的特征

花境的平面形状较自由灵活，可以直线布置，如带状花坛。也可以作自由曲线布置，内部植物布置是自然式混交的，着重于多年生花卉、乔木、灌木并用，应时令要求，也常辅之一、二年生花卉。花境表现的主题是花卉群体形成的自然景观。

（二）花境的类型

1.根据植物材料划分

（1）专类植物花境

由同一属不同种或同一种不同品种植物为主要种植材料的花境。要求花卉的花色、花期、花型、株形等有较丰富的变化，而充分体现花境的特点，如芍药花境、百合类花境、鸢尾类花境、菊花花境等。

（2）宿根花卉花境

花境全部由可露地过冬的宿根花卉组成，管理相对较简便。常用的植物材料有蜀葵、风铃草、大花滨菊、瞿麦、宿根亚麻、桔梗、宿根福禄考、亮叶金光菊等。

（3）混合式花境

种植材料以耐寒的宿根花卉为主，配置少量的花灌木、球根花卉或一、二年生草花。这种花境季相分明，色彩丰富，植物材料也易于寻找。风景园林中应用的多为此种形式。常用的花灌木有杜鹃类、鸡爪槭、凤尾兰、紫叶小檗等，球根花卉有风信子、水仙、郁金香、大丽花、晚香玉、美人蕉、唐菖蒲等；一、二年生草花有金鱼草、蛇目菊、矢车菊、毛地黄、月见草、毛蕊花、波斯菊等。

2.根据观赏部位划分

（1）单面观赏花境

多临近道路设置，常以建筑物、围墙、绿篱、挡土墙等为背景，前面为低矮的边缘植物，整体上前低后高，仅供游人一面观赏。

（2）两面观赏花境

多设置在草坪上、道路间或树丛中，没有背景。植物种植形式中央高、四周低，供两面观赏。

（3）对应式花境

在公园的两侧、草坪中央或建筑物周围设置相对应的两个花境，在设计上作为一组景观统一考虑。多采用不完全对称的手法，以求有节奏和变化。

（三）花境的设计

1.植床设计

花境的平面轮廓与带状花坛相似，植床两边是平行的直线或是有轨迹可依的曲线。其宽度应因地制宜，与背景的高低、道路的宽窄成比例，而且要便于观赏不宜太宽。宽度小的花境可栽植株形矮小的花卉或矮小的草本植物；宽度大的可栽植株形较高的花卉。花境的长轴较长，具体可根据需要而定，采取分段栽植，各段植物材料的搭配在形体和色彩上都要协调。

花境的种植床多是带状的。单面观花境的生缘线多为直线，也可以是自由曲线；两面观花境的边缘线可以是直线，也可以是流畅的曲线，依具体的地形而定。

花境长轴的长短取决于具体的环境条件，对于过长的花境，可将植床分为几段，每段以不超过20m为宜，床内植物可采取“段内变化、段间重复”的方法，体现植物布置的韵律和节奏。在段与段之间还可设座椅、园林小品等。从整体上看，是一个连续的花境，但每段又各不相同。这样做，也使管理比较方便。花境的朝向要求，对应式的要求长轴沿南北方向延伸，以使左右两个花境受光均匀，景观效果一致。其他的花境朝向不受限制，但在种植设计时，要考虑到花境朝向不同，光照条件也会有所不同。花境的短轴宽度有一定要求，过窄不易体现群落景观，过宽超出视线范围造成浪费，也不便于管理。一般而言，混合花境、双面观花境较宿根花境、单面观花境宽些。

依土壤条件及景观要求，种植床可设计成平床或高床，有2%～4%的排水坡度。通常，土质较好、排水力强的土壤，宜用平床，只将床后面稍微抬高，前缘与道路或草坪相齐。在排水差的土质上或阶地挡土墙前的花境，可用30～40cm的高床，边缘可根据环境用石头、砖头、木条等镶边，若不想露出硬质的装饰物，则可种植藤蔓植物将其覆盖。

2.植物选择

花境所选用的植物材料，以能越冬的观花灌木和多年生花卉为主，对植物材料的选择不像花坛那样严格，但也不能杂乱无章。栽在同一花境内的不同花卉，在株形和数量上要协调，相邻品种的色彩应形成鲜明对比。花期可以有先有后，要求四季美观又有季相交替，或突出某种色调。一般栽植后3～5年不更换，花境表现的主题，是表现观赏植物本身所特有的自然美以及观赏植物自然组合的群落美，大多以多年生宿根草花、球根花卉为主，因为这些花卉花朵大且多顶生，花大、色艳、花期较长，植株比较高大、枝叶繁茂、大多直立生长，在背景的衬托下更能显出花境的特色。用一、二年生草花作适当搭配，这样只需要适时作少量调整，不需每个季节更换，管理上比较简单。花境的边缘应与周围环境有明显的界线。常采用矮生植物镶边或配置低矮栏杆，镶边植物栽植宽度一般为15～20cm，四季常绿，最理想的是花叶兼观。一般常用的有葱兰、垂盆草、麦冬、书带草、玉带草、景天、八宝等。如用草镶边，宽度应大于40cm，并应与种植床隔离，以免影响花境其他植物生长。由于花镜主要供立面的观赏，因此，在花卉品种上应着重选择总状、穗状等垂直花序的植物。在布置上，花卉可以一直栽到花镜的边缘，也可以用草皮、常绿矮灌木作为镶边材料。要使花境内的地面不裸露，可配合栽种爬地景天或半支莲等匍匐生长植物覆盖地面。

花境中各种各样的花卉配植应考虑到同一季节中彼此的色彩、姿态、体型及数量的调和与对比，整体构图又必须是完整的，还要求一年中有季相变化。几乎所有的露地花卉都可以布置花境，尤其宿根及球根花卉能更好地发挥花境特色，并且维护比较省工。但由于布置后可多年生长，不需经常更换，所以对各种花卉的生态习性必须切实了解，有丰富的感性认识，并予以合理安排，才能体现上述的观赏效果。例如，荷包牡丹与耧斗菜类在夏季炎热地区，仅在上半年生长，炎夏到来时即因休眠而茎叶枯萎，这就需要在株丛间配植夏秋生长茂盛而春至夏初又不影响其生长与观赏的其他花卉。石蒜类根系较深，开花时多无叶，如与浅根性、茎叶葱绿而匍匐的爬景天混植，不仅不影响生长，而且互有益处。相邻的花卉，其生长势强弱与繁衍速度，应大致相似，否则设计效果不能持久。

3.花境的构图与布局设计

花境的构图是一种沿着长轴的方向演进的连续构图，是竖向和水平的综合景观。花境是介于规则式布置和自然式布置之间的种植形式。适宜于园林绿地中相应的范围内布置。其基本功能不是绿化而是美化，是点缀装饰。

花境在总的布局上要掌握里高外低、成簇成块、疏密相间、层次分明的原则。在道路中央布置的花境要同时考虑两个侧面的景观效果。此外，应尽可能应用常绿植物作为花境的背景，道路两侧单面观赏的花境，可在后方布置绿篱，在绿篱衬托下，花境的艺术效果更为突出。同时要充分考虑环境空间的大小，长轴虽无要求，但长轴过长会影响管理及观赏要求，最好通过植物分段布置使其具有节奏感、韵律感。花境短轴不宜过宽或过窄。过窄不易体现群落的美感，过宽超过视觉鉴赏范围则造成浪费。

花境可分成单面观赏的花境和两面观赏的花境。单面观赏的花境，多布置在道路两侧、建筑、草坪的四周。应把高的花卉种植在后面，矮的种在前面。它的高度可以超过游人视线，但是也不能超过太多。两面观赏的花境，多布置在道路的中央，高的花卉种在中间，两侧种植矮些的花卉。中间最高的部分不要超过游人的视线高度，只有灌木花境可以超过些。

4. 背景及边缘设计

花境的背景一般选用实际场地中的具体物，如建筑物、围墙、绿篱、树墙、树丛、栅栏、篱笆等，如果背景的色彩或质地不理想，可在背景前选种高大的观叶植物攀援植物，形成绿色屏障，再布置花境。花境背景设计依设计场所的不同而异，较理想的背景是绿色的树墙或高篱，用建筑物的墙基及各种栅栏作背景以绿色或白色为宜。为管理方便和通风，背景和花境之间最好留出一定空间，它可以防止作为背景的树和前面的花卉根系相互侵扰。

花境的边缘确定了花境的种植范围。高床的边缘可用石头、碎瓦、砖块、木条等垒筑而成平，平床的边缘用低矮的植物镶边，其外缘一般就是道路或草坪的边缘，不用过分的装饰。

5. 色彩设计

花境的色彩主要由植物的花色、叶色来体现。在不同的场合、季节，选用不同的色彩。如在较小的空间里，宜用冷色系，可以在视觉上扩大空间；在炎热的夏季，也宜选用冷色系，又给人带来丝丝凉意，而在早春或深秋，则宜用暖色调。如果为增加热烈的气氛，也可用暖色调来烘托。

在设计时，要求花境内花卉的色调与周围环境相协调。如在暗绿色的树丛前宜种植白色、粉色或黄色的花卉。在红色的建筑物前需用蓝色和白色花卉，而在白粉墙前用红色或橙色效果更佳。花境内植物色彩还应有主色、配色、基色区分，互相既有对比，又要协调在设计时还应考虑花卉间深根性与浅根性的搭配，花期长与短的搭配，相邻花卉生长势强弱和繁衍速度方面的均衡。否则以强压弱，设计效果不能持久。花境色彩设计中主要有四种基本配色方法。

（1）单色系设计

这种配色法不常用，只为强调某一环境的某种色调或一些特殊需要时才使用。

（2）类似色设计

如淡黄和枯黄，红色和粉色等。这种配色法常用于强调某种特殊的景观，如盛夏的浓绿、秋天的金黄等。

（3）补色设计

红与绿、黄与紫、蓝与橙都互为补色，这种设计多用于花境的局部配色，使色彩鲜明、艳丽，如威斯利花园的花境，用黄与紫这两个互补色进行搭配种植。

（4）多色设计

这是花境中常用的方法，使花境五彩缤纷。在较小的花境中，不宜选用过多的色彩，以免产生杂乱感。

花境的色彩设计中还应注意，色彩设计不是独立的，要与周围的环境相协调，与季节相吻合。开花植物应散布在整个花境中，避免出现某一局部效果很好，但整体效果差的感觉。

6. 季相设计

花境中各种各样的花卉配置应考虑到同一季节中彼此的色彩、姿态、体形及数量的调和对比，整体的构图应比较完整，要求一年中有季相变化。花境的季相变化也是它的特征之一，理想的花境应四季有景可观，寒冷地区可做到三季有景。因此，必须充分利用花期、花色及各季节所具有的代表植物来创造季相景观。如早春的水仙、夏日的福禄考、秋天的菊花等。花境中开花植物应连续不断，以保证各季的观赏效果。花境在某一季节中，开花植物应散布在整个花境内，以保证花境的整体效果。

7. 立面设计

花境要有较好的立面观赏效果，植株高低错落有致，花色层次分明。立面设计应充分利用植株的株形、株高、花序及质地等观赏特性，创造出丰富美观的立面景观。

（1）植株高度

植物依种类不同，高度变化很大。花境的立面安排一般原则是前低后高或中间高四周低，在实际应用中高低可有穿插，以增加层次。

（2）植株的质感

不同质感的植物搭配时要尽量做到，能够巧妙合理地利用植物在质感上的差异，可以收到相得益彰的效果。

（3）株形及花序

结合花相构成的整体外形，可把植物分为水平形、直线形及独特形三类。水平形植株丰满，开花较密集，开花时形成水平方向的色块，如八宝、金光菊等；直线形植株耸直，形成明显的竖线条，如火炬花、一枝黄花等；独特形兼有竖向及水平效果，如鸢尾类，石蒜等。花境在立面设计时最好有这三大类植物的外形，尤其是平面与竖向结合的景观效果更应突出这三类植物。

8. 平面设计

花境平面种植采用块状混植的方式。每块为一个花丛，花丛大小没有定式。主花丛可重复出现。一般来说，开花后叶丛景观差的植物面积要相对小些，并在其前方配植其它花卉予以补充。

9. 花境设计图的绘制

一般用1/500 ～ 1/100的比例尺绘制花境平面布置图，绘出花境的位置、面积、花境边缘线，背景和内部种植区域，以流畅曲线表示，避免出现死角，以求栽种植物后的自然状态，在种植区域内编号或直接注明植物，编号后需要列植物材料表，包括植物名称、株高、花期、花色等。一般用1/50比例尺绘制种植施工平面图，画出花卉所在位置和面积，标出每丛的株数、位置和范围，还应列出全部花卉种类、数量和规格。植物栽植可条块栽植，也可自然式成丛栽植，花境方案图（图6-4-46）。

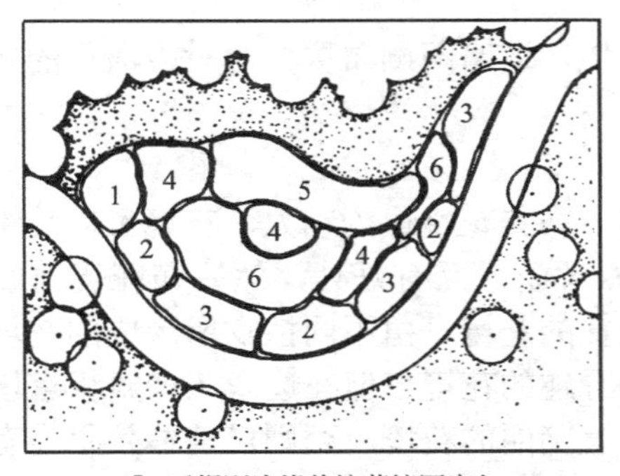

Ⅰ. 不规则边缘栽培花境图案与花卉配置方案

1—马蔺（蓝色，夏花）；2—鸢尾（淡蓝色，早春花）；3—玉簪（白色，夏花）；4—剪秋罗（红色，夏花）；5—美人蕉（红黄花，夏秋花）；6—荷包牡丹（粉红色，春花）

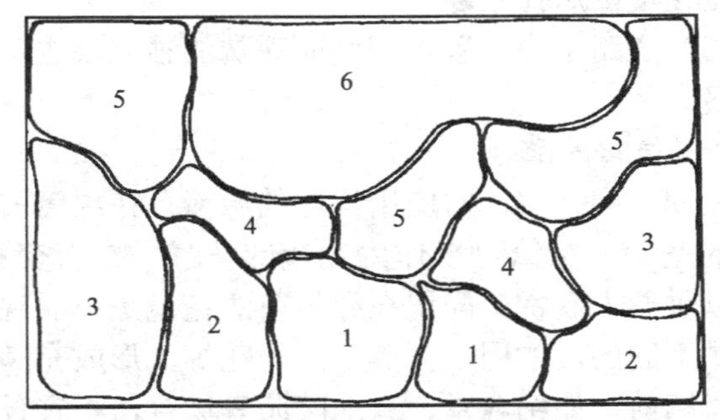

Ⅱ. 整形式边缘栽植花境图案与花卉配置方案

1—马蔺（蓝色，夏花）；2—鸢尾（淡蓝色，暮春花）；3—萱草（橘红色，夏花）；4—福禄考（紫、粉、白色，夏花）；5—天人菊（黄紫色，夏秋花）；6—早小菊（白、粉等色，夏秋花）

图6-4-46　花境方案图

（四）花境常用花卉

花境常用的春季花卉有：金盏菊、金鱼草、桂竹香、紫罗兰、荷包牡丹、风信子、花毛茛、郁金香、石竹类、鸢尾类、春杜鹃、芍药、飞燕草、马络葵、花葵、虞美人、马蔺、铁炮百合、大花亚麻、山耧斗菜、美女樱、剪秋罗等。

花境常用的夏季花卉有：蜀葵、金鱼草、波斯菊、醉蝶花、大花美人蕉、大丽花、射干、天人菊、唐菖蒲、矮向日葵、萱草类、矢车菊、玉簪、鸢尾、百合、卷丹、大花秋葵、福禄考、桔梗、晚香玉、葱兰、剪夏罗、半支莲、荷兰菊、鸡冠花、美女樱、黑心菊、蛇目菊、马络新妇、大花金鸡菊、除虫菊、凤尾兰、万寿菊、松果菊等。

花境常用的秋季花卉有：雁来红、荷兰菊、千日红、鸡冠花、美女樱、夜落金钱、蛇目菊、大花金鸡菊、一串红、百日草、万寿菊、醉蝶花、麦秆菊、硫华菊、天人菊、肿柄菊、波斯菊、金鱼草、大丽花、菊花、唐菖蒲、紫露草、石蒜、大花美人蕉、凤尾兰等。

（五）花境的布置

花境可设置在公园、风景区、街头绿地、居住小区、别墅及林荫路旁。由于它是一种带状布置的方式，所以可在小环境中充分利用边角、条带等地段，营造出较大的空间氛围。

1.建筑物墙基前

低矮的楼房、围墙、挡土墙、游廊、花架、栅栏、篱笆等构筑物的基础前都是设置花境的良好位置，可软化建筑物的硬线条，将它们和周围的自然景色融为一体，起到巧妙的连接作用。

2.建筑物与道路之间的带状空地

布置花境作基础装饰，这种装饰可以使建筑与地面的强烈对比得到缓和，为建筑物基础栽植的花境，应采用单面观赏的形式。

3.在道路上布置花境有三种形式

（1）道路中央布置两面观赏的花境，高的花卉种于中间，两侧种植矮些的花卉。中间最高的部分一般不高于游人的视线，给游人以美的享受。道路的两侧，可以是简单的草地和行道树，或简单的植篱和行道树。

（2）在道路两侧，每边布置一列单面观赏的花境，花境的背景可有绿篱和行道树，这二列花境，必须成为一个构图。当园路的尽头有喷泉、雕塑等园林小品时，可在园路的两侧设置对应花境，烘托主题。

（3）道路中央布置一列两面观赏的独立演进花境，道路两侧布置一对对应演进的单面观赏花境。

4.与植篱的配合

在规则园林中，常应用修剪的绿篱，在绿篱前方布置花境最为动人，花境可以装饰绿篱单调的基部；绿篱可以作为花境的背景，二者交相辉映，互有好处，然后在花境前配置园路，以供游人欣赏。配置在绿篱前的花境是单面观赏的花境。由不同植物所形成的花境，其风格是不同的，如用欧洲荚，八仙花等，形成充满野趣的花境。但在追求庄严肃穆意境的绿篱、树墙前，如纪念堂、墓地陵园等场合，不宜设置艳丽的花境，否则对整体效果会有一种消极的作用。

5.与花架、游廊相配合

花境最好沿着游人喜爱的散步路线去布置。中国园林建筑游廊多，在夏季有阳光的时候和雨天，游人常沿着游廊走，所以沿着游廊来布置花境能够大大提高园林风景效果。

花架、游廊等建筑物，一般都有高出地面30～50cm的台基，台基的立面前方可以布置花境，花境外布置园路。这样在游廊内的游人散步，可以欣赏两侧的花境，走在园路上，花境又可以装饰花架和台基。

6.与围墙和挡土墙的配合

庭园的围墙和园地的挡土墙，由于距离很长，立面简单，为了绿化这些墙面，可以运用藤本植物，也可以在围墙的前方，布置单面观赏的花境，墙面可以作为花境的背景。阶地挡土墙的正面布置花境，可以使阶地地形变得更加美观。

7.与宽阔的草坪及树丛配合

这类地方最宜设置双面观赏的花境，以丰富景观，增加层次。在花境周围辟出游步道，即便于游人近距离地观赏，又可创造空间，组织游览路线。

8.在居住小区、别墅区的布置

随着时代的进展，人们越来越注重生活质量，也希望能将自然景观引入生活空间，花境便是一种最好的应用形式。在小的花园里，花境可布置在周边，依具体环境设计成单面观赏、双面观赏或对应式花境。

三、花台和花池

花台是我国传统的花卉布置形式，常见于古典园林中，是将花卉栽植于高出地面的台座上，类似花坛而面积常较小。其特点是整个种植床高出地面很多，而且可以成层叠置，由于土高易崩，常以山石或砖作边缘维护，在自然式布局中多以自然山石作边缘维护。花台因距地面较高，排水条件好，又提高花卉与人的观赏视距，故常选用适于近距离观赏的，设置于庭院中是或两侧角隅，也有与建筑相连且设于墙基、窗下或门旁（图6-4-47、图6-4-48）。花台用的花卉因布置形式及环境风格而异，如我国古典园林及民族形式的建筑庭院内，花台常布置成“盆景式”，以松、竹、梅、杜鹃、牡丹等为主，配饰山石小草，重姿态风韵，不在于色彩的华丽。花台以栽植草花作整形式布置时，其选材基本与花坛相同。由于通常面积狭小，一个花台内常布置一种花卉，因台面高于地面，故应选用株形较矮，繁密匍匐或茎叶下垂于台壁的花卉。宿根花卉中常用的如玉簪、芍药、萱草、鸢尾、白银芦、兰花及麦冬草、沿阶草等。其次，迎春、月季、杜鹃及凤尾竹等花也常用作花台布置。

图6-4-47　建筑墙基下的花台

图6-4-48　庭院中的花台

栽培上要求排水良好的种类，如芍药、牡丹等，也有配以山石、小水面和树木做成盆景形式的花台。

花池是整个种植床和地面高程相差不多，边缘也用砖石维护，池中常灵活的种以花木或配置山石，表现园林趣味，如以人物形象设计的花池（图6-4-49）、坐凳旁的花池（图6-4-50），这也是中国式庭院一种传统的花卉种植形式。

图6-4-49 以人物形象设计的花池

图6-4-50 坐凳旁的花池

四、花丛

为了把树群、草坪、树丛等自然式种植的景观互相连接，形成整体布局，借鉴自然风景中野花散生的景观，在它们之间栽种成丛或成群的花卉，这就叫花丛。这也是将自然风景中野花散生于草坡的景观应用于园林。常布置于开阔草坪的周围，使林缘、树丛树群与草坪之间起联系和过渡的作用，也有布置于自然曲线道路转折处或点缀于小型院落及铺装场地（包括小路、台阶等）之中。花丛是自然式花卉布置中最小的单元组合，每个花丛由3～5株，甚至十几株花卉组成。可以是同一种类，也可以是不同种类混交，以选用多年生、生长健壮的宿根或球根花卉为主，也可以选用野生花卉和自播繁衍的一、二年生花卉，花丛在经营管理上是很粗放的，可以布置在树林边缘或自然式道路两旁。

花丛与花群大小不拘，简繁均宜，株少为丛，丛连成群。一般丛群较小者组合种类不宜多，花卉的选择，高矮不限，但以茎干挺直、不易倒伏（或植株低矮，匍地而整齐）、植株丰满整齐、花朵繁密者为佳，如用宿根花卉，则花丛、花群持久而维护方便。

花丛从平面轮廓到立面构图都是自然的，同一花丛内种类要少而精，形态和色彩要有所变化，各种花卉以块状混交为主，并要有大小、疏密、断续的变化。

宜用于花丛及花群的具体种类，属宿根及球根花卉者，可依上述原则参照花境一节所列标准选用。

不同种类混交的花丛内种类要少而精，且形态、色彩、疏密要有所变化，并应考虑季节变化。适宜做花丛的材料以宿根或球根花卉为宜，常用的有紫茉莉、荷兰菊、早小菊、水仙、风信子、鸢尾、金光菊等。

花丛一般配置在林缘或自然式道路两旁，没有明显界限，也没有镶边植物。在铺装地面中也可单丛种植。在栽植时要避免规则式种植，应采取有疏有密的自然式种植。花丛在管理上比较粗放。

五、花篱、花门、花架

花篱（图6-4-51、图6-4-52）、花门（图6-4-53）、花架（图6-4-54）是利用攀援花卉进行垂直绿化美化的一种形式。这种形式不仅可充分利用空地、空间，而且具有掩蔽、防护作用，有时也成为局部空间构图的焦点，起点缀作用，并能给人们提供休息和纳凉的场所，沿栏杆或篱栅、矮墙种植攀缘花卉，形成花篱或花墙。应根据篱笆、栏杆的牢固度考虑栽种草本或木本的攀援花卉。蔓生草花有茑萝、牵牛花、香豌豆、葫芦、丝瓜、苦瓜、啤酒花、何首乌、多花菜豆、瓜篓、花寥等。木本攀援花卉有木香、络石、蔷薇、爬藤月季、凌霄、金银花、木通、串果藤、南蛇藤、素馨花、三角花、木天蓼、西番莲等。

图6-4-51　花篱（一）

图6-4-52　花篱（二）

图6-4-53　花门

图6-4-54　花架

花门、花架配置攀援花卉时一般采用同一品种，一株或数株植于棚架或门旁。为了弥补木本花卉短期内不能覆盖棚架的不足，可以临时在棚架周围种植草本花卉，如茑萝、牵牛花、香豌豆、葫芦、丝瓜、苦瓜等。适于棚架、花门栽种的木本花卉有紫藤、葡萄、铁线莲、乌头叶蛇葡萄、蔷薇、藤本月季、鸡血藤等。

第五节　园林草坪地被植物种植设计

一、园林草坪与地被植物规划设计

（一）草坪与地被植物相关概念

1.草坪

草地是草本植被的泛称，包括草原、草甸以及人工草地，而草坪是一类特殊的草地。所谓“特殊”，在古代是指草食蹄兽群的反复践踏与啃食；在现代，则是指人工草地的反复定期修剪与滚压。剪与压（啃与踏）导致地坪、草坪的特殊景观，导致适应这种气候——生物——土壤环境诸草种组成的近于“单层片”结构的草地。

草坪在《辞海》中注释：“园林中用人工铺植草皮或播种草籽培养形成的整片绿色地面。”这在一定意义上道出了草坪为人工植被的基本含义。草坪是指以禾本科或其他质地纤细的植物为覆盖，并以其大量的根或匍匐茎充满土壤层的地被，是由草的地上部分以及根系和表土层构成的整体，是经修剪、滚压（或反复啃、踏）而成的平整草地。若未经剪压或啃踏，且不平只能称为草地。

2. 草坪草

人们通常把构成草坪的草本植物称为草坪草。草坪草大多都是质地纤细、株体低矮的具有扩散生长特性的根茎型和匍匐型的禾本科草类。具体而言，草坪草是指能够形成草皮或草坪，并能耐受定期修剪和使用的一些草本植物种类。

3. 草坪业

草坪业是第二次世界大战后在世界兴起的一门新兴产业。人类对于草坪的需求，推动着草坪业的发展。目前，草坪业已经成为一个世界性的欣欣向荣的行业。第二次世界大战之后，美国房地产业的飞快发展，大大地促进了现代草坪的发展。百万幢住宅建成，百万片草坪相映成趣。草坪的景观效果与实用性，使房地产增值5% ～ 10%，于是“食在中国，穿在中国，住在美国”成了世界新谚语。此外，高尔夫、棒球队、板球、曲棍球、足球、橄榄球、草坪保龄球、草坪网球等休闲健身娱乐活动日益普及，也推动了草坪业的发展。

在我国，最早的有关人工草坪的文字记载表明，公元前138年（距今约2153年）汉武帝刘彻建设上林苑时布置了结缕草和莎草为优势种的空旷草坪与疏林草坪。以后，有关草坪的记录不断。草坪的建植档案，始见于清乾隆二十九年（1746年）。清朝后期起，于今江苏省常熟市扬园乡等已有生产“天鹅绒”草坪为副业的农户。我国新中国成立以来，北京、上海等城市把旧中国遗留下的草坪，改造成供居民休憩、游乐、体育、儿童活动的场所。十一届三中全会后，伴随着改革开放的进程，普及草坪的环境，其社会、经济效益逐步被认识。

1985年6月，全国人民代表大会常务委员会颁布《草原法》，从此，开始了我国依法整治草坪业的局面。各地开始铺设草坪，推动了生产与科研发展，掀起了一股向国外引进草坪草草种、消化国外草坪技术、用种子直播建立草坪的热潮。生产并应用了“草坪植生带”建立草坪。同期，另一个热潮悄然而起，调查、收集、整理、研究和开发利用我国草坪草种质资源和传统的草坪技术，并将现代化生物技术、生态农业技术、电子技术融入，初步建立了具有我国特色的整套草坪技术。

草坪业是一门社会产业，它以完备的草坪科学理论为基础；草坪业是一门应用产业，它以先进的草坪技术为生产手段；草坪业也是一门经济产业，必须遵循市场经济规律。总之，草坪业是一门涉及科学理论、生产技术和经济规律的综合性产业。

4. 园林地被植物

草坪绿地中常用的园林地被植物包括一年生花卉、多年生宿根花卉、藤本和攀援植物等。这些以其繁多的种类、美丽的外观、较强的适应性与草坪配置在一起，形成丰富多彩的草坪绿地园林景观，成为现代草坪绿地的有机组成。

地被植物不如草坪草娇贵，养护管理不必那么精细，因而备受造园学家和环境保护学家的推崇。园林地被植物可形成粗犷、细致、柔滑面积大小不等的景观，或波浪翻腾，或光泽闪烁，气象万千。园林地被植物可以生长在平坦的地面，也可以生长在草坪草难于生长的地方，如阴湿处、岩石缝隙、过于干燥或潮湿的地方，还可以攀缘生长在钢筋混凝土建筑物表面。有的地方把草坪当成地被植物使用，不必进行修剪，实行养护管理，以减少管理经费。

（二）草坪与地被植物的分类

1. 草坪分类

根据草坪的用途、草坪的草种组成、草坪与树木的组合情况、园林规划的不同形式、草坪的绿期及草坪的管理水平，可将草坪作各种分类。

（1）根据草坪的用途，可以分为游憩草坪、运动草坪、观赏草坪、花坛性质草坪、牧草坪、飞机草坪、森林草坪、林下草坪（图6-5-1）、护坡护岸草坪（图6-5-2）几种类型。

图6-5-1　林下草地

图6-5-2　固土护坡草坪

① 游憩草坪

供人们入内游乐、休憩等户外活动的草坪。如常见的城市广场、公园、游乐场的草坪均属此类。一般选用色彩温柔、叶细致中等、软硬适中、较耐践踏的草种。例如，草地早熟禾、沟叶结缕草、细叶结缕草、假俭草等。

② 运动草坪

供体育运动和比赛的草坪。依据不同体育运动项目的要求，普遍采用具有较高的强度、耐践踏、耐修剪、有弹性的草种。常用草种如草地早熟禾、匍茎翦股颖、狗牙根、杂交狗牙根、结缕草、中华结缕草等。

③ 观赏草坪

一般这种草坪专供观赏，不允许游人入内游憩或践踏。常选碧绿均一、赏心悦目、绿期长或常绿、细致的草种，例如细叶结缕草、匍茎翦股颖等。

④ 花坛性质草坪

混栽在花坛中的草坪，作为花坛的填充材料或镶边，起装饰和陪衬作用，烘托花坛的图案和色彩，一般应用细叶低矮草坪植物。在管理上要求精细，严格控制杂草生长，并要经常修剪和切边处理，以保持花坛的图案和花纹线条平整清晰。常用草地早熟禾、沟叶结缕草、细叶结缕草、中华结缕草等。

⑤ 牧草坪

以供放牧为主，结合园林游憩的草坪。普遍多为混合草地，营养丰富的牧草为主，一般多在森林公园或风景区等部区园林中应用。应选用生长健壮的优良牧草，利用地形排水，具有自然风趣。

⑥ 飞机草坪

在飞机场铺设草地。用草坪覆盖机场，减轻尘沙飞扬，提高能见度，保持环境清新优美。飞机场草坪由于飞机高速冲击力强，重量大，因此要求草坪平坦坚实，密生高弹性，管理粗放，应选用繁殖快、抗性强、耐瘠薄、耐干旱、耐践踏的草种。

⑦ 森林草坪

郊区森林公园及风景区在森林环境中听其自然生长的草地称为森林草地，一般不加修剪，允许游人活动。

⑧ 林下草坪

在疏林下或郁闭度不太大的密林及树群乔木下的草地称为林下草地（图6-5-1）。一般不加修剪，选择耐阴、低矮的草坪植物。

⑨ 护坡护岸草坪

凡是在坡地、水岸为保护水土流失而铺设的草地，称为护坡护岸草地（图6-5-2）。一般应用适应性强、根系发达、草层紧密、抗性强的草种。

以上各种类型的草地，游憩草坪和观赏草坪为园林绿地经常应用的类型，而体育草坪常在体育场中应用。

（2）依据草坪的草种组成分类

① 单纯草坪

由一种草本植物组成的草坪，称单一草坪或单纯草坪，例如草地早熟禾草坪、结缕草草坪、狗牙草草坪等。在我国北方系选用野牛草、草地早熟禾、结缕草等植物来铺设单一草坪。在我国南方等地则选用马尼拉草、中华结缕草、假俭草、地毯草、草地早熟禾、高羊茅等。单一草坪生长整齐、美观、低矮、稠密、时色等一致，养护管理要求精细。

② 混合草坪

由好几种禾本科多年生草本植物混合播种而形成，或禾本科多年生草本植物中混有其他草本植物的草坪或草地，称为混合草坪或混合草地。可按草坪功能性质、抗性不同和人们的要求，合理地按比例配比混合以提高草坪效果。例如，在我国北方草坪多为早熟禾+紫羊茅+多年生黑麦草混合播种而成，在我国南方则以狗牙草、地毯草或结缕草为主要草种，可混入多年生黑麦草等。

③ 缀花草坪

在以禾本科植物为主体的草坪或草地上（混合的或单一的），配置一些花朵艳丽的多年生草本植物，称为缀花草坪。例如在草地上，自然疏落地点缀有番红花、水仙、鸢尾、石蒜、丛生福禄考、马蔺、玉簪类、葱兰、韭兰、二月兰、红花酢浆草、紫花地丁等草本和球根植物。这些植物的种植数量一般不超过草地总面积的1/4～1/3。分布有疏有密，自然错落，但主要用于游憩草坪、森林草地、林下草地、观赏草地及护岸护坡草地。在游憩草坪上，球根花卉分布于人流较少的地方。这种草本和球根花卉，有时发叶，有时开花，有时花与叶均隐没于草地之中，地面上只见一片草地，远望绿茵似毯，别具风趣，供人欣赏休息。

（3）根据草坪与树木的组合情况分类

① 空旷草坪

草地上不栽植任何乔灌木或在周边少量种植一些。这种草坪由于比较开旷，主要供体育游戏和群众活动，平时供游人散步、休息，节日可作演出场地。在视觉上比较单一，一片空旷，在艺术效果上具有单纯而壮阔的气势，缺点是遮阳条件较差。

② 闭锁草坪

空旷草地的四周，如果为其他乔木、建筑、土山等高于视平线的景物包围起来，这种四周包围的景物不管是连接成带或是断续的，只要占草地四周的周界达3/5以上，同时屏障景物的高度在视平线以上，其高度大于草地长轴的平均长度的1/10时（即视线仰角超过5°～6°时），则称为闭锁草坪。

③ 开朗草坪

草坪四周边界的3/5范围以内，没有被高于视平线的景物屏障时，这种草坪称为开朗草坪。

④ 稀树草坪

草坪上稀疏的分布一些单株乔灌木，株行距很大，当这些树木的覆盖力面积（郁闭度）为草坪总面积的20%～30%时，称为稀树草坪。稀树草坪主要是供大量人流活动、游憩用的草坪，有一定的蔽荫条件，有时则为观赏草坪。

⑤ 疏林草坪

在草地上布置有高大乔木，其株距在10m左右，其郁闭度在0.3～0.6。空旷草坪，适于春秋假日或亚热带地区冬季的群众性体育活动或户外活动；稀树草坪适于春季假日及冬季的一般游憩活动。但到了夏日炎热的季节，由于草地上没有树木庇荫，因而无法利用。这种疏林草坪，由于林木的庇荫性不大，可种植禾本科草本植物，因草坪绝对面积较小，既可进行小型活动，也可供游人在林荫下游憩、阅读、野餐，进行空气浴等活动。

⑥ 林下草坪

在郁闭度大于0.7以上的密林地，或树群内部林下，由于林下透光系数很小，阳性禾本科植物很难生长，只能种植一些含水量较多的阴性草本植物，这种林地和树群，由于树木的株行距很密，不适于游人在林下活动，过多的游人入内，会影响树木的生长，同时林下的阴性草本植物，组织内含水量很高，不耐踩踏，因而这种林下草地，以观赏和保持水土流失为主，不允许游人进入。

（4）根据园林规划的形式不同分类

① 自然式草坪

充分利用自然地形或模拟自然地形起伏，创造原野草地风光，这种大面积的草坪有利于修剪和排水。不论是经过修剪的草坪或是自然生长的草地，只要在地形地貌上，是自然起伏的，在草地上和草地周围布置的植物是自然式的，草地周围的景物布局、草地上的道路布局、草地上的周界及水体均为自然式时，这种草地或草坪，就是自然式草地和草坪（彩图15、彩图24）。

游憩草地、森林草地、牧草地、自然地形的水土保持草地、缀花草地，多采用自然式的形式。

② 规则式草坪

草坪的外形具有整齐的几何轮廓，多用于规则式园林中，如花坛、路边、衬托主景等。凡是地形平整，或为具有几何形的坡地，阶地上的草地或草坪与其配合的道路、水体、树木等布置均为规则式时，则称为规则式草地或草坪（彩图9）。

足球场、网球场、飞机场，规则式广场上的草坪，街道上的草坪，多为规则式草坪。

（5）据草坪的绿期分类

分成常绿草坪、夏绿草坪和冬绿草坪。

① 常绿草坪

指在当地表现为一年四季常绿的草坪。严格意义上仅指用当地常绿的草种形成的常绿草坪。广义上尚含应用夏绿型与冬绿型草种“套种”建立的“套种常绿草坪”，以及应用保护栽培技术形成的保护地常绿草坪。后两种常绿草坪的造价和养护管理费用均有不同程度的增加。

② 夏绿草坪

由在当地表现为夏绿型的草种建立的草坪，春、夏、秋三季保持绿色，冬季则黄枯休眠。这类草坪的生长旺季常自仲春至仲秋，尤以夏季为甚。

③ 冬绿草坪

由在当地表现为冬绿型的草种建立的草坪，秋、冬、春三季保持绿色，夏季则黄枯休眠。这类草坪往往有春、秋两个生长旺季。

（6）据草坪的管理水平分类

按照对草坪的管理水平，通常可分为精细管理和粗放管理的草坪。除了高尔夫球场的果岭和某些花坛草坪为精细管理外，其余均为粗放管理。另外，按保护的程度又可分为开放型、半开放型和封闭型草坪。通常开放型草坪实行粗放管理，因其对草坪的使用不易节制，无管理计划，这类草坪易损伤和退化。多数草坪属半开放型草坪，其使用和养护交替进行，使用期开放，养护期封闭。完全封闭的草坪一般面积较小，通常用于观赏和装点风景，要求有很高的养护管理水平。

2.地被植物类型

（1）大面积景观地被

这类地被植物栽培后能开放艳丽的花朵，有的能就地自行扩散繁殖，适宜在大面积地面形成群落，具有美丽的景观效果，也可以小面积栽培使用。如果植物配置得当，一年四季都能观赏到鲜花，有的植物在秋冬季节还有美丽的果实，更增加了植物群落景观之美。

（2）耐阴地被

这类植物能适应不同郁闭度的生境，在乔木或灌木下也能较好地生长，覆盖树下裸露土壤，减少沃土的流失。

（3）步石（踏石）之间的地被

这类低矮的地被植物，经得起行人脚步的踏压，踩伤后植物基部又再生，始终覆盖着步石之间的间隙，它有利于地面雨水的渗透，并对补充城市地下水起到至关重要的作用。

（4）悬垂和蔓生植物

这类植物也是优良的地被，以藤蔓扩展，其生长势旺盛，常用于住宅区绿化、墙面绿化和斜坡绿化等。

（5）防治侵蚀地地被

这类植物能在斜坡及河岸生存，根系生长迅速，扩展力强，能完全覆盖地面。它们还具有耐干旱和抗性强的特性，在夏季高温到来之前，能有效控制杂草，覆盖坡地，在公路、铁路斜坡和堤岸，起到保护土壤，防止水土流失的作用。

（6）自然传播生长的植物

这类植物是靠自身传播繁殖，其适应性和抗性均很强，有的能在悬岩峭壁上旺盛生长，形成群落，并且繁衍后代，有的还能开放美丽的花朵。

（7）具潜在性杂草植物的利用

这类植物既有地被价值，又常有侵害性。由于它们生长繁殖极快，如果利用控制得当，就可形成很好的地被景观。但是一旦失去控制，侵入栽培植物的田园，就会成为有严重危害性的杂草。

（三）草坪绿地的指标体系

草坪绿地指标是园林绿化水平的基本标志，它可以反映城市绿地的质量与绿化效果，是评价城市环境质量和人民生活水平的一个重要指标。它可以作为城市总体规划各阶段调整用地的依据，指导各类绿地规模的制定工作。为了充分发挥园林绿地保护环境、调节气候方面的功能，城市中园林绿地的比重正适当地增长。

1.影响草坪绿地指标的因素

许多国家部制定了有控制性的城市园林绿地指标，由于各个城市的情况不同，指标也有所不同。影响绿地指标的因素主要有社会经济水平、城市性质、城市规模、自然条件。

2.人均绿地和人均草坪绿地

人均绿地面积是衡量城市现代文明的标志之一。联合国要求城市居民每人应有60m^{2}绿地。由于各国草坪发展水平和自然条件不同，多数城市的人均绿地不足20m^2。目前我国政府要求以旅游业为主的城市，人均绿地要达到20～30m^2，以工业生产为主的城市不少于10m^2/

人。在既要发展城市经济，又要控制城市用地的条件下，建筑物逐渐向空中和地下延伸，以调整出更多的土地用于绿地建设。

随着经济发展和人们环境意识的提高，绿地建设和保护越来越受到重视，特别在工业污染已危及居民生活的地方，绿地建设的投入逐年扩大。根据城市发展规划，要分阶段提出人均占有地的指标。

草坪绿地是城市绿地系统的重要组成部分，特别是运动场草坪的数量，将体现一个城市的文化特征。我国大连市和广州市是中国开展足球运动很普及的城市，其运动场草坪的面积远高于其他城市。许多以旅游业为主的城市，公用草坪绿地的人均面积，也远大于其他商业或工业城市。

3.草坪绿地的合理容纳量

由于城市规模（人口）不同，不同绿地系统的面积应有所差异。

目前有些大城市如北京、上海、沈阳等市区，人口稠密，建筑密度大，绿地奇缺。在旧城改造中，已逐渐规划出一定绿地供居民享受。

我国城市发展的方针是控制大城市的增长，主要发展50万人以下的中小城市，其公用绿地和草坪绿地应较老城市多，预期人均绿地将达到30m^{2}或更多。

4.绿地覆盖率

绿地覆盖率系市区各类绿地总面积与城市总土地面积的比值，这一指标可反映市区非建筑土地的绿化程度，也指示绿化用地的潜力。

城市绿地面积调查可用近期航摄照片结合地形图进行测算，也可用人工清查填图法，在1∶10000城市现状图上，绘出各类绿地，然后逐一量算绿地面积，求得城市绿地总面积。

（四）草坪绿地平面布局

1.草坪绿地平面布局的基本形式

从世界各国绿地布局发展的历史情况分析，城市绿地的布局有8种基本模式，如环状、放射状、网状等。我们将草坪绿地系统从形式上可以简单归纳为以下3种。

（1）规则式

即整形式。整个平面布局要求整齐、对称。一般用于有各种轴线的绿地，如主要建筑物前、大型广场内、纪念性绿地。

（2）自然式

以模仿自然为主。道路走向呈曲线状，建筑群、园林小品、山石等布局不对称，植物配植也以孤植、丛植或群植为主，而不采用整齐行列对称式。

（3）混合式

前两者相结合即为混合式。在绿地中，建筑物附近和主要入口等处多采用整形式，然后逐步向自然式过渡。

2.草坪绿地的形态

草坪绿地在城镇里呈三种基本形态：点状、块状、线状。

（1）点状

点状指小面积草坪绿地，一般指街坊、组团、路边、广场等草坪绿地，面积约0.5～100m^2。

（2）块状

块状指具有一定规模的范围、公园，一般指小区、居住区级等中央绿地，面积100～500m^{2}的花园与小游园。城镇级绿地一般是面积达到1000m^{2}以上的大块绿地。

(3) 线状

线状道路上的行道树，环岛绿化，其宽度为1～3m，呈线状随着道路延伸。沿河边、溪流、工业区的隔离带绿地，宽度约10～20m，常称带状公园。

二、草坪地被在园林布局上的应用

草坪及地被植物是园林绿化中的重要组成部分。如果把绿地的高大乔木和低矮的灌木作为是绿地的骨架或支柱，那么草坪和地被植物就成为血和肉。在园林中，一个完整的绿化地区，或者比较健全的植物群落层次、草坪和地被植物是不可缺少的。

草坪与地被植物，是组成绿色景观、改善生态环境的重要物质基础。要创作完美的植物景观，必须具备科学性与艺术性两方面的高度统一，即满足植物与环境在生态适应上的统一，又要通过艺术构图原理体现出植物个体及群体的形式美，及人们在欣赏时所产生的意境美，这是园林中植物造景的一条基本原则。

草坪在园林布局上的应用是指根据园林布局构图上的需要，用草坪地被做主景、配景和背景等景观的应用方法。

（一）草坪地被在园林布局上作主景

把草坪地被植物作为园林绿地的重要内容或主要材料配置时，称草坪地被为主景，即称为绿地的主要景观。

由于近年来人们对城市绿化事业的重视，草坪地被的应用范围也逐年扩大。许多大中城市都把铺设开阔、平坦、美观的草坪，纳入现代化城市建设规划之内。如辟建面积较大的文化休息公园绿地、中心广场绿地，在建立纪念碑、喷泉、雕塑时，把布置草坪地被、开阔视野作为主要手段来衬托主景内容，将乔木、灌木、花配置在草坪上来加深草坪主景的气氛。

1.在文化休息公园中的应用

在文化集中的现代化城市和大工业城市区里，一般都规划建立面积较大的文化休息公园，来满足居住在高层建筑里的居民早、晚或节日休息活动（彩图36）。

2.在城市广场中的应用

城市广场是城市中公共活动的场地，也是城市建筑艺术及园林艺术风格的集中表现，代表城市风貌和物质精神文明的水平。因此广场绿化在城市园林中占据重要作用。根据广场的功能、用途以及在城市交通体系中所处的位置，可分为纪念性广场、中心广场、交通广场、集散广场（彩图9）。

(1) 纪念性广场

纪念性广场是为纪念当地历史名人或英雄事迹及重大事件而设置的。一般设在城市中心地区，自然条件较好，周围建筑与背景协调，交通便利。常以雕塑、纪念碑、纪念塔、纪念堂为主体，结合园林绿化的衬托，供人们观光游览。如辽宁省大连市为了纪念苏军帮助解放大连，在市中心地区辟建了“斯大林广场”街头绿地（图6-5-3）。以草坪地被为主景，花坛树木为背景，点缀映衬、烘托广场气氛，既美化市容，又起到良好的环境保护作用。

(2) 中心广场

中心广场是城市集会、聚散的广场。一般在中心地区，绿化风格应与周围环境相融合，可设置一些喷泉及建筑小品等，在广场周围种植可修剪的花灌木及大草坪。例如，北京的天安门广场、上海人民广场等。天津市在海河公园设立的大型喷泉周围，铺设从国外引入的寒冷地型草种——草地早熟禾，这种细叶矮型草绿色期长，在黄河流域栽培，一年四季常绿不枯，但需要一定的湿度，方能保持其正常生长，持久不衰（图6-5-4）。

图6-5-3　大连“斯大林广场”

图6-5-4　天津海河公园大型喷泉周边草坪

（3）集散广场

最常见是航空、火车、汽车等各站前广场，它是城市的大门，是交通的枢纽。广场绿化色彩艳丽，形成热烈、宾至如归的气氛。

（4）交通广场

一般指环形交叉口和桥头等交通广场。它起到交通分流作用，是城市主要景观。绿地植物应大色块种植，高低错落，形成大的环境效果，可种花、草坪、地被植物等（图6-5-5）。

3.在城市立交桥下的应用

随着城市交通的现代化加快，我国不少大中城市开始建设立交桥和高速公路。首都北京首先在建国门立交桥下，采用草坪植生带快速铺草成功。不仅减轻了人们在高大建筑物前的空间压迫感，而且由于绿树、花坛夹种在草坪主景之中，相互辉映，丰富了空间色彩与层次，使整个立交桥绿化地带景观更加壮丽。

图6-5-5　交通广场

4.在小空间中的应用

在一些较小的布置上，在没有更好的处理办法时，不妨用草坪地被来做一般性处理。尤其是在小庭院当中，如果用树木、小品等其他景观来布置，会使原来狭小的空间更加局促。如中国古典私家园林的布局手法，利用景石、回廊等处理，与周围建筑不易协调，造价又太高，而且难度较大。这种情况下，可用草坪地被来布置，以达到简洁、明快、开朗的效果。

5.在四合空间中的应用

四合空间指四面都有高于视平线的景物形成的空间，四面的景物可以是山体、建筑或高大的乔木。在布局中，草坪地被布置在四合空间中作主景。最为常用的是在大乔木围合而成的四合空间中，如南京玄武湖公园的梁洲草坪，位于梁洲中央，四面有悬铃木、雪松等高大乔木围绕，形成一个四合空间，而中央草坪则成为这个空间的主景（图6-5-6）。

图6-5-6　南京玄武湖梁洲草坪

6. 在规则式绿地中应用

规则式绿地中通常出现圆形、方形、三角形等几何图形或其他规则图形，在这种情况下，可以用草坪地被来布置。草坪地被表面整齐，而且在质地、密度、色泽等方面都非常均匀一致，所以，最适宜于表面，各种形状都可以用草坪来表现，而且面积大小比较随意，小到几十平方厘米，大到几万平方米的地块都可以建植草坪。如一些规则的游园、广场，通常用道路将整体分割成若干不同形状的小绿地，而其规则的特点，又要通过各块小绿地的规整和统一来体现，这时用草坪来布置是比较适合的手法，可以通过草坪突出面的形态和整齐化的特点来实现设计的目的和效果。另外，在许多广场、宾馆、办公楼前后、停车场都采用不同规则形状的地砖和草坪地被组成，既满足了广场、停车等功能的需要，又增加了绿量，提高了美感。

（二）草坪地被在园林布局上作配景

草坪地被在园林布局中常作配景。这主要取决于草坪地被本身固有的特点，如低矮、整齐、色泽均匀、质地适中，有良好的视觉效果，对地形、水体、建筑及乔灌木、园路、小品等园林景观都可以起到非常好的对比与调和、烘托及陪衬的作用和效果。通常与它们的配合使用，使各自的特点更加突出，尤其是使作为主景的建筑、植物等景观的特点显现出来，起到突出主景的作用。

1. 草坪地被与地形

当草坪地被与地形结合造景时，草坪地被与地形融为一体，也就是地表面被草坪地被所覆盖，草坪地被表面随地形变化而发生变化，地形变化直接体现在草坪地被表面的变化上，从而表现地形的特点（图6-5-7）。

用草坪地被来烘托地形变化的美感，通常使用在公园、风景区、小游园及庭院布置之中，尤其是微地形的改造处理，使地形发生微小变化，表面整齐、视觉柔和的草坪地被更好地加以表现。如杭州“柳浪闻莺”大草坪，通过草坪表面的变化，将其地形变化体现出来。这种应用突出体现的是地形的微妙变化，给人的直觉是草坪的变化，实质则是地形变化所引起的。另外一种情形是当地形变化较大时，山体与一块平坦、开阔的草坪相融合，则更能体现出地形的复杂。如杭州孤山后山的大草坪，处于北、南、东三面山丘环绕之中，这时主要是通过它们之间的对比，来突出地形的变化。

2. 草坪地被与水体

园林水体给人以明净、清澈、近人、开怀的感受。古人称水为园林中的“血液、灵魂”，古今中外的园林对于水体的运用是非常重视的。水体又分为动水和静水。动水包括河、湾、溪、渠、涧、瀑布、喷泉、涌泉、壁泉等，静水包括湖、池、塘、潭、沼等。草坪地被与水体相配合，利用对比与调和的手法，使各自的景观特点相得益彰（图6-5-8）。

图6-5-7　草坪与地形结合造景

图6-5-8　草坪与水体结合造景

草坪地被与动态水体相配合，是利用草坪地被比水体相对较硬、较规整的视觉特点，以及色彩上较凝固的感觉突出水体的流动、喷涌和变化的特点。草坪地被与静态水体相配合，则是利用它们的表面多较为平整的特点加以协调，同时利用它们的质感及色彩又有所不同的特点加以对比，使草坪地被与水体成为变化统一的整体。

草坪地被与水体相配合使用，可广泛应用于公园、游园、广场、庭院、风景区等水体存在的位置。另外，草坪地被在配合水体的同时，在布局上也是向建筑等其他人文景观过渡的良好材料，除一些榭、亭等适宜布置在水畔的建筑，其他建筑如楼、堂、轩等建筑则不宜直接与水面接触，所以在布局中可以用草坪地被加以过渡，使各景观的布局更为合理，而且更能够融为一体。

3. 草坪地被与建筑

园林植物与建筑的配置是自然美与人工美的结合，处理得当，二者关系便可和谐一致。草坪自然的绿色以及其他植物的丰富自然色彩、柔和多变的线条、优美的姿态及风韵增添了建筑的美感，使之产生生动活泼而具有季相变化的感染力，是一种动态的均衡构图，使建筑与周围的环境更为协调。在园林布局上，经常在建筑的周围布置草坪地被或是把建筑进行草坪地被配置，同时还要提高宾馆、办公楼、超级市场、机场、车间、居民等处理绿化水平，用多变的建筑空间留出庭院、天井、走廊、屋顶花园、底层花园、层间花园等进行美化，甚至将自然美引入卧室、书房、客厅等居住环境，已是目前面临解决的课题。

随着建筑及人口密度的不断增长，而城内绿地面积有限，屋顶花园就会在可能的范围内相继蓬勃发展，这将使建筑与植物更紧密地融成一体，丰富了建筑的美感，也便于居民就地游憩，减少市内大公园的压力。屋顶花园对建筑的结构在解决承重、漏水方面有着更高的要求。在江南一带气候温暖、空气湿度较大，所以浅根性，树姿轻盈、秀美，花、叶美丽的植物种类都适宜配植于屋顶花园中。以铺植草坪（皮）为主较为多见，其上再配植花卉和花灌木，效果更佳。

草坪地被建筑的配合使用，同样取决于草坪地被与建筑的特点之间的通相与殊相，以达到对比调和协调统一的整体效果。

中国园林建筑在造型上千变万化，体现着建筑师们的奇思妙想，这些变化是绝对的，但如果有一种造型单一的景物与之配植在一起，用对比的效果以其不变来烘托建筑的变化，则使建筑的变化显得淋漓尽致。草坪就是这一景物，因为它低矮、整齐、平整、规则的表面和造型，恰到好处地烘托着建筑的造型变化。其次，建筑的人工痕迹强烈，尤其是现代建筑，由于先进的设计和现代化材料的使用，与其他自然景观和丰富的地形变化难以协调，在这种情况下，建筑的周围用草坪来布置，利用草坪平整的表面，规则的边缘线，从面和线上使建筑与其他景物加以沟通，起到一个较好的过渡效果。

4. 草坪地被与乔、灌木

在园林景观布局中草坪与乔木、灌木配合使用是植物配置的常用手法，而且在配置上的变化也是极其丰富的。无论是规则式，还是自然式布局，都有广泛的应用。

（三）草坪地被林布局上作背景

草坪地被以背景形式出现，在园林布局中是极为常见的应用形式。前面所提到草坪地被作主景和配景，主要是草坪地被本身或相对于另外一种景物而言，而在景观处理上，通常是由两种以上景物构成的。在这种情况下，草坪地被又以其自身特点，成为极力合适的背景材料。它就像一张画布，上面各种植物、建筑、小品、道路等作主景和配景，构成一幅幅生机盎然、多姿多彩的风景（彩图15、图6-5-9、图6-5-10）。

草坪地被作背景，无论在规则式布局，还是自然式布局当中，都能起到非常好的效果，与构成整体景观的其他景物，恰当地融合到一起，同时起到对比与调和作用。比如建筑与乔灌木之间，它们在色彩、表面、造型、线条等方面都有非常强烈的对比效果，而草坪地被与建筑，草坪与乔、灌木又有许多相通之处，它可以作为它们之间的调和成分，互相烘托和陪衬，从而构成一个多样统一的整体。

图6-5-9　草坪与雕塑结合造景

图6-5-10　地被植物衬托雕塑小品

在园林植物配置当中，草坪地被作背景的应用更为普遍。景观特点极为丰富的各种乔、灌木配置在一起，从造型上、色彩上、体量上都各具特色，设计师经常是利用某一树种的某一特点构成主景，而用其他树种相陪衬，布置形式则采用丛植、群植等方式配置在草坪地被上，这时，草坪地被就起到一个强烈背景作用，充分发挥它开阔、整齐、均一和色彩等特点。从对比调和等方面来突出主景和配景植物的景观特点，形成季相丰富、变化灵活的疏林草地、密林草地等景观。如杭州西泠印社大草坪上配置香樟、青桐、女贞、棕榈等植物，它们互成主景和配景，而草坪则起到烘托作用。

草坪地被作背景应用的另一个环境就是与花卉相配合。花卉的色彩效果和作用是园林布局中不可缺少的，而花卉的色彩极富变化，不同色彩的花卉配置在一起，互相衬托，交相辉映，成为主景和配景，而它们需要一块平坦均匀的绿色草坪地被作背景加以对比和烘托，反之，草坪地被这块绿色画布又给花卉的布置创造了极为有利的条件，因为草坪与任何花卉都能够自然地融合到一起，设计者可以极富想象地在开阔、整齐的草坪上用花卉来布置，以达到各种美的效果，可以做花坛、花丛和花群等。

三、园林草地的草种选择

园林草地，最主要的任务是要满足游人游憩和体育活动的需要，因而选择的草种必须能够耐踏踩；其次，园林草地占地面积很大，不可能经常进行大规模的人工灌溉，因而选择的草种要有很好的抗旱性能（出现旱象时要设法浇水）。在极其丰富的草本覆盖植物里面，以具有横走根茎及横走匍匐茎的禾本科多年生草本植物，具有这种最大的适应性。

我国园林草地应用的草种，主要特点是草的高度一般在10～20cm以下，地下部有发达的根茎，地上都有发达的匍匐茎，耐踩的性能良好，在游人踩踏频繁时，即使不加轧剪，也能自然形成低矮致密的毯状草坪，同时，这类草种适应我国许多地区夏季高温多雨的气候，草地某些部分被破坏时，补植和恢复也比较容易。缺点是生长较慢，播种不易成功，一般多用无性繁殖。我国草皮种类相当丰富，现将一些适应性较强，各地园林绿化常用种类简介如下：

1.适应于北方地区的草种

① 野牛草　适应性极强，在粗放的管理条件下，覆盖度可达90%以上。对光照的要求

不敏感，在荫蔽度大的乔木下绿化效果比羊胡子草及结缕草好。与杂草竞争力强，抗旱性强，耐践踏，有较强的再生力。

② 结缕草　适应性较强，在粗放管理下，覆盖度达80%～85%，对光照的要求有一定的敏感性，与杂草竞争及再生能力次于野牛草，抗旱性强。

③ 羊胡子草　需精细管理，覆盖度只有40%～60%，绿色持久期长，有较好的绿化效果。但对土壤的要求比较严格，对水分、光照比较敏感，在遮阳度大的乔灌木下绿化效果不良，与杂草竞争及再生能力极弱，抗旱性也较弱。

2.适应于南方地区的草种

① 狗牙根　匍匐茎发达，繁殖容易，适应性强，覆盖度达80%～90%，耐水淹，耐践踏，具有较强的再生能力，较怕严寒。

② 假俭草　俗名蜈蚣草，分布华东各省及广东和西南各省，生长于潮湿地。具横走匍匐茎，蔓延力强，繁殖容易，覆盖度70%～80%，耐践踏，再生能力强，阳性，在我国长江以南多雨地区，可作为水边湿地护坡草地。

③ 细叶结缕草　又名天鹅绒芝草，叶细软，厚密如天鹅绒，似地毯状。阳性，不耐阴湿，植株低矮。这种草坪不必轧剪，只要适度滚压和踏压即可形成毯状外貌，在良好管理条件下，覆盖度可达90%～95%，是一种名贵的优良草皮，可作观赏草坪、水滨浴场、露天剧场观众坐席、网球场草坪。它是最精美的游憩草坪草种，但较娇嫩，适应性差，抗寒、抗旱能力均弱，与杂草竞争能力也不强。

④ 沟叶结缕草　叶较天鹅绒草宽，观赏质量稍差、适应性较强，覆盖度70%～80%。目前，我国各地区应用的主要草地草种，大致如上面几种，但多为阳性，不耐阴，同时均为单纯草地草种，很少用于混播草地。

四、草地的坡度与排水

1.水土保持方面的要求

为了避免水土流失、坡岸的塌方或崩落现象的发生，任何类型的草地，其地面坡度，均不能超过该土壤的自然安息角（一般为30°左右）。超过这种坡度的地形，一般应采用工程措施加以护坡。

2.游园活动的要求

如体育场草地，除了排水所必须保有最低坡度以外，越平整越好。一般观赏草地、牧草地、林中草地及护岸护坡草地等，只要在土壤的自然安息角以下和必须的排水坡度以上，在活动上没有别的特殊要求。

规则式游憩草地，除必须保持最小排水坡度以外，一般情况，其坡度不宜超过0.05。自然式的游憩草地，地形的坡度最大不要超过0.15，一般游憩草坪，70%左右的面积，其坡度最好在0.1～0.05以内起伏变化。当坡度大于0.15时，由于坡度太陡，进行游憩活动不安全，同时也不便于轧草机进行轧草工作。

3.排水的要求

草地最小允许坡度，应该从地面的排水要求来考虑。体育场上的草地，由场中心向四周跑道倾斜的坡度为0.01。网球场草地，由中央向四周的坡度为0.002～0.005，一般普通的游憩草地，其最小排水坡度，最好也不低于0.002～0.005。并且不宜有起伏交替的地形，以免不利于排水，必要时可埋设盲沟来解决。

4.草地造型的要求

在考虑以上功能的前提下，对草皮地形美的因素也应结合统一考虑，使草坪地形与周围景物统一起来，地形要有单纯壮阔的气魄，同时又要有对比与曲线起伏的节奏变化。

第六节　攀援植物与垂直绿化设计

垂直绿化是指利用攀援植物绿化墙壁、栏杆、棚架、杆柱及陡直的山石等。它在我国应用已久，距今2400年前的春秋时期，吴王夫差就命人在南京城墙上种植了薜荔，成为早期垂直绿化的典范。欧洲垂直绿化的应用也有悠远的历史，且较为普遍，至今人们仍能在一些城堡、宫廷中见到粗壮的紫藤。

一、攀援植物在绿化中的作用

攀援植物具有长的枝条和蔓茎、美丽的绿叶和花朵，它们或借吸盘、卷须攀登高处；或借蔓茎向上缠绕与垂挂覆地，同时在它生长的表面，形成了稠密的绿叶和花朵的覆盖层或独立的观赏装饰点，可丰富园林构图的立面景观。因此它是一种优美的供作垂直绿化用的园林植物。

许多攀援植物除了叶形、叶色美观外，开花繁茂，花期较长，色彩艳丽，并且可以吐放芳香。如紫藤、金银花等；有些攀援植物的根、茎、叶、花、果等，还可提供药材、果品、蔬菜、香料等产品，如葛藤、栝楼、凌霄、葡萄、豆、丝瓜、黄瓜、南瓜等；攀援植物在绿化上的最大优点，在于它们可以经济利用土地和空间，在较短的时间内达到绿化效果，解决在城市中某些局部因建筑物拥挤及空地狭窄，而无法用乔灌木进行绿化的矛盾。

用攀援植物绿化建筑墙面后，可以有效地降低因夏季强烈阳光照射形成炽热房屋墙面的温度，特别是向西的墙面所受到的高温。沿街建筑的垂直绿化还可以吸收从街道传来的城市噪声，也可减少住宅受尘沙的侵袭。

覆盖地面的攀援植物，可以与其它园林覆盖植物一样起到水土保持的作用，增加园林地面景观。用攀援植物来绿化某些山石局部和石山地区，将会使枯寂的山石生趣盎然，大大提高其观赏价值。

基于以上情况，无论在城市绿化和园林建设中，都可以广泛应用攀援植物来装饰街道、林荫道及各类园林中的其它个别部分，如挡土墙、围墙、台阶、坡地、入口处、灯柱、建筑的阳台、窗台、墙壁和丰富园林中的亭子、花架、石柱游廊、高大古老死树等的外貌。

二、攀援植物的生物学特性

垂直绿化所采用的攀援植物种类很多，其中包括多年生的藤本植物和一、二年生的草本攀援植物，它们有着不同的生态习性、生物学特性和观赏特性。攀缘植物是茎干柔弱纤细，自己不能直立向上生长，须以某种特殊方式攀附于其他植物或物体之上以伸展其躯干，以利于吸收充足的雨露阳光，才能正常生长的一类植物。若按照攀缘方式的不同可分为：自身缠绕——自身缠绕的攀缘植物不具有特化的攀缘器官，而是依靠自己的主茎缠绕着其他植物或物体向上生长；依附攀缘——依附攀缘植物则具有明显特化的攀缘器官，如吸盘、吸附根、倒钩刺、卷须等，它们利用这些攀缘器官把自身固定在支持物上而向上方和侧方生长；复式攀缘——复式攀缘植物是兼具几种攀缘能力来实现攀缘生长的植物。所以在园林植物种植设计时，配置攀缘植物，应充分地考虑到各种植物的生物学特性和观赏特性。

攀缘植物与其他植物一样，有一、二年生的草质藤本，也有多年生的木质藤本，有落叶类型，也有常绿类型。有的种类生长发育很快，种后2～3个月内就可长成浓绿遮阳，如瓜豆类；有的种类生长缓慢，如五味子；有的种类茎干可攀援20m以上，如凌霄；有的只能长到1～2m，如金莲花、豌豆；有的种类是借自身的卷须、吸盘与气生根攀登高处，可以牢固地附着在任何建筑物或石头上面，如爬山虎、络石、爬行卫矛等；有的植物必须借助绳索或支柱引导或人工固定才能缠绕到棚架上；有的终年常绿，如常春藤；而有的冬天落叶，如紫藤；有的能耐寒，如南蛇藤；有的不耐寒，如叶子花；有的喜阴湿，如络石；有的喜阳光，如葡萄；有的喜肥沃土壤，如葡萄；有的耐干旱、瘠薄土壤，如爬山虎、葛藤；有的种类叶、花、果观赏性高；而有的则以块根可供利用而被广泛栽植。设计时，要善于从攀援植物的生物学特性出发，考虑生态习性，因地制宜，统筹安排，根据条件和要求，合理的选用植物种类。

草本蔓性花卉的生长较藤本迅速，能很快起到绿化效果，适用于篱棚、门楣、窗格、栏杆及小型棚架的掩蔽与点缀。许多草本蔓性花卉茎叶纤细，花果艳丽，装饰性较藤本强，也可将支架专门制成大型动物形象（如长颈鹿、象、鱼等）或太阳伞等，待蔓性花草布满后，细叶茸茸，繁花点点，生动活泼，更宜设置于儿童活动场所。

用于园林的蔓性花卉，一、二年生的有各种牵牛及茑萝、红花菜豆、扁豆、香豌豆、风船葛、观赏瓜、锦荔子、小葫芦、月光花、靠壁蔓（又名电灯花）、山牵牛、斑叶葎草、落葵、智利垂果藤等。宿根或具块根的有忽布、宿根山黧豆、宿根天剑和栝蒌等。

三、垂直绿化的种植设计

（一）垂直绿化的特点及功能

1. 垂直绿化的特点

垂直绿化是通过攀援植物实现的，攀援植物本身具有柔软的攀援茎，能随攀援物的形状以缠绕、攀援、钩附、吸附等四种方式依附其上。攀援植物的这些特性，决定了垂直绿化的特点：

（1）垂直绿化在外观上具有多变性。攀援植物依附于所攀援的物体之上，表现的是物体本身的外部形状，它随物体的形体而变化。这种特点，为其他乔木、灌木、花草所不具备。

（2）垂直绿化节约用地，能充分利用空间，并能在短期内达到绿化、美化的目的。在有些地面空间狭小，不能栽植乔木、灌木的地方，可种植攀援植物。攀援植物除了根系需要从土壤中汲取营养，占用少量地表面积外，其枝叶可沿墙而上，向上争夺空间。人们用它解决城市和某些绿地建筑拥挤、地段狭窄而无法用乔灌木绿化的困难。

（3）垂直绿化在短期内能取得良好的效果。攀援植物一般都生长迅速，管理粗放，且易于繁殖。在进行垂直绿化时可以用加大种植密度的方法，使之在短期内见效。

（4）攀援植物本身不能直立生长，只有通过它的特殊器官如吸盘、钩刺、卷须、缠绕茎、气生根等，依附于支撑物如墙壁、栏杆、花架上，才能直立生长。在没有支撑物或支撑物本身质地不适于植物攀援的情况下，它们只能匍匐或垂挂伸展，因此垂直绿化有时需要人工的方法把植物依附在攀援物上。

2. 垂直绿化的功能

垂直绿化作为一种特殊的绿化方式，在许多国家已得到普遍应用，其主要功能有：

（1）美化街景　攀援植物可以借助城市建筑物的高低层次，构成多层次、错落有致的绿化景观。藤本植物，可形成丰富的立体景观。

（2）降低室内温度　攀援植物可以通过叶表面的蒸腾作用，增加空气湿度，形成局部小环境，降低墙面温度。另一方面，植物本身的枝叶还可以遮挡阳光，吸收辐射热，有直接降低室内温度的功效。

（3）遮阳纳凉　垂直绿化的花架、花廊、花亭等，是人们夏季遮阳纳凉的理想场所，是老人对弈、儿童嬉戏的好去处。

（4）遮掩建筑设施　城市中有些建筑物或公共设施，如公共厕所、垃圾筒等，可用攀援植物遮掩，以美化市容。

（5）生产植物产品　攀援植物除具有社会效益、环境效益外，有些还能带来直经济效益。如葡萄、猕猴桃的果实可食用，金银花的花、何首乌的根、牵牛的种子可以入药等。

在城市绿化和园林建设中，广泛地应用攀缘植物来装饰街道、林荫道，以及挡土墙、围墙、台阶、出入口、灯柱、建筑物墙面、阳台、窗台灯、亭子、花架、游廊、高大古老枯树等。

（二）垂直绿化的类型及攀缘植物选择

垂直绿化依据应用方式不同，可分为5类：室外墙壁、山石、柱形物的垂直绿化（图6-6-1）；花架、绿廊、拱门、凉亭的垂直绿化；栅栏、篱笆、矮花墙等低矮且具通透性的分隔物的垂直绿化；庭院中小型荫棚、凉棚的垂直绿化；室内墙壁、隔断、窗台垂直绿化（图6-6-2）。

图6-6-1　墙体垂直绿化

图6-6-2　室内垂直绿化

1.室外墙壁、山石、柱形物的垂直绿化

园林中这类垂直绿化应用较多，城市街头绿墙随处可见。在一些园林绿地中，利用藤本植物或枝叶茂密的附生植物依附于枯树之上，营造出“老树生花”的自然景观。

用攀缘植物垂直绿化建筑和墙壁一般有两种情况：一是把攀缘植物作为主要欣赏对象，给平淡的墙壁披上绿毯或花毯；另一种是把攀缘植物作为配景以突出建筑物的精细部位。在种植时，建立攀缘植物的支架，是垂直绿化成败的主要因素。对于墙面粗糙或有粗大石缝的墙面、建筑，一般可选用有卷须、吸盘、气生根等天然附墙器官的植物，如常春藤、爬山虎、络石等。对于那些墙面光滑或个别露天部分，可用木块、竹竿、板条建造网架，安置在建筑物墙上，以利于攀缘植物生长，有的也可牵上引绳供轻型的一、二年生植物生长。

这类绿化多选用攀援力强的大型木本攀援植物。常见的适于墙体绿化的攀援植物有：爬山虎、粉叶爬山虎、异叶爬山虎、络石、紫花络石、英国常春藤、中华常春藤、美国凌霄、大花凌霄、胶东卫予、扶芳藤、蔓八仙花、冠盖藤、薜荔、爬藤榕、九重葛、毛宝巾、东南地锦、青龙藤。

上述材料均适于山石和柱形物的攀援植物。除此之外，还有啤酒花、金银花、淡红忍冬、盾脉忍冬、大花忍冬、苦皮藤、打碗花、田旋花、蝙蝠葛等。

2.花架、绿廊、拱门、凉亭的垂直绿化

植物选择应依建筑物的材料、质地而定。建筑形式古朴、浑厚的，宜选用粗壮的藤本植物；建筑形式轻盈的，宜选用茎干细柔的植物。

适于这类绿化的植物有：山葡萄、葡萄、北两口子、冬红花、紫霞藤、乌头叶蛇葡萄、白蔹、大血藤、南五味子、紫藤、花蓼、香花崖豆藤、葛藤、碧玉藤、毛茉莉、多花素馨、豆花藤、大观藤、木通、五叶瓜藤、胡姬蔓、南蛇藤、龙须藤、云南羊蹄甲、中华猕猴、爪馥木等。

3.栅栏、篱笆、矮花墙等低矮且具通透性的分隔物的垂直绿化

宜选用花大、色美或花朵密集、花期较长的攀援植物。

常用植物有：马兜铃、党参、东京藤、月光花、大花牵牛、圆叶牵牛、七叶莲、三叶木通、何首乌、大瓣铁线莲、单叶铁线莲、毛蕊铁线莲、长花铁线莲、木香、金樱子、多花蔷薇、藤本月季、白花悬钩子等。

4.庭院中小型荫棚、凉棚的垂直绿化

宜选用有一定经济价值、较为轻盈的攀援植物。常用植物有葡萄、西葫芦、薯莨、黄独、栝楼、蛇瓜、绞股蓝、扁豆、豇豆、狗枣猕猴桃、观赏南瓜等。

5.室内墙壁、隔断、窗台垂直绿化

宜选用小巧、轻盈的草木攀援植物或叶、花美丽的藤本植物。常用植物有：蔓长春花、蔓性紫鹅绒、羽叶茑萝、圆叶茑萝、裂叶茑萝、九重葛、蓝雪花、旱金莲等。

（三）垂直绿化的营造

1.住宅和公共建筑物的垂直绿化

（1）室外墙面绿化

通常又称为墙面绿化，是利用攀援植物对建筑物墙面进行装饰的一种形式。尤其适于人口密集的城市，有着广阔的前景。

① 用攀援植物垂直绿化墙壁，依攀援植物的习性不同，攀援形式有如下几种情况。

a.直接贴附墙面　植物有吸盘或气生根，用不着其他装置便可攀附墙面，如爬山虎、薜荔等。

b.借助支架攀援的　植物本身不能吸附墙面，要求利用墙面露出部分或在缝间设支架，供植物攀附缠绕，如葡萄及常春藤等。

c.要引绳牵引的　一、二年生草本攀援植物，体量轻，地上部分冬天枯萎，只要在生长季节用铅丝或绳子引导就可以攀援，如牵牛、茑萝、栝楼、瓜、豆等。

设立支架时，要适当考虑到冬季因没有绿叶而露着支架的外形，影响美观问题。

② 植物营造时应考虑的因素

a.墙面质地　目前国内外常见的墙面主要有清水砖墙面、水泥粉墙、水刷石、水泥搭毛墙、石灰粉墙面、马赛克、玻璃幕墙等。前四类墙面表层结构粗糙，易于攀援植物附着，其中水泥搭毛墙在还能使带钩刺的植物沿墙攀援。石灰粉墙的强度低，且抗水性差，表层易于脱落，不利于具吸盘的爬山虎等吸附，这些墙体的绿化一般需要工人固定。马赛克与玻璃墙的表面十分光滑，植物几乎无法攀援，这类墙全绿化最好在靠墙处搭成垂直的绿化格架，使植物攀附于格架之上，既起到绿化作用，又利于控制攀援植物的生长高度，取得整齐一致的效果。

b.墙面朝向　一般而言，南向、东南向的墙面光照时间长，光线较强；而北向、西北向的墙面光照时间短，光线较弱。因此，要根据植物的生态习性去绿化不同的朝向的墙面，喜阳性植物如凌霄、紫藤、木香、藤本月季等应植于南向墙面下，而耐荫植物如常春藤、薜荔、扶芳藤等可植于北向墙面下。

c.墙面高度　墙面绿化时，应根据植物攀援能力的不同，种植于不同高度的墙面下。高

大的建筑物，可爬上三叶地锦、爬山虎、青龙藤等；较低矮的建筑物，可种植胶东卫矛、络石、常春藤等。

d.墙体形式与色彩　在古建筑墙体上，一般配扭曲的紫藤、美国凌霄、光叶子花等，可增加建筑物的凝重感；在现代风格的建筑墙体上，选用常春藤、薜荔等，并加以修剪整形，可突出建筑物的明快，整洁。另外，建筑墙面都有一定的色彩，在进行植物选配时必须充分考虑。红色的墙体配植开黄色花的攀援植物，灰白的墙面嵌上开红花的美国凌霄，都能使环境色彩变亮。

e.植物季相　攀援植物有些具有一定的季相变化，刚萌发的紫藤春季露出淡绿的嫩叶，夏季叶色又变为浓绿，深秋的五叶地锦一改春夏的绿色面目，鲜红的叶子使秋色更加绚丽。因此，在进行垂直绿化时，需要考虑植物季相的变化，并利用季相变化去合理搭配植物，充分发挥植物群体的美、变化的美。如在一个淡黄色的墙体上，可把常春藤、爬山虎、山荞麦混合种植。常春藤碧翠的枝叶配置于墙下较低矮处，可作整幅图的基础，山荞麦初秋繁密的白花可装点淡黄的墙面；爬山虎深秋的红叶又与山荞麦和常春散漫的绿叶相得益彰。只有充分考虑到植物的季相变化，才能丰富建筑物的景观和色彩。

③ 墙面绿化的固定

有些墙面需用一定的技术手段才能使植物攀援其上。常用的固定方法有：

a.钉桩拉线法　在砖墙上打孔，钉入25cm的铁钉或木钉，并将铁丝缠绕其上，拉成50cm×50cm的方格网。一些攀援能力不很强的植物如圆叶牵牛、茑萝、观赏南瓜等就可以附之而上，形成绿墙。国外也有直接用乔木通过钉桩拉线做成绿墙的形式。

b.墙面支架法　在距墙15cm之处安装网状或条状支架，供藤本植物攀援形成绿色屏障。支架的色彩要与墙面色彩一致，网格的间距一般不过100cm×100cm。

c.附壁斜架法　在围墙上斜搭木条、竹竿、铁丝之类，一般主要起牵引作用，待植物爬上墙顶后便会依附在墙顶上，下垂的枝叶形成另一番景象。

d.墙体筑槽法　修建围墙时，选适宜位置砌筑栽培槽，在槽内种植攀援植物，可解决高层建筑墙面的绿化问题。

（2）窗、阳台等垂直绿化

在城市主干道的高大建筑，一般不用攀援植物攀到正面上去，而只用来装饰阳台和窗架。高层建筑由于过高，不能直接利用地面土壤，可以利用各种容器，盛以培养土放在窗台、阳台上作各种布置，这是容易做到和受欢迎的形式。

装饰性要求较高的门窗、阳台也最适宜用攀援植物垂直绿化。门窗、阳台前是泥地，则可利用支架绳索把攀缘植物引到门窗或阳台所要求到达的高度，如门窗、阳台前是水泥地，则可预制种植箱，为确保其牢固性及冬季光照需要，一般种植一、二年生落叶攀缘植物。

2.绿廊、灯柱等独立布置的垂直绿化

独立布置攀援植物常利用棚架、花架做成半露天的遮阳设施，有时也作为局部空间构图的焦点。

棚架、花架植物种，一般采用同一树种，一株或数株植于棚架周围，也可以采用形态类似的几种植物，如蔷薇科各种攀援植物种在一起。为了弥补多年生植物幼年不能覆盖棚架的问题，可以临时种植一些草本攀援植物，或先不建棚架，让植物在地面上自然生长，长成了再搭上架。除了棚架、花架以外，篱栅、板墙、圈门、胸墙等也可以用攀援植物装饰。

（1）绿廊、花架类垂直绿化

主要包括花架、凉棚、花廊等绿化。垂直绿化的方式多种多样，在园林中最常用的是墙面绿化与绿廊类绿化。绿廊类绿化用途很广泛，但营造方法大同小异。棚架和花架是园林绿地中较多采用的垂直绿化，常用木材、竹材、钢材、水泥柱等构成单边或双边花架、花廊，采用一种或多种攀援植物成排种植。采用的植物种类有葡萄、凌霄、木香、紫藤、常春藤等（图6-6-3）。以绿廊为例，具体方法如下。

图6-6-3 绿廊

① 建筑选材

绿廊所用的建材包括人工材料和自然材料两大类。人工材料又分三类：铝材、铜材等金属材料；水泥、粉石、斩石、磨石、瓷砖、马赛克、空心砖等水泥材料；塑胶管、硬质塑胶、玻璃纤维等塑胶材料。自然材料又可分为木竹绿廊和树廊两类。树廊在国内尚属少见，它是利用活的树木通过人工修剪而育成的廊架形式，既可用紫薇、紫藤等灌、藤木编织而成，又可选凤凰木、榕树等乔木夹道而成。

② 构造与设计

绿廊为平顶或拱门形，宽约2～5m，高度随附近建筑物而异，一般高与宽的比为5∶4。绿廊建造时先立柱，柱子纵向间距2.5～3.5m。柱与柱之间用横梁相连，梁上架椽和横木，最终形成方格状或其他图案的顶部结构。

③ 植物营造

绿廊类在植物营造时主要考虑选择要同绿廊的材质、色彩、形式、体量相协调。如金属材料的绿廊可栽植丰富的植物以增强现代感，天然木竹建成的绿廊可种植三叶木通以增添野趣。也可根据当地植物情况而突出地方特色，如新疆吐鲁番选用葡萄配置绿廊，别具风味。

（2）灯柱等垂直绿化

在园林绿地中，往往利用攀缘植物来美饰灯柱，可使对比强烈的垂直线条与水平线条得到调和。一般灯柱直接建立在草坪和泥地上，可以在附近直接栽种攀缘植物，在灯柱附近拉上引绳或支架，以引导植物枝叶来美饰灯柱基部。如灯柱建立在水泥地上，则可预制种植箱以种植攀援植物。

3.土坡、假山的垂直绿化

土坡的斜面角度超过允许的斜角时，便会产生不稳定和冲刷现象，在这种情况下，用根系庞大、牢固的攀援植物来覆盖，覆盖地面既可稳定土壤，又使土坡有丰润的外貌，如斜坡较高，还须分成若干个水平条来进行种植（图6-6-4）。

我国园林中利用假山石作点缀的很多，大部分过于偏重欣赏山石本身的体型，但山石全部裸露，有时显得缺乏生气。为了改善这种情况，除了布置乔灌木和草本植物外，适当布置运用一些攀援植物可以取得良好效果。如紫藤和湖石结合，从石洞中贯穿缠绕，至峰顶蔓垂而下，开花季节繁花累累，显得格外生动；挺立的石笋缠以苍劲的攀援植物，可以打破其体形的单调，有些外观不好看的山石部分可用攀援植物覆盖，以润饰石面。运用攀援植物和山石搭配时，在选用植物种类和确定覆盖度等方面，都要结合山石的观赏价值和特点，不影响山石的主要观赏面，不喧宾夺主。

图6-6-4 土坡垂直绿化

第七节　水生植物种植设计

一、水生植物在园林绿化中的作用

园林绿地中的水面，不仅可以调节气候，解决园林中蓄水排水、灌溉和创设多种水上活动的良好条件，而且在园林景观上也能起到重要作用。

有了水面就可栽种水生植物。水生植物的茎叶花果都有观赏价值，种植水生植物可打破水面的平静，为水面增添情趣；可减少水面蒸发，改进水质。水生植物生长迅速，适应性强，栽培粗放，管理省工，并可提供一定的副产品，如有的水生植物可做蔬菜和药材，如莲藕、慈姑、菱角等，有的则可提供廉价的饲料，如水浮莲等。

二、水生植物的种类

水生植物与环境条件中关系最密切的是水的深浅，在园林中运用水生植物，根据其习性不同可分为：

1.沼生植物

它们的根浸在泥中，植株直立挺出水面，大部分生长在岸边沼泽地带（彩图11），如千屈菜、荷花、水葱、芦苇、慈姑（图6-7-1）等。一般均生长在水深不超过1m的浅水中，在园林中宜把这类植物种植在不妨碍游人水上活动，又能增进岸边风景的浅岸部分。

图6-7-1　沼生植物

2.浮叶水生植物

它们的根生在水底泥中，但茎并不挺出水面，叶漂浮在水面上，如睡莲、芡实、菱等（图6-7-2)。这类植物自沿岸浅水处到稍深的水域都能生长。

3.漂浮植物

全植株漂浮在水面或水中。这类植物大多数生长迅速，培养容易，繁殖又快，能在深水与浅水中生长，大多具有一定的经济价值。这类植物在园林中宜做平静水面的点缀装饰，在大的水面上可以增加曲折变化，如水浮莲、浮萍等（图6-7-3)。

图6-7-2　浮叶植物

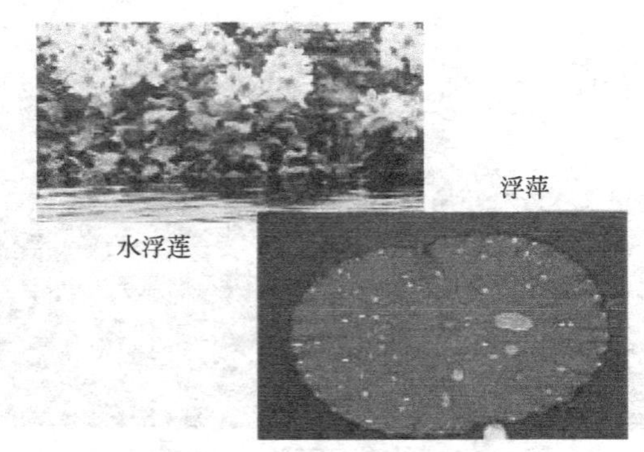

图6-7-3　漂浮植物

三、水生植物种植设计的要点

（一）水中植物种植设计要点

① 园林水景水生植物种植的基本格调要事先依四周景物而定，并与使用目的相结合。首先要确定是野趣、淡雅，还是华丽、喧闹、多彩，是否具有净化和维持水质作用等。根据造景目标选择植物种类，这样才能达到理想的效果。

② 在水体中种植水生植物时，不宜种满一池，使水面看不到倒影，失去扩大空间的作用和水面平静的感觉；也不宜沿岸种满一圈，而应该有疏有密，有断有续（图6-7-4）。一般在小的水面里种植水生植物，可以占1/3左右的水面积，留出一定水中空间，产生倒影效果。一株睡莲发出的枝叶面积可以大到1～3m^2；萍蓬草、荇菜等的浮叶能不断快速发展，所占水面面积也是很大的，在应用中要考虑妥善配置。

城市景观水体或人工湖由于水面积较大，考虑不影响行船等游乐功能，可布置些浮叶植物，丰富水面景观。常用的浮叶植物有睡莲、荇菜、萍蓬草、金银莲等；如果水体较深，一般采用垫高、用容器种植的方式（图6-7-5）。

③ 种植水生植物时，种类的选择和搭配要因地制宜，可以是单纯一种，如在较大水面种植荷花或芦苇等（彩图5、彩图7、图6-7-6），同时可以结合生产；也可以几种混植，混植的植物搭配除了要考虑植物生态要求外，在美化效果上要考虑有主次之分，以形成一定的特色，在植物间形体、高矮、姿态、叶形、叶色的特点以及花期、花色上能相互对比调和，如香蒲与慈菇配在一起有高矮姿态变化，又不互相干扰，易为人们欣赏，而香蒲与荷花种在一起，高矮差不多，互相干扰就显得凌乱。沼生植物中直立型的种类，如香蒲、灯心草、菖蒲、芦苇等，丛生而挺拔，在浅水中生长良好，可以起屏障作用作为背景，但有时会遮挡视线。可在小水面安排一丛或几丛点缀，大池或大水面可沿岸带成片种植（图6-7-7）。

图6-7-4　水生植物种植疏密有致

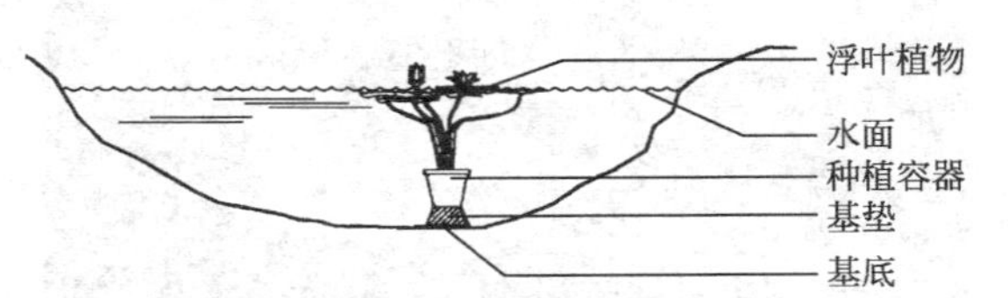

图6-7-5　根生浮叶植物种植方式示意图

图6-7-6　较大水面单一种植荷花

图6-7-7　几种水生植物混植

④ 为了控制水生植物的生长，常需在水下安置一些设施，最常用的方法是设水生植物种植床。最简单的是在池底用砖或混凝土做支墩，然后把盆栽的水生植物放在墩上，如果水浅就不用墩。这种方式在小水面种植数量少的情况下适用。大面积栽植可用耐水湿的建筑材料作水生植物栽植床，把种植地点围起来，可以控制植物生长（图6-7-8）。漂浮植物控制方式可采用网箱、绳索等材料设置水面分割围栏等。如采用网箱式，可根据现场情况和设计要求，将多个小型网箱拼成不同图案，美化水面景观（图6-7-9）。

图6-7-8　水生植物栽植床

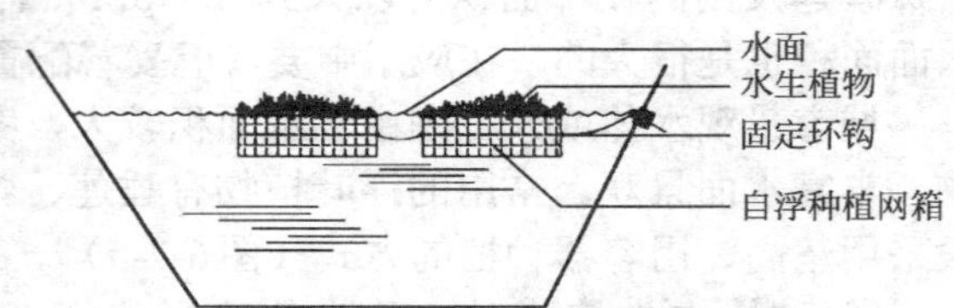

图6-7-9　漂浮植物网箱种植示意图

规则式水面上种植水生植物，多用混凝土栽植台，按照水的不同深度要求分层设置，也可利用缸来栽植，在规则式水面上可将水生植物排成图案，形成水上花坛。规则式水景中的水生植物要求观赏价值高的种类，如荷花、睡莲、黄菖蒲、千屈菜等。

⑤ 自然形成或人工建造的水池，大多中间深、四周浅，种植之前要清楚植物生长需要的水深（图6-7-10），并且基质在放水或种植前必须清除杂草或其他种子。自然式的土驳岸切忌等距种植或规则修剪，以免失去其自然本色。

⑥ 水域视线的来源一方，如临窗一面或接近道路的一面，应少种或不种水生植物。植物要隔水相望才有倒影，所以，应在离视线来源稍远的一方，高低有序地进行种植。视线如果来自四面八方，植物在岸边的种植要断断续续地留出大小不同的缺口，不可水体沿岸全封闭。

图6-7-10　根据水深种植不同水生植物

⑦ 园林水景以石岸和混凝土岸居多，可使水体沿岸的坡度整齐而不易崩溃，游人活动方便，但规则石岸的线条却显得十分生硬

和枯燥。因此，岸边要配置一些合适的水生植物种类。借其枝叶来弥补枯燥之处。自然式的石岸一般由青云石、石英石、太湖石等堆砌而成，与规则石岸比较。其线条自然丰富，若岸边点缀色彩和线条优美的水生植物，使得景色更加生机盎然。自然式的石岸配置岸边水生植物时，要有露有掩。自然式种植应结合沿岸地形和道路，采取有远有近、有疏有密、弯弯曲曲的种植形式，使沿岸景观自然有趣。

⑧ 水池要有入水口、排水口、溢水口。水体水质满足景观用水要求，并注意换水周期。

（二）水边植物种植设计要点

水边的植物种植设计，是水面空间的重要组成部分，它与其他园林要素的组合构成了水面景观的重要组成部分。水边植物种植要选择耐水湿的植物树种，而且要符合植物的生态要求，这样才能创造出理想的景观效果。

1.以树木构成主景

水边常栽植一株或一丛具有特色的树木，以构成水池的主景，如水边栽植水松、落羽杉、红枫、蔷薇、桃、樱花、白蜡等，都能构成主景。

2.利用花草镶边或与湖石结合配植花木

自然式的驳岸，无论是土岸还是石岸，常常选用耐水湿的植物，栽在水边能加强水景的趣味，丰富水边的色彩（彩图35）。像万寿菊、芦苇等可突出季相景观，同时也富于野趣。在冬季，水边的色彩不太丰富，倘若在驳岸的湖畔设置耐寒而又艳丽的盆栽小菊，便可以添色增辉。在配植水边植物时，多采用草木或落叶的木本植物，它可使水边的空间有变化，因为草花品种丰富，经常更换可以丰富景观。

3.注意植物配植的林冠线

我国古代园林的植物配植比较讲究植物的形态与习性，如垂柳“更须临池种之，柔条拂水，弄绿搓黄，大有逸致”（《长物志》）。“湖上新春柳，摇摇欲换人”（陆游诗）。池边种垂柳几乎成了植物配植的传统风格。水边植物配植宜群植，而不宜孤植，同时还应注意与园林周边环境的协调。当水边有建筑时，更应注意植物配植的林冠线。

4.留出透景线

在有景可借的水边种树时，要留出透景线。水边的透景与园路透景有所不同，它不限于一个亭子、一株树木或一座山峰，而是一个场面。配植植物时可选用高大乔木。要加宽株距、用树冠来构成透景面，如北京颐和园选用大桧柏将万寿山的前山构成有主景和有层次的景观（见彩图1）。

5.运用色彩构图

淡绿透明的水色，是调和各种园林景物的底色，它与树木的绿叶是调和的，但也比较单一。最好根据不同景观的要求，在水边或多或少地配植色彩丰富的植物，使之掩映于水中（彩图35）。如济南环城公园水边的蔷薇、趵突泉枫溪岛上的柿树等。

总之，水面是一个形体与色彩都很简单的平画。为了丰富水体景观，水边植物的配植在平面上，不宜与水体边线等距离，其立面轮廓线要高低错落，富于变化；植物的色彩不妨艳丽一些，但必须按照立意去做。水边的植物宜选择枝条柔软的树木，如垂柳、榆树、乌桕、朴树、枫杨、香樟、无患子、水杉、广玉兰、桂花、重阳木、紫薇、冬青、枇杷、樱花、白皮松、海棠、红叶李、罗汉松、杨梅、茶花、夹竹桃、棣棠、杜鹃、南天竹、黄瑞香、蔷薇、云南黄馨、棕榈、芭蕉、迎春、连翘、六月雪、珍珠梅等。

四、水深与水生植物种类选择

水深是绝大部分水生植物分布的限制因子。水生植物长期适应不同水深环境，形成了不同生活型类型，即不同生活型的水生植物对水深要求不同（表6-7-1）。

表6-7-1　不同生活型水生植物的最适水深范围

生活型	最适水深范围/cm	备注
沼生植物	0～10	受光和富营养化影响
浮叶水生植物	5～50	可划分浅水和深水型两类
漂浮植物	20～150	漂浮植物受水深影响不大

同一生活型水生植物的不同种类，对水深要求也不相同。根据相关文献和长三角地区水生植物应用情况，常见水生植物种类（不含沉水植物）及其对水深适应范围和最适深度的大致情况（表6-7-2）。

表6-7-2　常见水生植物种类对水深要求

植物名称	水深范围/cm	最适深度/cm	植物名称	水深范围/cm	最适深度/cm
问荆	0～5	0	野慈姑	0～30	5～10
水蕨	0～10	5	利川慈姑	0～30	5～10
三百草	0～10	0～5	小慈姑	0～25	5～10
蕺菜	0～10	0～5	矮慈姑	0～30	5～10
花叶蕺菜	0～10	0～5	稻	0～30	10～15
两栖蓼	0～10	0～5	芦苇	0～40	10～15
水蓼	0～10	1～5	花叶芦苇	0～20	0～5
水生酸模	0～15	0～5	欧洲芦苇	0～20	5～10
红莲子草	0～15	0～5	芦竹	0～10	0
莼菜	10～100	10～20	变叶芦竹	0～10	0
芡实	10～150	30～50	荻	0～20	0～5
莲	20～80	30～40	菰	0～20	0～5
欧亚萍蓬草	20～40	20～30	蒲苇	0～10	0～5
萍蓬草	20～40	20～30	风车草	0～30	10～15
毛茛	0～5	0	纸莎草	5～30	10～15
石龙芮	0～5	0	藨草	0～10	0～5
扬子毛茛	0～5	0	水葱	5～40	10～20
豆瓣菜	0～10	5	斑叶水葱	5～40	10～20
千屈菜	0～30	10	花叶水葱	5～40	10～20
密花千屈菜	0～30	10	菖蒲	5～25	10～15
菱	0～200	50～100	金线蒲	0～5	0～2
黄花水龙	0～30	10～15	石菖蒲	0～15	5
薄荷	0～20	5～10	水芋	0～15	5～10
香蒲	5～35	10～15	梭鱼草	0～20	10
花叶香蒲	5～30	10～15	白花梭鱼草	0～20	10
宽叶香蒲	5～35	10～15	灯芯草	0～15	0～5
泽泻	5～25	5～10	花菖蒲	0～15	10～15
泽苔草	5～25	5～10	黄菖蒲	0～35	10～15
宽叶泽苔草	5～25	5～10	美人蕉	0～5	0
欧洲慈姑	0～30	5～10	水竹芋	5～50	10～20

根据上述试验和观察数据以及实际应用目的，自然种植的挺水和湿生植物，根据种植入水深度可初分如下三类：湿地型种类、浅水型种类和深水型种类。

植株种植入水深度0～5cm——湿地型种类，例如，美人蕉、蒲苇、红莲子草、鸢尾、千屈菜、灯心草、两栖蓼、石菖蒲、水生酸模、豆瓣菜、三白草、毛茛、石龙芮等。

植株种植入水深度5～20cm——浅水型种类，例如，欧洲慈姑、野慈姑、千屈菜、水芋、花叶水葱、欧洲芦荻、香蒲、花叶香蒲、花菖蒲、泽苔草、泽泻、慈姑、雨久花、黄菖蒲、风车草等。

植株种植入水深度20～50cm——深水型种类，例如，萍蓬草、芡实、莲、睡莲、菱、香蒲、芦苇、荻、梭鱼草、水葱、水烛、荷花、水竹芋等。

在实际应用中，由于水体富营养化或污染程度等指标的差异，不同水体即使是相同水深处的光照、透明度和温度等条件是不一样的，应引起注意，区别对待。通常在富营养化特别是混浊的水体中，水生植物种植入水深度要比水质较好的水中适当浅些。

参考文献

[1] 鲁敏，李英杰. 园林景观设计 [M]. 北京：科学出版社，2005.

[2] 鲁敏，徐晓波，李东和等. 风景园林生态应用设计[M]. 北京：化学工业出版社，2015.

[3] 鲁敏，李英杰. 城市绿地系统建设——植物种选择与绿化工程构建[M]. 北京：中国林业出版社，2005.

[4] 计成撰，胡天寿译注. 园冶[M]. 重庆：重庆出版社，2010.

[5] 过元炯. 园林艺术[M]. 北京：中国农业出版社，1996.

[6] 周业生，孟昭武. 园林艺术原理[M]. 沈阳：白山出版社，2003.

[7] 宁妍妍，赵权牢. 园林规划设计学[M]. 沈阳：白山出版社，2003.

[8] 鲁敏. 风景园林一级学科下的专业发展困境及对策——以山东建筑大学为例[J]. 山东建筑大学学报，2015，30（3）.

[9] 张启翔. 关于风景园林一级学科建设的思考[J]. 中国园林，2011，27（5）.

[10] 周维权. 中国古典园林史[M]. 北京：清华大学出版社，1990.

[11] 胡长龙. 园林规划设计[M]. 北京：中国农业出版社，2002.

[12] 任有华，李竹英. 园林规划设计[M]. 北京：中国电力出版社，2009.

[13] 黄东兵. 园林规划设计[M]. 北京：中国科学技术出版社，2006.

[14] 蓝先琳. 园林水景[M]. 天津：天津大学出版社，2007.

[15] 李泉，廖颖，李尚志. 城市园林水景 [M]. 广州：广东科技出版社，2004.

[16] 冯钟平. 中国园林建筑[M]. 北京：清华大学出版社，2000.

[17] 王晓俊等. 园林建筑设计[M]. 南京：东南大学出版社，2004.

[18] 陈其兵. 风景园林植物造景[M]. 重庆：重庆大学出版社，2012.

[19] 杜培明. 植物景观概论[M]. 南京：江苏科学技术出版社，2009.

[20] 顾小玲. 图解植物景观配置设计[M]. 沈阳：辽宁科学技术出版社，2012.

[21] 臧德奎. 园林植物造景[M]. 北京：中国林业出版社，2008.

[22] 曾斌. 草坪地被的园林应用（上册）[M]. 沈阳：白山出版社，2003.

[23] 崔心红. 水生植物应用[M]. 上海：上海科学技术出版社，2012.